精兵合成高效
—中共高技術局部戰爭能力的虛實

本書揭露解放軍的作戰能力虛實，徹底解析中共「積極主動、靈活反應」、「整體作戰、重點打擊」「先癱後殲、癱殲結合」、「你打你的、我打我的」、「整體保障、聚合支援」的陸海空天電一體化聯合作戰思想與作戰樣式。

許衍華◎著

自 序

    2002 年 9 月，美國陸軍戰學院戰略研究所（Strategic Studies Institute, U.S. Army War College），所出版的《中共軍力成長》（China's Growing Military Power : Perspectives on Security, Ballistic Missile, and Conventional Capabilities）論文集，以廣泛的議題來檢視中共戰略目標與軍力成長。2004 年 6 月 12 日，我國防人學與政治大學東亞研究所舉辦了「二十一世紀的解放軍：是黔驢！還是老虎！」的國防軍事研討會，針對中共高技術戰爭、信息戰（資訊戰）、空軍現代化發展及不對稱作戰等議題研討，認為共軍軍事能力不容忽視！但是，從這些議題與觀點所作出的結論，總是會留下一個「疑問的尾巴」？究竟中共要「打怎樣仗、建怎樣軍」與「怎樣打、怎樣建」以及其「能力評估為何」？邁向信息化時代，中共如何建構起「打、裝、編、訓」建軍的戰略思維，本書會提供一個清晰明確的思路與結論，這也是本書探研的動機與目的。

    探索中共的作戰思想，先要認知兩個基本問題：一是未來中共可能打什麼樣的仗，二是未來的仗怎樣打。1993 年初中共召開軍委擴大會議，針對當前戰略形勢進行評估，認為後冷戰時期，自東歐發生劇變蘇聯解體後，世界兩極對峙局面發生結構性變化，全面戰爭爆發的威脅已經減輕，但「周邊領土爭端及台灣問題」等，仍存在局部戰爭危機，未來鬥爭準備基點：放在打贏高技術局部戰爭；發展國防建設，注重質量建設，走有中國特色的精兵之路；加大軍隊訓練改革的力度與深度，為提高軍隊打贏高技術局部戰爭能力奠定基礎；提升演訓層次，

在演訓指導思想上，要確實把部隊放在適應高技術局部戰爭的基點上，進行「三軍協同作戰演習」及「三軍聯合作戰演習」；積極更新武器裝備，在國防科技領域要重點開發一些關鍵技術，要搞一批「殺手鐧」武器，打贏下一場高技術局部戰爭；建立後勤保障制度，發展建立模式化後勤組織，以實現網絡化後勤指揮及發展系統化之保障裝備為目標。

1997年9月「十五大」政治報告及1998年中共「九五計劃」中皆強調，面向二十一世紀軍隊建設「要堅持質量建軍、科技強軍、從嚴治軍和勤儉建軍」，並提出在「跨世紀征途」上，要把國防建設和軍隊建設提高到一個新水準。因此，中共軍隊現代化建設在「科技強軍」以「打贏高技術局部戰爭」為總體建設的要求下：對軍隊建設與國家經濟建設要協調一致發展；軍隊指揮系統要「精兵、合成、高效」；部隊編組結構合乎科學水準；提升諸軍兵種聯合作戰能力；提高快速反應能力和機動作戰能力等各方面有著更高標準的要求。是故，本書的概念架構是分析中共高技術局部戰爭的能力，以聯合作戰發展來切入，並對新時期的戰略思想演變，指揮與軍隊編制體制、武器裝備，人員訓練，聯合作戰訓練、聯合作戰演習、後勤體系等作深入剖析。這一概念架構也符合中共近年來訓練立足於打贏未來可能發生的「現代技術特別是高技術局部戰爭」，圍繞「仗要怎樣打，兵就怎樣訓」的建軍思維。

中共若要打贏高技術局部戰爭，就必須加強對「聯合作戰」的發展與訓練。中共國防大學指出：「聯合作戰是在合同基礎上發展起來的，是以軍種協調一致的作戰行動戰勝敵人的一種作戰形式。在聯合指揮機構的統一指揮下，由兩個以上軍種力量，為完成共同作戰任務，所進行相互獨立但在總體上又是相互配

合，以整體作戰效能打擊敵人的作戰形式」。

　　中共認為，1982 年 4 月英阿福克蘭群島戰爭中英軍的作戰形式及 90 年波灣戰爭中美軍的作戰形式，讓中共體認到，英、美兩國能夠掌握戰場主動權在較短時間取得戰爭勝利的主要因素是以「聯合作戰」的形式。面對新的戰爭情況和作戰任務，假設共軍仍採用以陸軍為主，其他軍種相配合的合同作戰模式，不僅會限制其他軍種作戰功能的發揮，而且還會造成戰略全局上的被動。因此，指出「聯合作戰」為符合現代戰爭特別是高技術局部戰爭需要的作戰形式。

　　2003 年 3 月 20 日，美國對伊拉克發動了後冷戰時期又一場高技術局部戰爭。中共認為，與 1991 年第一次波灣戰爭、1999 年科索沃戰爭及 2001 年阿富汗戰爭相比，美國發動的這場技術含量更高、信息化特徵更為明顯，反應了軍事事務革命加速發展的新驗證。第二次波灣戰爭是美軍軍事事務革命成果的一次廣泛驗證。通過這場戰爭可以看出，武器裝備智能化的發展帶來精準的打擊效果，更加精簡的編制體制，使部隊機動力大大提高，作戰行動在陸、海、空、天、電（磁）等多維空間的開展使作戰樣式呈現聯合體系化。高技術戰爭是系統與系統之間的對抗，諸軍兵種的協同作戰已發展到諸軍兵種的聯合作戰。在機械化戰爭階段有陸、海、空的協同作戰，但它只是協同。隨著信息化為核心的高技術局部戰爭的逐步登場，「空地一體」、「陸海空天電一體」便向著真正的體系對體系的聯合作戰（Joint Warfare）發展。

　　1999 年 1 月 8 日中共中央軍委會頒發了《聯合戰役綱要》。該《綱要》對聯合作戰問題作了全面、系統的規範，確定了共軍作戰基本指導思想，提出了聯合作戰基本原則，明確未來聯

合作戰的主要樣式、基本戰法與聯合戰役保障的任務、措施，規範了聯合作戰體系，指揮所編組和各軍種戰役軍團的任務與運用，以及信息作戰等問題。結合中共新時期的具體情況，分析出新時期中共的國家軍事戰略，「是以國家綜合實力為基礎，以積極防禦思想為主導，以打贏高技術局部戰爭為基點，信息為核心，以聯合作戰為樣式，建設與運用軍事力量，為維護國家主權與安全而對戰爭準備和戰爭實施全局、全過程的運籌與指導。」

研究途徑，指涉是「選擇問題與運用相關資料的標準」。本書以中共聯合作戰發展檢視中共的高技術局部戰爭能力，是軍事研究領域以戰略研究為主要研究途徑（strategic studies）。戰略研究為國內軍事研究中較為普遍的研究途徑，主要原因除了國外已經系統化、普及化的學術與實用研究，因而便利於國際接軌或直接移植外，也在於戰略研究容易跨接「大戰略」「國家戰略」、「國防戰略」與「軍事戰略」四項彼此銜接的領域。學者巴瑞‧布贊（Barry Buzan）指出：「幾乎所有戰略的研究，不可能完全脫離『軍事』而單獨存在」。

對中共戰略研究而言，以戰爭全局為研究對象的戰略學是整個軍事學術研究的重要組成部份和最高領域，在其整個軍事學術研究中居於主導地位。戰略學研究最高層次的戰爭全局的指導問題，與研究戰爭局部性問題的戰役學和戰術學既有密切聯繫，又互有區別。戰略學統領戰役學和戰術學，戰略學對戰役學、戰術學起制約和支配作用，決定後者主要任務和發展方向。它們是全局和局部、上位與下位、主導與被主導、制約與被制約的關係。戰役學與戰術學必須依據戰略學的要求，確定與之相適應的理論原則，使戰略要求具體化，同時回饋對戰略

學產生一定的影響。

　　因此，在探討中共高技術局部戰爭的能力，以聯合作戰發展為例。首先說明中共戰略理論體系；其次在探討戰爭、戰役及戰術的相互關聯；再以戰略層次體系檢視中共國家戰略、軍事戰略及軍種戰略的屬性關係；接著，以中共高技術局部戰爭型態的理論與發展，及作為法定戰役樣式的聯合作戰理論與發展，所揭櫫的指揮控制、體制編制、武器裝備、後勤體系與人員訓練等軍事變革為分析架構與面向，更能清晰說明中共高技術局部戰爭的能力。最後，以聯合作戰作為評估窗口與內容，以綜合評估方法將定性與定量評估方法有機結合：在定性方面是以人員訓練、編制體制、武器裝備及聯合作戰演習分析探討，藉由質性的分析，建立博采眾長優劣並容的看法；在定量分析是以高技術局部戰爭為評估總指標，建立人員訓練、編制體制、武器裝備及聯合作戰演習的指標體系及設計指標體系模型，來達成評估中共高技術局部戰爭能力之客觀與完善。

　　基於上述概念架構分析與研究途徑，本書以「中共高技術局部戰爭能力的研究：以聯合作戰發展為例」，冀求能夠提供整體的、全面的、客觀的思考方向解析中共軍力，及有別於以中共「現代化軍力」研究途徑的特點：

　　　一、完整地論述「中共高技術局部戰爭」理論與「聯合作戰」理論，並將兩者特性結合。避免抽離而失之偏頗，並證明中共打贏下一場高技術局部戰爭，必須發展聯合作戰之適切性與正確性。

　　　二、「戰略研究」途徑，解析中共「積極防禦」軍事戰略——戰略；高技術局部戰爭為型態——戰爭；聯合作戰為樣式——戰役的作戰鏈，並對其戰略應用理論的

戰略制定與戰略實施所內涵戰略決策、戰略判斷、戰略計劃及軍事力量建設指導與運用、軍事力量實踐與運用作為概念架構，以強化歷史研究途徑與安全研究途徑只分析歷史事件，無法建立通則的不足之處。

三、高技術局部戰爭為基點，聯合作戰為戰役樣式，所揭櫫的戰略理論、聯合作戰機制、高技術武器裝備、聯合後勤、人員訓練及聯合作戰演訓等作為評估戰力的指標基礎，以質性分析為主，並以量化作為輔助，客觀、務實評估中共高技術局部戰爭能力虛與實，彌補以現代化軍力評估不足，並對國軍聯合作戰機制精進，提出建言。

2004 年 12 月 27 日，中共國務院公布《2004 年中國的國防》白皮書，為適應國際戰略形勢和國家安全環境的變化，迎接世界新軍事變革發展的趨勢，堅持積極防禦的軍事戰略方針，加速推進中國特色的軍事變革：走複合式、跨越式發展道路：以機械化為基礎，以信息化為主導；實施科技強軍：加強高新技術武器裝備發展，改造現役武器裝備，形成系統配套的武器裝備體系；深化軍隊改革：按精兵、合成、高效的原則，建立規模適度、結構合理、機構精幹、指揮靈活的體制編制；深化聯合作戰訓練：加強作戰理論、訓練法規和網絡系統的基本建設，以提高各級指揮員組織指揮聯合作戰能力，立足打贏信息化條件下的局部戰爭。這是中共國防報告書首次所揭露打贏信息條件下局部戰爭的戰略意圖。整體而言，共軍在發展聯合作戰能力的過程中，其如何結合信息一體化 C4ISR 基礎設施，以強化未來實行「信息條件下的局部戰爭」。勢必將成為今後吾人持續關注與研究的重要課題。

　　今天是昨天的延續，明天是今天的發展。當今世界的戰爭形態是高技術戰爭，而高技術戰爭之前是工業時代的機械化戰爭，其後將是信息時代的信息化戰爭。為了更精準預測和認識戰爭，必須認真研究從機械化戰爭經過高技術戰爭階段到信息化戰爭的發展軌跡。事實證明，高技術局部戰爭已將過去傳統的坦克集群對決、空中戰鬥機群鎖定纏鬥、海上艦炮的直接對抗、空對地攻擊的臨空轟炸掃射等交戰方式成為歷史；遠戰武器的超視距精準打擊，取代千軍萬馬「短兵相接拼搏廝殺」等傳統作戰方式；「近戰殲敵」將可能是作戰行動的尾聲，地面接觸性作戰也只是「清掃戰場」奪取勝利的宣言。1991 年及 2003 年兩次的波灣戰爭，證明高技術局部戰爭，高技術武器裝備與作戰樣式的陸海空天電的聯合作戰，一舉擊潰海珊所建立，戰爭之母地面交戰－「拼刺刀的海珊防線」。軍事家、戰略家不可留戀於昨日的戰爭，而是必須面對明日的戰爭。

　　本書是由碩士論文稍作修改。特別感謝淡江國際事務與戰略研究所老師們的教導及第四屆碩士在職專班學長們的鼓勵。尤以，吳宛玲學姊、雷又台、余進發、施治勝、王裕民、秦君惕、趙壽山、吳長錦、曾尹亮等學長們及中山大學黃建華碩士發揮「聯合作戰」精髓，使得我們這一批「高技術群」緊密相聯、互助合作所建立的情誼，與時俱增！特致真誠敬意感謝翁明賢博士「戰略高度」的引導與啟發；王高成博士「總體作戰」的指正與建議，及施正權博士「聯合火力」的細心討論與建議。老師們的學識，豐潤了本書的內涵。

　　對於本書能順利出版，特別感恩於曾復生博士，對本人宏觀與微觀的「戰略指導」，以及觀念的斧正與意見的妥協，以致順利地完成這本著作。老師的教誨與提攜，自是本書出版的激

勵與鼓舞。期以剛出芽的小草，灌溉出豐沃的草原。由衷地感謝曾復生博士！最後，感謝威秀科技資訊公司宋政坤先生及李坤城先生的出版。

許衍華謹誌台北萬大雅築

中華民國　九十四年三月

目　次

圖　表　次

第一章　緒　論

第一節　背景陳述

　　早熟的戰爭與晚熟的和平貫穿人類的文明史，並深刻地影響著人類社會為超越自我而邁出的每一足印。由對立的社會政治、軍事、經濟、文化與技術力量劇烈碰撞而激起的戰爭浪濤，能夠推動社會歷史航船前進，也能無情地將之顛覆。[1]在這個意義上說，戰爭推動社會發展進步，社會發展又孕育著新的戰爭發生。一部人類的社會發展史與人類戰爭史相生共進，不可分割。同時，戰爭作為一種社會的現象，是一定歷史時期社會關係與生產方式的暴力表達。人類走過農業文明時代，走過工業文明時代，正向信息文明時代挺進，留下一條帶有時代階段性變革特徵的戰爭發展軌跡。[2]

　　20世紀是典型的戰爭世紀。有史以來僅有的兩次世界大戰均發生在這個世紀，多樣式的局部戰爭與武裝衝突亦充斥著這個世紀。從1900年（清光緒26年）八國聯軍侵略中國拉開本世紀的視窗；1999年以美國為首的北約聯盟轟炸南斯拉夫的科索沃戰爭落下本世紀的帷幕。整個20世紀的戰爭規模最大，類型最多，頻率最高，性質最複雜，對社會進程的影響也最深刻。[3]20世紀又是人類社會歷史發展最快速的一個時期。隨著政治格局的變

---

[1]　李際均　著，論戰略（北京：解放軍出版社，2002年1月）自序，頁1。

[2]　馮海明　著，戰後局部戰爭演變論（北京：國防大學出版社，1999年10月）導言，頁1。

[3]　姚有志　主編，二十世紀戰略理論遺產（北京：軍事科學出版社，2001年8月）前言，頁1。

化，經濟體制的轉型，科學技術的進步，軍事領域的發展也出現了質的飛躍。從整個世界軍事發展的軌跡檢視，有兩個特點十分突出：一個是技術因素的大量提升；一個是波及領域的擴大。軍事技術的迅猛發展，使軍事行動的樣式不斷更新，作戰打擊的效果呈現幾何級數增長；軍事領域的發展與其他領域發展的融合，則催生出許多新的軍事作戰樣式，推進了軍事發展下社會功能的擴展。軍事領域的軍事革命更是如火如荼進行著，都對軍事理論，特別是戰略理論、戰爭型態的研究提出了許多新的時代性課題。[4]

戰爭型態是人類社會生產方式活動的軍事表現，戰爭的發展是戰爭內部矛盾運動的必然結果。概括而言，完整意義的戰爭同時具備政治經濟性與軍事技術性兩個基本屬性。戰爭這兩種基本屬性構成了戰爭內部的競爭，如生產方式中生產力與生產關係的競爭推動人類社會型態發展一樣，戰爭的政治經濟性與軍事的技術性的關聯推動著戰爭型態的演變。

人類戰爭發展歷史過程表明：局部戰爭是由人類早期的暴力衝突發展演變而來。原始社會末期，由於生產技術水準的限制，兵器與生產工具沒有嚴格區分，衝突雙方主要使用石制的冷兵器即史書所載的「以石為兵」。進入奴隸社會後，私有制確立，階級形成，國家產生。正式國家專職武裝集團──軍隊誕生了。作戰工具也從生產工具中分離出來，發展為專用的武器裝備。軍事行動被納入有計劃的「國之大事」，即同時具備政治經濟屬性和軍事技術屬性的戰爭。從暴力衝突到戰爭是一個漸變到突變的過

---

[4] 馬保安　主編，*戰略理論學習指南*（北京：國防大學出版社，2002 年 4月）前言，頁 1-2。

程，這一過程的完成，實現了人類早期暴力衝突，趨向戰爭的歷史性轉變。[5]

隨著戰爭技術手段的日益發展，戰爭範圍逐步擴大，戰爭的暴力性和破壞性與日俱增。從歐洲三十年宗教戰爭（1618-1648）結束至 18 世紀法國大革命爆發前，由於歐洲大國之間維持權力均衡以及受到當時的雇用軍制度及其他社會政治條件的限制，這一時期發生歐洲的戰爭主要表現為規模有限的局部戰爭。法國大革命及 19 世紀拿破崙戰爭時期，隨著資本主義經濟初步發展，民族主義意識的強化，戰爭成為群眾性行動。同時來福槍和便於機動的火炮被廣泛運用，作戰手段在工業革命的推動下大大改進，於是局部戰爭的規模進一步擴大，拿破崙戰爭結束後，到第一次世界大戰爆發前的歷次戰爭，如美西戰爭（1898）、日俄戰爭（1904-1905）巴爾幹戰爭（1912-1913）等都表現為不同規模和形式的局部戰爭。[6]

總體而言，直到 20 世紀初，在人類戰爭漫長的發展過程中，雖然火器取代了刀矛，戰場從陸地擴展到海洋和天空，但由於社會生產力水準的限制，社會經濟還不能給全世界規模的戰爭提供強有力的物質支持，經濟體系和商業貿易仍未脫離地區化的屬

---

[5] 軍事科學院戰略研究部，戰略學：*The Science of Military Strategy*（北京：軍事科學出版社，2001 年 10 月），頁 419-420。

[6] 軍事科學院戰略研究部，戰略學：*The Science of Military Strategy*，頁 420。關於第一次世界大戰史，美西戰爭、日俄戰爭、巴爾幹戰爭等請參見：黎東方校訂、鈕先鍾編著，第一次世界大戰史（台北：燕京文化事業股份有限公司，1977 年 3 月初版）；另亦可參見：富勒將軍（J.F.C. Fuller）著，DECISIVE BATTLES OF THE WESTERN WORLD by J.F.C.Fuller VOLUME THREE：From the American Civil War to the End of the Second World War.. 鈕先鍾譯，西洋世界軍事史：從南北戰爭到第二次世界大戰，卷三上下冊（台北：麥田出版，1996 年）。

性，因而戰爭也無法跨越固有的區域界線，人類戰爭的範圍始終侷限於局部地區。[7]

戰爭的政治經濟屬性和軍事技術屬性不斷發展，終於在 20 世紀突破了地域界限，邁進了世界大戰的門檻，一直在局部戰爭軌道上延伸的人類戰爭歷史軌跡轉向至世界大戰這個新的座標點。[8]20 世紀上半葉，工業革命的最新成果被大量運用於軍事領域，坦克、潛艇、飛機、航空母艦和化學武器等相繼問世，使人類戰爭逐步由一般熱兵器戰爭發展到機械化戰爭，從局部戰爭走向世界大戰。適應侵略主義國家需要和反應軍事技術進步的新的戰爭和戰略理論應運而生，如《地緣戰略》、《空權論》、《海權論》、《總體戰理論》、《機械化戰爭論》、《閃電戰理論》等，機械化戰爭發展到了頂盛。第二次世界大戰結束時，人類進入核時代。核武器的大規模殺傷破壞作用使戰爭的手段與目的發生了嚴重矛盾，因而核武器在二次大戰後從未投入戰場，僅僅用於威懾手段，戰爭表現為核威脅條件下的常規戰爭。與工業時代的大規模和集約化生產方式相適應，戰爭樣式表現為大規模毀傷的機械化火力戰爭。從 1950-1953 年爆發的南北韓戰爭和 1961-1975 年越南戰爭，表現在機動力、火力戰及部份具有高技術裝備武器的強度有明顯提高；與此相適應，出現了核威懾理論、局部戰爭理論、特種作戰理論等。[9]

80 年代，世界各地發生的局部戰爭 30 餘場，這些戰爭主要

---

[7] 軍事科學院戰略研究部，戰略學：*The Science of Military Strategy*，頁 420。

[8] 軍事科學院戰略研究部，戰略學：*The Science of Military Strategy*，頁 420-421。

[9] 姚有志主編，二十世紀戰略理論遺產（北京：軍事科學出版社，2001 年 8 月），頁 16-17。

有二種類型：一類是以美國為代表的軍事強國，在局部戰爭理論的指導下運用高技術武器裝備對一些相對弱小國家進行的「外科手術式」打擊；第二類是一些國家使用先進的武器裝備進行的常規局部戰爭。1982 年 4 月英阿福克蘭群島戰役，大量新式武器裝備用於實戰，戰役樣式複雜，涉及到了陸海空三軍及諸兵種的聯合作戰行動。1986 年 4 月 15 日，美國以打擊國際恐怖主義為名，對利比亞突然實施「外科手術式」空襲軍事行動，以高技術武器實施精準打擊，顯示了高技術武器巨大威力，開創了運用高技術武器裝備進行有限低強度戰爭的先例。[10]

　　20 世紀 90 年代國際戰略格局發生了十分顯著的變化。兩極體制伴隨著東歐巨變、東西德統一和蘇聯瓦解的腳步迅速走向崩潰；[11] 1991 年美國贏得波灣戰爭勝利，使美國逐步成為全球唯一軍事強權的地位。[12]國際力量在動盪和變化中重新分化組合，構築新的多極化的力量格局；各國在新形勢下紛紛調整戰略，力爭搶占 21 世紀的優勢地位；各種形式的外交，諸如大國外交、經濟外交、軍事外交、多邊外交等空前活躍；經濟全球化、區域化、集團化以前所未有的迅猛發展帶動著國際政治經濟化和國際經濟政治化傾向不斷深化，使各國面對著一個更加充滿機遇與挑戰的世界。[13]

　　誠然，20 世紀 90 年代，是一個讓人歡欣鼓舞的時期，全球

[10] 王厚卿主編，戰役發展史 Campaign Development History（北京：國防大學出版社，2001 年 6 月第 2 版），頁 571-582。

[11] 宮少朋、朱立群、周啟朋主編，冷戰後國際關係（北京：世界知識出版社，2003 年 10 月第二次印刷），頁 1。

[12] 李文志 著，後冷戰時代美國的亞太戰略——從扇型戰略到新太平洋共同體（台北：憬藝出版，1997 年），頁 9。

[13] 宮少朋、朱立群、周啟朋 主編，冷戰後國際關係，頁 1-2。

向民主與市場經濟邁進。不斷有人指出,軍事力量的作用不斷的下降(主要是因為擁有核武器的國家發現,核武器在軍事上不能使用),對經濟安全的關注正在取代對軍事安全的關注。小查爾斯・凱利(Charles W. Kegley, Jr.)就此總結:「大規模戰爭的消失和小規模戰爭的增加,使世界形成了兩個體系──穩定的中心體系和動蕩的邊緣體系」。[14] 儘管冷戰結束並沒有減少地區局部與武裝衝突,但軍控機制、安全合作機制有所加強,和平的力量在不斷的增長,各國在加強自身經濟建設的同時,對金融危機、全球暖化、環境惡化、國際犯罪、毒品走私等全球性問題增進了共識,加強了合作;經濟全球化與區域經濟集團化加速發展;所有這些構成了後冷戰時期國際關係的總體特徵。[15]

第一次波灣戰爭是發生在 20 世紀 90 年代的一場現代化的大規模局部戰爭。由於這一場戰爭主要是擁有世界最先進武器裝備的超級軍事大國美國與一個地區性中等軍事強國伊拉克之間進行的一場激烈較量,雙方尤其是以美國為首的多國部隊在戰爭中使用了大量的高技術武器裝備。因此,這場具有現代戰爭特別是高技術局部戰爭的特徵。戰爭的爆發、過程與結局,不僅對當時的國際軍事形勢具有直接的影響,且更有力地率動著世界軍事的發展與革新。[16]當今的國際安全情勢是大戰可以避免,而小戰卻連綿不斷,而且每年衝突和戰爭的數量都有所變化,出現時多時

---

[14] James E. Dougherty、Robert L. Pfaltzgraff, Jr., eds. ＜ CONTENDING THEORIES OF INTERNATIONAL RELATION：A Comprehensive Survey ＞,閻學通、陳寒溪等譯,*爭論中的國際關係理論*(北京:世界知識出版社,2003 年 1 月)頁 3。

[15] 宮少朋、朱立群、周啟朋　主編,*冷戰後國際關係*,頁 2。

[16] 軍事科學院軍事歷史研究部　著,*海灣戰爭全史:The Complete History of The Gulf War*(北京:解放軍出版社,2002 年 4 月第 5 次印刷),頁 505。

少，時高時低，時起時伏的波浪式走勢。隨著世界科技革命的飛速發展和高新技術的廣泛應用，世界軍事領域正在發生革命性的變革。特別是軍事高技術的投入及研發，使軍隊的武器裝備正在發生質的飛躍，而現代高新技術武器直接用於戰爭，便產生了相應的作戰方法和作戰樣式，引起了戰爭型態的巨大變化。高技術局部戰爭已成為現代戰爭的一種主要型態。[17]

隨著新科技革命在世界範圍內蓬勃興起，大量新技術用於軍事目的，在以信息技術為核心的高技術局部戰爭成為主要的作戰型態。戰爭空間由陸海空三維發展到陸海空天電；制陸權、制海權，制空權、制信息權和制天權相互為用。戰爭和戰略理論經歷第二次世界大戰結束以來又一次重大變革出現了低強度衝突理論，高技術戰爭理論以及信息戰理論、太空戰理論。在戰略方面，既研究核威懾戰略和常規戰爭戰略，更須注重研究高技術局部戰爭。[18]

高技術亦稱高新技術，是指在科學技術領域中處於前沿或尖端地位，對促進經濟和社會發展，增強國防力量有巨大推動作用的技術群。它是動態、發展的概念。現代高技術主要指信息技術、新材料技術、新能源技術、生物技術、航天技術、奈米技術及海洋開發技術等。軍事高技術是建立在現代科學技術成就基礎上，處於當代科學技術前沿，對武器裝備發展起巨大推動作用的高技術。從高技術的角度來劃分現代軍事高技術的主要領域包括偵察監視技術、偽裝與隱形技術、夜視技術、軍事激光技術、電子戰

---

[17] 熊光楷　著，國際戰略與新軍事變革 "International Strategy and Revolution in Military Affairs"（北京：清華大學出版社，2003 年 10 月）頁 15。

[18] 姚有志主編，二十世紀戰略理論遺產，頁 16-17。

技術、軍事航天技術、精確制導技術、核武器、化學武器、與生物武器技術、指揮自動化系統以及新概念武器與其他新技術。[19]

局部戰爭（local war）是指在局部地區進行的，目的、手段、規模均較有限的戰爭。由於局部戰爭僅波及世界一定的區域範圍，在一定程度上和一定範圍內影響國際形勢，因而有些國家亦稱為「有限戰爭」（limited war）。[20]

高技術局部戰爭是指大量運用信息技術、新材料技術、新能源技術、生物技術、航天技術、偽裝與隱形技術等當代高、新技術水準的常規武器裝備，並採取相應的作戰戰法，在一定地區內所進行的戰爭。[21]高技術局部戰爭是一種嶄新的戰爭型態，是戰爭發展史上的一個新階段。正確指導現代戰爭，不僅要認識戰爭的一般規律，而且要熟悉高技術局部戰爭的新特點和新規律。追溯戰爭演變的軌跡，從戰爭發展歷史的角度總結，研究戰爭運動的內在邏輯，對形成準確、具體的高技術局部戰爭概念，全面認識高技術局部戰爭在當代興起的歷史必然性及其歷史地位，系統、條理地深刻地把握高技術局部戰爭的特點與規律，以及實踐正確的戰爭指導具有十分重要的意義。[22]

2003 年 3 月 20 日，美國對伊拉克發動了後冷戰時期又一場高技術的局部戰爭。與 1991 年第一次波灣戰爭、1999 年科索沃戰爭及 2001 年阿富汗戰爭相比，美國發動的這場技術含量更高、信息化特徵更為明顯，反應了軍事事務革命加速發展的新驗證。

---

[19] 郭梅初主編，*高技術局部戰爭論*（北京：軍事科學出版社，2003 年 1 月），頁 1。

[20] 郭梅初主編，*高技術局部戰爭論*，頁 2。

[21] 郭梅初主編，*高技術局部戰爭論*，頁 3。

[22] 軍事科學院戰略研究部，*戰略學：The Science of Military Strategy*，頁 419。

第二次波灣戰爭是美軍軍事事務革命成果的一次廣泛驗證。通過這場戰爭可以看出，武器裝備智能化的發展帶來精準的打擊效果，更加精簡的編制體制，使部隊機動力大大提高，作戰行動在陸、海、空、天、電（磁）等多維空間的開展使作戰樣式呈現聯合體系化。高技術條件下的戰爭是系統與系統之間的對抗，諸軍兵種的協同作戰已發展到諸軍兵種的聯合作戰。在機械化戰爭階段有陸、海、空的協同作戰，但它只是協同。隨著信息化為核心的高技術局部戰爭的逐步登場，「空地一體戰」、「陸海空天電一體戰」便向著真正的體系對體系的聯合作戰（Joint Warfare）發展。[23]

對聯合作戰的理論研究與實踐，美軍較早開發，並已日趨成熟，在西方其他國家也日益重視與研究。目前由於不同國家軍隊的編制體制、武器裝備、作戰思想等方面存在著較大的差異，因而對聯合作戰的概念的認識也不同。美軍認為：「聯合作戰是美國軍隊兩個或兩個以上軍種——陸軍、海軍、空軍、海軍陸戰隊——的統一軍事行動。」美軍在其 3-0 號聯合出版物《聯合作戰綱要》（1993 年 9 月）中認為：「聯合作戰這一術語主要的是指美國武裝部隊的協調一致的行動⋯⋯」。中共在聯合作戰理論研究方面開展得較晚，又缺乏聯合作戰方面的實踐。波灣戰爭後，中央軍委提出了新時期戰略方針，掀起了全軍性的打贏高技術局部戰爭的聯合作戰理論研究與建立。[24]

---

[23] 熊光楷 著，*國際戰略與新軍事變革*，頁 37-42。有關於伊拉克戰爭可參見：國防大學編印，*二次波灣戰爭專題研究論文專輯全三冊*（桃園：國防大學，2003 年 4 月）；羅援主編，*談兵論戰——伊拉克戰爭點評*（北京：軍事學科出版社，2003 年 10 月）。

[24] 周曉宇、彭西文、安衛平著，*聯合作戰新論*（北京：國防大學出版社，

中共聯合作戰理論的形成在 20 世紀 50 至 80 年代。進入 90
年代以後，中共確立了新時期軍事戰略方針，聯合作戰成為現代
技術特別是高技術條件下局部戰爭戰役的基本型態，中共「聯合
戰役學」開始確立。1999 年 1 月 8 日中共中央軍委會頒發了第一
代《聯合戰役綱要》。該《綱要》對聯合戰役問題作了全面、系
統的規範，確定了中共聯合戰役基本指導思想，提出了聯合戰役
基本原則，明確未來聯合戰役的主要樣式、基本戰法與聯合戰役
保障的任務、措施，規範了聯合作戰體系，指揮所編組和各軍種
戰役軍團的任務與運用，以及信息作戰等問題。中央軍委同時還
頒發了《陸軍戰役綱要》、《海軍戰役綱要》、《空軍戰役綱要》、《第
二炮兵戰役綱要》和《戰役後勤保障綱要》等戰役法規。這些作
戰法規和理論專著的完成將使中共聯合戰役學發展到新的階
段。[25]

　　1989 年 11 月，新一屆中共中央軍委成立後，江澤民提出：「軍
事戰略歸根結底是治國之道。一個國家、一個民族，要生存和發
展，要在激烈的國際競爭中站穩腳跟，就不能沒有正確的軍事戰
略方針」。新中國成立後，第一代中央集體領導和第二代中央領
導集體曾先後三次修改軍事戰略方針，即 1956 年的「積極防禦，
防敵突襲」的戰略方針；1964 年的「準備早打、大打、打核戰」
的戰略方針；1985 年的「應付和打贏局部戰爭」的戰略方針。特
別是鄧小平主持的第三次修改，緊扣時代脈搏，大膽突破，調整
及時，揚棄了毛澤東晚年對國際形勢和戰爭問題「左」的估計，

2000 年 1 月），頁 2。
[25]　高宇飈主編，*聯合戰役學教程*（北京：軍事科學出版社，2001 年 8 月）
　　頁 12-13。

具有極其重要的指導意義。[26]中共新時期的軍事戰略是『以國家綜合實力為基礎，以積極防禦思想為指導，以打贏高技術條件下局部戰爭為基點，建設與運用軍事力量，為維護國家主權與安全而對戰爭準備和戰爭實施全局、全過程的運籌與指導』。[27]

　　高技術局部戰爭是一種嶄新的戰爭型態，是戰爭發展史上的一個新階段。正確地以戰略思維的角度審視現代戰爭，不僅要認識戰爭的一般規律，且要熟悉高技術局部戰爭的新特點和新規律[28]。當前人類社會處於由工業時代向信息時代過渡階段，軍事領域正發生一場深刻的軍事變革，聯合作戰作為高技術局部戰爭的戰役樣式，其理論與實踐的變革是新軍事革命的重要組成部份。[29]聯合作戰是現代戰爭的產物。在第二次世界大戰以後的世界局部戰爭中，特別是進入 20 世紀 80 年代以後的英阿福島戰爭，90 年代初海灣戰爭，科索沃戰爭以及 2003 年伊拉克戰爭，聯合作戰樣式有了進一步的發展。在未來高技術戰爭，將以聯合作戰為主要作戰型態。[30]

　　綜觀第二次世界大戰後局部戰爭歷史的發展階段性，是戰後國際戰略格局發展變化的客觀反映。國際戰略格局是在一定的歷史時期內世界上主要的不同的戰略力量相互關聯、相互做用而形成的總體結構與基本態勢，它對戰略思想、戰爭性質、規模與作戰樣式等有著全局性的深遠影響；[31]另一個客觀反映，是當代科

---

[26]　潘湘陳　著，*最高決策 1989 之後共和國重大方略下冊*（北京：中共黨史出版社，2004 年 2 月），頁 735-740。

[27]　軍事科學院戰略研究部，*戰略學*，頁 15。

[28]　軍事科學院戰略研究部，*戰略學*，頁 419。

[29]　高宇飆主編，*聯合戰役學教程*，頁 1。

[30]　周曉宇、彭西文、安衛平　著，*聯合作戰新論*，頁 1。

[31]　支紹曾主編，*戰後世界局部戰爭史教程*（北京：軍事科學出版社，2000

技滲入戰爭領域，推動武器裝備和作戰方法不斷出現階段性的突破，使戰爭型態發生根本變化。戰後在科學技術發展的衝擊下，一系列的高技術，包括精確導引技術、航天技術、新材料技術、隱形技術等迅猛發展並在軍事領域上廣泛運用，推動著武器裝備及作戰方式在戰場對抗中推陳出新，不斷出現階段性的飛躍，使機械化的火力戰爭向高技術戰爭發展。[32]

　　中共建國後，根據對國際形勢和周邊安全環境的判斷，將軍事準備的重點放在「早打、大打、打核戰」，應付美蘇一起打來的理論和實踐問題上。這種情況一直持續到 70 年代末、80 年代初，隨著中共第二代領導核心鄧小平對國際形勢的觀察及分析，在今後相當長的時間裡，爆發世界大戰的可能性較小。因此，對國防建設和軍隊建設的指導思想實行了戰略性轉變，由「早打、大打、打核戰」的臨戰準備狀態轉入和平建設軌道上，明確提出將軍事準備的重點轉到應付可能面臨的局部戰爭和軍事衝突。[33]1993 年 1 月，中共第三代領導核心江澤民根據對冷戰後國際戰略格局和周邊安全環境的判斷，提出新時期積極防禦的軍事戰略方針，要求將軍事鬥爭準備重點應放在打贏現代技術、特別是高技術局部戰爭。[34]

　　2002 年，中共「十六大」報告中，江澤民進一步強調，共軍要要適應世界軍事變革的趨勢，實施科技強軍、加強質量建軍、

　　年 8 月），頁 10。

[32] 軍事科學院戰略研究部，戰略學，頁 424。

[33] 潘日軒　主編，戰略轉變的歷史和歷史性的戰略轉變（北京：國防大學出版社，2001 年 1 月），頁 172。

[34] 支紹曾主編，戰後世界局部戰爭史教程（北京：軍事科學出版社，2000 年 8 月），頁 10。

創新和發展軍事理論。努力完成機械化和信息化建設的雙重歷史任務，實現現代化的跨越式發展。2003 年 3 月 10 日「兩會」期間，江澤民在「十屆」人大共軍代表團更明確提出：「要積極地推進中國特色的軍事變革，適應當代科學技術和新軍事變革加速發展的趨勢」。江澤民主要強調了五點，即：「信息化是新軍事變革的本質核心；要積極推進中國特色的軍事變革；要完成機械化、信息化的建設的雙重歷史任務；重視發揮軍事理論的先導作用；培養高素質新型軍事人才是推進中國特色軍事變革的重要保證。必須堅持解放思想、實事求是、與時俱進，力爭本世紀中葉完成信息化建設的戰略任務」。[35]

戰略研究以比較分析應用於縱貫、橫貫時間背景上，可以激化戰略思維，產生新的戰略思想，可以從對比中開闊視野，深化戰略認識，可以從歷史的縱覽中探尋戰略發展的軌跡和未來走向，可以在更廣闊的戰略背景上揭示戰爭型態與戰略指導規律。[36]（附圖 1-1）。

美國國防部於 5 月 28 日公佈的《2004 年中共軍力報告書》

「FY04 REPORT TO CONGRESS ON PRC MILITARY POWER」：

聯合作戰：共軍理論家、計畫人員認為，未來戰役將會於海上、陸上、空中、太空及整體電磁環境下同時進行。因此，中共正在進行聯合作戰能力提升，藉由發展整合性 C^4ISR 網路，建構新指揮架構與聯合後勤系統；中共亦加強跨軍種合作，以利發展

---

[35] 熊光楷　著，*國際戰略與新軍事變革* "*International Strategy and Revolution in Military Affairs*"，頁 42-43。

[36] 彭光謙、姚有志　主編，*軍事戰略學教程*（北京：軍事科學出版社，2001 年 11 月），頁 145。

與整合聯合作戰能力。[37]

　　台灣軍隊現狀：從 1970 年代末期起，台灣在外交方面幾乎陷入孤立，這一點使台灣被排除在軍事專業化和技術進步之外。台灣軍隊以地面部隊為主，陸軍、海軍及空軍的員額比例維持在 2：1：1 上下。役期不到兩年的充員兵占軍隊 38 萬 5 千員額的大部份。專業士官人數不足，使軍官的工作超過負荷。目前由各軍種相輔相成的「協同」作戰文化仍在成形中。[38]

　　美國國防部公佈《2004 年中共軍力報告》，確認中共在 2003 年至 2004 年間，中共軍力之關鍵發展顯然從美軍「伊拉克自由行動」中獲得教訓與啟示，由於聯軍作戰成功，使中共解放軍堅定決心，決定經由發展先進 C⁴ISR 系統及改善軍種間合作途徑，並增強諸軍兵種聯合作戰能力。[39]

　　長期以來，國軍面對中共「文攻武備」的威脅，使我們建軍備戰的工作充滿了挑戰，尤以近年來共軍在「打贏高技術局部戰爭」的軍事戰略指導下積極轉型，威脅著我國的生存與發展。未來國軍建軍備戰工作基於「預防戰爭」、「維持台海穩定」、「保衛國土安全」之基本理念，建構「有效嚇阻、防衛固守」的軍事武力外，更將掌握「資電先導、扼制超限、聯合制空、制海，確保

---

[37] http：//www. defense link. mil / pubs/ d2004528 PRC pdf.　FY04 REPORT TO CONGERSS ON PRC MILITARY POWER. Pursuant to the FY2004 National Defense Authorization Act. ANNUAL REPORT ON THE MILITARY POWER OF THE PEOPLE'S REPUBLIC OF CHINA.p.20.

[38] Ibid, p47.

[39] "FY04 REPORT TO CONGERSS ON PRC MILITARY POWER. Pursuant to the FY2004 National Defense Authorization Act." "ANNUAL REPORT ON THE MILITARY POWER OF THE PEOPLE'S REPUBLIC OF CHINA." 國防部情次室　譯，*美國防部 2004 中共軍力報告*（台北：國防部情次室，2004 年 5 月 28 日），頁 4。

地面安全」的建軍指導原則，以「提升三軍聯合作戰整體戰力」為兵力整建重點。[40]

「漢光二十號」電腦兵棋推演於六月十九日上午十點正式結束，2004 年以『2006 年共軍突出導彈攻擊台灣的「猝然突擊」為演習想定』，分別演練國軍戰力保存、制空、制海和反登陸作戰，今年並首度落實以跨軍種的聯合作戰模式進行演練；[41]而中共於六、七月間即將展開的東山島演習，亦是以三軍聯合作戰演練，以奪取制空、制海，攻島為演習重點。[42]值此時際，本書探討中共的高技術局部戰爭能力之研究，以聯合作戰發展為例，廟算出共軍高技術局部戰爭能力，崛起於亞太戰略場的威脅，並對國軍聯合作戰整體發展提出建言，饒富價值與意義；這正是本書研究的動機與目的。

孫子兵法云：「知彼知己，百戰不殆；不知彼而知己，一勝一負；不知彼不知己，每戰必殆」。[43]

---

[40] 國防部「國防報告書」編纂委員會，*中華民國九十一年國防報告書*（台北：國防部，2002 年 7 月），頁 22。

[41] 吳明杰，＜漢光二十號演習假想 2006 共軍猝然導彈襲台＞，*中國時報*，2004.6.21.，版 3。引自 http：//news.chinatimes.com/chinatimes/newslist/newslist-content/.

[42] 社論，＜從幾項重大軍演看美、中戰略布局的演變＞，*中國時報*，2004.6.18.，版 2。引自 http：//www.future-china.org/fcn-tw/tw-cn-news.htm/200406/2004061801.

[43] 鈕先鍾，*孫子三論：從古兵法到新戰略*（台北：麥田出版，1996 年），頁 70。

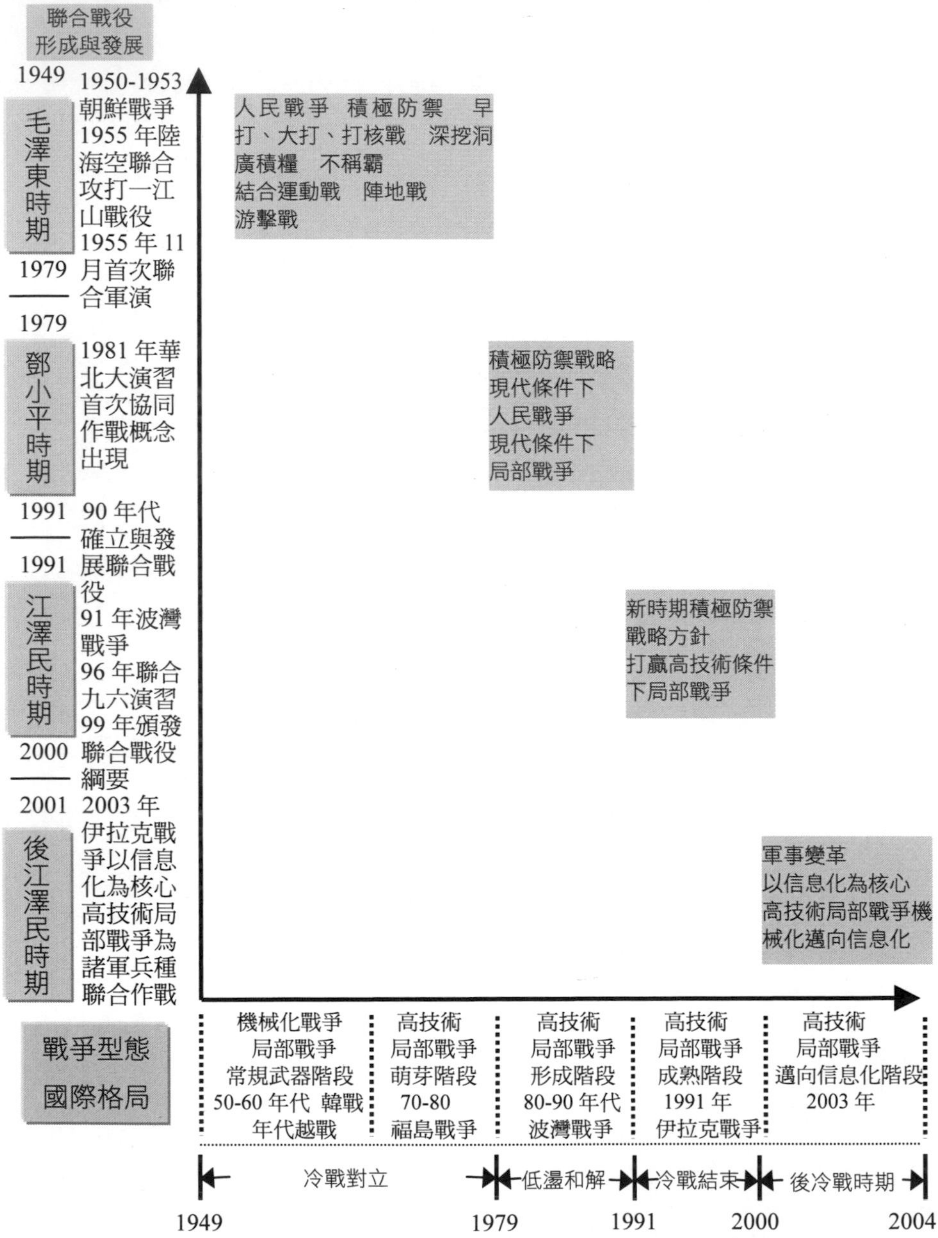

聯合戰役
形成與發展

毛澤東時期	1949 — 1979	1950-1953 朝鮮戰爭 1955 年陸 海空聯合 攻打一江 山戰役 1955 年 11 月首次聯 合軍演
鄧小平時期	1979 — 1991	1981 年華 北大演習 首次協同 作戰概念 出現 90 年代 確立與發 展聯合戰 役
江澤民時期	1991 — 2000	91 年波灣 戰爭 96 年聯合 九六演習 99 年頒發 聯合戰役 綱要
後江澤民時期	2001	2003 年 伊拉克戰 爭以信息 化為核心 高技術局 部戰爭為 諸軍兵種 聯合作戰

人民戰爭 積極防禦 早
打、大打、打核戰 深挖洞
廣積糧 不稱霸
結合運動戰 陣地戰
游擊戰

積極防禦戰略
現代條件下
人民戰爭
現代條件下
局部戰爭

新時期積極防禦
戰略方針
打贏高技術條件
下局部戰爭

軍事變革
以信息化為核心
高技術局部戰爭機
械化邁向信息化

戰爭型態

國際格局

| 機械化戰爭
局部戰爭
常規武器階段
50-60 年代 韓戰
年代越戰 | 高技術
局部戰爭
萌芽階段
70-80
福島戰爭 | 高技術
局部戰爭
形成階段
80-90 年代
波灣戰爭 | 高技術
局部戰爭
成熟階段
1991 年
伊拉克戰爭 | 高技術
局部戰爭
邁向信息化階段
2003 年 |

|← 冷戰對立 →|← 低盪和解 →|← 冷戰結束 →|← 後冷戰時期 →|

1949　　　　　　　1979　　1991　　2000　　2004

圖 1-1：冷戰後國際戰略格局與戰爭型態演變與中共聯合作戰形成與發展
資料來源：作者整理。

第二節　時間範圍與限定

（一）時間範圍

「『時間因素』，在設計與執行上扮演了許多角色。……『時間因素』也包含在對於研究結果的概化（generalizability）過程中。」[44]

高技術局部戰爭的發展，與當代科學技術的發展相對應，同時又受到國際戰略形勢與其他因素的影響。高技術局部戰爭，在20世紀50年代初見端倪，60年代有了初步的發展，70年代至80年代基本成形，90年代成熟，21世紀初更有新的發展。[45]

共軍聯合作戰，產生於20世紀50年代共軍所進行的聯合作戰之中：1955年1月共軍浙江東部沿海一江山進行的登陸戰役，首次由陸軍、海軍、空軍部隊共同實施聯合作戰任務。這次聯合戰役，參戰的各軍種部隊多是戰術兵團或者是一些部隊，但卻是共軍諸軍兵種聯合戰役以及聯合戰役指揮產生的標誌。1955年11月共軍在遼東半島舉行了大規模的聯合抗登陸演習，這是共軍第一次大規模聯合戰役演習。1958年3月，葉劍英在軍事科學院成立大會上，號召軍事科學研究人員要系統地研究諸軍兵種聯合作戰與聯合作戰指揮問題。1987年8月，共軍在《中國人民解放軍戰役學綱要》中正式使用「聯合作戰」概念。1996年3月進行的「聯合96」演習，共軍自稱累積了高技術條件下聯合作戰指揮

---

[44] Earl Babbie, *The Practice of Social Research, 8th ed.* （U.S.：Wadsworth Publishing Company,1998）, p.100.

[45] 郭梅初　主編，*高技術局部戰爭論*（北京：軍事科學出版社，2003年1月），頁22。

的經驗。[46]

　　1999 年 1 月 8 日中共中央軍委會頒發了第一代《聯合戰役綱要》。該綱要對聯合作戰問題作了全面、系統的規範，確定了中共解放軍作戰基本指導思想，提出了聯合作戰基本原則，明確未來聯合作戰的主要樣式、基本戰法與聯合戰役保障的任務、措施，規範了聯合作戰體系，指揮所編組和各軍種戰役軍團的任務與運用，以及信息作戰等問題。中共中央軍委同時還頒發了《陸軍戰役綱要》、《海軍戰役綱要》、《空軍戰役綱要》、《第二炮兵戰役綱要》和《戰役後勤保障綱要》等戰役法規。這些作戰法規和理論專著的完成將共軍聯合戰役學發展到新的階段。[47]

　　綜上分析，本書旨在探討中共的高技術局部戰爭之能力研究，以聯合作戰發展為「視窗」。在時間範圍的切入點涵蓋中共自 1949 年建國後，毛澤東時期的全面戰爭；鄧小平時期的和平與發展，由全面戰爭轉變現代條件下的人民戰爭；江澤民新時期軍事戰略方針「打贏高技術局部戰爭」。而中共聯合作戰的初步、發展與完善，也都相嵌在重要的各階段與時期裡；但是，將以 1993 年中共中央軍委主席江澤民，在軍委擴大會議上強調，「關於新時期軍隊建設和軍事鬥爭準備，必須把國防科技發展和部隊裝備建設放在突出地位」[48]；「要打贏未來高技術局部戰爭，必須加強三軍聯合作戰理論的學習與研究，提高各級指揮員組織指揮聯合

---

[46] 張培高　主編，聯合戰役指揮教程（北京：軍事科學出版社，2001 年 5 月），頁 10。

[47] 高宇飆　主編，聯合戰役學教程（北京：軍事科學出版社，2001 年 8 月）頁 12-13。

[48] 中共雜誌研究社，1996 中共年報第柒篇－中共國防現代化建設及其影響（台北：中共研究雜誌社，1996 年 6 月），頁 7-2。

作戰的能力」的新時期軍事戰略方針，[49]至 2004 年為本篇論文研究時間範圍的重中之重。

（附圖 1-2）

---

[49]　王厚卿，＜在高技術條件下聯合戰役軍兵種作戰理論研討會開幕式講話＞，國防大學，*高技術條件下聯合戰役與軍兵種作戰*（北京：國防大學，1997 年 1 月），頁 2。

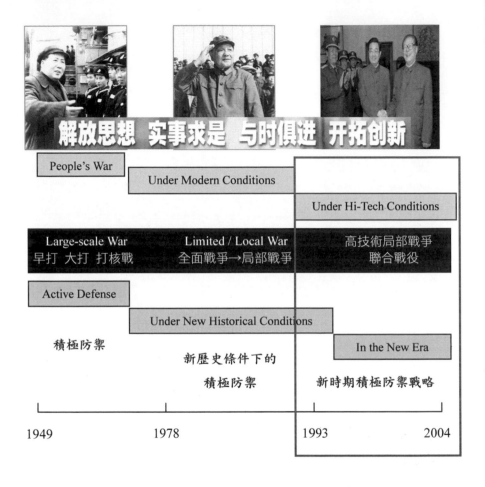

附圖 1-2：研究時間範圍說明圖。（紅色範圍 1993－2004 年）
資料來源：引自前陸委會副主委黃介正博士於淡江大學授課「中共外交
　　　　　與國防政策」講授資料，2004 年 5 月。自行整理。

（二）研究限定

一項研究設計不可能涵蓋所有的論題，因此研究者大可不必因為捨棄某些論點，而感到過與不及。事實上研究限制的重點是一項技能，將研究重點限定在研究者可控制、管理的領域，或局限於重要問題的面向，使得研究得以順利進行。[50]

我國學者林中斌在廖文中主編《中共軍事研究論文集》書中提序，從 1984 年首次在美發表研究共軍的著作到 1995 年回國感想是，研究共軍多年的西方主流派學者有四大盲點：

一、時間的偏見（the temporal bias）：

西方學者習慣上偏重共軍以前落後的狀況，而忽略共軍將來能力的發展。這是時間的錯置。甚至 20 年以後，他們還印象深刻的描述共軍在 1979 年懲越戰爭落後的表現。而對於將來共軍能力何時成熟的問題總不願意面對，更不願意答覆。

二、空間的偏見（the spatial bias）

西方學者直覺把共軍和西方先進的軍隊比較。這是空間的錯置。其實共軍沒有主觀企圖，也沒有客觀的可能去揮兵進攻歐美與擁有尖端武器的國家正面作戰。共軍的對手是中國大陸周邊的鄰居。一個落後而龐大的共軍軍隊仍然可以擊敗一個落後而較小的鄰居，而引起地區的震動和世界的不安。[51]

三、文化的偏見（the cultural bias）

---

[50] 林水波，＜研究設計＞，段家鋒、孫正豐、張世賢主編，論文寫作研究（台北：三民書局，2001 年增訂二版四刷），頁 81。

[51] 廖文中，《中共軍事研究論文集》，＜林中斌序＞，（台北：中共研究雜誌社，2001 年 1 月），頁 3-4。

中國數千年來的戰略傳統有別於西方的戰略傳統。華夏的兵法強調的是隱藏自己的實力，而不是顯示自己的實力。其用意使對方輕敵，而我方可以「出其不意，攻其不備」。孫子兵法始計篇：「故能而示之不能」。西方戰略傳統剛好相反。例如，西方的嚇阻（deterrence）理論依賴的兩個要素之一就是要展現實力。兩個要素分別是「要擁有能力」（capability）及「令敵人相信你有此能力」（credibility）。兩者缺一便無法達成嚇阻的效果。

四、層面的偏見（the dimensional bias）

中共一向善用軍事以外的力量達成戰略的目標。它在有限的軍事力量上加乘了政治、心理、地理、社會、經濟等[52]「放大鏡」因素。如此處理後，中共向對手的整體衝擊力量，遠超過單靠軍事所能發揮的力量。例如，中共號稱不怕和美蘇打核戰，因為核戰打完後，別國滅亡了，中共還有人存活，還有地可用。共軍數十年來部署的有限核武器，在中國大陸龐大面積（地理因素）和眾多人口（社會因素）加乘後，令美國和前蘇聯不敢侵犯中共的嚇阻力量。[53]

在學術的範疇裡，「科學的致知模態（scientific mode of knowing）」，是沒有「意底牢結」（Ideology）、是沒有顏色的思想最具形的範本。換言之，就是把握著經驗與邏輯，才能從事於正確的思想與研究。[54]誠如布烈區（Arnold Brecht）所言：「理論與實務的關係，套用一句流行的諺語來說就非常適切：我們從『嚐

---

[52] 廖文中，《中共軍事研究論文集》，＜林中斌序＞，頁 5。
[53] 廖文中，《中共軍事研究論文集》，＜林中斌序＞，頁 6。
[54] 殷海光 著，思想與方法（台北：水牛出版社，1991 年），頁 29-46。

試錯誤』中學習到最多，嚐試就是實務，錯誤就是理論」。[55]本書將「高技術局部戰理論」、「聯合作戰理論」與「中共軍事變革」進行對比與結合，以聯合作戰發展來解析中共高技術局部戰爭能力的虛與實。以避免產生偏見與意識形態、力求客觀與務實。

高技術局部戰爭必須具備兩個基本條件：一是投入大量的高技術武器裝備，戰爭以高技術物資設備作為支撐；二是運用了與高技術武器裝備相適應的作戰戰法，整個戰爭面貌煥然一新，使作戰理論、編制體制、戰略戰術、指揮管理及後勤保障等各方面都發生了革命性的變革。[56]近年來幾場高技術局部戰爭的實踐證明，戰爭不再是單一軍種的獨立對抗，戰役中各種力量和武器裝備相互依賴更加明顯；陸海空大電各個戰場既相互獨立又相互配合及支援作戰樣式更多地表現出各種作用手段綜合運用，相互結合，相互策應，融為一體。換言之，在現代高技術戰場上，任何單一軍種、單一手段和單維空間作戰，都將難以達成最終聯合作戰目的。唯以各軍種的整體戰力才能贏得聯合作戰的勝利。[57]

本書以聯合作戰理論，探討中共高技術局部戰爭能力，是以高技術局部戰爭為作戰型態，以聯合作戰為戰役樣式並對中共戰略思想、聯合作戰機制、人員訓練、聯合作戰演訓、聯合作戰力量之陸海空二炮軍隊的高技術武器裝備運用與發展及後勤保障等問題加以分析。對於以「安全研究」途徑、「歷史研究」途徑

---

[55] Chava Frankfort-Nachmias、David Nachmias, ed, "RESEARCH METHODS IN THE SOCIAL SCIENCE", 潘明宏、陳志瑋 譯, *社會科學研究方法*（全一冊），（台北：韋伯文化事業出版社，2001 年 1 月），頁 47。

[56] 王啟明、陳鋒 主編，*打贏高技術局部戰爭：軍官必讀手冊*（北京：軍事誼文出版社，1998 年 8 月第 2 次印刷），頁 17。

[57] 薛彥緒，＜高技術條件下聯合戰役協同初探＞，國防大學主編，*高技術條件戰役理論研究*（北京：國防大學，1997 年 1 月），頁 72。

為選擇問題與運用相關資料的標準，自有其一組語言文字來詮釋
與研究，[58]的確也是一個正確的面向，只是「研究途徑」不同而
已。

本書探討中共高技術局部戰爭能力之研究，以聯合作戰發展
為例，旨在客觀評估中共高技術局部戰爭能力之虛與實，並不指
涉中共犯台意圖與能力；其次，在評估中共高技術局部戰爭能力
之範疇也僅限定於現實戰力，不涉及綜合國力。[59]中共軍隊體制
是軍隊武裝力量、武警部隊、民兵為主體。唯本文探討中共高技
術局部戰爭能力，也只限定於陸海空二炮部隊為主，對武警與民
兵力量不探討。

---

[58] 易君博　著，*政治理論與研究方法*（台北：三民書局，2003 年 9 月 6 版），
頁 164-169。

[59] 梁必駿、趙魯杰　著，*高技術戰爭哲理*（北京：解放軍出版社，1997 年
9 月 3 版），頁 97-138

第三節　「戰略研究」途徑與架構

（一）研究方法

　　社會科學研究的方法問題範圍很廣，大致可分為三個層次：
一、方法理論：這是方法問題最基本的部份，包含討論知識的意
義、來源、價值等哲學上的知識問題；二、研究途徑（Research
Approach）：這是在研究理論下，對問題的題材的抉擇原則與標
準的問題；三、研究技術或方法（research techniques or methods）
是指討論實驗、調查、訪問、觀察、內容分析等實用方法的技術。
[60]從事社會科學研究的研究者較少或不觸及第一層次的問題，但
是第二層次與第三層次是必須面對的。[61]

　　方法理論是指方法問題的最基本部份，包括哲學上的知識論
部分。這部分問題不只是政治學的方法問題，是自然科學、社會
科學、人文科學的共同問題，政治學是學科之一，有關各學科的
問題，當然也有關政治學，這也是一般「方法論（Methodology）」
所談的問題，也是「科學哲學（Philosophy of Science）」上的問
題。[62]

　　研究途徑（Research Approach），乃指研究者對於研究對象（譬
如政治現象）的研究，到底是從哪一層次作為出發點、著眼點、
入手處，去進行觀察、歸納、分類與分析。由於著眼點的不同（即
研究途徑不同），就各有一組與之相配合的概念，作為分析的架

---

[60] 華力進，*政治學*（台北：經世書局，1988 年 4 月增訂二版），頁 26-27。

[61] 吳東林，＜美、中互動關係與台灣安全（1949-2000）－以瓦茲（Kenneth
N. Waltz）國際政治體系理論解析＞，淡江大學國際事務與戰略研究所，
碩士論文（台北：淡江大學，2002 年 6 月），頁 11。

[62] 華力進，*政治學*，頁 27。

構。並以其中一個核心概念作為此研究途徑的名稱。[63]換言之，所謂研究途徑指的是「選擇問題與運用相關資料的標準」。[64]

　　研究途徑一般分為兩大類。第一類是「取向」（dimension）的研究途徑，也是各個學科研究方向的選擇。因此，不同的學科將出現不同的研究取向。第二類則是以研究「概念」（concept）為主的研究途徑，也是一種以研究各個學科特質的研究途徑。社會科學對「體系」、「結構」、「決策」、「心理」、「政治」、「哲學」、「法律」、「歷史」等問題較為關切。在研究途徑的選擇上，都以這些方面為主要的著眼。[65]不過這兩類及兩類中各途徑都是不能作嚴格區分的，學者所實用的常是混合途徑。[66]

　　軍事研究途徑，則是一個比較陌生的原始名詞，主要原因在於軍事研究學術性仍嫌不足，本身亦無法建立不同於其他科學的知識體系，加上沒有方法論具體的「典範」可供依循，致使軍事研究看似處處皆是，實則無一可列入軍事研究的哲學基礎。或者肇因於軍事研究只重視浮面的實務表現與技術性的研究，因而在研究途徑上的分類並無具體的內涵與分類。但是這並不表示軍事研究沒有研究途徑可言，只是在研究界定上並不明確，復以軍事科學本身研究風氣並不發達，因此，這也是在軍事性的研究論文及期刊中，鮮少出現研究途徑一詞的主要原因。同理可證，欠缺對研究途徑的理解，軍事性論文對研究問題的選擇與掌握，以及

[63] 陳德禹，＜研究方法（三）：社會科學領域＞，朱浤源　主編，*撰寫博碩士論文實戰手冊*（台北：正中書局，2002 年 8 月 *第六次印刷*）頁 182。

[64] 陳德禹，＜研究方法（三）：社會科學領域＞，朱浤源　主編，*撰寫博碩士論文實戰手冊*，頁 184。

[65] 陳德禹，＜研究方法（三）：社會科學領域＞，朱浤源　主編，*撰寫博碩士論文實戰手冊*，頁 184-185。

[66] 華力進，*政治學*，頁 27。

進而對指導研究資料的蒐集的標準，由於嚴謹程度與方法運用的不夠明確，也就難以使論文的精確度增加，相對提升其參考價值。換言之，研究途徑的重要性就在於其對軍事研究的定向與聚焦方面之功用，使軍事研究不致在研究過程中因分類不明、定義不清、方法不科學而造成失焦現象。故而將軍事研究目前與未來可能採取以及獲取知識之研究途徑予以抽離。具體而言，軍事研究有以下幾項與其他學科類似，內容卻不盡相同的研究途徑（附表 1-1）[67]

附表 1-1：各學科分類研究途徑與研究方法分類表

分類	社會科學	軍事科學	自然科學
研究途徑	哲學研究途徑 歷史研究途徑 法律研究途徑 社會研究途徑 心理研究途徑 行為研究途徑	戰爭歷史研究途徑 戰爭哲學研究途徑 戰略研究研究途徑 軍事心理研究途徑 軍事組織決策研究途徑 軍事衝突研究途徑 軍事演習研究途徑	定性研究途徑 定量研究途徑
研究方法	實驗性研究方法 非實驗性研究方法 準實驗性研究方法 觀察法 文獻分析法 內容比較法 田野研究法 訪談法 問卷法	演習實證法 戰例研究法 兵棋模擬研究法 觀察法 文獻分析法 內容比較法 田野研究法 訪談法	實驗研究法 理論分析法 數值模擬分析法

資料來源：陳偉華，軍事研究方法論，（台北：國防大學編印，2003 年 8 月）頁 108。

本書以中共聯合作戰發展檢視中共的高技術局部戰爭能

---

[67] 陳偉華，*軍事研究方法論*（台北：國防大學編印，2003 年 8 月），頁 107-108。

力，是軍事研究領域以戰略研究為主要研究途徑（ strategic studies）。戰略研究為國內軍事研究中較為普遍的研究議題，主要原因除了國外已經系統化、普及化的學術與實用研究，因而便利於國際接軌或直接移植外，也在於戰略研究容易跨接「大戰略」、「國家戰略」、「國防戰略」與「軍事戰略」四項彼此銜接的領域。學者巴瑞‧布贊（Barry Buzan）即指出，幾乎所有戰略的研究，不可能完全脫離「軍事」而單獨存在。[68]

　　研究中共軍事戰略首先須清楚戰爭、戰略與戰略學基本概念，戰略學在軍事科學中的地位，戰略的基本理論結構和戰略學學科體系。[69]戰略學作為軍事科學領域居於首要地位的軍事學科，中共已逐步形成了較為完備的戰略理論體系。中共戰略學體系大體由戰略基礎理論和戰略應用理論兩大部份所構成：

　　戰略基礎理論是研究戰略概念的內涵：戰略理論的演進規律，戰略思維規律與戰略學研究方法等理論，是戰略學的知識體系。戰略概念及其內涵，著重研究戰爭與戰略的關係，戰略學研究對象及範疇，戰略科學的內涵，戰略學在軍事學術中的地位，戰略的要素，戰略的分類與層次結構的基本理論問題。[70]

　　戰略應用理論則是研究戰略指導規律，包括戰略制定和戰略實施的指導規律的基本理論，是戰略學的實踐體系。戰略制定的指導規律：戰略制定規律即戰略運籌規律，就其運行過程來看，主要包括研究戰略判斷、戰略決策、戰略計劃等基本環節的指導規律。暸解中共戰略應用理論所包括的內涵，則進一步地剖析概

---

[68] 陳偉華，軍事研究方法論，頁 118。

[69] 軍事科學院戰略研究部，戰略學（北京：軍事科學出版社，2001 年 10 月），頁 3。

[70] 彭光謙、姚有志　主編，軍事戰略學教程，頁 23-29。

念與意義：

戰略判斷：它是進行戰略決策的前提，是全面了解敵、我、友、天、地、等情況的基礎上，對戰略環境各種戰略因素和戰略力量的消長變化，戰略態勢與戰略意圖進行綜合分析。戰略判斷最重要的是對國家面臨的戰略威脅方向、威脅的性質和威脅的程度，作出準確的判定。戰略判斷是 一個不間斷的過程，隨著戰略情勢的發展變化必須及時地對原有判斷作出調整和修正。

戰略決策：即根據戰略判斷而做出的戰略性決定。它需要明確的主要問題：一是戰略目的，即戰爭所需要實現的最終企圖。國家軍事戰略目的必須服從國家的政治目的，必須與可能提供的戰略手段相適應，不能超出戰略手段的最大支持能力；二是戰略任務：即為實現戰略目的而賦於的全局性的要求，包括國家戰略全局的總任務和階段性任務，包括國家戰略全局總任務和各戰略方向的任務，貫穿戰爭全過程的長遠性戰略任務和階段性任務；三是戰略方針，它是指導戰爭全局的原則性、綱領性規定，通常必須明確主要戰略對手、主要戰略方向、戰略重點、戰略行動基本樣式、戰略階段和戰略步驟的畫分；四是戰略部署，即根據戰略需要而對軍事力量進行的戰略性編成、配置與任務區分。[71]

戰略計劃：即根據戰略決策而對戰爭全局所所預作的統籌安排，是戰略決策的具體表現。戰略計劃通常包括戰爭與戰爭準備計劃、武裝力量建設計劃和軍事科技與武器裝備發展計劃等。戰略計劃一經制定就具有法規效力，成為一切軍事行動的基本依據。[72]

---

[71] 軍事科學院戰略研究部，*戰略學*，頁 36-37。
[72] 軍事科學院戰略研究部，*戰略學*，頁 37。

　　戰略實施的指導規律：戰略實施的指導規律即戰略行動指導規律，它包括軍事力量建設的戰略指導和軍事力量運用的戰略指導：

　　軍事力量的建設是軍事力量運用的前提和物質基礎。軍事力量建設不只為實戰服務，建設本身就是一種運用，建設的過程就是顯示實力，發揮威懾作用的過程。因此戰略實施指導不能不把軍事實力的建設和運用有機地結合起來。軍事力量的建設不僅包含數量建設，更重要的是質量建設；它既包括常備力量建設，也包括後備力量建設；既包括現實的實力建設，也包括潛在力量的建設；既包括物質力量的建設，也包括精神力量建設。因此，軍事力量的建設是戰略實施的指導規律之根本要求。

　　軍事力量的運用包括軍事力量的實戰使用與非實戰使用。實戰使用也就是現實的戰爭的行動，是軍事力量在戰場上的實際較量及實兵對抗。包括戰略指揮、戰略進攻、戰略防禦、戰略機動、戰略反空襲與反空襲、戰略信息戰、戰略心理戰等一系列的指導規律。軍事力量的非實戰使用是實戰使用的延伸和必要補充，如軍事威懾、軍事外交、軍備控制與裁軍，低強度軍事衝突等。因此，軍事力量的建設與運用是實踐戰略指導與行動規律，是戰略學最重要的任務。[73]中共戰略學理論體系（附圖 1-3）。

---

[73] 彭光謙、姚有志　主編，*軍事戰略學教程*，頁 29。

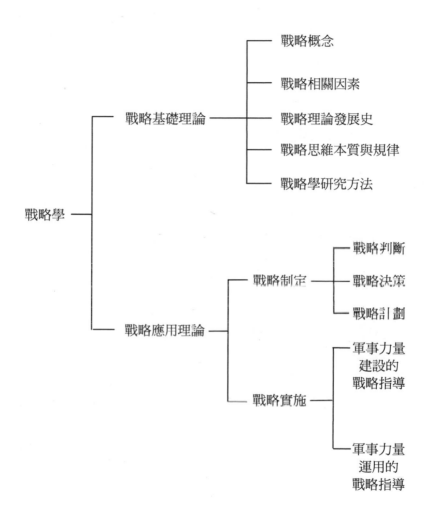

附圖 1-3：中共戰略學理論體系圖。
資料來源：彭光謙、姚有志　主編，軍事戰略學教程（北京：軍事科學
　　　　　出版社，2001 年 11 月），頁 29。

　　毛澤東在 1936 年在《中國革命戰爭的戰略問題》文中提出：「戰略問題是研究戰爭全局的規律性的東西」。所謂「戰爭全局」，毛澤東認為：「只要有戰爭，就有戰爭全局。世界可以是戰爭的一全局，一國可以是戰爭的一全局、一個獨立的游擊區、一個大的獨立的作戰方面，也可以是戰爭的全局。凡屬帶有要照顧各方面和各階段的性質，都是戰爭的全局」。換言之，「各方面」是從空間上講的，可理解為戰爭的空間全局，「各階段」是從時間上講的，可以理解為戰爭的時間全局。總括而言，研究帶全局性的戰爭指導規律，是戰略學的任務；研究帶局部性的戰爭指導規律，是戰役學和戰術學的任務。[74]

　　對中共戰略研究而言，以戰爭全局為研究對象的戰略學是整個軍事學術研究的重要組成部份和最高領域，在其整個軍事學術研究中居於主導地位。戰略學研究最高層次的戰爭全局指導問題，與研究戰爭局部性問題的戰役學和戰術學既有密切聯繫，又互有區別。戰略學統領戰役學和戰術學，戰略學對戰役學、戰術學起制約和支配作用，決定後者主要任務和發展方向。它們是全局和局部、上位與下位、主導與被主導、制約與被制約的關係。戰役學與戰術學必須依據戰略學的要求，確定與之相適應的理論原則，使戰略要求具體化，同時回饋對戰略學產生一定的影響。[75]

　　戰略學、戰役學和戰術學包含於軍事研究，分別對應於研究軍事武裝鬥爭的三個層次，即戰爭、戰役及戰鬥。戰略學以研究對敵鬥爭的方略為主要任務，戰略來源於整個國家的戰略，服從服務於國家的戰略。戰役學以研究戰役鬥爭的方法為主要內容。

---

[74] 中共中央毛澤東選集出版委員會，毛澤東選集第一卷（北京：人民出版社，1966 年 9 月），頁 154-159。

[75] 軍事科學院戰略研究部，戰略學，頁 29。

戰術學研究揭示進行戰鬥的規律、原則和方法。戰略從宏觀上對
戰役進行籌劃、規定和指導，如確定戰役的目的、任務和規模大
小，指導戰役的主要方向，以及各戰役間的協調和銜接等。戰役
是達成戰略目的的重要手段，戰爭的勝利主要依靠各次戰役任務
的完成。戰役依照戰略的要求，通過一系列的軍事行動達成戰略
的某一目標或全局目的。戰役規定戰鬥，戰役目標的實現，有賴
於各次戰鬥的勝利，積小勝為大勝，最後奪得戰役的全勝。[76]（附
圖 1-4）

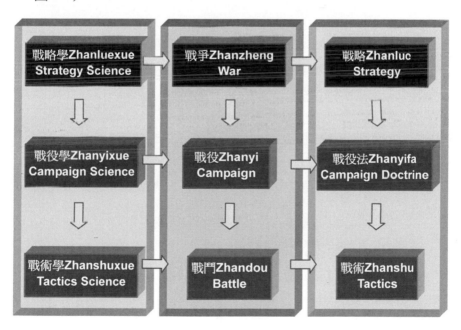

附圖 1-4：戰爭、戰役、戰術層次圖。
資料來源：引自前陸委會副主委黃介正博士於淡江大學授課「中共外交
　　　　　與國防政策」講授資料，2004 年 5 月。作者整理。

---

[76] 展學習主編，*戰役學研究*（北京：國防大學出版社，1997 年 6 月），頁
20-21。

　　戰略對戰役進行籌劃、規定和指導；戰役指導著戰術。戰役是達成戰略目的，奪取戰爭勝利最重要的武裝戰鬥形式和手段。在高技術局部戰爭下，軍事鬥爭多樣化，非常著重如何通過一次局部規模的戰爭達到其政治目的，往往就在一次戰略性或戰役性的戰役。近年來，高技術局部戰爭的實例，充分證明了這一特性。[77]

　　綜上說明，研究中共軍事須先理解戰爭、戰略和戰略學基本概念。戰略學在軍事科學中的地位，戰略的基本理論結構和戰略學學科體系，以及戰略、戰役和戰術的相互關聯及層次內涵後，[78]再進一步論述中共戰略層次結構：

　　位於中共戰略結構最重要地位的是中共的國家戰略，迄今中共雖沒有正式發布國家戰略。[79]但是，總體表現在共產黨和國家領導的一系列總方針、總政策之中。例如，80年代鄧小平提出的三大戰略任務以及「社會主義初級發展階段」共產黨的基本路綫；[80]2002年11月召開的中共「十六大」政治報告中提出「全面建設小康社會」口號及全面推進改革開放和現代化建設的戰略佈署，[81]都包含著國家戰略的內容。國家戰略是對國家生存與發

---

[77] 展學習　主編，戰役學研究（北京：國防大學出版社，1997年6月），頁1。

[78] 軍事科學院戰略研究部，戰略學，頁11。

[79] 同上註，26頁。

[80] 中共中央文獻編輯委員會，鄧小平文選（北京：新華出版社，2002年8月第12次印刷），頁3。1982年9月1日中國共產黨第十二次全國黨代表大會，鄧小平開幕詞："八十年代是黨和國家發展歷史上的重要年代。加緊社會主義現代化建設，爭取實現包括台灣在內的祖國統一，反對霸權主義，維護世界和平，是我國在八十年代的三大任務。這三大任務中核心建設是經濟發展"

[81] 中共研究雜誌社專輯編委會，中共「十六大」評析專輯（台北：中共研究雜誌社，2002年12月），頁27。

展戰略全局的總體籌劃，規定了最根本的國家利益，以及維護國家安全，促進國家發展實現戰略目標所採取的總的戰略方針、戰略佈局、戰略步驟與戰略途徑。其次，處在中共戰略結構中間層次的是軍事戰略，統管中共的國防建設和軍隊建設，統管武裝力量的準備與使用，受國家戰略的制約和指導、服從和服務於國家戰略。中共一貫奉行積極防禦的軍事戰略，在性質上始終是防禦的，在要求上又始終是積極的。中共軍事戰略最下層的軍種戰略，這是根據共軍由單一兵種發展成為現代化的諸軍兵種聯合戰役以及現代戰爭的要求而提出的。[82]

綜合前述，根據戰略制定的規律，結合中共新時期的具體情況，分析出新時期中共的國家軍事戰略，是以『國家綜合實力為基礎，以積極防禦思想為主導，以打贏高技術局部戰爭為基點，信息為核心以聯合作戰為樣式，建設與運用軍事力量，為維護國家主權與安全而對戰爭準備和戰爭實施全局、全過程的運籌與指導』。[83]（附圖 1-5）

因此，本書在探討中共高技術局部戰爭的能力，以聯合作戰發展為例。首先說明中共戰略理論體系；其次在探討戰爭、戰役及戰鬥的相互關聯；最後再以戰略層次體系檢視中共國家戰略、軍事戰略及軍種戰略的屬性關係，更能清晰說明中共高技術局部戰爭的能力，以聯合作戰來論證的適切性與研究途徑正確性。因為，研究戰略要懂得戰役。如果，研究戰役不懂得戰略，不與戰略相聯繫，就會像美軍 70 年代以前的「大戰術」，缺乏全局背景和指導。特別是高技術局部戰爭，戰略、戰役和戰術的邊界已經

---

[82] 彭光謙、姚有志　主編，*軍事戰略學教程*，頁 19。
[83] 軍事科學院戰略研究部，*戰略學*，頁 15。

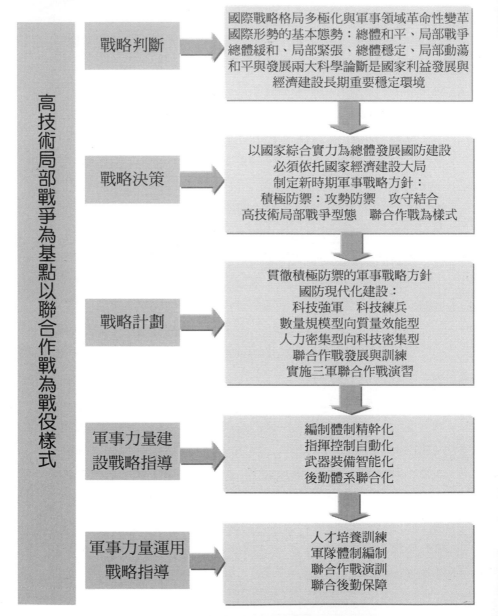

附圖 1-5：中共新時期軍事戰略示意圖。
資料來源：依中共戰略制定規律，作者整理。

模糊，研究戰役更要上掛下聯；同樣地，研究戰略也必須懂得戰役，否則就會失去空泛。[84]

明確了本文的研究途徑之後，進入第三個層次的問題，亦即研究方法。

研究方法是指蒐集與處理資料的方法而言，以及其進行的程序。[85] 軍事研究本質上是一種科學性的活動，使用的方法自然也就不能踰越科學的規範。一般學者認為，任何一套完整的研究方法都應該包括四種層次：第一是「體系」層次，也就是研究方法的根本層次；第二是「原則」層次，也就是理論和原理及原則層次；第三是「制度」層次，亦即是建立規則與規範；第四是「運作」層次，即是具體的操作技巧與工具。這四種層次就是科學方法的具體展現，而科學的研究方法一般具有三大特色：

一、 明白清楚也就是前後相隨、脈絡一貫的思維理則與表達技術沒有任何隱誨、主觀的看法夾雜；

二、 有系統指的是運用科學的方法將事務觀察歸納的結果，以系統化的方式類推至其他研究對象與事務上，也就不會發生草率的詮釋與研究態度出現；

三、 可控制指的是每一步驟與程序都經過謹慎地設計與評估，進行時仍須嚴密的觀察與掌握，研究出的結果才是客觀、公正，且經得起科學的驗證。[86]

---

[84] 李際均　著，論戰略（北京：解放軍出版社，2002 年 1 月），頁 73-78。

[85] 邱榮舉，＜研究途徑與研究方法＞，朱浤源 主編，撰寫博碩士論文實戰手冊，（台北：正中書局，2002 年 8 月第六次印刷）頁 152。

[86] 邱榮舉，＜研究途徑與研究方法＞，朱浤源 主編，撰寫博碩士論文實戰手冊，頁 134。

再者，無論是社會科學或者是自然科學，在研究的基本概念上都有類似的方法研究依需要而採用。通常研究的基本概念區分兩種：一是「量化」的研究；另一是「質化」的研究。

一般而言，質化研究係以社會科學（含人文學或人文科學）為主，重視人的行為所表現出社會意義及經驗為觀察研究的起點。量化研究則是以自然科學為主，並以物為觀察指標。[87]（如附表 1－2）

附表 1-2　「質化」與「量化」基本概念區分表

質化研究	量化研究
社會科學（人文科學）	自然科學
意義	資訊
內在	外在
單一發生	循環發生
經驗	實驗
外境	測量
過程	過程

資料來源：陳偉華，軍事研究方法論（台北：國防大學，2003 年 8 月）頁 135。

戰略研究是認識戰略領域的活動，是在戰略領域提出問題，分析問題，解決問題的過程。要使研究者的認知符合客觀實際以獲得正確的研究結果，故不能不講究科學的認識論和研究方法。

---

[87] 邱榮舉，＜研究途徑與研究方法＞，朱浤源　主編，撰寫博碩士論文實戰手冊，頁 134-135。

戰略研究方法就是正確認識戰略問題的科學方法。[88]科學的研究方法是一個方法群。在戰略研究中最經常採用的主要方法有歸納法：即從個別經過分析、比較上升到一般推理方法；演繹法：從一般到個別，從整體走向部份的認識手段。[89]

　　我國學者陳偉華認為，軍事理論的建構概可區分兩種不同方式：一種是歸納法（induction）理論建構；另一種是演繹法（deduction）理論建構。在思維上，無論歸納式或是演繹式的理論建構，其實是一種綜合性判斷與推理，兩者不應視為相互競爭的方法，也無所謂彼此排斥的問題，無論使用何種方法試圖研究軍事理論，基本上，都脫離不了「判斷」能力的培養。「判斷」是一種悟性與智力交互作用的激盪，從判斷得來的軍事知識有兩類：第一類是接觸事實所得到的感官經驗，通常稱之為「常識性判斷」；第二類是超越經驗層次的知識性理解，又可稱之為「知識性判斷」。「推理」則是從感官經驗的領悟與體會，推展到未知的真實世界。因此，在邏輯上，推理又區分為兩種方式：一種是由從整體到部份，也就是從「共相」至「殊相」的過程，演繹法就是這種類型；另外一種是由局部到整體，也就是從「殊相」至「共相」的過程，一般稱之為歸納法。[90]（附圖1-6）

　　試以本書中共高技術局部戰爭能力之研究－以聯合作戰發展為例，透過觀察的方式，以歸納與演繹過程影響及效果：

---

[88]　軍事科學院戰略研究部，戰略學，頁160。

[89]　彭光謙、姚有志主編，軍事戰略學教程，頁143。

[90]　陳偉華　著，軍事研究方法論（桃園：國防大學，2003年7月），頁86-87。

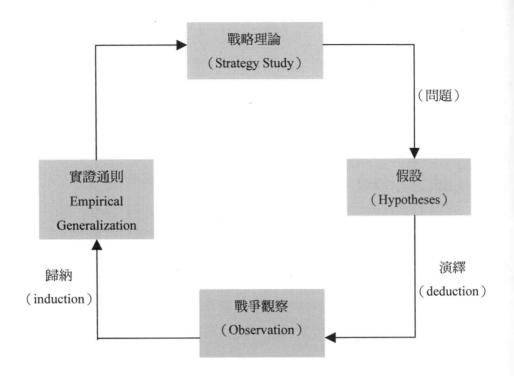

附圖 1-6：軍事理論化的過程
資料來源：陳偉華，軍事研究方法論，（台北：國防大學編印，2003 年 8 月）頁 87。

　　中共認為，第二次世界大戰後局部戰爭的發展變化，主要是國際戰略格局的重大變化，對戰爭性質、規模和樣式等有著全局性的深遠影響。戰後以美、蘇冷戰對抗為主要特徵的兩極格局，是發動、介入或制約戰爭的主要戰略力量，而局部戰爭的發展與形成，都打上這兩個軍事大國的印記。其次，美蘇軍事戰略的演變，對世界戰爭與和平具有重大的影響，同時也決定了戰爭的制約程度和局部戰爭的走向。接著是，戰爭型態的重大變化。戰爭

型態是指一個相當長的歷史時期內的整體特徵與表現方式。在諸多因素中，作為第一生產力的科學技術的迅猛發展及其在軍事上的應用是戰爭形態發展變化的決定性因素。尤以軍事科技的重大突破和新式武器裝備的問世，而引起的戰略思想、軍隊編成、作戰樣式等一系列變革。[91]70 年代以來，隨著軍事高技術的不斷發展，高技術的局部戰爭逐步登上舞台。冷戰結束後爆發的局部戰爭，以波灣戰爭為標誌，進入了以信息技術為主要特徵的高技術局部戰爭的新時期。[92]因此，中共第二代領導人鄧小平對國際形勢和時代主題的觀察和分析，在今後相當長的時間裏，爆發世界戰爭的可能性較小，但不虞有爆發大戰的可能性，故中共的國防建設和軍事力量發展的指導思想實行了戰略性的轉變，由「早打、大打、打核戰」的臨戰準備狀態轉入和平建設的軌道上，並明確提出將軍事鬥爭準備的重點轉移到應付可能面臨的局部戰爭上來。1993 年末，中共第三代領導人核心江澤民根據對冷戰後國際戰略格局和周邊安全環境的觀察，提出新時期積極防禦的軍事戰略方針，要求在軍事鬥爭的重點應放在打贏現代技術、特別是高技術局部戰爭上。[93]

　　中共若要打贏高技術局部戰爭，就必須加強對「聯合作戰」的訓練。中共國防大學指出，「聯合作戰是在合同基礎上發展起來的，是以軍種協調一致的作戰行動戰勝敵人的一種作戰形式，是兩個以上軍種力量，為完成共同作戰任務，所進行相互獨立但

---

[91] 支紹曾　主編，戰後世界局部戰爭史教程（北京：軍事科學出版社，2000年 8 月），頁 1-22。

[92] 支紹曾　主編，戰後世界局部戰爭史教程，頁 8-10。

[93] 余起芬　著，戰後局部戰爭戰略指導教程（北京：軍事科學出版社，1999年 6 月），頁 25。

在總體上又是相互配合，以整體作戰效能打擊敵人的作戰形式」。[94]

中共認為，1982 年 4 月英阿福克蘭群島戰爭中英軍的作戰形式及 90 年波灣戰爭中美軍的作戰形式，讓中共體認到，英、美兩國能夠掌握戰場主動權在較短時間取得戰爭勝利的主要因素是以「聯合作戰」的形式：面對新的戰爭情況和作戰任務，假設共軍仍採用以陸軍為主，其他軍種相配合的合同作戰模式，不僅會限制其他軍種作戰功能的發揮，而且還會造成戰略全局上的被動。因此，指出「聯合作戰」為符合現代戰爭特別是高技術局部戰爭需要的作戰形式。2003 年，共軍總參謀部在所提出的軍隊訓練重點中指出：要把科技練兵推向更具時代活力的新階段，加速提高全軍官兵綜合素質和部隊聯合作戰的能力，擔負不同作戰任務的部隊要在聯合作戰思想指導下，針對任務確定訓練課題，加強具體化作戰對策研究和演練。[95]

綜上分析，中共高技術局部戰爭能力之研究，以聯合作戰發展為例，透過觀察、現象、演繹、判斷、推理、歸納及實證等彼此間邏輯性因果關係，其實就是一種歸納與演繹的邏輯過程。[96]（附圖 1-7）

---

[94] 中共雜誌研究社，*2004 中共年報：第四篇軍事－對共軍「聯合作戰」發展之研究*（台北：中共研究雜誌社，2004 年 6 月），頁 4-120。

[95] 中共雜誌研究社，*2004 中共年報－第四篇軍事：對共軍「聯合作戰」發展之研究*，頁 4-120。

[96] 陳偉華，*軍事研究方法論*，頁 88-89。

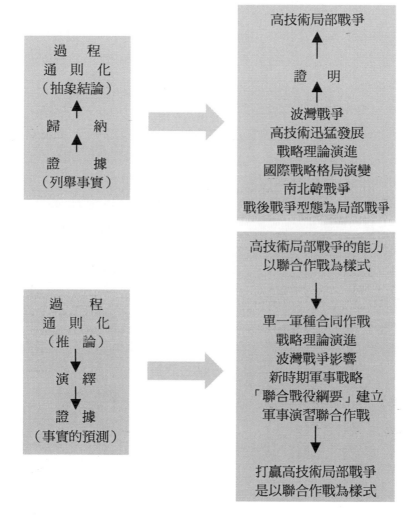

附圖 1-7： 中共高技術局部戰爭之能力，以聯合作戰發展為例歸納與演
繹圖示。

資料來源： 陳偉華，軍事研究方法論，（桃園：國防大學編印，2003 年
8 月）頁 89。自行整理。

在現代戰略研究領域也越來越多地運用幾種具體方法，如系統分析法、統計分析法、比較研究法、因果分析法、文獻分析法、社會調查法等，僅就比較分析法、歷史分析法及文獻分析法作一簡述：

比較分析法：比較是對某一類事物進行對比分析，以確定事物之間差異點或共同點的一種邏輯思維方法。比較方法應用於戰略研究可以激化戰略思維、產生新的戰略出發點，可以從對比中開闊視野，深化戰略認識，可以從歷史的縱覽中探尋戰略的軌跡和未來走向，可以在宏觀的戰略背景上揭示戰爭的規律與戰略指導規律。戰略比較研究的方式是多樣的，既可以進行橫向比較，也可以進行縱向比較；既可以進行定性比較，也可進行定量比較。橫向比較是時間上同時存在的事物之間的比較，例如，冷戰格局美蘇之間國際戰略、戰略資源、軍事政策、軍事實力之間的比較；縱向比較是按同一事物時間的序列的縱面展開動態性比較，例如，冷戰美蘇對立之下，中共各個階段戰略方針、軍事戰略調整作一比較，是一種垂直比較或歷史比較。因此，比較分析法是可以幫助研究者認識戰略理論的形成的一個重要階梯。[97]

因果分析法：也可以說是一種歷史研究法。任何事物的發展都有自身的歷史，戰爭與戰略也不例外。歷史結果是現實的先聲，現實是歷史發展必然。現實總會「消失」而寫進歷史，使歷史不斷的豐富，現實不斷地表現出與歷史的因果關係。現實的軍事鬥爭大都可以從歷史中追尋它的根源。[98]

歷史是現實的教科書，歷史的本身就是進行因果分析的現

---

[97] 彭光謙、姚有志　主編，《軍事戰略學教程》，頁 145。
[98] 彭光謙、姚有志　主編，《軍事戰略學教程》，頁 146。

象。對歷史的研究中，可以獲取對現實問題的透視力。當然這種
研究不是簡單的、直線的、表面的對號入座或隨意性的穿鑿附
會，不是從主觀臆測出發到歷史中尋找鳳毛鱗爪作為現實的注
解，必須是對因果關係的邏輯作合理的安排，也必須有深入的分
析能力，尋找出歷史與現實之間內在的本質關係。[99]

　　文獻分析法：又稱歷史文獻法，是一種系統化的客觀界定、
評鑑與綜合證明的研究方法，以確定過去事件的真實性。其主要
的目的在於瞭解過去、洞悉現在、並預測未來。從歷史的角度來
看，文獻分析在題材選擇上，與歷史研究法並無明顯差異所，差
的不過是目的與陳述方式不同。文獻分析的歷史意義在於，研究
者以文獻資料處理後，所呈現歷史演變的因果關係與辯證。精確
地說，此一研究方法的本質，其實際運作方式與實證研究並無不
同。[100]

　　何謂文獻呢？基本上，文獻指的是過去歷史記載下的知識與
經驗，涵蓋的範圍很廣，一般分為三大類：第一類是檔案文件、
官方出品、典籍、歷史遺物、文件資料、訪談、相關研究報告、
圖書文字……手札、傳記等；第二類是期刊、文章、翻譯書籍、
專書等；第三類是百科全書、字典、手冊、索引、摘要、電子索
引等。由於文獻是否是真實的歷史記錄，對整體的研究價值產生
重要影響，所以資料蒐整、分析、過濾與檢驗，成為此一研究方
法的重點。

　　文獻資料的蒐集與檢驗過濾，雖會影響研究的「效度」
（validity），畢竟不是決定因素，真正值得注意的是文獻分析後

---

[99] 姚有志　著，二十世紀戰略理論遺產，頁 146。
[100] 陳偉華　著，軍事研究方法論，頁 143。

所得的論證資料，以及研究者敏銳的觀察力、判斷力，所提出的精準解讀及詮釋，才是文獻研究法「信度」（reliability）的具體展現。

　　由於研究者在文獻分析運用上常見的謬誤中發現，問題的癥結在於多半的戰略研究採取一種歸納重於演繹的邏輯，從廣泛的資料中擷取部份看似規律其實可議的歷史性資料，牽強附會的假定事實真象，從而導出無法周延肯定的結論。這是一般戰略研究者常見的最大問題，將研究方法扭曲為「資料堆砌」與「倒果為因」的結果發現，都降低了文獻研究法的研究價值與科學的客觀性。[101]

　　戰略研究方法有很多種，一般而言，良好的研究設計會採用綜合研究方法，並運用它們的優點來從事研究。本書以規範性論式，是藉聯合作戰理論辯證中共的高技術局部戰爭的能力。因此，在論證是以歸納與演繹交替使用，作系統化的整理，[102]並以質性研究方法（qualitative method）的文獻分析法，檢視中共從全面戰爭時期轉變為局部戰爭及邁向高技術局部戰爭的全貌；[103]以及中共的高技術局部戰爭能力必須發展聯合作戰形式的理論。[104]此外，亦輔以戰例研究法，分析戰例猶如與歷史上的戰略指導者和軍事統帥進行對話，可以從戰爭史上的戰爭指導的得失中吸取必要的分析與判斷。正如國際法律工作者研究國際案例。

---

[101] 陳偉華　著，*軍事研究方法論*，頁 143-144。

[102] 曾春海，＜規範性論文寫作＞，段家鋒、孫正豐、張世賢　主編，*論文寫作研究*（台北：三民書局，2001 年 8 月增訂二版四刷），頁 5-26。

[103] 姚有志　著，*二十世紀戰略理論遺產*，頁 333-342。

[104] 王厚卿，＜在高技術條件下聯合戰役軍兵種作戰理論研討會開幕式講話＞，國防大學編，*高技術條件下聯合戰役與軍兵種作戰*（北京：國防大學，1997 年 1 月），頁 1-10。

戰例研究是從事戰略研究者的一項基本功，是認識戰略指導規律的重要方法。[105]

（二）概念架構與分析架構

　　探索中共的作戰思想，先要認知兩個基本問題：一是未來中共可能打什麼樣的仗，二是未來的仗怎樣打。[106]1993 年初中共召開軍委擴大會議，針對當前戰略形勢進行評估，認為後冷戰時期，自從東歐發生劇變蘇聯解體後，世界兩極對峙局面發生結構性變化，全面戰爭爆發的威脅已經減輕，但「周邊領土爭端及台灣問題」等，仍存在局部戰爭危機，未來鬥爭準備基點：放在打贏高技術局部戰爭；發展國防建設，注重質量建設，走有中國特色的精兵之路；加大軍隊訓練改革的力度與深度，為提高軍隊打贏高技術局部戰爭能力奠定基礎；提升演訓層次，在演訓指導思想上，要確實把部隊放在適應高技術局部戰爭的基點上，進行「三軍協同作戰演習」及「三軍聯合登陸演習」；積極更新武器裝備，在國防科技領域要重點開發一些關鍵技術，要搞一批「殺手鐧」武器，打贏下一場高技術局部戰爭；建立後勤保障制度，發展建立模式化後勤組織，以實現網絡化後勤指揮及發展系統化之保障裝備為目標。[107]

　　1998 年，中共「九五計劃」及 1997 年 9 月「十五大」政治報告中皆強調，面向二十一世紀軍隊建設「要堅持質量建軍、科技強軍、從嚴治軍和勤儉建軍」，並提出在「跨世紀征途」上，

---

[105] 彭光謙、姚有志　主編，軍事戰略學教程，頁 150。

[106] 王厚卿　著，軍事思想與現代戰役研究（北京：解放軍出版社，2004 年 1 月），頁 21-22。

[107] 中共雜誌研究社，1996 中共年報－第柒篇：中共國防現代化建設及其影響（台北：中共研究雜誌社，1996 年 6 月），頁 7-1～7-9。

要把國防建設和軍隊建設提高到一個新水準。因此,中共軍隊現代化建設在「科技強軍」以「打贏高技術局部戰爭」為總體建設的要求下:對軍隊建設與國家經濟建設要協調一致發展;軍隊指揮系統要「精兵、合成、高效」;部隊編組結構合乎科學水準;提升諸軍兵種聯合作戰能力;提高快速反應能力和機動作戰能力等各方面有著更高標準的要求。因此,本文的概念架構是分析中共高技術局部戰爭的能力,以聯合作戰發展來探討,並對新時期的戰略思想演變,編制體制、武器裝備,人員訓練,聯合作戰訓練、聯合作戰演習、後勤體系等作深入剖析。[108]這一概念架構也符合中共近年來訓練立足於打贏未來可能發生的「現代技術特別是高技術局部戰爭」,圍繞「仗要怎樣打,兵就怎樣訓」的思維。[109]概念架構圖(附圖 1-8)。

---

[108] 中共雜誌研究社,*1998 中共年報第捌篇 跨世紀共軍現代化建設與發展*(台北:中共研究雜誌社,1998 年 6 月),頁 8-1～8-4。

[109] 中共雜誌研究社,*2002 中共年報第肆篇 軍事*(台北:中共研究雜誌社,2002 年 7 月),頁 4-1～4-2。

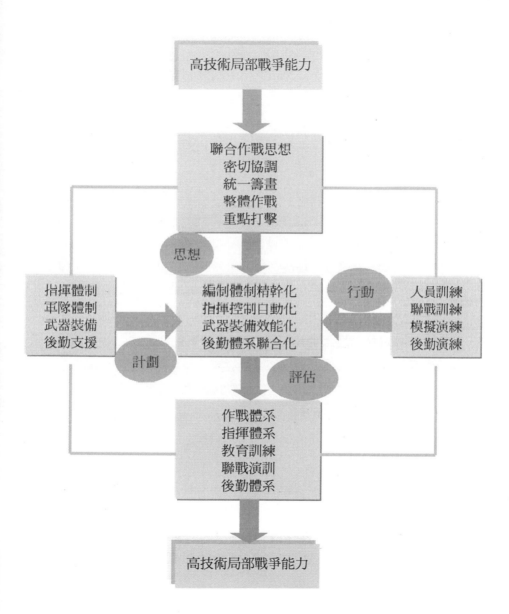

附圖 1－8：概念架構圖

本書分析架構（analysis framework）總共分為緒論、本文與結論等九章，各章節內容概要簡述如下：

第一章：緒論：在問題陳述部份闡述研究動機與目的，亦包含研究範圍與限制、研究方法與架構、概念界定等四部分。文獻評析。以「高技術局部戰爭」與「聯合作戰」理論，探討國內外研究中共軍事的文獻。藉由結合兩方面的理論探討，釐清現有文獻的理論、研究途徑與研究方法不足之處，冀求改進與完善。

第二章：高技術局部戰爭理論。本章從人類戰爭發展歷史過程表明：局部戰爭是由人類早期的暴力衝突發展演變而來。20世紀又是人類社會歷史發展最快的一個時期。隨著政治格局的變化，經濟體制的轉型，科學技術的進步，軍事領域的發展也出現了質的飛躍。從整個世界軍事發展的軌跡檢視，有兩個特點十分突出：一個是技術因素的大量提升；一個是波及領域的擴大，因而，形成高技術局部戰爭。

第三章：中共高技術局部戰爭發展。從全面戰爭向局部戰爭轉變，因應國防現代化需要，從一般技術條件下轉變為高技術條件下而形成中共高技術局部戰爭。中共認為在高技術局部戰爭，唯有發展聯合作戰，才能掌握戰略主動權。因此，對聯合作戰的特性而產生不同於往的「合同作戰」的戰略指導。

第四章：聯合作戰理論與發展。探討聯合作戰理論。中共聯合作戰思想發展與形成及確立。由於中共受波灣戰爭影響，在江澤民接班後，更確立新時期積極防禦軍事戰略方針，以打贏高技術局部戰爭，必須重視與發展聯合作戰。並探討聯合作戰指導原則。

第五章：中共聯合進攻與防禦作戰。打贏高技術局部戰爭，以聯合作戰為戰役樣式。探討中共聯合進攻與防禦指導思想、作

戰樣式。中共聯合作戰軍種作戰指導思想與作戰樣式，最後探討中共聯合作戰保障、後勤保障與裝備保障，以鞏固與發揮聯合作戰能力。

　　第六章：著重高技術局部戰爭與聯合作戰特性結合。探討聯合作戰機制精幹化，指揮控制自動化，武器裝備高技術化，聯合後勤體系化，以達成陸海空天電一體化作戰能力。

　　第七章：訓練為部隊戰力之泉源。探討人才培養，指揮體制，陸海空二炮部隊聯合作戰訓練，聯合作戰演訓及模擬演練。

　　第八章：中共高技術局部戰爭之能力評估，以聯合作戰能力評析。對聯合作戰機制、人員指揮訓練、聯合作戰演習、武器裝備、後勤保障體系等綜合分析，以質性評估為主，量化為輔助，求客觀與平實。

　　第九章：結論。從全文的分析中，檢視中共在高技術局部戰爭之能力，以聯合作戰發展的解釋成果，提出研究心得與發現。「以敵為師」對我國軍聯合作戰可作為參考。展望未來在信息化的迅猛發展，所出現信息化戰爭下的新聯合作戰，提供一個未來研究方向。研究架構（如附圖 1-9）。

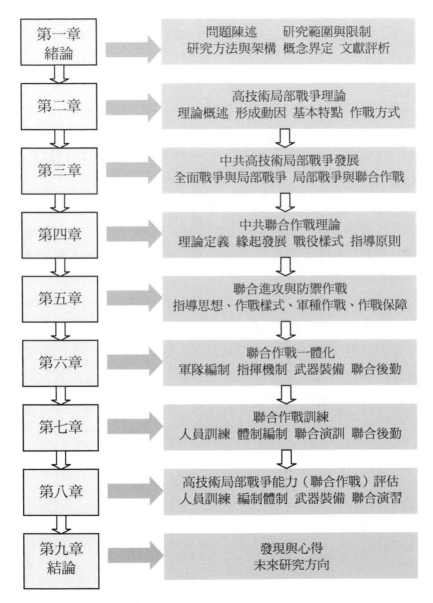

第一章 緒論	⟹	問題陳述　　　研究範圍與限制 研究方法與架構　概念界定　文獻評析
第二章	⟹	高技術局部戰爭理論 理論概述　形成動因　基本特點　作戰方式
第三章	⟹	中共高技術局部戰爭發展 全面戰爭與局部戰爭　局部戰爭與聯合作戰
第四章	⟹	中共聯合作戰理論 理論定義　緣起發展　戰役樣式　指導原則
第五章	⟹	聯合進攻與防禦作戰 指導思想、作戰樣式、軍種作戰、作戰保障
第六章	⟹	聯合作戰一體化 軍隊編制　指揮機制　武器裝備　聯合後勤
第七章	⟹	聯合作戰訓練 人員訓練　體制編制　聯合演訓　聯合後勤
第八章	⟹	高技術局部戰爭能力（聯合作戰）評估 人員訓練　編制體制　武器裝備　聯合演習
第九章 結論	⟹	發現與心得 未來研究方向

附圖 1-9：研究架構

第四節　概念界定與文獻評析

（一）概念界定

思維涉及到語言的運用。語言本是一種溝通的系統，它包含符號以及一系列的規則，而使這些符號得以彰顯其意涵。語言中最重要的符號，特別是與研究緊密相關，乃是指概念（concept）。概念是具體而微的，它是某種意義的象徵，指出某個探討對象及其本質，或解釋某種行為的現象。

首先，它們是溝通的基礎。概念提供一個共通語言，使科學家能夠彼此溝通。其次，概念乃引介某項觀點（perspective）探究經驗現象的一種方式；「經由科學的概念化，賦予知覺世界在概念化之前，未曾有過的秩序與連貫性」。第二，概念允許科學家進行分類與形成通則。換言之，科學家依據概念架構、分類、整理以及通則化他們的經驗與觀察。最後，概念可作為理論的要素，也可為解釋與預測的要項。由於概念定義理論的內容與屬性，所以它是任何理論最為重要的要素。[110]

概念的定義是概念所反映的客觀事物本質特性的集中表現，是人們對於事物發生及發展特點和規律的認識和把握。事物不斷地發展，人們認識能力在不斷地提高，概念的定義也就會不斷地變化。[111]

本書主題為「中共高技術局部戰爭能力之研究以聯合作戰發

---

[110] Chava Frankfort-Nachmias、David Nachmias, ed, "RESEARCH METHODS IN THE SOCIAL SCIENCE ",潘明宏、陳志瑋　譯，*社會科學研究方法*（全一冊），（台北：韋伯文化事業出版社，2001 年 1 月），頁 34-37。

[111] 馬保安　主編，*戰略理論學習指南*（北京：國防大學出版社，2002 年 4 月），頁 2。

展為例」。探討：中共局部戰爭思想形成與發展及轉變為高技術局部戰爭的進程；也分析高技術局部戰爭型態，作戰樣式是諸軍兵種聯合作戰；檢視中共聯合戰役形成與發展及確立與完善的重要階段，故涵蓋了戰略與戰爭、軍事戰略、戰役與戰鬥層面。因此，有必要對中共戰略與戰爭、軍事戰略、戰役與戰鬥的概念與定義，須做明確的「界定」。

一、戰略與戰爭

戰略是指導戰爭準備和實施的方針、政策和謀略。按範圍：分為國際（聯盟）戰略、國家戰略、戰區戰略和軍種戰略；按類型：分為進攻戰略和防禦戰略；戰略指導戰爭、戰役與戰鬥，並受其影響。[112]戰略是隨著戰爭的實踐的發展而產生和發展起來的。戰爭作為一種社會歷史現象是人類發展到一定階段的產物。[113]戰略是研究戰爭全局性規律的。毛澤東說：「研究帶有全局性的戰爭指導規律，是戰略學的任務」。「戰略是指導戰爭全局的，凡屬帶有要照顧各方面和各階段的性質的，都是戰爭的全局，也都屬於戰略問題」。[114]毛澤東也明確地指出中國社會的特殊情況，決定了解決中國問題的特殊辦法。中國問題，離開了武裝鬥爭就不能解決。「槍桿子出政權」，在中共主要的鬥爭形式是戰爭，而主要的組織型式是軍隊。這個特點既解決了戰略理論研究對象，也規定了戰略實踐活動主要範圍，實際上就是戰爭戰略。[115]

---

[112] 軍事辭海編輯委員會　編，軍事辭海（杭州：浙江教育出版社，2000年8月），頁15。

[113] 彭光謙、姚有志　主編，軍事戰略學教程，頁1。

[114] 彭光謙、姚有志　主編，軍事戰略學教程，頁93。

[115] 馬保安　主編，戰略理論學習指南（北京：國防大學出版社，2002年4

二、軍事戰略

　　軍事戰略是籌劃和指導軍事鬥爭全局的方略。[116]中國的軍事戰略統管國防建設與軍隊建設，統管武裝力量的準備與使用。中國一貫奉行積極防禦的軍事戰略，是依據戰略環境的變化而適時調整主要戰略方向，戰略重點和戰略部署。在性質上始終是防禦的，而在要求上又始終是積極的。[117]軍事戰略是國家安全目標與軍事手段之間的一個極為活躍的因素，也是軍事、政治、經濟、外交、文化等諸因素互相聯繫、互為因果的集中體現。[118]

三、高技術局部戰爭

　　高技術亦稱高新技術，是指在科學技術領域中處於前沿或尖端地位，對促進經濟和社會發展，增強國防力量有巨大推動作用的技術群。它是動態、發展的概念。現代高技術主要指信息技術、新材料技術、新能源技術、生物技術、航天技術、奈米技術及海洋開發技術等。軍事高技術是建立在現代科學技術成就基礎上，處於當代科學技術前沿，對武器裝備發展，起巨大推動作用的高技術。從高技術的角度來劃分現代軍事高技術的主要領域包括偵察監視技術、偽裝與隱形技術、夜視技術、軍事激光技術、電子戰技術、軍事航天技術、精確制導技術、核武器、化學武器、與生物武器技術、指揮自動化系統以及新概念武器與其他新技術。

　　局部戰爭（local war）是指在局部地區進行的，目的、手段、規模均較有限的戰爭。由於局部戰爭僅波及世界一定的區域範

　　月），頁 15-17。
[116] 馬保安　主編，戰略理論學習指南，頁 54。
[117] 軍事科學院戰略研究部　著，戰略學，頁 26。
[118] 李際均　著，論戰略（北京：解放軍出版社，2002 年 1 月），頁 239。

圍，在一定程度上和一定範圍內影響國際形勢，因而有些國家亦稱為「有限戰爭」（limited war）。

高技術局部戰爭是指大量運用信息技術、新材料技術、新能源技術、生物技術、航天技術、偽裝與隱形技術等當代高、新技術水平的常規武器裝備，並採取相應的作戰戰法，在一定地區內所進行的戰爭。[119]高技術局部戰爭不是一般意義上的「現代化戰爭」。是指廣泛運用「高技術」武器裝備和「高技術」作戰手段、作戰方法所進行的現代化的戰爭。[120]

四、聯合作戰（戰役）

中共出版《軍事辭海》對戰役之定義：集團軍以上兵力單獨或集中進行的中規模作戰。按軍種分為聯合戰役、陸軍戰役、海軍戰役、和空軍戰役等；按範圍分為方面軍群（野戰軍）戰役、方面軍（集團軍群）戰役及集團軍（兵團）戰役；按類型，分為進攻戰役及防禦戰役。[121]

中共軍事科學院對聯合戰役定義為：一、聯合戰役的戰役指揮通常由聯合指揮機構統一負責；二、戰役力量通常由兩個或兩個以上軍種的戰役軍團所構成；三是軍種戰役力量之間構成並列關係，共同實施戰役。聯合戰役是在聯合指揮機構的統一指揮下，由兩個以上軍種的戰役軍團共同實施的戰役。[122]與美國三軍

---

[119] 郭梅初主編，高技術局部戰爭論（北京：軍事學科出版社，2003 年 1 月），頁 1-3。

[120] 劉龍光主編，高技術軍事世界（北京：國防大學出版社，1995 年 6 月 3 刷），頁 36。

[121] 軍事辭海編輯委員會　編，軍事辭海（杭州：浙江教育出版社，2000 年 8 月），頁 17。

[122] 高宇颷　主編，聯合戰役學教程（北京：軍事科學出版社，2001 年 8 月）

聯合作戰概念與定義，基本上大致相同。[123]美軍參謀聯席會議於
1991 年頒發的第 1 號聯合出版物《美國武裝部隊的聯合作戰》及
1994 年頒發的 0—2 號聯合出版物《武裝部隊的統一行動》等指
導性文件，都是美軍聯合作戰的綱領性文件，是美軍聯合作戰理
論的核心內容。聯合作戰是指由兩個或兩個以上軍種部隊共同實
施的作戰行動。[124]

五、聯合戰鬥

依據對聯合戰役、聯合作戰及戰鬥的本質分析：對於多兵種
共同實施的聯合戰鬥和聯合戰役，界定：在高技術局部戰爭中，
聯合戰鬥是由多個在不同作戰空間或領域且具有獨立作戰能力
的軍兵種戰術兵團、部隊、分隊編成的聯合戰術兵團，為了達成
戰役局部目的，以及較為具體戰爭目的或局部戰爭目的，各作戰
力量間以相互平等的關係，在較短的時間和較小的交戰空間，共
同實施的一種自主性較強的小規模協同作戰。[125]

六、現代條件下的人民戰爭

鄧小平提出的「現代條件下的人民戰爭」的新命題，將人民
戰爭理論推向一個新階段。現代條件不同，表現形式不同、裝備
不同、手段也不同。這四個不同，實際上概括了現代條件下人民
戰爭的基本特點。現代條件下的人民戰爭要求更加靈活多變的作

頁 26-27。
[123] 謝永恬　譯，美國三軍聯合作戰：聯合作戰即團隊作戰（台北：國防部
　　史政編譯局，1992 年 10 月），頁 19-47。
[124] 李文　著，美軍聯合空中作戰研究（北京：國防大學出版社，2003 年 4
　　月），頁 33-34。
[125] 張羽　著，論聯合戰鬥（北京：國防大學出版社，2003 年 3 月），頁 30-31。

戰方式，人民群眾的參戰形式也將由「數量型」向「質量型」轉
變，由「直接型」向「間接型」轉變，由「體能型」向「技能型」
轉變。現代條件下人民戰爭的新特點決定了人民戰爭在指揮系
統、武器裝備、戰爭動員機制、戰略戰術等方面必然產生新的變
化。[126]

（二）文獻評析與探討

　　學者巴比（Earl Babbie）在《社會科學研究方法》（The Practice
of social Research）書中，對於學術論文中的文獻探討提出了五點
導引：

　　「別人對這個主題（topic）有何看法？哪些理論可以解釋這個
主題，以及論點如何？前人的研究有那些？前人的研究發現與見解
有何同、異之處？現有的研究有何缺點，以及如何改進它？」[127]

　　的確，文獻評論是針對某個研究主題，就目前學術的成果加
以探討。文獻評論，旨在整合某個特定領域中，已經被思考過與
研究過的資訊，目的在將已經研究過的作品，做一個摘要與整
合，並提供未來研究的建議。

　　文獻評論是根據一個指導概念，例如研究目的、主旨，或者
希望討論的議題，將此議題上有信譽的學者與研究者已經所作的
努力，做有系統地呈現歸類與評估。評獻論文的目的並非是將你
可能找到的文章列出；而是必須顯示在辨識相關性資訊上的智慧
能力，並且根據自己的指導概念，來綜合與評估這些資訊。為求

---

[126] 彭光謙　主編，鄧小平戰略思想教程（北京：軍事科學出版社，2000 年
　　9 月），頁 167-177。

[127] Earl Babbie, *The Practice of Social Research, 8th, ed*（U.S.：Wadsworth
　　Publishing company, 1998），p.112.

達到以上目的，必須善用資訊搜尋技巧及進行批判性評估；避免過於自信或缺乏自信以及相互矛盾的錯誤觀念。[128]

本議題是戰略研究途徑，以「聯合作戰」理論，來解析中共打贏高技術局部戰爭能力的研究。文獻評析中將分別從「高技術局部戰爭」型態下，以「聯合作戰」理論來檢視不同於本文研究途徑的文獻。冀求，從文獻評析中，整合出現有文獻的研究方法、重點及不足處，作為本篇論文的參考，並提供未來研究的建議。

台灣在政治解嚴以前，研究共軍幾乎被國家安全單位所壟斷，民間幾乎毫無置喙的餘地。即使民間有蔣緯國將軍主持的中華戰略學會，該學會的活動很少向社會開放。政治解嚴及兩岸開始交流以後，研究中共軍事在內的國防與安全事務的民間團體和人士逐漸增加。1994 年以後，中共舉行針對台灣的軍事演習，激起了台灣社會的危機感，使投入中共軍事研究的智庫（think tank）及專業人士快速增加。

中華民國高等政策協會（Chinese Council for Advanced Policy Studies, CAPS）是解嚴後民間最早舉行學術性中共軍事研討會的機構。1988 年 3 月舉辦了第一次的解放軍研討會。其後，每年與國際學術機構共同舉辦解放軍研討會，包括倫敦國際戰略研究所（International Institute for Strategic Studies, IISS）、倫敦大學亞非學院（School for Oriental and African Studies）、美國蘭德公司（Rand）及海軍分析中心（Center for Naval Analyses）等。研討會主題涵括，「2000 年解放軍的發展」、「解放軍對外關係」、「各國對解放軍的軍備轉移」（arms transfer）、「經濟改革對共軍的衝

---

[128] 朱浤源　主編、中華科際整合研究會　合編，*撰寫博碩士論文實戰手冊*（台北：正中書局股份有限公司，2002 年 8 月第六次印刷），頁 95-120。

擊」、「二十年來解放軍研究的回顧與檢討」及「解放軍如何因應資訊時代」等。所有會議後的文章都出版成專書。[129]

　　台灣綜合研究院戰略與國際研究所成立時間雖較短，但是對中共軍事及安全政策，乃至於整體國家安全的研究非常積極。該所已舉辦過許多和共軍研究有關的研討會，包括「信心建立措施與國防」、「共軍對資訊戰的研究」、「軍事事務革命與國防」、「兩岸軍力發展」及「淨評估與國家安全」等研討會。[130]

　　國防政策與戰略研究學會，是新成立的組織，旨在研究我國國防改革及中共軍事研究與區域安全等相關議題。該學會於 2004 年 2 月 29 日至 3 月 1 日，舉辦第四屆台灣國防國際研討會，針對「中共軍事現代化發展與台灣軍事改革」進程、問題與展望，邀請美日韓等國與我國專家學者進行評論與分析。[131]

　　國防大學近年來也舉辦了以國家安全或軍事戰略的研討會。例如，「亞太情勢與兩岸關係研討會」、「國家安全與軍事戰略學術研討會」、「跨世紀國家安全與軍事戰略學術研討會」等。這些研討會文章均涉及中共軍事發展議題。[132]最近國防大學與政大東亞研究所於 2004 年 6 月 12 日舉辦「二十一世紀的解放軍：是黔驢還是老虎？」學術研討會，論文包含「中共現階段軍事戰略分析」、「中共信息戰之不對稱戰研析」、「中共軍事現代化與變革」、「從中共換裝蘇愷戰機論其空軍現代化發展趨勢」等，均以

---

[129] 丁樹範，＜中共軍事研究＞，行政院大陸委員會　編，*中國大陸研究基本手冊（下冊）*，（台北：行政院大陸委員會，2002 年），頁 11-4 至 11-5。

[130] 同上註，頁 11-5。

[131] http://www.itdss.org.tw/.第四屆台灣國防國際研討會論文集，刊載於《國防政策評論》2004 年 3 月，第四卷第二期。

[132] 丁樹範，＜中共軍事研究＞，行政院大陸委員會　編，*中國大陸研究基本手冊（下冊）*，（台北：行政院大陸委員會，2002 年），頁 11-5～11-6。

中共軍事研究為主要議題。另外，國防大學也成立了「解放軍研究中心」，專責中共軍事研究。[133]

　　西方國家研究中共軍事最積極的當屬美國。這和近年來中共的崛起可能影響美國在亞太地區的主導權，因而需要對解放軍的發展密切關注有所關聯。

　　美國企業研究所（American Enterprise Institute）是美國國內最積極舉辦共軍研討會的智庫之一。近年來與美國陸軍戰爭學院（Army War College）下的戰略研究所（Strategic Studies Institute）共同舉辦解放軍研討會。會議舉辦單位都會出版會議論文。例如，China's Military Faces the Future, The Chinese Armed Forces in the 21st Century, Crisis in the Taiwan Strait, People's Liberation Army After Next. 我國防部史政編譯室近年來都把這個會議論文出版的書籍翻譯成中文，提供國軍幹部與社會人士閱讀。

　　蘭德公司近年來除了和中華民國高等政策協會合作舉辦共軍研討會外，也接受美國政府的委託，從許多角度研究共軍。例如，近年來出版了 Interpreting china's Grand Strategy, Past, Present, and Future, 從中國傳統歷史瞭解對外用兵時機；The US and a Rising China, Strategy and Military Implication, 提出對中共的「圍合」（congagement）概念；討論「六四」以後中共政治繼承與共軍在政治繼承的角色 The Military and Political Succession in China: Leadership, Institution and Beliefs； 及專門討論中共空軍發展的 China's Air Force Enters the 21st Century 等著作皆和共軍有關。

---

[133] 國防大學，＜學術研討會論文集＞，國防大學，二十一世紀的解放軍：是黔驢還是老虎？學術研討會（桃園：國防大學，2004 年 6 月 12 日）。研討會中與研編室主任劉廣華上校及教官楊順利上校的談話，說明成立「解放軍研究中心」的由來、發展與交流。

美國陸軍戰爭學院戰略研究所除了和美國企業研究所合作舉辦解放軍研討會以外，近年來對中共軍事研究也有很多重要的出版品。例如，China's Strategic Modernization：Implication for the US；Chinese Arms Export；Policy, Plays and Process；China's Military Potential：New Century, Old Thinking：The Dangers of the Perceptual Gap in the US-China Relations：Traditional Military Thinking and the Defensive Strategic of China；China's Transition into the 21st Century ；China's Strategic View：及 The Role of the PLA 等著作。[134]另外值得一提，1997 年 7 月 15 日，美國陸軍戰爭學院接待了中共軍事學科院代表團並舉行座談會，內容涉及軍事教育到國家安全及軍事戰略等議題，並請中共代表團團長李際均中將向美國陸軍戰爭學院 1997 年班發表「中國軍事思想傳統與防禦戰略」演講。[135]

美國國防大學（National Defense University）國家戰略中心（Institute for National Strategic Studies）對共軍的研究非常重視。該中心每年定期舉辦有關亞太地區安全的研討會外，與共軍有相當多的交流。出版共軍的著作有：Explaining and Influencing Chinese Arms Transfer：China Rising：New Challenges to the US Security Posture；PLA Views on Asia Pacific Security in the 21st Century；及 China as a Military Power 等。另外，國防大學也新成

---

[134] 丁樹範，＜中共軍事研究＞，行政院大陸委員會　編，中國大陸研究基本手冊（下冊），（台北：行政院大陸委員會，2002 年），頁 11-7 至 11-8。

[135] 該篇演講是李際均於 1997 年 7 月 15 日在美國陸軍戰爭學院的演講稿和即席回答及提問的記錄，收錄於：李際均　著，論戰略軍事論文集 "中國軍事思想傳統與防禦戰略"（北京：解放軍出版社，2002 年 1 月），頁 83-102 。

立「中國軍事研究中心」（Center for Study of Chinese Military Affairs），對共軍研究投入更多心力。[136]

　　整體而言，這些書籍和文章的內容大致可以分為三大類：共軍的政治角色，共軍軍事戰略發展，及共軍的軍事經濟。具體而言，共軍軍事戰略項目大致包括：共軍軍事戰略發展、共軍軍事思想發展、討論各軍種訓練在內的共軍軍事現代化與發展、共軍軍事演習和共軍可能武力犯台模式分析、共軍的軍事事務革命與資訊作戰能力的發展、共軍快速反應部隊、共軍的各種作戰方式及共軍整體兵力的發展。有關研究共軍政治角色包括：中共領導人和共軍關係、共軍在政治繼承角色、各時期的黨軍關係、共軍的政治工作等。軍事經濟近幾年特別引人注意，這和中共實施改革開放政策以來的一些政策有關。這類的文章包括：共軍經商行為的起伏、中共對外軍售、中共國防工業的改革及國防工業的軍轉民、中共國防科技體系、共軍軍備發展與武器獲得等。[137]

　　綜上分析，對我國及美國各智庫研究中共軍事領域與議題作前引，因此本文探討中共的高技術局部戰爭的能力研究，以聯合作戰發展為例，亦對我國、美國及中共所出版的文獻進行評析。中共的高技術局部戰爭的能力研究：以聯合作戰發展為例相關文獻評析：[138]

---

[136] 丁樹範，＜中共軍事研究＞，行政院大陸委員會　編，*中國大陸研究基本手冊（下冊）*，（台北：行政院大陸委員會，2002 年），頁 11-8。

[137] 丁樹範，＜中共軍事研究＞，行政院大陸委員會　編，*中國大陸研究基本手冊（下冊）*，（台北：行政院大陸委員會，2002 年），頁 11-10。

[138] 全國圖書書目資訊網路系統聯合目錄（NIBET）：
http://nbinet.nct.edu.tw//screens/mainmenu chi.html；中文博碩士論文索引（ICD）：http://163.13.35.22/ttsweb/icd.htm；中華民國期刊論文索引系統 WWW 版：http://163.13.35.22/ne13web/index.htm；中華民國期刊論文影像系統：http://readopac.ncl.edu.tw/html/frame.htm；全國碩博士論

（一）國內專書部份：

我國學者丁樹範以網路查詢國家圖書館的書目，從主題類鍵入「中共軍事」、「共軍」、「中國軍事」等關鍵字，並以 1990 年至 2000 年為搜尋時間範圍，搜尋結果這十一年間，共出版了 128 本討論解放軍的書（含翻譯作品）。其各年份的出版量（如附表 1-3）。[139]

附表 1-3：1990-2000 年間中華民國出版研究共軍的書籍統計表

年份	1990	1991	1992	1993	1994	1995	1996	1997	1998	1999	2000
數量	3	3	9	6	14	24	24	16	13	9	7

資料來源：丁樹範，＜中共軍事研究＞，行政院大陸委員會 編，中國大陸研究基本手冊（下冊），（台北：行政院大陸委員會，2002年），頁 11-9。

以 2001 年至 2003 年時間查詢，結果搜尋研究共軍的書籍，計有 23 本（含翻譯作品）（如附表 1-4）。再以本文主題進階查詢共有 8 本（兩本 1998 及 1996）研究中共共軍的書籍。[140]（如附表 1-5）

文摘要檢索系統，http：//163.13.35.22/ttsweb/sticlogo.html；遠距圖書服務系統：http：//www.read.com.tw.；國防大學：http：//lib-1.ndu.edu.tw/catalog/main-new.htm.；政治大學：http：//library1.lib.nccu.edu.tw：8090/index.jsp.；中華民國高等政策研究協會（Chinese Council for Advanced Policy Studies, CAPS）；國防政策與戰略研究學會：http：//www.itdss.org.tw/；中華歐亞基金會：http：//www.eur.asian.org.tw/；台灣綜合研究院：http：//www.tir.org.tw/；尖端科技軍事資料庫：http：//www.dtmonline.com/.；中華戰略學會：http：//www.grb.gov.tw/.

[139] 丁樹範，＜中共軍事研究＞，行政院大陸委員會 編，*中國大陸研究基本手冊（下冊）*，（台北：行政院大陸委員會，2002 年），頁 11-9。

[140] 國家圖書館全國新書資訊書目：http：//lib.ncl.edu.tw/cgi-bin.「2001 年－2003 年中共軍事」。總計 372548 記錄中找到 6 筆近似資料。

附表 1-4：2001-2003 年間中華民國出版研究共軍的書籍統計表

年份	2001	2002	2003
數量	10	7	6

資料來源：國家圖書館新書資訊網 http://lib.ncl.edu.tw/isbn/index.htm

附表 1-5：2001-2003 年間研究中共軍事一覽表（以本文為主題）

作者	書名	出版時間	初版社
翁明賢	2010 年中共軍力評估－國家安全戰略叢書	1998.1	麥田出版
林中斌	核霸－透視跨世紀中共戰略武力	1996.2	學生書局
林中斌	廟算台海－新世紀海峽戰略態勢	2002.12	學生書局
孟樵	探索中共 21 世紀的軍力－邁向打贏高技術戰爭之路	2001.3	全球防衛雜誌出版
廖文中	中共軍事論文集	2001.1	中共研究雜誌出版
林宗達	中共軍事革新之信息戰與太空戰	2002.5	全球防衛雜誌出版
林宗達	赤龍之爪－中共軍事革新之陸海空三軍暨二砲部隊	2002.2	黎明文化
林宗達	蛻變中的軍事強權－中共軍事革新的動力	2001.7	時英出版

資料來源：國家圖書館新書資訊網 http://lib.ncl.edu.tw/isbn/index.htm

　　我國學者翁明賢編輯《2010 年中共軍力評估》專書，是以東亞區域研究為基礎，探討中共、台灣在本區域內的角色以及未來發展的「安全研究途徑」。並以中共未來的軍力發展為核心，並兼論我國防衛政策為研究架構。本書最大特色是大幅度運用未來學研究的理論和多樣的研究方法，以擺脫一般安全研究所側重的

歷史途徑及未注重趨勢展望的缺點。[141]本書以「安全研究」途徑在分析中共軍力評估時，雖說明戰略背景影響著中共國家安全戰略及對軍事戰略的指導與規律，而所引證出中共現代化軍力發展與評估，威脅我國家安全的生存與發展，進而對我國國防政策提出建言，的確有著清晰的論證。[142]唯在高技術局部戰爭與聯合作戰未作結合，且僅以中共發展高技術武器裝備作為軍力評估，似有未竟全功之處。

本書在結論中對我國軍事戰略之建議：一個完整的軍事戰略應涵蓋戰略構想、戰略計畫與戰略行動三個部份。戰略構想為戰略行動提供了理論基礎，戰略行動又是戰略構想的實踐，而作為兩者橋樑的戰略計畫，則緊密地將兩者結合。因此，在論述軍事戰略建構時應從三個面向切入，所得之推論更為周詳，亦較具可信度。[143]在某一個程度而言，這是符合將來需要何種兵力；應如何建立此種兵力；如何運用兵力之「打、裝、編、訓」的建軍備戰的思維理則。[144]再者，中共戰略制定的指導規律即戰略運籌規律主要包括：戰略判斷、戰略決策與戰略計畫等環節的指導規律。[145]因此，根據戰略制定的規律，結合中共新時期的具體情況，分析出新時期中共的國家軍事戰略，『是以國家綜合實力為基

---

[141] 張建邦　總策劃、林中斌　審校、翁明賢　執行編輯，*2010 年中共軍力評估*（台北：麥田出版，2000 年 6 月三刷），頁 10-24。

[142] 張建邦　總策劃、林中斌　審校、翁明賢　執行編輯，*2010 年中共軍力評估*，頁 13-14。

[143] 張建邦　總策劃、林中斌　審校、翁明賢　執行編輯，*2010 年中共軍力評估*，頁 262。

[144] 劉漸高，＜軍事戰略 第九講＞，中華戰略學會　編，*認識戰略─戰略講座彙編*（台北：中華戰略學會，1997 年），頁 438-441。

[145] 軍事科學院戰略研究部，*戰略學*（北京：軍事科學出版社，2001 年 10 月），頁 36。

礎，以積極防禦思想為主導，以打贏高技術局部戰爭為基點，以聯合作戰為樣式，建設與運用軍事力量，為維護國家主權與安全而對戰爭準備和戰爭實施全局、全過程的運籌與指導。」[146]

換言之，若以本書「戰略研究」途徑來分析，中共打贏一場高技術局部戰爭，以聯合作戰為樣式，就應有什麼戰略構想，應有發展國防建設與高技術武器裝備的計畫，就應有加強聯合作戰機制與訓練及兵力運用與發展的行動方案。因此，以「戰略研究」途徑來評估中共軍力的發展，方能彌補不足之處，並提供我國建立聯合作戰機制的參考。

學者林中斌在《核霸－透視跨世紀中共戰略武力》書中專文，＜點穴戰爭：中共研發卜世紀的戰略武力＞分析中共在 1980 年代中期開始發展下一代戰爭的能力。對內有時稱「點穴戰爭」，偶而稱「針頭攻擊」，對外稱「信息戰爭」（information warfare）。美方稱中共此觀念為「不對稱戰爭」（asymmetrical warfare）。採「以弱戰強，避實擊虛」的軍事對抗之意，針對「高技術武器的弱點，戰而勝之」。[147]

本篇論文是以「信息戰爭」理論探討中共下一世紀的戰略武力發展。主要論述，中共藉由「863 計劃」發展「資訊戰爭」的能力，並引證美國國防部的報告，中共點穴戰爭構想中所發展「硬軟殺傷武器」的進展，從 1990 年代演練電腦病毒作戰，以瀋陽軍區的一個摩托化步兵師進行「信息戰條件下實兵實彈戰術演習」，包括「駭客」（hacker）入侵、電子戰、反精確制導等項目。如果，中共獲得點穴戰爭的能力，封鎖已不再是中共攻台之優先

---

[146] 軍事科學院戰略研究部，*戰略學*，頁 15。
[147] 林中斌　著，*核霸－透視跨世紀中共戰略武力*（台北：台灣書局，1999年），頁 1-3。

選擇,因為在未來戰爭是「首戰即決戰、指揮控制戰、多兵器結合、用特種分隊、實施軟打擊、小散遠直」的點穴戰戰法。[148]本文以「信息戰爭」的理論分析,但是未能對信息戰爭的戰略指導與原則及部隊編制、訓練、後勤等各層次相關因素作論述。

「信息戰爭」的定義而言,林中斌引用中共沈偉光對信息戰作如下的釋義:「廣義是指:軍事集團搶占信息空間和爭奪信息資源的戰爭;狹義是指:戰爭中交戰雙方在信息領域的對抗」。[149]這段是引用於 1997 年 5 月出版的《打贏高技術局部戰爭－軍官必讀手冊》。而沈偉光在其著作是以「信息化戰爭」的概念為理論探討。[150]中共王保存同樣是以「信息化戰爭」概念與定義:「信息化戰爭是以信息時代的基本戰爭型態,是由信息化軍隊在陸、海、空、天信息、知識等六維戰略空間用信息化武器裝備進行的,以信息和知識為主要作戰力量,附帶殺傷破壞減到最低限度的戰爭」。[151]因此,綜上可以說明幾點,及至目前在中共軍事學術界,對信息化戰爭的概念尚未完全統一,有的稱「信息戰爭」,有的稱「信息化戰爭」,有的稱「信息時代的戰爭」,也有的稱「信息戰爭」和「信息化戰爭」與「高技術戰爭」是大同小異;[152]信息化戰爭型態是在信息時代,必須有信息化軍隊才能打信息化戰爭,機械化

---

[148] 林中斌 著,核霸－透視跨世紀中共戰略武力,頁 10-21。

[149] 林中斌 著,核霸－透視跨世紀中共戰略武力,頁 4。亦可參見,王啟明、陳鋒 主編,打贏高技術局部戰爭－軍官必讀手冊(北京:軍事誼文出版社,1998 年 8 月第 2 次印刷),頁 538-540。

[150] 沈偉光 主編,信息化戰爭－前所未有的較量(北京:新華出版社,2003年 8 月)頁 18。

[151] 王保存 著,世界新軍事變革新論(北京:解放軍出版社,2003 年 8 月),頁 264。

[152] 王保存 著,世界新軍事變革新論,頁 257。

軍隊甚至半信息化軍隊打不了信息化戰爭；[153]此外，高技術戰爭是否終結？中共於 20 世紀 90 年代初期提出進行戰略轉變，要準備打贏下一場現代技術特別是在高技術條件下的局部戰爭。[154]

中共認為，1982 年 4 月英阿福克蘭群島戰爭中英軍的作戰形式及 90 年波灣戰爭中美軍的作戰形式，讓中共體認到，英、美兩國能夠掌握戰場主動權在較短時間取得戰爭勝利的主要因素是以「聯合作戰」的形式：面對新的戰爭情況和作戰任務，假設共軍仍採用以陸軍為主，其他軍種相配合的合同作戰模式，不僅會限制其他軍種作戰功能的發揮，而且還會造成戰略全局上的被動。因此，指出「聯合作戰」為符合現代戰爭特別是高技術局部戰爭需要的作戰形式。[155]在聯合作戰形式上，信息戰首當其衝，並貫穿作戰的始終，奪取制信息權成為掌握戰場主動權，亦是獲取作戰勝利的重要憑藉。[156]

鑑此，本文中共的高技術局部戰爭能力研究，以聯合作戰為理論，以信息為核心，來探討中共國防改革、編制體制調整及現代化軍事能力的架構，更能鑑古知今，展望未來。今天是昨天的延續，明天是今天的發展。當今世界的戰爭形態是高技術戰爭，而高技術戰爭之前是工業時代的機械化戰爭，其後將是信息時代的信息化戰爭。為了更精準預測和認識戰爭，必須認真研究從機械化戰爭經過高技術戰爭階段到信息化戰爭的發展軌跡。[157]

---

[153] 王保存　著，*世界新軍事變革新論*，頁 262。

[154] 王保存　著，*世界新軍事變革新論*，頁 261。

[155] 中共雜誌研究社，*2004 中共年報－第四篇軍事：對共軍「聯合作戰」發展之研究*（台北：中共研究雜誌社，2004 年 6 月），頁 4-120。

[156] 薛興林　主編，*戰役理論學習指南*（北京：國防大學，2002 年 1 月），頁 96。

[157] 王保存　著，*世界新軍事變革新論*，頁 265。

孟樵著《探索中共二十一世紀的軍力：邁向打贏高技術戰爭之路》，是以「歷史研究」途徑，探討中共戰爭思想轉變，區域安全的影響及軍力發展與我因應之道。[158]本文在研究方法論述，由於研究者在文獻分析運用上常見的謬誤中發現，問題的癥結在於多半的軍事研究採取一種歸納重於演繹的邏輯，從廣泛的資料中擷取部份看似規律其實可議的歷史性資料，牽強附會的假定事實真像，從而導出無法周延肯定的結論。這是一般軍事研究者常見的最大問題，將研究方法扭曲為「資料堆砌」與「倒果為因」的結果發現，都降低了文獻研究法的研究價值與科學的客觀性。

本書探討中共探索中共二十一世紀的軍力：邁向打贏高技術戰爭之路，是以打贏高技術局部戰爭為指導原則。未來戰爭型態將以高科技的有限戰爭與局部戰爭為主，從此軍事戰略的方向開始轉變，由 1964 年的「早打、大打、打核戰」思想，轉變為「和平時期建設的軌道」之現代條件下打人民戰爭思想，並在 1990 年代初期逐漸發展成「打贏高技術條件下的局部戰爭」的戰略思想，並重視整合陸海空軍戰力的聯合作戰。[159]此一觀點的論述，依中共戰略、戰役及戰術的層次，基本上是錯置的。

中共在軍事戰略上始終是積極防禦的戰略方針。因應新時期積極防禦的軍事戰略方針，在戰略指導上實行重大調整，把軍事鬥爭準備的基點上由應付一般條件下的局部戰爭轉到打贏現代技術特別是高技術的局部戰爭上。[160]而不是本書中將「打贏高技

---

[158] 孟樵 著，探索中共二十一世紀的軍力：邁向打贏高技術戰爭之路（台北：全球防衛雜誌，2001 年），前言。

[159] 孟樵 著，探索中共二十一世紀的軍力：邁向打贏高技術戰爭之路，頁74-75。

[160] 張全啟 主編，江澤民國防和軍隊建設思想研究（北京：國防大學，2003

術條件下的局部戰爭」的軍事戰略思想作為指導。其次，將聯合作戰擺在戰術層次中討論，是無法說明聯合作戰在戰略及戰役上指導與制約。書中也強調，中共發展不對稱戰爭武力，包括電磁戰、信息戰、精確制導武器、激光武器等，皆為求迅速癱瘓敵人的指管通情系統。上述這些武器，若按本書高技術武器裝備的定義，均屬高技術武器裝備的範疇，則有含糊不清之處。另外，在「不對稱戰爭」只討論武力發展，而未能將不對稱作戰理論與高技術局部戰爭的關聯性作探討，更能說明對中共戰爭、戰略、戰役、戰鬥的本質無法釐清。

　　以中共高技術局部戰爭的能力研究，以信息為核心，聯合作戰為戰役樣式，是以戰略研究途徑的戰爭、戰略、戰役及戰鬥關聯性，更可以說明本書欠缺之處。

　　譚傳毅所著《中國人民解放軍之攻與防》，是以高技術局部戰爭探討解放軍對於「高技術條件下局部戰爭」的認知為何？「高技術條件下局部戰爭」之政治目的與戰爭目標之間的關係為何？解放軍如何在高技術條件下改革其軍事指揮系統？如何在高技術條件下遂行信息戰、聯合作戰及空間戰（太空戰）？[161]結論，解放軍所謂高技術戰爭的本質，其實就是「信息化」的戰爭；共軍高技術局部戰爭其實並不是「局部性」的，因為經由「謀略」的過程與人民戰爭配合使用。謀略同時指導政治與戰爭以及攻擊與防禦，在戰役或戰鬥的層次亦是如此。基於攻擊與防禦這兩個原則，防禦態勢屬於「鬆」，積極主動是「黏」，然後在適當時機，

年6月），頁170-172。

[161] 譚傳毅　著，*中國人民解放軍之攻與防*（台北：時英出版社，1999年），頁2。

集中全力打擊。[162]

本書以中共高技術局部戰爭理論，探討局部戰爭與政治關係及如何遂行聯合作戰等議題，但對國防建設，武器裝備，體制編制及後勤保障，均未著墨且對高技術戰爭及聯合作戰的概念界定未能周延。而最後結論是，解放軍的高技術戰爭是信息化的戰爭。高技術戰爭，它不是信息化戰爭。信息化戰爭雖嶄露頭角，然「進化」為戰爭型態有待時日。高技術局部戰爭是以精確制導武器為主兵器，以高效信息化處理為核心的戰爭型態，是從機械化、物理能向自動化、信息能過渡，硬殺與軟殺相結合的戰爭型態。[163]

其次，本書對聯合作戰的概念界定，是值得商榷。本書根據1994 年中共國防大學出版《當代戰術指南》之解釋：聯合作戰是「諸軍兵種協同進行戰鬥的原則和方法，分為戰略協同、戰役協同、軍種合同戰術、兵種合同戰術等」。中國軍事百科全書增補篇，對聯合作戰的定義：「兩個以上軍種的作戰力量按照總的企圖和統一計劃，在聯合指揮機構的統一指揮下共同實施的作戰。」[164]定義不明確，同樣會造成戰略、戰役與戰鬥的層次關係的混淆不清。

綜上分析，由於高技術局部戰爭大量使用高技術武器裝備，使局部戰爭呈現出「反應速度快、機動距離遠、突擊能力強和作戰節奏短」等特點。[165]而高技術局部戰爭以聯合作戰為樣式，更

---

[162] 譚傳毅　著，中國人民解放軍之攻與防，頁 206-208。

[163] 郭梅初　主編，高技術局部戰爭論（北京：軍事科學出版社，2003 年 6 月 2 版），頁 14。

[164] 中國軍事百科全書編審委員會，中國軍事百科全書　增補（北京：軍事科學出版社，2002 年 11 月），頁 340-341。

[165] 郭梅初　主編，高技術局部戰爭論（北京：軍事科學出版社，2003 年 6 月 2 版），頁 144。

具有戰役：「戰役戰略性的突出、高技術對抗激烈、戰役力量多元、戰役行動多樣、戰役指揮複雜」等特點。[166]因此，以本文高技術局部戰爭，以聯合作戰進攻與防禦，更能彰顯戰爭型態的規律及「攻」與「防」的轉變。

廖文中主編《中共軍事研究論文集》中「共軍現代化建設對台灣安全的影響」。主要論述：自波灣戰爭後，共軍軍力隨現代化腳步獲得相當快的發展，特別是核子武器、太空計畫、電子戰以及傳統陸海空和二炮等武器裝備與後勤系統的改良，使共軍軍力在此十年中的發展遠超過以往四十年的綜合軍力。共軍戰略思想和戰爭準備，隨「軍事革命」（RMA）的思潮而有所改進，包含對周邊國家和地緣戰略以及局部戰爭型態準備的快速反應武力的投射能力。儘管近年來中共與周邊國家關係逐漸趨緩，但仍有部份區域存在戰爭的可能性，包括台灣海峽、南海、中印邊界以及西太平洋海域。[167]

本文以「軍事革命」理論，探討自 1978 年共軍建設的四個階段，尤以，1992 年波灣戰爭，中共所重視的「高技術條件下的局部戰爭」，1999 年 5 月「科索沃」（Kosovo）戰爭，認為「軍事革命」帶來第三波戰爭面貌，未來將對 21 世紀的戰爭型態和軍事變革產生巨大影響。因此加速實施「科技強軍」和「科技練兵」的質量與腳步。並強調「精兵、合成、高效」作為共軍軍隊建設的根本方針。[168]文中亦分析中共為打贏下一場高技術局部戰

---

[166] 薛興林　主編，*戰役理論學習指南*（北京：國防大學出版社，2002 年 2 月），頁 91-93。

[167] 廖文中，＜共軍現代化建設對台灣安全的影響＞，廖文中　主編，*中共軍事研究論文集*（台北：中共研究雜誌社，2001 年），頁 1。

[168] 廖文中，＜共軍現代化建設對台灣安全的影響＞，廖文中　主編，*中共*

爭，對組織結構與兵力調整，教育訓練改革及後勤保障等改進作法，均有深入探討。但是對中共高技術局部戰爭思想與形成動因與戰略指導，陸海空二炮加強協同作戰能力，聯合作戰在戰役中起指導與制約作用，及高技術局部戰爭的能力評估等，均未論述，實有不足之處。

（二）論文、期刊部份

　　同樣地，丁樹範以網路查詢國家圖書館的全國碩博士論文網站，鍵入「中共軍事」、「共軍」、「中國軍事」等關鍵字，並以 1991 年至 2000 年為搜尋時間範圍，搜尋結果這十年間，共出刊了 266 本討論共軍的論文。其各年份的出刊數（如附表 1-6）。[169]

附表 1-6：1990-2000 年間台灣出版研究共軍論文統計表

年份	1991	1992	1993	1994	1995	1996	1997	1998	1999	2000
數量	8	12	31	25	33	38	31	29	37	22

資料來源：丁樹範，＜中共軍事研究＞，行政院大陸委員會　編，中國大陸研究基本手冊（下冊），（台北：行政院大陸委員會，2002年），頁 11-9。

　　試以 2001 年至 2003 年時間查詢，結果搜尋研究共軍論文，計有 54 篇（如附表 1-7）。

附表 1-7：2001-2003 年全國碩博士摘要系統研究共軍論文統計表

年份	2001	2002	2003
數量	23	13	18

資料來源：全國碩博士論文摘要系統 http://data.ncl.edu.tw/cgi-bin/theabs/

軍事研究論文集，頁 3-7。
[169] *丁樹範，＜中共軍事研究＞，行政院大陸委員會　編，中國大陸研究基本手冊（下冊），（台北：行政院大陸委員會，2002 年），頁 11-9。*

以本書主題查詢相關論文計有 11 篇（如附表 1-8）：

附表 1-8：2001-2003 年全國碩博士摘要系統研究共軍論文統計表

研究生	論文名稱	研究單位	時間
李昌宇	中共陸戰戰略發展－兼論台海安全影響	政大戰略與國際事務碩士專班	2001
張紹華	冷戰後中共軍事思想	政大戰略與國際事務碩士專班	2001
簡連德	中共空降作戰	淡江大陸所碩士在職專班	2001
張德方	美國軍事介入台海軍事衝突可能性之研究	政大戰略與國際事務碩士專班	2002
陳卡南	從軍事戰略思想轉變探討中共「高技術局部戰爭」準備之研究	國防管理學院國防決策研究所	2002
周國樑	中華民國軍事戰略的演變與兩岸互動關係	淡江國際事務與戰略研究所	2002
羅承烈	中共的高技術局部戰爭能力之研究－以彈導飛彈發展為例	淡江國際事務與戰略研究所	2003
楊順利	中共空軍現代化發展－以蘇愷戰機換裝為例	淡江國際事務與戰略研究所	2003
張明睿	解放軍對未來戰爭準備之研究	淡江國際事務與戰略研究所	2001
顧立民	中共國防後勤戰略研究－以局部戰爭理論分析	淡江國際事務與戰略研究所	2001
王長河	當代中共空軍戰略演變及其對台海地緣政治之影響	政大戰略與國際事務碩士專班	2002

資料來源：全國碩博士論文摘要系統 http://data.ncl.edu.tw/cgi-bin/theabs/

　　國防管理學院國防決策研究所陳玉南碩士論文《從軍事戰略思想轉變探討中共「高技術局部戰爭」準備之研究》。研究目的是從中共因應國際局勢的變遷，對其「軍事戰略思想」的影響與變化，再從共軍對「高技術局部戰爭」的認知，探討各軍種及科技研發對「高技術局部戰爭」準備的方向；共軍「高技術局部戰爭」準備對台灣與亞太地區周邊國家威脅程度，及對我國國防安全上因應作為提出建議與參考。[170]結論，中共軍事戰略思想的轉變，始於 1985 年 6 月，鄧小平在中央軍委擴大會議中指示，隨著國際情勢的變化，軍隊建設要改變以往「早打、大打、打核戰」的戰略思想，轉變為「質量建軍」的國防現代化改革；1991 年波灣戰爭，更使中共警覺到以其現有的兵力結構、作戰原則、軍隊訓練與部署、指管通情能力等是無法適應於高技術局部戰爭。由於高技術局部戰爭的作戰原則是速戰速決、機動性強、作戰型式多樣，欲掌握戰場主動權，必須積極加速現代化軍事改革，形成「高技術局部戰爭」的建軍思想，以適應新的戰爭型態。[171]

　　論文計分五章。第一章緒論裡並沒有文獻評析，因此無法作到破與立的工作。在研究途徑上，以戰略研究途徑和歷史研究途徑作為選擇問題與運用相關資料的標準，但是在概念上卻以決策途徑為分析架構，是否混淆不清！在分析架構中，本文是以中共軍事戰略思想轉變，須建立高技術局部戰爭準備。但是只在第三

---

[170] 陳玉南，＜從軍事戰略思想轉變探討中共「高技術局部戰爭」準備之研究＞，國防大學國防管理學院國防決策科學研究所，*碩士論文*（台北：國防管理學院，2003 年 6 月），頁 3。

[171] 陳玉南，＜從軍事戰略思想轉變探討中共「高技術局部戰爭」準備之研究＞，國防大學國防管理學院國防決策科學研究所，*碩士論文*（台北：國防管理學院，2003 年 6 月），頁 152。

章及第四章敘述，中共軍事戰略思想的轉變與共軍對「高技術局部戰爭」準備，然而在第一章論述國際軍事戰略情勢發展又在第三章之各小節中分述，顯得重複。其次在第五章結論論證「高技術局部戰爭」準備的特性，須重視聯合作戰發展，但是未能將高技術局部戰爭與聯合作戰的相關聯性結合。結果影響，以中共軍事戰略思想的轉變探討共軍對「高技術局部戰爭」準備的論證不足。

　　探討中共戰略思維轉變，應先了解中共戰略應用理論。中共戰略應用理論，包括戰略制定和戰略實施的指導規律的基本理論，主要有戰略判斷、戰略決策、戰略計劃等環節；戰略實施的指導規律則包括軍事力量建設和軍事力量運用的戰略指導。[172]戰爭的客觀物質條件決定戰爭的規律，同時也決定戰爭的指導規律。戰爭雖然表現為戰爭指導者的主觀活動，但它決不是戰爭指導者個人意志的即興發揮，而是以一定的客觀物質條件為基礎，受一定社會生產方式和社會一定歷史條件的內在制約，及國際政治對戰略的外在影響。[173]

　　因此，以中共高技術局部戰爭能力的研究，以聯合作戰發展為例，是運用中共戰略基礎理論及戰略應用理論之戰略研究途徑分析，再對中共高技術局部戰爭的實力與潛力的綜合能力進行評估，方能達到「工欲善其事」之效果。

　　期刊方面，以本書主題查詢中華民國期刊論文索引影像系統，查詢結果計有 17 篇（如附表 1-9）：

---

[172] 彭光謙、姚有志　主編，《軍事戰略學教程》（北京：軍事科學出版社，2001年 11 月），頁 23-29。

[173] 軍事科學戰略研究部，《戰略學》（北京：軍事科學出版社，2001 年 10 月），頁 40-52。

附表 1-9：1994-2003 年中華民國期刊論文統計表

作者	篇名	刊名	卷期/年月
劉興祥	共軍高技術局部戰爭思想政治工作之研析	海軍學術月刊	35：8 民 90.8 頁 57-51
陳梓龍	高技術局部戰爭準備下的中共軍隊思想政治建設	戰略與國際研究	2：3 民 89.7 頁 93-111
沈明室	共軍「高技術局部戰爭中登陸作戰」之研究：比較觀點	共黨問題研究	22：6 民 86.6 頁 61-73
曾有福	中共「高技術局部戰爭」中政治工作走向之研析	國防雜誌	11：5 民 84.11 頁 87-92
陳國銘 黃維傑	三軍聯合作戰	國防政策評論	2：4 民 91.頁 38-55
任宜民	如何精進我國聯合作戰的能力：空軍的觀點	國防政策評論	2：4 民 91.頁 56-76
蘭寧利	台灣防衛作戰中之聯合制海作戰	國防政策評論	2：4 民 91.頁 78-109
滕昕雲	三軍聯合作戰：陸軍觀點	國防政策評論	2：4 民 91.頁 110-127
黃鴻博	聯合作戰指揮指管機制之研究－以「美」中台為例	共黨問題研究	28：9 民 91.9 頁 40-56
張紹華	中共南京軍區進行跨軍種培訓三軍聯合作戰軍事指揮人才之研究	國防雜誌	18：3 民 91.9 頁 79-87
陳勁甫	美軍「以簡馭繁」聯合作戰指揮機制之借鏡	國防雜誌	17：11 民 91.5 頁 80-98
王維邦	精進我空軍夜間聯合作戰能力之研究	空軍學術月刊	518 民 89.1 頁 32-49
李自虎	聯合作戰戰場指管通情運用之研究	空軍學術月刊	511 民 88.6.頁 21-24

林東煥	聯合作戰與指管通情資訊系統	海軍學術月刊	32：10 民 87.10 頁 29-36
蔡宜增	空軍在三軍聯合作戰中之地位	空軍學術月刊	489.民 86.8.頁 18-28
張瑞帆	美國研擬中的 2010 年三軍聯合作戰	海軍學術月刊	30：11 民 85.11.頁 4-6
陳偉寬	泛論「三軍聯合作戰之過去與未來」	空軍學術月刊	455 民 83.10.頁 3-9

資料來源：中華民國期刊論文索引影像系統 http：//www.2.read.com/cgi/nc13

　　《如何精進我國聯合作戰的能力：空軍的觀點》論文，主要論述：現代戰爭隨著資訊科技快速的發展及遠投、視距外精準武器裝備的精進，徹底改變未來作戰型態。在未來多維總體戰場中，戰爭的勝負與遂行，不只是單一軍種或單一武器可以獨立完成，須端賴三軍聯合整體戰力之運用與發揮。因此以聯合作戰理論，先探討中共因波灣戰爭及科索沃戰爭的教訓，而加強陸海空二炮之軍事現代化，以及資訊戰等能力，導論出中共犯台行動分析；其次再對於我國現今聯合作戰現況檢討與精進，在人員素質的提升、領導統禦能力之強化、聯合作戰準則之研發、聯合作戰教育與訓考之精進、落實後勤作為及科技研究與發展，而導論出三軍聯合作戰之整合及建軍之規劃。[174]

　　首先，本文未對我國三軍聯合作戰概念與定義論述，無法釐清聯合作戰指導、原則、組織、軍種任務及作戰力量編成，也就無法明定我國聯合作戰體系的架構。[175]其次，既以空軍觀點論

---

[174] 任宜明，＜如何精進我國聯合作戰的能力：空軍的觀點＞，翁明賢主編，*國防政策評論第二卷第四期*（台北：國防政策與戰略研究中心，2002 年），頁 56-76。

[175] 高宇颮　主編，*聯合戰役學教程*（北京：軍事科學出版社，2001 年 8 月），

述,亦無說明空軍特性及任務在聯合作戰中的功能,就某一個程度而言,也就是角色與定位的問題。例如,中共聯合作戰空軍作戰,是聯合作戰中參戰的空軍力量在其他軍種部隊和人民防空力量的配合下進行的各種作戰行動的統稱,是聯合作戰的重要組成部份。中共空軍作戰是實施空中作戰與防空作戰的主要力量;並協同陸軍作戰實施陸上攻防作戰;協同海軍作戰奪取制海權,實施海上作戰和島嶼攻防作戰;協同第二炮兵常規作戰實施導彈突擊;與其它軍種協同奪取制信息權。[176]因此,探討本文主題以空軍觀點,須以我國空軍的戰略、任務與特性及與海陸軍協同的整體聯合作戰的角度切入,作整體說明,方能彰顯近年來幾場高技術局部戰爭中,空軍地位的突出,空中力量的精準打擊,主導著聯合作戰中「首戰即決戰」的勝負。[177]

　　海軍退役中將蘭寧利在《台灣防衛作戰中之聯合制海作戰》論文,主要論述大致歸結兩點:一、戰區作戰與台灣防衛作戰是由陸權著眼,還是以海空權?二、以英阿福克蘭戰爭艦艇防空易損性,點出聯合制海中之聯合防空作戰、戰區反潛作戰、聯合水雷作戰的整體聯合的重要性。進而結論,聯合制海作戰指揮機制及聯合制海作戰的願景。[178]同樣地,本篇論文未能將我國聯合作戰的概念與定義說明,聯合作戰中海軍戰役及協同的角色,因此

頁 13-23。

[176] 薛興林　主編,*戰役理論學習指南*(北京:國防大學出版社,2001 年 11月),頁 140。

[177] 劉龍光　主編,*高技術軍事世界*(北京:國防大學出版社,1995 年 6 月3 版),頁 214。

[178] 蘭寧利,〈台灣防衛作戰中之聯合制海作戰〉,翁明賢主編,*國防政策評論第二期第四卷*(台北:國防政策與戰略研究中心,2002 年),頁78-109。

也就無法解釋戰區作戰或是戰役作戰，而且在我國軍是否有劃分戰區聯合司令部的編制？其次，聯合作戰通常要遵循軍事原則、聯合作戰原則及軍種作戰原則，否則只從一己出發要求其它軍種「配合」，就無法地真正達到「聯合」。美軍認為，這三種作戰原則之間的關係是：軍事原則是美國長期從戰爭的經驗總結，是指導美國三軍的作戰原則。聯合作戰原則是遵循在軍事原則的基礎上，針對聯合作戰的特點和軍兵種之間的關係而聯合制定的，用來指導各軍種在聯合作戰中的行動。各軍種作戰原則是在遵循共同原則基礎之上，針對各軍種的任務及其在戰場環境中的變化而提出來的。在聯合作戰中，任何軍種必須遵守這三種原則，並用這三種原則來指導自己的行動，在實戰中共同運用，以達成聯合作戰的目的。[179]

　　滕昕雲在《三軍聯合作戰：陸軍觀點》的論文，主要論述：就陸軍觀點而言，台海防禦中聯合作戰，陸軍不再從事境外之武力投射，而僅以台灣本島之防禦作戰為其戰略任務，其重心即是反登陸作戰，而三軍聯合作戰是最好的反登陸手段。但是鑑於各種嚴苛的戰場情勢，陸軍有可能獨立面對共軍兩棲或三棲入侵的威脅。於是以陸軍為主體而海空軍弱勢，亦即無法掌握制海制空優勢的反登陸「聯合作戰」該怎樣打？就是陸軍認為較為重要的課題！[180]

　　本篇論文同樣未能將我國聯合作戰的概念與定義說明，聯合作戰中陸軍作戰及協同的角色，因此也就只能限定於反登陸作戰

---

[179] 崔師增、王勇男　著，*美軍聯合作戰*（北京：國防大學出版社，1996 年 6 月 2 版），頁 33。

[180] 滕昕雲，＜三軍聯合作戰：台灣觀點＞，翁明賢主編，*國防政策評論第二期第四卷*（台北：國防政策與戰略研究中心，2002 年），頁 110-124。

之偏限思想。我國陸軍任務，建立並運用陸軍部隊捍衛國家領土及主權完整；平時以戍守本、外島地區各要點，從事基本戰力與應變作戰能力訓練為主，及依狀況協力維護重要基地與廠、庫設施安全，適切支援地區重大災害防救工作；戰時聯合海、空軍，遂行聯合作戰，擊滅進犯敵軍。[181]隨著軍隊武器裝備的發展和各軍種作戰能力的提升，聯合作戰已成為戰役的主要形態。高技術局部戰爭下聯合作戰，海、空交戰的地位做用明顯提高，但是陸戰場仍然是任何軍種作戰都不能離開的空間依托。如海軍作戰力量要以陸上的港口、碼頭為基地；空軍作戰力量要以陸戰場上的機場為依托，飛彈部隊的基地及空間武器的發射控制設施也在陸上。沒有陸戰場依托，海戰場、空戰場、太空戰場就失去了支援和保障。戰爭的實踐證明，要摧毀對方的海上和空中力量，往往是從破壞對方的港口、機場、發射基地開始的。未來作戰，要獲取制空、制海權，提高海空力量在陸戰場的生存能力，都需要陸軍的支援和配合，同樣地，要將敵人的海上和空中力量毀於陸戰場、海戰場，也不脫離陸軍地面作戰行動的緊密配合。[182]因此反空襲作戰，是高技術局部戰爭下的一種作戰樣式，[183]對陸軍作戰而言，防敵空襲，保衛重點目標；聯合其他軍種實施反擊，消滅敵空襲兵器於海上、空中，是陸軍作戰在聯合作戰中的主要任務。[184]這也是本文論點不足之處。

---

[181] 國防部「國防報告書」編纂委員會，*中華民國91年國防報告書*（台北：國防部，91年7月），頁135-137。

[182] 陳勇、徐國成、耿衛東　主編，*高技術條件下陸軍戰役學*（北京：軍事科學出版社，2003年3月），頁71-72。

[183] 崔長琦　主編，*21世紀空襲與反空襲*（北京：解放軍出版社，2003年1月2版），頁15。

[184] 陳勇、徐國成、耿衛東　主編，*高技術條件下陸軍戰役學*，頁73。

　　陳國銘、黃偉傑在《三軍聯合作戰》論文，主要論述，中華民國長期以來的軍種本位主義，在陸軍系統主導的建軍之下，過去中華民國的戰略走向一直以陸軍為主體，海空軍所扮演的角色一直侷限於在輔助的角色。近年來依據制海、制空、反登陸的聯合作戰系統整合計畫，也就是將三軍各指管通情及武器系統整合，可提升國軍聯合作戰整體能力。經由美方多次對我聯戰體制上需要改革之建議，通過了國防二法，明文將聯合作戰列入重要建軍政策之一，其中參謀本部設聯合作戰訓練及準則發展室，負責國軍聯合作戰發展的相關事項。但是，國軍仍面臨一些問題，例如軍種文化、專業知識不足、訓練缺乏等問題，都影響著發展聯合作戰的信心問題。[185]

　　論文探討我國《三軍聯合作戰》僅就現行聯戰機制、指管通情整合、武器系統、參謀專業素養及人力訓練等不足及缺失之處，作綜合性論述，但實際上也未能深入，僅有評論，未有建議。例如，未能對聯合作戰理論，作適當的定義。美軍認為「軍事理論－即軍隊用以指導和支持國家目標的行動基本原則－具有明顯的國家特徵」。軍事理論決定了部隊的結構和工作程序。[186]1991年 11 月，美國國防部首次頒發了聯合出版物第 1 號《美國武裝部隊的聯合作戰》，從理論上正式確認聯合作戰將是美軍未來作戰的主要樣式。然而，就聯合作戰樣式本身來說並不是這幾年才出現的，而是有其發展脈絡與演變的進程。進而研究和探討美軍聯合作戰的細節與具體步驟，如聯合作戰指揮機制的建立、聯合

---

[185] 陳國銘、黃偉傑，＜三軍聯合作戰＞，翁明賢主編，《國防政策評論第二期第四卷》（台北：國防政策與戰略研究中心，2002 年），頁 38-55。

[186] 崔師增、王勇男　著，《美軍聯合作戰》（北京：國防大學出版社，1996 年6 月 2 版），頁 108。

作戰軍事原則、聯合作戰協同與訓練等，都有助於從整體宏觀上把握和深入理解在高技術下的聯合作戰理論與發展趨勢。[187]

（二）國外方面：

西方國家研究共軍最積極的當屬美國。這和近年來中共的崛起可能影響美國在亞太地區的主導權，因而需要對共軍的發展密切關注有所關聯。查詢美國智庫，有關於研究中共軍事的書籍刊物與本文相關整理（如附表 1-10）。[188]

---

[187] 崔師增、王勇男　著，*美軍聯合作戰*，頁 2。
[188] http://www.csis.org/ ；.http://wwwsearch.rand.org/query.html.
http://www.carlisle.army.mil/ssi/pubs/pubreslist.cfm.
http://www.ndu.edu/inss/China-Center/CSCMA-INSS-pubs.htm.

TABLE 1-10：Publications Found for "Keyword：Limited War under High－Technology Conditions."

Authors	Books name	Publisher	Date/ year
Stephen J. Flanagan Michael E. Marti	The People's Liberation Army and China Transition	National Defense University	Aug 2003
Michael Pillsbury	China Debates the Future Security Environment	National Defense University	Jan 2000
Michael Pillsbury	China Views of the Future of Warfare	National Defense University	Sep 1998
Susan M. Puska	PEOPLE'S LIBERATION ARMY AFTER NEXT	U.S. Army War College	Aug 2000
Andrew Scobell	CHINESE ARMY BUILDING IN THE ERA OF JIANG ZEMIN	U.S. Army War College	Jul 2000
Larry M. Wortzel	THE CHINESE ARMED FORCES IN THE 21ST CENTURY	U.S. Army War College	Dec 1999
Mark A. Stoke	CHINA'S STRATEGIC MODERNIZATION	U.S. Army War College	Sep 1999
Alexander Chieh-Cheng Huang	Transformation and Refinement of Chinese Military Doctrine	RAND	Feb 2001
Paul H.B. Godwin	Compensating for Deficiencies：Doctrinal Evolution in the Chinese People's Liberation Army	RAND	Feb 2001

David L. Shambaugh	MODERNIZING CHINA'S MILITARY: Progress, Problems, and Prospects	University of California	2004
Andrew Scobell Larry M. Wortzel	CHINA'S GROWING MILITARY POWER: Perspectives on Security, Ballistic Missile, and Conventional Capabilities	U.S. Army War College	Sep 2002

SOURCE：http://www.csis.org/.http://wwwsearch.rand.org/query.html. http://www.carlisle.army.mil/ssi/pubs/pubreslist.cfm. http://www.ndu.edu/inss/China-Center/CSCMA-INSS-pubs. htm.

　　美國沈大偉在其著作《MODERNIZING CHINA'S MILITARY Progress, Problems, and Prospects》是以歷史性與比較性觀點，分析人民解放軍自 1992 年波灣戰爭後作戰準則、戰役訓練、軍文關係、指管體系及軍事工業體等現代化改革的問題。進而，探討人民解放軍的現代化改革對美國及其亞太地區的盟邦與夥伴國家所具備的戰略意涵。本書重要的一項結論是：雖然，人民解放軍已展開有系統且所費不貲的現代化計畫，並促使各部門與各軍種進行改革，而且也有落實此一計畫的寬廣眼光，但其國內的各種障礙與國外的限制總合起來，對中共軍事進步的速度與範疇構成了嚴重的限制。[189]

　　本書首先對人民解放軍現代化所面向之基礎－準則

---

[189] David Shambaugh，"MODERNIZING CHINA'S MILITARY: Progress, Problems, and Progress,"（University of California Press Berkeley and Los Angeles,California,2004）,pp.1-10.

（doctrine）作一說明與釐清。中共軍事戰略家所使用的重要準則構想與用語與西方是不同地；美國陸軍野戰教範（FM-100-5）的解釋：「準則是吸取以往戰爭的教訓，思考其所處時代的戰爭與衝突性質，並預測未來的知識與技術發展」。軍事準則必須與軍事戰略區分開來。在西方的用法中，「戰略」一詞通常是「將諸多軍事目標與欲達成的政治／戰略目標連結起來」。然而，中共的準則中，「戰略」一詞的意義並非西方國家所指的，對中共而言，戰略乃應用軍事力量來達成實際或可能之軍事衝突所望結果所使用的方法。

中共的戰略思想家簡明地指出：「戰爭係由一系列的戰役組成；戰役又由許多一般性的作戰與特殊的戰鬥所組成。對共軍而言，『積極防禦』的戰略指導四個層級的軍事行動，即戰爭、戰役、作戰與戰鬥」。因此，積極防禦的定義與構想所組成的軍事戰略，乃是中共軍事準則的核心要素。就西方觀點而言，此一軍事戰略最適合視為「作戰準則」，而人民戰爭與現代的同型戰爭則可歸類為「基本準則」。[190]

但是這種架構分類更顯得複雜，中文裡並沒有與英文「準則」一詞意義完全相同的用詞。最接近中文名詞似乎是「軍事思想」或「軍事方針」，英文可譯為 military guiding principles。上述兩個中文用詞大致相當於西方的「基本準則」（basic doctrine）。此外，人民解放軍還提出「作戰原則」（作戰條例），此乃比軍事戰略更精細的一種分析層級，但其精確度不如特定的「戰術」。就字面的意義而言，作戰原則可應用於戰役中的大規模作戰。此種

[190] David Shambaugh, "MODERNIZING CHINA'S MILITARY : Progress, Problems, and Progress," pp.56-58.

作戰原則包含許多構想，如機動戰、消耗戰、殲滅戰、速決戰、
縱深或全縱深、梯隊國防（層次式防衛）、協同作戰或聯合作戰、
合同作戰（聯兵作戰）、先制打擊（先機制敵）、不對稱作戰、跨
區作戰、進攻作戰及其他一般作戰構想。但是，共軍並沒有公開
概述其作戰準則的國家軍事戰略文件。然而，可以從共軍各種相
關出版品，將共軍準則的不同組成要素拼湊起來。表 11 顯示共
軍四個不同層級的準則理論與計畫作為，以及相對應之西方國家
準則[191]（如附表 1-11）。

TABLE 1-11：Level of Doctrinal Analysis in the PLA

	PLA	Western Military	Level of Conflict
(*Broad*)			
Level 1	Military thought（junshi sixiang）and Military principles（junshi fangzhen）	Basic doctrine	Total war（zongti zuozhan） and limited war（youxian zhanzheng）
Level 2	Strategic principles（zhanlue tiaoli）and Military strategy（junshi zhanlue）	Operational doctrine	Campaigns（zhanyi）
Level 3	Operational principles（zuozhan tiaoli）	Operations	Theater of operations（zhangu）
Level 4	Tactics（zhanshu）	Tactics	Specific battle space（zhandi or zhandou）
(*Specific*)			

SOURCES：David Shambaugh，"MODERNIZING CHINA'S MILITARY：Progress, Problems, and Progress"，（University of California Press Berkeley and Los Angeles,California,2004）P.59.

---

[191] David Shambaugh，"MODERNIZING CHINA'S MILITARY：Progress, Problems, and Progress," pp.58-60.

　　誠如，本書在定義中共軍事重要準則構想及用語與西方所使用的構想與用語是不同的；因此，在論述人民解放軍針對準則及瞭解人民解放軍思想的作戰思想時，感到困惑。所以，應從中國人的觀點來思考此等構想與專有名詞，這是很重要的。[192]

　　研究中共軍事須先理解戰爭、戰略和戰略學基本概念，戰略學在軍事科學中的地位，戰略學學科體系和戰略的基本理論結構，以及戰略、戰役和戰術的相互關聯及層次內涵：[193]

　　戰爭、戰役、戰鬥是武裝鬥爭的三個不同層次，它們之間存在著相互關聯、相互作用的關係。戰爭，作為武裝鬥爭的最高形式，處於最高層次，通常由若干戰役組成，並直接決定戰役的性質、目的、任務、規模和行動，它是戰役的全局。有的局部戰爭也可能由一次戰役組成。戰鬥，是構成戰役的主體，亦是達成戰役目的的基本手段。戰役既是戰爭的一個局部，又是戰鬥的全局，同時亦是達成戰爭目的的主要手段；它直接服從和受制於戰爭全局，又不同程度地反作用於戰爭全局；它既為戰鬥規定任務，提出完成任務的要求，又直接運用戰鬥，為戰鬥的成敗所影響，並在一定的程度上決定著戰鬥的性質、目的、任務和行動；它是介於戰爭與戰鬥之間，起著承上啟下作用的重要環節，一次戰役的得失，特別是具有決定意義的戰役成敗，會對戰爭全局產生重大影響，甚至影響著戰爭的進程和結局。因此，在戰爭全局中，戰役較之戰鬥具有更為重要的地位和作用。[194]

---

[192] David Shambaugh, "MODERNIZING CHINA'S MILITARY：Progress, Problems, and Progress," p.56.

[193] 軍事科學院戰略研究部，*戰略學*（北京：軍事科學出版社，2001 年 10 月），頁 11。

[194] 薛興林　主編，*戰役理論學習指南*（北京：國防大學出版社，2002 年 1

　　因此，根據上述分析，結合中共新時期的具體情勢，分析出新時期中共的國家軍事戰略，『是以國家綜合實力為基礎，以積極防禦思想為主導，以打贏高技術局部戰爭為全局，以聯合作戰為戰役形式，建設與運用軍事力量，為維護國家主權與安全而對戰爭準備和戰爭實施全局、全過程的運籌與指導』。[195]鑑此，以戰略研究更能完整清晰看出，西方所謂的準則對中共戰略研究的定義；並貫以中共戰略運籌規律，即戰略思維、戰略判斷、戰略決策、戰略計劃、軍事力量建設的戰略指導及軍事力量運用的戰略指導，對在本書所探討的共軍從「人民戰爭」、「現代條件下的人民戰爭」、「局部戰爭」、「高技術局部戰爭」軍事準則之演變。[196]

　　施道安（Andrew Scobell）、伍爾澤（Larry M. Wortzel）所合編的《中共軍力成長：China's Growing Military Power：Perspectives on Security, Missiles, and Conventional Capabilities》，本書係 2001 年 9 月於美國陸軍戰爭學院，所舉行中共人民解放軍研討會的論文集。本書計有九章，內容涵蓋：東亞各國如何看待中共在安全上的野心、中共導彈飛彈計畫現況、區域各國對美國飛彈防禦計畫之回應，以及中共不斷精進的傳統戰力等重要議題，來檢視中共戰略目標與軍力成長。[197]本書中由浦淑蘭（Susan M. Puska）

月），頁 4。

[195] 軍事科學院戰略研究部，*戰略學*，頁 15。

[196] David Shambaugh, "MODERNIZING CHINA'S MILITARY：Progress, Problems, and Progress," p.60.

[197] 施道安（Andrew Scobell）、伍爾澤（Larry M. Wortzel）編著，國防部史政編譯室譯印，*中共軍力成長：China's Growing Military Power：Perspectives on Security, Missiles, and Conventional Capabilities*（台北：國防部史政編譯室，2004 年 1 月），前言，頁 5。

所撰論的《粗略可用之兵力投射：解放軍近期訓練評估》論文中，論述中共聯合作戰：發展中的作為。認為中共解放軍聯合作戰能力依然在緩慢發展中，雖然目前尚無完全發揮聯戰潛力，但已獲得大幅進展，特別是在軍區的作戰層級。為了加強解放軍內部對聯戰的瞭解，各級指揮官與軍事學者與 2000、2001 年發表了許多以聯戰為題的論文與專書。例如在 2000 年底，總參謀部軍務部長楊志琦即敦促解放軍儘速從聯兵指揮系統轉型為聯戰指揮系統，此乃實現聯合作戰的重要環節。2000 年 12 月，北京舉行一場名為「二十一世紀初期戰爭型態與戰爭理論」的學術研討會。據聞此乃解放軍最高層級戰略研究部門與戰區司令部之間的首度合作，其目的在於將軍事戰略研究轉化為部隊戰力，而聯合作戰的發展趨勢正是共軍訓練與軍力成長的討論重點。[198]

　　以 2000 年的「三打三防」原則為基礎，共軍 2001 年的訓練與作戰置重點於快速機動作戰，包含直升機的戰鬥用途、緊急後勤支援、海上登陸與渡海作戰、海上阻絕作戰（反潛與封鎖）、空中戰鬥與支援、機動導彈作戰、特種作戰，以及電子戰與反制措施。總參謀部的 2001 年訓練計畫特別要求解放軍部隊加強科技練兵，其重點包括：快速提升戰力、密集研究敵對勢力之作戰理念、裝備、武器系統，並發展反制方式、施行仿真（模擬）、實戰訓練及積極加強聯合作戰訓練。而其成效，在「漸次動員回應」（graduated mobilization response, GMR） 系統的評估形容各

---

[198] 浦淑蘭（Susan M. Puska），＜粗略可用之兵力投射：解放軍近期訓練評估＞，施道安（Andrew Scobell）、伍爾澤（Larry M. Wortzel）編著，國防部史政編譯室譯印，*中共軍力成長：China's Growing Military Power：Perspectives on Security, Missiles, and Conventional Capabilities*，頁 223-224。

軍種在 2000 年之前參與演訓的關係為協商下的「友誼支援」或
「客串演出」。直至 2000 年，廣州軍區的三軍演習則被評估為更
具聯戰精神，並從單兵訓練向上延伸到技術、戰術、作戰甚至整
合訓練。[199]

　　就論文議題舖陳而言，是針對共軍根據威脅想定，舉行陸、
海、空及飛彈部隊演訓，各軍種協同驗證並從機動力、聯合作戰、
後勤、飛彈作戰、近岸、海上作戰、通信、電子戰、電腦網路攻
擊及特種作戰等層面來探討這些戰演訓練發展，而聯合作戰只是
其中一項，因此對聯合作戰理論與發展欠缺深入；另本文亦論及
2000 年聯戰訓練重點置於陸、海、空及二炮部隊在高技術條件下
進行聯合作戰訓練。[200]但是，也未能結合高技術局部戰爭下以聯
合作戰為戰役形式的特點。

　　綜上分析，以本文中共高技術局部戰爭能力之研究，以聯合
作戰探討，是以中共打贏高技術局部戰爭，從單一兵種合同作戰
轉變為諸軍兵種聯合作戰，對其戰略思想轉變產生的軍事變革，
導致其國防現代化發展、高技術武器裝備更新、指揮體制精幹
化、聯合後勤保障及產生相對應新的作戰戰法，並對其能力作一
綜合性評估，更能完整地檢視中共軍力成長及兵力投射。

---

[199] 浦淑蘭（Susan M. Puska），＜粗略可用之兵力投射：解放軍近期訓練評估＞，施道安（Andrew Scobell）、伍爾澤（Larry M. Wortzel）編著，國防部史政編譯室譯印，*中共軍力成長：China's Growing Military Power：Perspectives on Security, Missiles, and Conventional Capabilities*，頁 220-221。

[200] 浦淑蘭（Susan M. Puska），＜粗略可用之兵力投射：解放軍近期訓練評估＞，施道安（Andrew Scobell）、伍爾澤（Larry M. Wortzel）編著，國防部史政編譯室譯印，*中共軍力成長：China's Growing Military Power：Perspectives on Security, Missiles, and Conventional Capabilities*，頁 217-219。

在本書的另一篇論文，由肯尼斯・艾倫（Kenneth W. Allen）所撰寫的《中共空戰之後勤支援》論文，旨在探討中共空軍為了打贏現代條件下的高技術局部戰爭，而進行之五大兵種後勤系統改革。論文中探討中共空軍於 1990 年代開始轉型，從原先單一兵種（航空兵、地空導彈兵、高射兵、雷達兵、空降兵）與單一機種遂行陣地防禦戰，轉型為多兵種與多機種發動機動攻擊，而進行後勤系統的改革。[201]

傳統而言，中共空軍基本上具有兩種作戰模式－陣地戰與機動戰。其主要任務乃針對機場、國家政經中心、重要軍事設施及運輸系統，提供陣地防禦。自 1979 年懲越戰爭及 1985 年鄧小平提出新戰略思想產生轉變，從「早打、大打、打核戰」之備戰工作，改變為遂行「中國邊防、包括海上疆域的局部戰爭」。1993 年，中共空軍指揮學院徹底實施教育訓練改革，將空軍的運用模式從原先的單一兵種與單一機種，轉型為利用多兵種與多機種遂行聯兵作戰，以期最後達成軍種聯合作戰目標。為了培養「跨世紀」指揮人才，空軍指揮學院小開始著重聯合作戰、機動作戰、資訊作戰、電子戰等理論。新的戰鬥理論具體實現了以下「四個改變」：

一、從研究一般條件下之空戰改為高技術條件下之空戰。

二、從重視防空改為重視空中攻勢。

三、從支援陸軍之空戰改為遂行陸、海、空聯合行動之空戰。

四、從單一兵種與單一機種之作戰改為多兵種與多機種之

---

[201] 肯尼斯・艾倫（Kenneth W. Allen），中共空戰之後勤支援，施道安（Andrew Scobell）、伍爾澤（Larry M. Wortzel）編著，國防部史政編譯室譯印，*中共軍力成長：China's Growing Military Power：Perspectives on Security, Missiles, and Conventional Capabilities*，頁 245。

聯兵作戰。

中共前空軍司令員王海於 1987 年，雖提出建立攻防兼備新空軍的構想，但此構想直到 1996 年底才受到廣泛重視。1997 年中共空軍司令員劉順堯指出，「空軍必須藉由重視戰鬥與戰術訓練來提升實戰能力」。強調，「戰鬥訓練必須包含空中嚇阻、空中阻絕、空中攻擊及參與聯合作戰演習等訓練」。[202]

論文一再強調，中共空軍在 1990 年代致力於從原先單一兵種與單一機種遂行陣地防禦戰，轉型為多兵種與多機種遂行聯兵機動攻勢作戰，以期最後實現軍種聯合作戰的目標。[203]

本篇論文是探討中共空軍為了打贏高技術局部戰爭，務須扭轉國土防空戰略構想，若空軍希冀建立攻防兼備的能量，亟須改革訓練制度，否則發展勢將受限，且無法與其他強國匹敵。持平而論，仍無法超脫戰術的範疇，更遑論探討陸、海、空聯合作戰之空戰力量運用。文中作者根據中共《機動作戰後勤保障》，中共空軍之機動作戰有五種類型，分別是長程作戰、空中阻絕、空中支援其軍種與兵種、空投行動及伏擊等。依照中共《空軍大辭典》所定義的機動作戰是屬空軍戰術層級的。[204]因此，依照中共《空軍戰略學》的定義與內涵：空軍戰略（air strategy）是籌劃

---

[202] 肯尼斯・艾倫（Kenneth W. Allen），中共空戰之後勤支援，施道安（Andrew Scobell）、伍爾澤（Larry M. Wortzel）編著，國防部史政編譯室譯印，*中共軍力成長：China's Growing Military Power‧Perspectives on Security, Missiles, and Conventional Capabilities*，頁 247-252。

[203] 肯尼斯・艾倫（Kenneth W. Allen），中共空戰之後勤支援，施道安（Andrew Scobell）、伍爾澤（Larry M. Wortzel）編著，國防部史政編譯室譯印，*中共軍力成長：China's Growing Military Power‧Perspectives on Security, Missiles, and Conventional Capabilities*，頁 247-252。

[204] 《空軍大辭典》編審委員會，空軍大辭典（上海：上海辭書出版社，1996 年 9 月），頁 30。

和指導一定時期空軍作戰，建設全局的方略。從屬軍事戰略，並
受它的指導和制約，是空軍軍事行動指導的最高層次，指導和制
約空軍戰役與戰術。[205]

　　根據空軍戰役力量的能力、特點，在聯合作戰中的主要任
務，實施航空偵察、對空偵察與反偵察；單獨或在其他軍種和地
方力量的支援配合下，組織實施空中進攻戰役、防空戰役，奪取
局部制空權；實施空降作戰和特種作戰；協同陸軍戰役軍團實施
陸上（島上）攻防作戰；協同海軍戰役軍團奪取局部制海權，實
施海上作戰和島嶼攻防作戰；協同第二炮兵常規戰役軍團實施導
彈突擊作戰，與其他軍種協同奪取制信息權。而在運用重點須把
握：合理使用、首先使用、重點使用、全程使用及防護保障。[206]
換言之，研究中共空軍必須把握空軍戰略的戰爭、戰役與戰術層
次的關聯性；再結合空軍作戰在聯合作戰中力量的運用，更能明
顯檢視出空軍後勤改革在聯合作戰中的戰略後勤，必須實施整體
聯合支援、多兵種綜合支援、立體機動支援和應急支援的能力。
[207]

（三）中共方面：

　　波灣戰爭引起中共對於美國及盟軍高技術戰爭的探索，中共
在探討高技術戰爭之前，在 1980 年代時，就已進行「現代條件

---

[205] 戴金宇　主編，*空軍戰略學*（北京：國防大學出版社，1995 年 7 月），
頁 1。

[206] 薛興林　主編，*戰役理論學習指南*（北京：國防大學出版社，2001 年 11
月），頁 130-131。

[207] 路　文　主編，*聯合戰役戰略後勤支援*（北京：國防大學出版社，2000
年 4 月），頁 24-25。

下的人民戰爭」與「局部戰爭」的理論探討。[208]1991 年 3 月江澤民在長沙視察國防科技大學時強調指出，鄧小平提出的科學技術是第一生產力的著名論斷。科學技術是第一生產力，也是非常重要的戰鬥力，國家和軍隊現代化必須依靠科技進步。江澤民結合波灣戰爭實際更進一步地指出：「國防現代化，離不開科學技術的發展。波灣戰爭使我們進一步看到了科技在現代戰爭中的作用。深刻闡明科學技術已廣泛滲透於戰鬥力的諸要素之中，是軍隊現代化的第一推動力」。[209]自此，中共發展出一系列的「高技術條件下的局部戰爭」研討，從作戰指揮、聯合戰役與軍兵種作戰、電磁戰、軍隊編制、登陸作戰等。1993 年，國防大學針對「高技術條件下的局部戰爭」編著出版了一系列十八本的叢書，相關範圍有高技術戰爭、作戰理論、高技術軍事世界、軍隊的質量建設、戰術與戰法、導彈作戰等軍事著作。[210]

　　高技術局部戰爭下聯合作戰為作戰樣式的理論探討，[211]同樣地中共在理論研究方面也取得了較豐碩的成果。1987 年 8 月，中共總參頒發了《中國人民解放軍戰役學綱要》，提出陸海、陸空、海空和陸海空幾個軍種的聯合戰役概念。國防大學編寫的《戰役學教程》將戰役區分為獨立戰役與聯合戰役兩大類，並對聯合戰

---

[208] 莫大華，＜中共「軍事事務革命」與高科技戰爭：理論與實際＞，楊日旭、楊念祖合編，*新世紀中共解放軍與台海安全學術研討會論文集*（台北：中華民國高等政策研究學會編印，2000 年 2 月），頁 211。

[209] 張全啟　主編，*江澤民國防和軍隊建設思想研究*（北京：國防大學出版社，2003 年 6 月），頁 261。

[210] 莫大華，＜中共「軍事事務革命」與高科技戰爭：理論與實際＞，楊日旭、楊念祖合編，*新世紀中共解放軍與台海安全學術研討會論文集*，頁 211-212。

[211] 高宇飆　主編，*聯合戰役學教程*（北京：軍事科學出版社，2001 年 8 月），頁 39-44。

役作了定性敘述。近幾年來，共軍聯合戰役理論的研究逐步轉向
系統化，推出了理論與研究成果。如國防大學編寫的《登島戰
役》、《抗登陸戰役》、《邊境聯合反擊戰役》；軍事學科院編寫的
《中國人民解放軍戰役訓練手冊》、《高技術局部戰爭聯合戰役研
究》等；在學術專著方面，解放軍出版社發行了《高技術局部戰
爭中的聯合作戰》、《現代戰役論》；國防大學亦出版了《戰區與
戰區戰役》、《論聯合戰役》、《戰役學研究》、《聯合作戰新論》等。
1999 年 1 月由江澤民簽署的《中國人民解放軍聯合戰役綱要》正
式頒發全軍。這些理論成果形成了一套具共軍特色和適合共軍特
點的聯合戰役基礎理論與應用理論。[212]

　　我國前國防部副部長林中斌在其《以智取勝－國防兩岸事
務》綜合性論文集中「以敵為師－知彼知己，百戰不殆」，多年
來陸續所收集有關中共高科技戰爭出版書籍共計 333 本（附表
1-12）。[213]期許我軍「以敵為師」。我軍必須打破自我設限的窠臼，
不要再顧忌研讀「匪情」資料，迎頭趕上。[214]

---

[212] 薛興林　主編，*戰役理論學習指南*（北京：國防大學出版社，2001 年 11
　　月），頁 97-98。

[213] 林中斌，*以智取勝　國防兩岸事務*（台北：國防部史政編譯室印行，2004
　　年 8 月），頁 36。可參考本書所列書目，頁 25-35。

[214] 林中斌，*以智取勝　國防兩岸事務*，頁 123。

精兵合成高效

附表 1-12：林中斌收集高科技戰爭共軍出版書籍一覽表

年代	數量	特點	樣本
2004	5	■ 重點：信息戰、心理戰、謀略戰、太空戰網絡戰。 ■ 新觀念運用擴及戰役戰術。 ■ 擺脫以往翻譯外文為主，開始有自己的看法，追求「中國特色」。	李際均的論戰略熊光楷的國際戰略與新軍事變革顯示解放軍高層了解知識戰爭的重要性。
2003	63		
2002	57		
2001	60		
2000	53	■ 重點：聯合作戰、高科技戰爭、數位化部隊。 ■ 新觀念運用以戰略為主。 ■ 大量翻譯外文書籍。 ■ 數量每年大幅增加。	喬良與王湘穗合著的超限戰為高科技戰爭主流的異類。
1999	46		
1998	18		
1997	13		
1996	2		
1995	1	■ 此一時期數量不多，研究主題分散，沒有焦點。	其中以霍忠文與王孝宗著國防科技情報源及獲取技術一書最具代表性為情報學一本不可多得的好書。
1994	1		
1993	1		
1992	1		
1991	1		
1990	1		
1989	1		
1988	1		
合計	333		

資料來源：林中斌，以智取勝　國防兩岸事務（台北：國防部史政編譯室印行，2004 年 8 月），頁 36。

　　本書研究中共高技術局部戰爭的能力，是以聯合作戰向度來探討。因此，收集相關高技術局部戰爭及聯合作戰理論等中共軍事書籍，並以中共軍事學科院、人民解放軍及國防大學出版為主要參考書籍（附表 1-13、1-14）。

附表 1-13：中共高技術局部戰爭參考書籍一覽表

作者	書名	出版單位	出版時間
郭梅初	高技術局部戰爭論	軍事學科院	2003
郭梅初	高技術戰爭劍與盾	軍事學科院	2003
范承斌	高技術條件下戰役癱瘓戰	國防大學	2003
潘友木	非接觸戰爭研究	國防大學	2003
崔長琦	21 世紀空襲與反空襲	解放軍	2003
汪致遠	現代武器裝備知識叢書	總裝備部	2003
王越	國防科技與軍事教程－國防科技『十五』重點教材	哈爾濱工程大學	2002
沈偉光	21 世紀軍事科技	新華社	2002
尚金鎖	毛澤東軍事思想與高技術條件下局部戰爭	解放軍出版社	2002
劉桂芳	高技術條件下的 C^4ISR－軍隊自動化	國防大學	2002
吳秀猍	高技術戰爭與國防現代化	國防大學	2001
趙影露	當代軍事高技術教程	軍事誼文出版社	2000
朱建新	軍事高科技知識教程	軍事科學出版社	2000
支紹曾	戰後世界局部戰爭史教程	軍事科學出版社	2000
余起芬	戰後局部戰爭戰略指導教程	軍事科學出版社	1998
岳水玉	孫子兵法與高技術戰爭	國防大學出版社	1999
馮海明	戰後局部戰爭演變論	國防大學出版社	1999
王啟明	打贏高技術局部戰爭：軍官必讀手冊	軍事誼文出版社	1998
梁必駸	高技術戰爭哲理	解放軍出版社	1997
陳舟	現代局部戰理論研究	國防大學出版社	1997
趙潞生	高技術對軍事影響	兵器工業出版社	1997

于化庭	高技術戰爭與軍隊質量建設	國防大學出版社	1995
劉龍光	高技術軍事世界	國防大學出版社	1995
蘇彥榮	軍界熱點聚角－高技術局部戰爭概論	國防大學出版社	1994
劉森山	高技術局部戰爭下的作戰	軍事科學出版社	1994
管繼先	高技術局部戰爭戰役	國防大學出版社	1993

資料來源：參考書籍，自行整理。

附表 1-14：中共聯合作戰參考書籍一覽表

作者	書名	出版單位	出版時間
李輝光	外國軍事演習概覽	軍事科學院	2004
徐學文	現代作戰模擬	科學出版社	2004
趙彥亮	戰術理論學習指南	國防大學	2004
章儉	15 場空中戰爭	解放軍	2004
曹信淑	炮兵作戰理論新探	國防大學	2004
郭武君	聯合作戰指揮體制研究	國防大學	2003
陳勇	高技術條件下－陸軍戰役學	軍事科學院	2003
張羽	論聯合戰鬥	國防大學	2003
李文	美軍聯合空中作戰研究	國防大學	2003
郭安華	合同戰術學教程	國防大學	2003
王光宙	作戰指揮學	解放軍	2003
劉衛國	美軍聯合參謀軍官指南	解放軍	2003
馬保安	戰略理論學習指南	國防大學	2002
薛興林	戰役理論學習指南	國防大學	2002
楊志遠	戰術學	軍事科學院	2002
郭武君	論戰略指揮	軍事科學院	2002
高宇飆	聯合戰役學教程	軍事科學院	2001
張培高	聯合戰役學指揮教程	軍事科學院	2001
錢海皓	軍隊組織編制學	軍事科學院	2001

郭安華	合同戰鬥發展史	解放軍	2001
梁光烈	渡海登陸作戰	國防大學	2001
楊士華	美軍戰役法研究	軍事科學院	2001
周曉宇	聯合作戰新論	國防大學	2000
路文	聯合戰役戰略後勤支援	國防大學	2000
沈雪哉	軍制學	軍事科學院	2000
汪江淮	聯合作戰指揮體制研究	國防大學	1999
展學習	戰役學研究	國防大學	1997
薛興林	論聯合戰役	國防大學	1997
崔師增	美軍聯合作戰	國防大學	1996
劉進軍	陸空協同作戰概論	解放軍	1995

資料來源：參考書籍，自行整理。

　　本書旨在探討中共高技術局部戰爭之能力研究，以聯合作戰發展為「視窗」。在時間範圍將以 1993 年中共中央軍委主席江澤民，在軍委擴大會議上強調，「關於新時期軍隊建設和軍事鬥爭準備，必須把國防科技發展和部隊裝備建設放在突出地位」[215]；「要打贏未來高技術局部戰爭，必須加強三軍聯合作戰理論的學習與研究，提高各級指揮員組織指揮聯合作戰的能力」的新時期軍事戰略指導，[216]至 2004 年期間。而此一時間範圍正橫跨「八五」計劃、「九五」計劃及 2010 年遠景目標綱要、[217]及「十五」

[215] 中共雜誌研究社，1996 中共年報（台北：中共研究雜誌社，1996 年 6 月），頁 7-2。
[216] 王厚卿，＜在高技術條件下聯合戰役軍兵種作戰理論研討會開幕式講話＞，國防大學，高技術條件下聯合戰役與軍兵種作戰，（北京：國防大學，1997 年 1 月），頁 2。
[217] 「中共年報」編輯委員會，1997 年中共年報：第三篇　中共八屆「人大」、「政協」四次會議（台北：中共研究雜誌社，1997 年 6 月），頁 3-17 至

計劃之國防建設的重點。[218]因此，探討中共高技術局部戰爭理論
與聯合作戰理論的發展與形成，基本上是與時俱進的（附表
1-15）。

附表 1-15：中共的高技術局部戰爭能力－以聯合作戰發展為例參
　　　　　考書籍統計表

年代	數量	重點	重要參考書籍
2001－2005	36	「十五」計劃國防建設重點： ■ 跨越式發展重點：武器裝備、人才培養、作戰理論、體制編制。 ■ 部隊訓練重點：圍繞「仗要怎麼打、兵就要怎樣練」，訓練內容貼近高技術戰爭要求。 ■ 按照「精兵、合成、高效」，以新三打三防，著重聯合作戰、反空襲作戰。渡海登陸作戰 ■ 機械化邁向信息化（註1）	郭梅初主編：<u>高技術局部戰爭論</u> 馬保安主編：<u>戰略理論學習指南</u> 薛興林主編：<u>戰役理論學習指南</u> 趙彥亮主編：<u>戰術理論學習指南</u> 梁光烈主編：<u>渡海登陸作戰</u> 崔長琦主編：<u>21世紀空襲與反空襲</u> 王保存主編：<u>世界新軍事變革新論</u>

3-28。「五年計劃」是中共國民經濟計劃的重要部份，主要是對重大建設
項目、生產力部份和國民經濟重要比例關係等作出規劃。從 1953 年第一
個五年計劃開始，中共編制八個「五年計劃」。「九五」計畫和 2010 年遠
景目標綱要是在 1993 年至 1995 年 9 月草擬「建議」，在 1995 年 9 月至
1996 年 3 月完成「綱要」。「綱要」中有關加強國防現代化建設：貫徹積
極防禦的戰略方針，走有中國特色的精兵之路，提高軍隊素質，增強國
防實力，國防建設必須以經濟建設為依托，服從國經濟建社大局。

[218] 「中共年報」編輯委員會，2001 年中共年報：第壹篇　一年來中國大陸
情勢總觀察（台北：中共研究雜誌社，2001 年 6 月），頁 1-38 至 1-39。
2000 年 10 月 11 日，中共十五屆五中全會通過「中共中央關於制定國民
經濟和社會發展第十個五年計劃（2001-2005）」。

1996－2000	18	「九五」國防建設： ■ 加強「質量建軍」、「科技興軍」要求 ■ 「全軍幹部學習高科技知識三年規劃」，完成「聯合戰役規範教材」 ■ 實行「軍事訓練評定暫行規定」 ■ 建立戰役後勤演練網路化（註2）	王啟明、陳鋒主編：<u>打贏高技術局部戰爭：軍官必讀手冊</u> 梁必駸主編：<u>高技術戰爭哲理</u> 周曉宇主編：<u>聯合作戰新論</u> 路文主編：<u>聯合戰役戰略後勤支援</u>
1991－1995	5	「八五」國防建設： ■ 新時期軍事戰略方針為依據，著眼高技術條件下的作戰能力，積極實現前三年訓練改革目標。 ■ 依據「軍事訓練條例」及陸、海、空「軍事訓練大綱」積極進行「合同戰術」訓練 ■ 未來鬥爭準備基點放在打贏高技術條件下的局部戰爭。以海、空軍建設為重點同時並增強二炮威懾力量。（註3）	蘇彥榮主編：<u>軍界熱點聚角－高技術局部戰爭概論</u> 劉森山主編：<u>高技術局部戰爭下的作戰</u> 劉進軍主編：<u>陸空協同作戰概論</u> 戴金宇主編：<u>空軍戰略學</u> 管繼先主編：<u>高技術局部戰爭戰役</u> 崔師增主編：<u>美軍高技術作戰理論與戰法</u>

註1：「中共年報」編輯委員會，2001年中共年報：第伍篇　軍事（台北：中共研究雜誌社，2001年6月），頁5-18至5-27。

註2：「中共年報」編輯委員會，1998年中共年報：第捌篇　跨世紀共軍現代化建設發展（台北：中共研究雜誌社，1998年6月），頁8-51至8-55。

註3：「中共年報」編輯委員會，1996年中共年報：第柒篇　中共國防現代化建設及其影響（台北：中共研究雜誌社，1996年6月），頁7-1至7-8。

附註：附表所統計參考書籍僅以中共高技術局部戰理論及聯合作戰理論等書籍，有關戰略研究與其他相關參考書籍，未加入統計。例如，張萬年主編，當代世界軍事與中國國防；李際均著，論戰略：糜振玉著，戰爭與戰略理論探研；熊光楷著，國際戰略與新軍事變革；王厚卿著，軍事思想與現代戰役研究等書，均為本論文重要參考書籍。

資料來源：參考林中斌，以智取勝　國防兩岸事務（台北：國防部史政編譯室印行，2004年8月），頁36附表格式。自行整理。

　　梁必駿、趙魯杰所著《高技術戰爭哲理》，是以軍事哲學的途徑研究高技術戰爭。從高技術戰爭觀與軍事方法論的高度，以 80 年代以來幾場高技術戰爭的實踐為基礎，通過揭示高技術戰爭的基本特性和基本規律，認清高技術戰爭新質態。尤以第一次波灣戰爭所引起軍事戰略、作戰理論、體制編制、戰爭樣式、攻防形式、火力系統、後勤保障、指揮與控制、人員素質、軍事謀略等各方面全方位的深刻變革。研究高技術戰爭必須以客觀、辨證、全面、歷史、發展、矛盾及對抗的觀點和方法原則，來研究及預測未來高技術戰爭的作戰新樣式、新手段、新戰法，才能尋找到未來高技術戰爭制勝之鎖鑰。[219]

　　本書是以戰爭哲學的範疇、原理、規律來深化對高技術戰爭研究與認識，通過對高技術軍事世界內部一切因素進行辨證思考，從而揭示高技術戰爭的本質與規律。與之同領域研究高技術戰爭叢書從概念到概念，從理論到理論，以主觀設定的前提進行邏輯推演比較，本書提供了一個對高技術戰爭本質目的和軍事運動規律，清晰的思路及必要基礎。[220]唯在論及高技術戰爭主要特點之一，政治主導性與手段綜合性統一，認為政治對高技術戰爭的主導性作用，不僅表現在戰爭仍是政治的繼續上，還表現在對戰爭的爆發、進程與結局制約與影響方面；[221]另在高技術戰爭的分類體系，從空間範圍上劃分為，全球性高技術戰爭、區域性高技術戰爭、地點性高技術戰爭；其次從高技術兵器投入上劃分：

---

[219] 梁必駿、趙魯杰　著，*高技術戰爭哲理*（北京：解放軍出版社，1997 年 3 月 3 版），頁 14-32。

[220] 梁必駿、趙魯杰　著，*高技術戰爭哲理*，頁 32。

[221] 梁必駿、趙魯杰　著，*高技術戰爭哲理*，頁 53-54。

典型高技術戰爭、亞型高技術戰爭、混合性高技術戰爭。[222]整體而言，其實就是高技術局部戰爭的範疇，也是本書未能將局部戰爭定義結合而有不足之處。若以高技術局部戰爭理論，是結合軍事高技術與局部戰爭兩個概念，更能彰顯高技術戰爭的全貌。

　　其次在作戰層次劃分，隨著戰爭史的演進，作戰層次的鏈條發生了幾次重大變化，先是有戰爭——戰鬥，在軍事學術上表現為戰略——戰術，爾後在戰爭與戰鬥之間出現了戰役作戰層次概念，而形成戰爭——戰役——戰鬥的鏈條，在軍事學術上表現為戰略——戰役法——戰術。在高技術兵器投入戰場，改變了以往單一的指導與制約關係，出現了高技術層次上的不同於往的新關係。比如包括：戰爭——戰鬥兩個作戰層次構成的高技術戰爭；戰爭——戰役兩個作戰層次構成的高技術戰爭；戰爭——戰役——戰鬥三個作戰層次的高技術戰爭。[223]就某一程度而言，這是聯合作戰理論重要論述，[224]而本書未能將聯合作戰理論結合。以本文聯合作戰理論來探討高技術局部戰爭，以聯合作戰為戰役樣式，而在戰術層次以聯合戰鬥為基本手段，更能解釋高技術局部戰爭－聯合作戰（戰役）－聯合戰鬥的作戰層次關係。

　　郭梅初著《高技術局部戰論》是研究高技術局部戰爭，2003年最新出版的著作。本書較之十年前研究高技術戰爭理論，有幾點不同之處。例如，1994 年所出版的劉森山《高技術局部戰爭下的作戰》由軍事科學出版社，1994 蘇彥榮《軍界熱點聚角－高技術局部戰爭概論》國防大學出版社，1995 年于化庭《高技術戰爭

---

[222] 梁必駿、趙魯杰　著，*高技術戰爭哲理*，頁 70-80。

[223] 梁必駿、趙魯杰　著，*高技術戰爭哲理*，頁 80-82。

[224] 薛興林　主編，*戰役理論學習指南*（北京：國防大學出版社，2002 年 2 月），頁 4

與軍隊質量建設》國防大學出版社，1995 年劉龍光《高技術軍事世界》國防大學出版社，對高技術局部戰爭，均無較嚴謹定義，在戰史參考也以第一次波灣戰爭為主。而本書是將高技術與局部戰爭先分為兩探討概念，然後將其結合並探討相對應戰法，而成為高技術局部戰爭論主要內涵。[225]並以第一次波灣戰爭、科索沃戰爭及阿富汗戰爭為戰例參考。其次，對於「現代化」、「高技術」、「高技術條件下」、「信息化」等概念界定[226]，本書也較有系統。

同樣地，本書在探討作戰戰法時也將戰法按作戰層次可區分為進行戰爭、戰役、戰鬥的方法，分別屬於戰略、戰役、戰術的範疇。其次，根據作戰類型、作戰樣式、作戰行動和作戰方法可分為三種層次：攻防作戰的基本戰法、各種作戰樣式的具體戰法、各種作戰行動的對抗方法。[227]基本而言，這也屬於聯合作戰的進攻作戰與防禦作戰的範疇，而未將聯合作戰進攻作戰與防禦作戰作為戰役層次探討，無法實際結合戰爭、戰役、戰術的聯貫性。[228]

周曉宇、彭希文、安衛平著《聯合作戰新論》是探討聯合作戰理論。確立在高技術戰爭下，未來戰爭將以聯合作戰為主要作戰形式，著重於聯合作戰的概念、聯合作戰與合同作戰的關係、聯合作戰的分類和聯合作戰的特點、聯合作戰訓練及聯合作戰後勤保障等議題進行探討。[229]本書最大特色，是將聯合作戰與合同

---

[225] 郭梅初　主編，高技術局部戰爭論，頁 1-3。

[226] 郭梅初　主編，高技術局部戰爭論，頁 14。

[227] 郭梅初　主編，高技術局部戰爭論，頁 99-101。

[228] 薛興林　主編，戰役理論學習指南，頁 198。

[229] 周曉宇、彭西文、安衛平　著，聯合作戰新論（北京：國防大學出版社，2000 年 6 月 2 版），頁 1。

作戰作概念界定與說明。在定義上，合同作戰是以兵種間的合成為主，以軍種間為輔；而聯合作戰則是以軍種間的配合為主，兩者都是圍繞著『合』而進行的整體作戰。因此，產生本質的區別：一是力量上構成的區別；二是作戰指揮上的區別；三是作戰樣式上的區別；四是作戰空間的區別；五是作戰進程上的區別。故對聯合作戰定義：聯合作戰是在合同基礎上發展起來的，是區別於合同作戰的。是指兩個軍種以上的作戰力量，在統一指揮下遂行的軍事行動，完成共同的作戰任務。[230]

本書是以聯合作戰的概念與聯合戰役有何不同並未說明，按照上述聯合作戰定義應屬聯合戰役的定義。因此，未對聯合作戰與聯合戰役作概念界定。聯合作戰是一個抽象的概念，它是泛指多種力量圍繞統一的目的，在聯合指揮機構的統一計劃和指揮下，運用多種作戰樣式與方法，在多維空間共同進行的一體化作戰。聯合戰役通常是由兩個以上的軍種的軍團或相當力量，運用各種形式和樣式，在多維空間協調進行的一體化作戰。[231]所以，在一定意義而言，在本質上沒有什麼不同聯合戰役是聯合作戰的主要形式，聯合作戰的核心就是籌劃與實施聯合戰役。[232]

另外，對「新聯合作戰」的概念，未作嚴謹的定義，僅以新時期軍事戰略指導方針對聯合作戰的指導作用及高技術局部戰爭下推展聯合作戰新理論，獲得了豐碩的成果，其實是不周延。[233]高技術局部戰爭，以信息為核心的聯合作戰是不同於機械化戰

---

[230] 周曉宇、彭西文、安衛平 著，*聯合作戰新論*，頁 3-5。
[231] 薛興林 主編，*戰役理論學習指南*，頁 99-100。
[232] 郁樹勝 主編，*論聯合戰役*（北京：國防大學出版社，1997 年 6 月），頁 10-11。
[233] 周曉宇、彭西文、安衛平 著，*聯合作戰新論*，頁 101。

爭中的聯合作戰。如果把機械化戰爭中的聯合作戰稱為舊聯合作戰，把高技術局部戰爭，以信息為核心稱為新聯合作戰相比有以下的不同：一是作戰空間的不同；二是作戰力量的不同；三是作戰指揮體制不同；四是作戰保障不同；五是作戰一體化的程度的不同。新聯合作戰具有以下特性：一、整體性。二、信息性。三、高技術性。因此，新聯合作戰是信息優勢、制敵機動、精確打擊、全維防護，集中後勤的聯合作戰。[234]

綜合本文上述「高技術局部戰爭」與「聯合作戰」的文獻評析，可歸納下列幾項結論：

一、 就本書主題而言：國內外研究中共軍事文獻，均未將「高技術局部戰爭」與「聯合作戰」主題結合。大都以「中共軍力現代化」、「中共軍力成長」、「中共軍力評估」等主題探討。忽略了中共打贏下一場高技術局部戰爭，是以聯合作戰為戰役樣式。

二、 就研究途徑而言：國內外學者大都以歷史研究途徑與安全研究途徑為分析架構，甚少以戰略研究途徑，解析中共戰略思維、戰略決策、戰略計劃及運用與建設軍事力量方法與步驟。更無法解釋戰爭、戰略、戰役與戰術的指導與制約的體系與層次。

三、 即使以戰略研究途徑為選擇問題與運用相關資料的標準，大都侷限於「積極防禦」軍事戰略的範疇，亦無法深入分析，新時期中共的國家軍事戰略，是以國家綜合實力為基礎，以積極防禦思想為主導，以打贏高技術局

---

[234] 王保存　著，*世界新軍事變革新論*（北京：解放軍出版社，2003 年 8 月），頁 279-280。

部戰爭為基點，以聯合作戰為戰役樣式，建設與運用軍事力量，為維護國家主權與安全而對戰爭準備和戰爭實施全局、全過程的運籌與指導。

四、就理論而言：從上述文獻評析，均未能完整論述「高技術局部戰爭理論」與「聯合作戰理論」。僅以分別論述且論證力不足。

五、就中共軍力評估：僅以現代化軍力作為主要論述，無法深入「仗要怎樣打，兵就怎樣訓」及「打什麼、有什麼」的戰略構想、戰略計畫與戰略行動。因此，評估中共軍力益顯得粗略與不客觀。

基於上述五點文獻評析的結論，本篇論文以「中共高技術局部戰爭能力之研析－以聯合作戰發展為例」戰略研究途徑時，希望能夠提供新的及全面的、客觀的思考方向，整合與彌補前人研究領域的不足：

一、比較完整地論述「中共高技術局部戰爭」理論與「聯合作戰」理論，並將兩者特性結合。避免抽離而失之偏頗，並證明中共打贏下一場高技術局部戰爭，須發展聯合作戰之適切性與正確性。

二、以「戰略研究」途徑，解析中共「積極防禦」軍事戰略──戰略；高技術局部戰爭為型態──戰爭；聯合作戰為樣式──戰役的作戰鏈，並對其戰略應用理論的戰略制定與戰略實施所包涵戰略決策、戰略判斷、戰略計劃及軍事力量建設指導與運用、軍事力量實踐與運用作為概念架構，以強化歷史研究途徑與安全研究途徑只分析歷史事件，無法建立通則的不足之處。

三、以高技術局部戰爭為基點，聯合作戰為戰役樣式，所揭

藁的戰略理論、聯合作戰機制體制、高技術武器裝備、
聯合後勤、指揮人才訓練及戰演訓練等作為評估戰力的
指標基礎，以質性分析為主，並以量化作為輔助，客觀、
務實評估中共高技術局部戰爭能力虛與實，彌補只以現
代化軍力評估之不足處，並對國軍聯合作戰機制精進，
提出建言。

第二章　高技術局部戰爭理論

隨著科學技術的發展，特別是高技術在軍事領域的廣泛運用，現代戰爭的形態已發生了根本性的改變，進入到高技術局部戰爭一個嶄新的領域。[1]高技術局部戰爭是一種嶄新的戰爭型態，是戰爭發展史上的一個新階段。高技術局部戰爭，區別於一般技術條件下戰爭和全面戰爭的基本特徵，一個是「高技術性」，一個是「局部性」。前者表現為戰爭物質基礎的高技術性，包括大量使用高新技術武器備和廣泛應用高新技術對原有軍事系統進行改革；後者表現為戰爭被控制在局部範圍內進行戰爭的目的、規模、手段與直接交戰的時空均較有限。[2]從這兩個基本特點，決定了高技術局部戰爭運動的內在邏輯，對形成準確、具體的高技術局部戰爭概念，全面認識高技術局部戰爭在當代興起的歷史必然性及其歷史地位，系統深刻地把握高技術局部戰爭的特點與規律，以及實踐正確的戰爭指導具有十分重要的意義。[3]

第一節　高技術局部戰爭理論

一、高技術與軍事高技術

高技術亦稱高新技術。[4]是指在科學技術領域中處於前沿或尖

---

[1]　郭梅初　著，*高技術局部戰爭論*（北京：軍事科學出版社，2003 年 6 月 2 版），頁 1。

[2]　軍事科學院戰略研究部，*戰略學*（北京：軍事科學出版社，2001 年 10 月），頁 435。

[3]　軍事科學院戰略研究部，*戰略學*，頁 419。

[4]　王啟明、陳鋒　主編，*打贏高技術局部戰爭－軍官必讀手冊*（北京：軍事誼文出版社，1998 年 8 月第 2 版），頁 12。高技術一詞最早出現於 60

端地位，對促進經濟和社會發展，增強國防力量有巨大推動作用的技術群。它是動態的、發展的概念。現代高技術主要指信息技術、新材料技術、新能源技術、生物技術、航天技術、奈米技術及海洋開發技術等。軍事高技術是建立在現代科學技術成就基礎上，處於當代科學技術前沿，對武器裝備發展起巨大推動作用的高技術。從高技術的角度來劃分現代軍事高技術的主要領域包括偵察監視技術、偽裝與隱形技術、夜視技術、軍事激光技術、電子戰技術、軍事航天技術、精確制導技術、核武器、化學武器、與生物武器技術、指自動化系統以及新概念武器與其他新技術。[5]

軍事高技術與高技術武器裝備既有關聯但又有所不同。具體說，高技術武器裝備是以軍事高技術為基礎研制或改造現代武器裝備。它包括：運用高技術研制的新武器裝備；運用高技術改造的現有武器裝備。中共認為高技術武器裝備概括為七種：一、高技術常規彈藥：尤以高精準、遠射程、靈巧型的精準制導武器為代表；二、作戰平台：是提供高技術武器裝備的載體。主要包括：坦克與裝甲車，導彈與火炮發射系統，作戰飛機與直升機，作戰艦潛艇；三、偵察、監視、預警及導航定位系統；四、夜視器材；五、C^3I 系統：即指揮、控制、通信與情報系統；六、電子武器裝備：電子偵察與反偵察、電子干擾與反干擾；七、新原理武器

年代世界建築業的蓬勃發展，由兩名年輕女建築師合寫《高格調技術》一書，引用內部裝飾採用了大量新技術、新工藝、新材料而興起與擴及其他領域謂之；70年代以後，美英日等國的辭書字典也開始編入"高技術"一詞。1986年英國出版的《牛津參考字典》的定義是：先進技術的發展狀態；1986年日本出版的《新世紀百科詞典》定義：高技術即尖端技術。1984年美國出版的《韋式新大學字典》的定義：特別是在電子和計算機領域生產或使用先進或尖端技術裝置的科學技術。

5　郭梅初　著，*高技術局部戰爭論*，頁 1-2。

裝備：定向能武器、智能武器等。[6]

二、局部戰爭（有限戰爭）

從現代戰爭的範圍和規模的角度而言，戰爭分為世界大戰、局部戰爭與軍事衝突。從現代戰爭運動的基本屬性的角度檢視，戰爭又存在著全面性（無限性、總體性）和有限性的對立統一關係，與上述戰爭類型有著交叉關係。世界大戰同時就是全面戰爭，具有全面性。局部戰爭又分為地區（多國性）、兩國之間和國內的局部戰爭形式，它們相對世界人戰而言，都是局部戰爭。但是其運動方式卻可以具有全面性與有限性的屬性，或是兩者兼而有之。因此，局部戰爭有兩種主要類型：局部全面性戰爭或是局部有限性戰爭。[7]據此，局部全面性戰爭主要是指一定地區的多國之間、兩國之間或一國範圍內各政治集團之間，實施全面動員，運用一切鬥爭形式，以全力進行的戰爭；而有限性局部戰爭主要是指一定地區的多國之間、兩國之間或一國範圍內各政治集團之間，使用一定武裝力量進行的有限目的的戰爭。[8]因此，可將局部戰爭定義為：是指在局部地區內進行的，目的、手段、規模均較有限的戰爭。武裝衝突也稱軍事衝突，是指敵對雙方武裝力量之間發生的低強度的軍事對抗。[9]（附圖 2-1）

---

[6] 王啟明、陳鋒 主編，*力贏高技術局部戰爭－軍官必讀手冊*，頁 15-17。

[7] 姚有志 主編，*二十世紀戰略理論遺產*（北京：軍事科學出版社，2001 年 8 月），頁 345。

[8] 馮海明 著，*戰後局部戰爭演變論*（北京：國防大學出版社，1999 年 10 月），頁 5。

[9] 郭梅初 著，*高技術局部戰爭論*，頁 2。

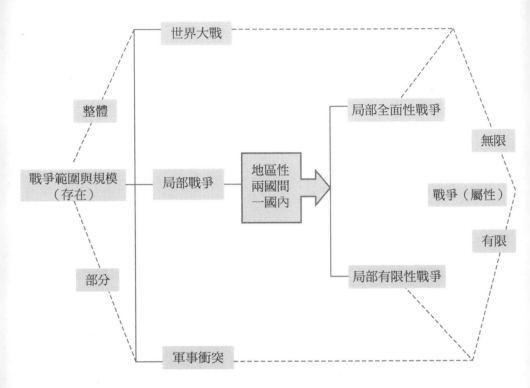

附圖 2-1：現代戰爭範圍與型態分類概略圖。
資料來源： 陳舟 著，現代局部戰爭理論研究（北京：國防大學出版社，
1997 年 11 月），頁 107。

　　美國將局部戰爭稱為有限戰爭。[10]美國柯林斯（John M.
Collins）所著《大戰略》有限戰爭定義為：「一個極端為全面戰
爭，另一個極端為冷戰，在兩個極端之間有各種不同的傳統性戰
爭，均可統稱為『有限戰爭』（Limited War）」。[11]美國奧古斯德對

[10] 余起芬 著，戰後局部戰爭戰略指導教程（北京：軍事科學出版社，1999
年 6 月），頁 16。
[11] 柯林斯（John M .Collins）， "Grand Strategy"，鈕先鍾 譯，大戰略（台

有限戰爭之定義最為理想：「有限戰爭通常被視為是這樣一種戰爭，在目的上，並不完全要使一個國家屈從另一個國家之意志；而在手段上，各交戰國並未運用全部的軍事資源，致使交戰雙方的平民生命與武裝部隊實力大部份未受到損害，並導致以一種談判結束戰爭」。[12]

季辛吉（Henry A. Kissinger）《核子武器與外交政策》書中對有限戰爭論述，在戰爭史上，有限度的戰爭在各大國之間經常發生。然而，在很長的一段時間裡，它們之所以受到限制並非因在戰略上所作的抉擇，實由於國內政策方面的考慮。它可能是限制於一種有範圍的地理區域的戰爭，或者是不用到全套有效武器系統的戰爭。有限戰爭是為了特別的政治目的而打的，由於這些目的的存在，欲想在所使用的武器與所想達到的目標之間，建立一種關係。這種關係顯示出企圖影響對方的意志，而非粉碎對方的意志。[13]

綜上分析，局部戰爭和軍事衝突作為第二次世界大戰結束後的主要戰爭型態，自然就孕育和推動著局部戰爭的理論和發展。[14]局部戰爭作為一般意義上的戰爭，同時具備政治經濟性和軍事技術性兩種屬性。前者，反映在其性質、企圖、目標、作戰地區及戰爭規模；後者，反映在戰爭形態上，包括軍事技術、武器裝備、軍事思想及作戰方法等。有限性與全面性兩種因素，政治經

北：黎明文化事業，1982 年 1 月 3 版），頁 83。

[12] John Baylis ,Ken Booth, John Garnett, Phil Willians, eds, "CONTEMPORARY STRATEGY（I）"，國防部史政編譯局譯印，*當代戰略（上）*（台北：國防部史政編譯局，1991 年 6 月），頁 245。

[13] 亨利·季辛吉（Henry A. Kissinger）著，*核子武器與外交政策*，胡國材　譯（台北：黎明文化事業，1982 年 10 月），頁 129-133。

[14] 余起芬　著，*戰後局部戰爭戰略指導教程*，頁 26。

濟性與軍事技術性兩種屬性，規定了局部戰爭的政治內容與戰爭型態，構成局部戰爭的主體內容。[15]

三、相應戰法

戰爭是對敵對雙方在一定時空環境中的戰力對抗。這種對抗並非是人與人的徒手搏鬥，是要使用一定的技術及其物化的武器裝備，為使這種技術的使用發揮最佳的效能，必然要講究一定的方法，即所謂的戰法。因此技術與戰法共同構成了實施戰爭的基本手段。

技術從廣義而言，實際是指科學技術。一般科學技術構成軍事運動的一般技術基礎，它通過軍事技術及其物化的武器裝備對戰爭引起作用。換言之，軍事高技術及其物化的高技術武器裝備則是高技術戰爭的直接技術基礎。[16]

戰法，乃是作戰方法的簡稱，指軍隊實施作戰過程中的各種用兵方法及其結合的統稱，是組織指揮作戰的方針、原則、程序與途徑。因此，隨著高技術局部戰爭物化的基礎與條件變化，高技術局部戰爭相應戰法的革新，將以電磁戰的「軟」、「硬」殺傷相結合的一種新的作戰方法。[17]

四、高技術局部戰爭

高技術局部戰爭是以信息技術為中心、大量運用新材料技術、新能源技術、生物技術、航天技術、海洋技術等當代高、新

---

[15] 馮海明 著，戰後局部戰爭演變論（北京：國防大學出版社，1999 年 10 月），頁 7。

[16] 梁必駸、趙魯杰 著，高技術戰爭哲理（北京：解放軍出版社，1997 年 9 月），頁 178-179。

[17] 梁必駸、趙魯杰 著，高技術戰爭哲理，頁 199。

技術水準的常規武器裝備，並採取相應的作戰方法，在一定地區內進行的戰爭。它包括以下四個方面的含義：

一、 參戰各方中，只要一方以高技術常規武器為主要作戰手段，而無論對方是否具有同等條件，這場戰爭就可以說是高技術局部戰爭。因為，只要一方以高技術常規武器為主要作戰手段，就可以展現出高技術局部戰爭的特點與規律。

二、 大量地使用高技術常規武器，僅使用少量高技術常規武器不能認為是高技術局部戰爭。因為在高技術局部戰爭中，只有大量使用高技術常規武器，才能使戰爭形態發生「質變」，從而引發作戰樣式、戰爭進程等發生變化。

三、 採用與高技術武器裝備相適應的作戰方法，即有一套與高技術武器裝備相適應的作戰理論指導，使高技術武器裝備和軍隊的戰鬥力能充分發揮。

四、 在一定地區內所進行的目的、手段、規模等有限的戰爭。[18]

綜上分析，高技術局部戰爭，指涉具有現代生產水準的武器系統及與之相應的作戰方法，在作戰目的、目標、戰鬥力、空間、時間等方面都有所限度的高技術作戰體系間的軍事對抗。這個作戰體系包括以戰略核武器作為威懾的常規武器系統、支援保障系統、管理系統等。其中常規武器系統係指武器與軟體的有機組合；支援保障系統指戰鬥支援、情報支援和後勤支援；作戰管理系統以計算機、通信設備和軟體為核心組成用於控制武器、協調

---

[18] 郭梅初　著，高技術局部戰爭論，頁 3。

戰鬥力管理和整體戰場的指揮控制中心。[19]因此，高技術局部戰爭的一個基本特徵，就是系統性與整體性，所聯結多種高新技術群而廣泛應用於人類政治、經濟、軍事、文化等各種領域的綜合情況。[20]

第二節　高技術局部戰爭興起的基本成因

高技術局部戰爭的發展，與當代科學技術的發展相對應，同時又受到國際戰略形勢與其他因素的影響。高技術局部戰爭，在20世紀50年代初見端倪，60年代有了初步發展，70－80年代基本成形，90年代基本成熟，21世紀初更有新的發展。[21]

20世紀70年代以來，以信息技術為核心的一系列高新技術群的崛起及其在軍事領域的廣泛運用，使二次大戰後局部戰爭日益帶有高技術性質。二次世界大戰後高技術局部戰爭的發生與發展，形成了帶有鮮明時代烙印的運動軌跡，折射出當代社會文明型態的轉換，世界科學技術發展給戰爭帶來的深刻影響，反映了隨著二次世界大戰後國際競爭方式的調整和變化，戰爭日益可控化、小型化、效益化的發展趨勢。[22]

一、 科學技術的進步是高技術局部戰爭形成的物質技術基礎

科學技術是第一生產力。[23]歷史的經驗表明，戰爭形態的發

---

[19] 王啟明、陳鋒　主編，*打贏高技術局部戰爭－軍官必讀手冊*（北京：軍事誼文出版社，1998年8月第2版），頁17。

[20] 劉龍光　主編，*高技術軍事世界*（北京：國防大學出版社，1995年6月第3版），頁36-38。

[21] 郭梅初　主編，*高技術局部戰爭論*，頁22。

[22] 軍事科學院戰略研究部，*戰略學*，頁423。

[23] 中共中央文獻編輯委員會，*鄧小平文選第三卷*（北京：人民出版社，2002

展依賴於科學技術的進步。火藥的發明使戰爭從使用冷兵器，以
體能釋放為主的形態轉變為使用火槍火炮等熱兵器以熱能釋放
為主的型態。隨著核武器技術發展，戰爭進入以核能釋放為特徵
的熱核戰爭時代。而全球化的新技術革命浪潮，又把高技術局部
戰爭推上了歷史舞台。新技術革命首先改變了戰爭所依賴的物質
基礎，促使武器裝備發生了質的變化。武器裝備的精準度大幅度
提高，遠距離投射所造成破壞力與毀傷效能數倍於往，武器裝備
機動能力與突穿能力日益增強，偵察、監視、指揮自動化更是系
統集合與對抗。因此，科學技術的進步使武器裝備飛躍了新的階
段，戰爭的技術水平進入一個新時代。[24]

　　科學技術的進步亦引起了軍隊組織結構和人員素質結構的
變化：（一）新的技術軍兵種逐漸發展壯大起來，如天軍的出現；
（二）軍隊建設從強調數量型向注重質量型的轉變，如數位化部
隊成立；（三）軍隊結構中的技術密集型軍兵種比例趨於擴展；
（四）指揮自動化的作戰平台趨於精幹化；（五）高技術專業人
才素質的培養，已成為軍隊建設最首要的目標。[25]

二、世界經濟改變了國家謀取利益的方式，戰爭向小型化發展

　　進入工業時代，由於對能源、資源的依賴，西方先進國家為
發達國家財富與資源，以殖民方式獲取殖民地國家的資源，實現
對工業資源的占有及原料市場的控制，從而使國力迅速成長。二
次大戰結束後至 60 年代，這種國際政治的特徵持續進行。由於

年 8 月第 16 版），頁 274。

[24] 王　越　主編，*國防科技與軍事教程－國防科技『十五』重點教材*（哈
爾濱：哈爾濱工程大學，2002 年 9 月），頁 148。

[25] 王　越　主編，*國防科技與軍事教程－國防科技『十五』重點教材*，頁
148。

石化工業、汽車和航空工業的發展，對石油等資源的爭奪與控制加劇。美蘇兩極格局下，經濟與軍事力量強大，成為決定不同國家國際地位的重要支配力量。[26]

70年代中期以來興起的信息技術革命，逐步改變了工業時代國家力量的基礎，使國家利益的實現方式發生了深刻變化。由於信息技術革命提高了能源、資源的利用率，資源爭奪在國際關係中的地位相對下降，世界經濟結構出現重大變化，以信息產業為主導的電子、新能源、航太等高技術產業蓬勃興起和發展，在信息產業迅速發展的社會經濟條件下，信息技術發達國家可藉發展中國家對其技術上的依賴，獲取不對等經濟利益，於是在信息經濟迅速崛起的社會條件下，追求全面的軍事勝利所付出的軍事、政治代價及戰爭延緩經濟科技發展的代價，遠遠超過全面軍事勝利的收益。在新的社會經濟條件下，國家經濟實力的基礎建立在經濟與高技術實力之上，對他國的經濟與科技系統構成威脅與損害，同樣能夠達到發動戰爭的效果。因此，80年代以後的局部戰爭，特別是冷戰結束後的局部戰爭中，有關國家圖以高技術手段，在中低強度軍事對抗條件下易達成高效益的目的。[27]

三、國際戰略格局多極化發展，形成戰略力量的相互依存與制衡

國際戰略格局，是在一定歷史時期內世界上主要不同戰略力量相互關係，相互作用而形成的總體結構和基本態勢。其對戰爭的性質、規模和樣式等有著全局性的深遠影響。戰後以美蘇冷戰對抗為主要特徵的兩極格局下，美國與蘇聯是世界上發動、介入

---

[26] 軍事科學院戰略研究部，*戰略學*，頁424。
[27] 軍事科學院戰略研究部，*戰略學*，頁425。

或制約戰爭的主要戰略力量。隨著各國戰略力量的相繼發展，從60年代末70年代出開始，世界出現了多極化的趨勢，體現為美蘇中歐日五大力量競爭的戰略形勢。80年代末90年代初以來，兩極格局解體世界進入多極化格局的發展；以第一次波灣戰爭為標誌，進入以信息技術為核心的高技術局部戰爭的新階段。[28]2003年3月20日，美國對伊拉克發動了後冷戰時期又一場高技術局部戰爭。與冷戰後1991年波灣戰爭、1999年科索沃戰爭及2001年阿富汗戰爭相比，美國發動的這場技術含量更高、信息化特徵更為明顯，反應了高技術局部戰爭以信息化為核心的新驗證。[29]

隨著兩極格局的解體和冷戰的結束，國際力量加速分化重組，日益多元化、分散化，國際戰略格局對戰爭的約束逐漸增大，儘管冷戰後在兩極格局掩蓋下所爆發出來的種族衝突、宗教糾紛、領土爭端等波及世界各地，並醞成武裝衝突與局部戰爭，但由於失去了大國爭霸的背景，這些武裝衝突與戰爭往往只在一國內部或某一地區內呈以低強度進行。加之，世界經濟的全球化趨勢，使各國間的相互依存更加深化，聯合國及地區安全機制的約束與控制日益增加，制約戰爭的因素得到強化，戰爭更加明顯地向目的有限，規模可控制的方向發展。[30]

四、戰爭目的和手段的矛盾運動，推動高效益戰爭樣式應運而生而引起戰爭形態的質變

戰爭是謀取利益的最高手段，戰爭樣式在適應政治目的、利

---

[28] 支紹曾　主編，戰後世界局部戰爭史教程（北京：軍事科學出版社，2000年8月），頁10。

[29] 熊光楷　著，國際戰略與新軍事變革 "International Strategy and Revolution in Military Affairs,"（北京：清華大學出版社，2003年10月）頁38-40。

[30] 軍事科學院戰略研究部，戰略學，頁424。

益要求的過程中，不斷產生效益比更高的新的戰爭樣式。利益目的和戰爭手段的矛盾運動及戰爭效益原則決定著戰爭的演變和戰爭的發展方向，推動二次大戰後戰爭不斷趨向高技術化。[31]

　　高技術武器裝備和高技術戰力投入戰場，不僅改變了戰爭的耗費特性，而且亦改變了戰爭的效益特性。換言之，高技術戰爭的效益是「高效益」。高技術戰爭的效益是通過目標來實現的。

　　克勞塞維茨在《戰爭論》論述：「政治目的──即戰爭的原始動機──將同時決定所應達到的軍事目標以及其所要的努力份量。一個政治目的在某一個國家中可以產生何種努力，以及其政策所要求者為何種軍事目標。……有時政治和軍事目標是相同的（political and military objective is the same）。……」。[32]在高技術局部戰爭下，克勞塞維茨的觀點是合乎時宜的。因為，高技術局部戰爭的效益與價值是體現在政治目標、軍事目標及經濟目標。1991 年第一次波灣戰爭，美軍及多國部隊政治目標，是將伊拉克驅逐出其佔領的科威特；而其軍事目標，是確立各階段戰略目標所規劃「沙漠盾牌」及「沙漠風暴」的軍事行動。而在軍事目標打擊置「重心」於伊拉克的指揮、管制與領導系統、大規模破壞性武器及精銳共和國衛隊。這場戰爭，美國及多國部隊完全達到戰爭目標而獲得了戰爭的高效益。[33]

　　波灣戰爭是發生在 20 世紀 90 年代的一場現代化的大規模局部戰爭。由於這一場戰爭主要是擁有世界最先進武器裝備的超級軍事大國美國與一個地區性中等軍事強國伊拉克之間進行的一

---

[31] 軍事科學院戰略研究部，*戰略學*，頁 427。

[32] 克勞塞維茨（Carl von Clausewitz），ON WAR, 鈕先鍾 譯，*戰爭論全集（上）*（台北：軍事譯粹社印行，1980 年 3 月），頁 119。

[33] 梁必駸、趙魯杰 著，*高技術戰爭哲理*，頁 301-302。

場激烈較量。雙方，尤以美國為首的多國部隊在戰爭中使用了大量的高技術武器裝備。因此，這場現代戰爭特別是具有高技術局部戰爭的特徵。戰爭的爆發、過程與結局，不僅對當時的國際軍事形勢具有直接的影響，且更有力地牽動著世界軍事的發展與革新。[34]隨著世界科技革命的飛速發展和高新技術的廣泛應用，世界軍事領域正在發生革命性的變革。特別是軍事高技術的投入及研發，使軍隊的武器裝備正在發生質的飛躍，而現代高新技術武器直接用於戰爭，便產生了相應的作戰方法和作戰樣式，引起了戰爭型態的巨大變化。高技術局部戰爭已成為現代戰爭的一種主要型態。[35]

第三節　高技術局部戰爭基本特點

　　高技術局部戰爭，區別於一般條件下戰爭和全面戰爭的基本特徵：一個是「高技術性」，一個是「局部性」。高技術性表現為戰爭物質技術基礎的高技術性，包括大量使用高新技術武器裝備和廣泛運用高新技術對原有軍事系統進行變革；局部性表現為戰爭被控制在局部範圍內進行，戰爭的目的、規模與手段和直接交戰的時空均較有限度。這兩個基本特點，決定了高技術局部戰爭未來發展的基本趨向。[36]

---

[34] 軍事科學院軍事歷史研究部　著，海灣戰爭全史：*The Complete History of The Gulf War*（北京：解放軍出版社，2002 年 4 月第 5 次印刷），頁 505。

[35] 熊光楷　著，國際戰略與新軍事變革 *International Strategy and Revolution in Military Affairs*（北京：清華大學出版社，2003 年 10 月），頁 15。

[36] 彭光謙、姚有志　主編，軍事戰略學教程（北京：軍事科學出版社，2003 年 6 月），頁 234。

一、戰爭目的受政治、經濟等因素制約，高技術局部戰爭的可控性增加

高技術局部戰爭的一個重要特點就是日益呈現出其可控性增強的趨勢，否則局部戰爭也就不成為局部戰爭。高技術局部戰爭的可控性主要源於戰爭目的的有限性和戰爭手段的高技術性。從戰爭目的的有限性來看，在高技術局部戰爭的範疇中，軍事與政治、經濟與外交的聯繫更加密切。世界任何一隅燃起戰火，都會立即引起全球的關注與反應。戰爭的發展與國際政治格局的演變緊密關聯，地區性的危機和武裝衝突一旦失去控制，很容易導致國際間的複雜局面，形成對戰爭的多元化制約。隨著世界經濟全球化的深化發展，各國經濟利益的相互依存度進一步加深，推動著各國經濟利益的相互滲透與融合，因此不能不思量戰爭的高投入、高消耗、高風險，亦不願意自己的經濟發展長期深陷「戰爭泥淖」。

從戰爭手段的高技術性來看，對重要軍事目標的精準打擊取代了以往的攻城略地與地毯式轟炸；奪取戰場制信息權優先於大量消滅對方有生力量，摧毀對方抵抗意志勝於全面剝奪對方的軍事能力，加之聯合作戰與指揮控制能力大幅提高，使戰場行動的可控性明顯增強。另外，國際法體系日益完善，國際社會的危機控制機制、防止大規模破壞性武器擴散機制等更加成熟，對戰爭的制約亦產生加分效果。[37]

---

[37] 軍事科學院戰略研究部，戰略學，頁 435-436。

二、高技術武器裝備大量運用，已經和正在進一步引起作戰方式上一系列的深刻變化

相對於歷史上其他形態的戰爭，高技術戰爭已經呈現這一系列新特點：有人概括為高立體、高速度、高毀傷、高消耗、全領域、全方位、全天時、全軍種、全戰法，空間增大、縱深增大、突然性擴大；有人概括為：高高（深）度、高精度、高烈度、高效度、高智能度、高隱蔽度、高合成度。具體而言，戰場範圍增加了外層空間和電磁這兩個新的戰場領域，形成了陸地、海上、空中、外層空間和電磁戰場五位一體，相互依賴、相互作用；作戰講究「空地一體」、「陸海空天電一體」，從而要求各軍種力量實施高度聯合作戰；作戰手段則以電子戰、導彈戰、心理戰、空襲戰、登陸戰多位一體，軟硬攻擊一體化；作戰時要求實施脫離接觸、間接打擊，強調非綫式作戰，遠距離超視距火力突擊。[38]

在大量使用高新技術武器裝備的作戰中，出現了從綫式作戰為主向非綫式作戰轉變的趨勢；從主要依靠地面作戰逐步完成最後勝利的模式向空中打擊和信息攻擊致勝的模式轉變；從立足於集中兵力，謀求數量的優勢的布勢向集中火力、聚集能量，追求質量優勢和聯合作戰效益的樣式轉變；從注重大量消滅對方有生力量向著眼打擊對方關節點，整體癱瘓對方作戰系統轉變等。這些發展趨勢，都是大量使用高技術武器裝備，而在作戰方式方法上引起一系列的深刻變化。[39]

---

[38]　梁必駸、趙魯杰　著，*高技術戰爭哲理*，頁 15-16
[39]　彭光謙、姚有志　主編，*軍事戰略學教程*，頁 237。

三、戰爭要素信息化程度越來越高，信息戰將逐步成為高技術 局部戰爭的基本形態

　　高技術局部戰爭，特別是信息技術的進步對武器裝備的發展影響巨大，是武器裝備向信息化方向發展的直接推動力量。信息化裝備是大量採用電子信息技術的武器裝備，主要分為信息化打擊武器和軍用信息系統兩大類。[40]從科索沃戰爭、阿富汗戰爭及第二次波灣戰爭至少可以看出兩點：一是美國等西方國家在實戰中使用的精確制導彈藥占使用總彈藥量的比例越來越高，在三場戰爭中分別為 38％、46％、68％；二是這些國家軍隊的綜合電子信息系統又發展到一個新階段，各軍種 C^4I 系統的互聯互通能力大幅提高，C^4I 系統與武器系統的聯繫更加緊密。換言之，美軍的武器裝備在向信息化、一體化方向發展又邁向了一個新階段。[41]

　　未來高技術局部戰爭，將圍繞著信息的收集、處理、分發、防護而準備和實施，奪取和保持制信息權將成為作戰的重心與焦點。信息不但是指揮決策的基礎，而且是武器系統效能得以充份發揮的前提，是直接攻擊對方信息目標的手段和影響戰爭全局的重要資源。信息優勢將成為作戰勝負的重要因素，信息作戰也由原來的一種輔助性的手段轉變成為一種貫穿戰爭全程主動性的制勝權。[42]

---

[40] 王保存 著，*世界新軍事變革新論*（北京：解放軍出版社，2003 年 8 月），頁 155。

[41] 王保存 著，*世界新軍事變革新論*，頁 155。

[42] 軍事科學院戰略研究部，*戰略學*，頁 440。

四、交戰雙方軍事力量和裝備技術水準發展不平衡，非對稱作戰日益成高技術局部戰爭的基本方式

隨著發達國家與發展中國家在科技、經濟和綜合國力方面差距的擴大，軍事力量的不對等現象將長期存在。一些軍事大國的軍力不斷成長，強者愈強，弱者愈弱，軍事力量差距日趨懸殊，甚至出現時代性的「代差」。近年來非對稱作戰理論的觀點，受到各國軍隊的重視。[43]

不對稱作戰理論在強調諸軍兵種在聯合作戰中的支援關係，充份發揮各軍兵種在不同時機、階段、領域中的獨特作用，以及選擇適當的非對稱作戰方式，以確保己方在時間、空間和目標上的高度一致，對敵形成最大聯合作戰合力方面，具有重要的指導意義。高技術局部戰爭的不對稱作戰，主要表現在：一是以強擊弱，避實擊虛。是「強勝弱敗」規律的直接反應；二是系統破壞，重點打擊。達到「擊一點而瘓全身」的效果。[44]

這種高技術局部戰爭中的非對稱作戰，強勢的一方將更加重視發揮自身的優勢，全力調動和使用各種非對稱作戰力量、技術手段和作戰方式，儘量避免陷入被動，儘量減少己方人員和裝備的損失，力圖一舉制服對方，迅速實現自己的戰略企圖；而弱勢的一方，也將面對現時的態勢，避敵之長，擊敵之短，發揮自身的獨特優勢，以非對稱手段與戰法，爭取戰場主動權。可見，強勢一方也害怕弱勢一方使用非對稱手段，來限制或破壞其優勢的發揮，並利用其弱點。這是非對稱作戰同時被強弱雙方所高度重

---

[43] 彭光謙、姚有志　主編，軍事戰略學教程，頁 239。

[44] 岳嵐、陳志波、古懷濤　主編，『打得贏』的哲理－面對未來戰爭的若干思考（北京：解放軍出版社，2003 年 8 月），頁 81-86。

視的原因。[45]

五、戰爭力量一體化，戰場對抗系統使聯合作戰成為作戰行動的基本樣式

在高技術局部戰爭，勝負取決於作戰系統的整體對抗能力。戰爭力量的構成趨向「體系化」，強調各種力量要素的有機結合，從力量的「一體化組合」和「一體化使用」尋求新的戰鬥力增長途徑。單一軍種的作戰正在消失，陸海空軍的傳統分工趨於模糊，各種作戰力量的相互關聯更加緊密。作戰表現出高度的集成性。[46]

聯合作戰體系主要包括：一、信息作戰體系；二、空中作戰體系；三、海上作戰體系；四、陸上作戰體系；除此之外，還必須建立高效、靈活、穩定的指揮控制體系，以及建立全面有重點又可靠的聯合作戰保障體系。從而將地面作戰、空中作戰、海上作戰、信息作戰、外層空間作戰保障融為一體，構成陸海空天電一體的新型作戰體系。[47]

一體化聯合作戰成為高技術局部戰爭的基本樣式，「系統對抗」、「整體打擊」成為比「獨立作戰」更為重要的作戰原則。攻擊戰術目標，有時需要運用戰略手段；打擊戰略目標，有時需要戰術力量；各軍兵種、各種功能編組、各作戰要素將以信息化建設下聯為一個整體，從而使聯合作戰成為必然的交戰樣式，聯合作戰成為軍隊作戰能力的標誌。[48]

---

[45] 彭光謙、姚有志 主編，軍事戰略學教程，頁 240-241。

[46] 軍事科學院戰略研究部，戰略學，頁 447。

[47] 薛興林 主編，戰役理論學習指南（北京：國防大學出版社，2002 年 2月），頁 167-168。

[48] 彭光謙、姚有志 主編，軍事戰略教程，頁 246。

六、戰爭消耗越來越大，戰爭更加依賴雄厚的經濟基礎與有力的綜合保障

經濟不僅是戰爭的根源和具體爆發的最終目的，而且還是準備和實施戰爭的物質基礎。戰爭與經濟密切相關，主要表現在三個方面：一、戰爭是特定的經濟關係特別是國家、政治集團之間的經濟利益衝突的產物，這是戰爭之所以爆發的根源；二、戰爭離不開必要的物質條件，特別是社會能力為戰爭提供的人力、物力、和財力；三、戰爭的發展水準，取決於社會經濟發展的水準，特別是生產力與科學技術水準。沒有足夠的經濟力量，戰爭就無法進行，更遑論贏得戰爭的勝利。[49]

高技術局部戰爭中物資消耗巨大，後勤保障的任務艱巨而繁重，要求有充份的物質、技術儲量和各種高技術的運輸工具，是有力的綜合保障的基石。從一定的意義而言，高技術局部戰爭是打技術仗，也是打後勤保障。高技術局部戰爭規模、範圍、激烈程度的發展，使後勤保障的規模不斷擴大；高技術局部戰爭需求的多樣化，使後勤結構複雜化；高技術局部戰爭立體性強，前方與後方更趨模糊，使後方防衛的作用更加突出，要求後方地域必須組織防空、防導彈、防空降、和對地面的防護，以至對外層空間的防禦。因此，需要提供快速及時、量足質優、準確高效、機動多點後勤保障。[50]

高技術局部戰爭，高技術武器裝備的發展和大量用於戰場，即使作戰思想、作戰樣式和戰法發生了很大的變化，也使後勤保

---

[49] 梁必駸、趙魯杰　著，*高技術戰爭哲理*（北京：解放軍出版社，1997 年 9 月），頁 40-41。

[50] 梁必駸、趙魯杰　著，*高技術戰爭哲理*，頁 17。

障出現了新的發展與要求。在高技術局部戰爭裡，面臨著高消耗、高技術和敵人縱深打擊的多種複雜局面。[51]因此，只有建構整體系統的作戰保障、後勤保障與裝備保障的聯合後勤保障，才能適應未來高技術局部戰爭綜合保障的要求。[52]

第四節　高技術局部戰爭作戰方式

一、作戰方式

作戰方式是戰爭行動的外在表現，是作戰行動整體的或基本的表現型態。是戰爭內容的存在方式。作戰方式總是受制於戰爭特點的決定與支配，並隨著武器裝備的發展，作戰對象和環境變化而變化。傳統的綫式作戰、對稱作戰逐漸被非綫式作戰、非對稱作戰及非接觸作戰方式取代。因此，認真研究現代作戰方式對立與發展，是深刻瞭解高技術局部戰爭的實際意義。

（一）非綫式作戰：相對於是綫式作戰。綫式作戰是一種由後向前逐步向前推進的作戰方式，兵力、火力等物質基處是決定作戰雙方哪一方能取得勝利的主導因素。所謂非綫式作戰，是指作戰沒有固定的戰綫，戰場呈現出一種不規則狀態的作戰方式。敵對雙方的交戰沒有明確穩定的戰綫，作戰行動力求避開固定戰綫的爭奪。著眼於全縱深作戰，戰鬥基本是雙方的全縱深內同時展開；主要作戰樣式是機動部隊互相穿插，攻防轉換迅速與靈活。[53]

---

[51] 胡思遠，＜試析聯合戰役的基本特點＞，國防大學，*高技術條件下聯合戰役與軍兵種作戰*（北京：國防大學出版社，1997 年 1 月），頁 29。

[52] 薛興林　主編，*戰役理論學習指南*（北京：國防大學出版社，2002 年 2 月），頁 80-81。

[53] 岳嵐、陳志波、古懷濤　主編，*『打得贏』的哲理－面對未來戰爭的若干*

（二）非接觸作戰：接觸是視界接觸或兵器效力範圍接觸。非接觸
作戰是在敵視區或火力殺傷半徑以外出動作戰平台及投射彈
藥對敵實施打擊，其本質是「減少對我軍造成的危險性或零
傷亡與最小代價」。非接觸作戰的核心思想「脫離接觸，間接
打擊」。[54]非接觸作戰的超視距對抗和空中打擊，已成為高技
術局部戰爭新的作戰方式之一，更加符合時間短、傷亡小、
耗資少等作戰行動的要求，體現出非程序化和「一錘定音」
等作戰進程的新特點。[55]

（三）不對稱作戰：對稱作戰是指敵對雙方使用相同種類的部隊進
行作戰，如飛機對飛機、步兵對步兵。非對稱作戰是指敵對
雙方使用不同種類部隊進行作戰，如空軍對陸軍作戰，直升
機對戰車作戰等。非對稱作戰主要靠技術優勢、空間優勢、
通過揚己之長，擊敵之短，達到以最小代價換取最人勝利。[56]
不對稱作戰主要表現在：以強擊弱，避實擊虛。它是強勝弱
敗規律的直接反應；系統破壞，重點打擊。集中力量，選擇
作戰體系中的重要關節，實施重點打擊和癱瘓打擊，而達到
「擊一點而癱全身」的效果。[57]

（四）信息作戰：信息作戰是戰場上敵對雙方為爭奪制信息權，通
過利用、破壞敵方和利用、保護己方的信息、信息系統而進

思考（北京：解放軍出版社，2003 年 8 月），頁 71-77。

[54] 潘友木　著，*非接觸戰爭研究*（北京：國防大學出版社，2003 年 7 月），
頁 6-17。

[55] 郭梅初　主編，*高技術局部戰爭論*，頁 56。

[56] 岳嵐、陳志波、古懷濤　主編，*『打得贏』的哲理－面對未來戰爭的若干
思考*，頁 81。

[57] 岳嵐、陳志波、古懷濤　主編，*『打得贏』的哲理－面對未來戰爭的若干
思考*，頁 86。

行的作戰。信息作戰是一種綜合性的作戰方式，包括一切能
對敵信息系統實施攻擊和對己方信息和信息系統進行的防護
行動。[58]

二、高技術局部戰爭基本作戰方法

戰爭是力量的競賽，也是戰爭指導者運用一定的方法組織、
調度的力量競賽。高技術局部戰爭的高技術武器裝備在戰爭中的
廣泛使用，新的作戰樣式與作戰方法不斷出現，對戰爭的進程和
結局產生了重大的影響。[59]

（一）作戰方法的概念

作戰方法是指軍隊進行作戰的各種方法，簡稱戰法。戰法按作
戰層次，可區分為進行戰爭的方法，進行戰役的方法和進行戰鬥的
方法。進行戰爭的方法，屬戰略範疇；進行戰役的方法，屬戰役法
範疇；進行戰鬥的方法，屬戰術範疇。[60]從冷兵器、熱兵器到機械
化戰爭，在敵對雙方交戰過程中，由若干戰鬥去實現一個戰役的勝
利；由若干戰役的勝利，贏得戰爭的最後勝利。在人類的戰爭實踐
中，雖然戰鬥與戰役的規模與樣式不同，但總體而言，形成了這種
由戰鬥到戰役層次發展的共同規律。但是，在高技術局部戰爭中，
因高新武器的高效度、高精準度、高損傷率的提升，致使敵對雙方
交戰過程中，戰鬥、戰役、戰略的界限模糊。一次戰鬥可能是一次
戰爭。戰略直接指導戰鬥、戰術行動直接體現戰略意圖，進行戰爭、
戰役戰鬥的方法更加接近，有時融為一體。然而，由於作戰性質、
指揮層次和作戰重心不同，儘管戰爭方法和戰役、戰鬥方法有許多

---

[58] 徐小岩　主編，信息作戰學（北京：解放軍出版社，2002 年 9 月），頁 4。

[59] 郭梅初　主編，高技術局部戰爭論，頁 99。

[60] 梁必駸、趙魯杰　著，高技術戰爭哲理，頁 194。

共同之處，但不同點仍然是非常明確的。[61]

作戰方法客觀上具有層次性的，研究戰法要分層次進行，既要注意探索各種作戰行動揚長避短的對抗方法，又要注意探索各種樣式與類型的克敵制勝的具體戰法和基本戰法。因此，在高技術局部戰爭中，武器裝備系統儘管具有巨大威力和作用，但仍然需要科學、巧妙、縝密地控制、協調，精心地進行作戰籌劃和實施組織指揮。所以，研究戰法是制勝不可缺少的重要因素。[62]

（二）高技術局部戰爭作戰的基本戰法：

技術決定戰術。研究明天的戰爭，必涉及戰法問題。明天的戰爭中的戰法，決不是過去戰法的重覆。[63]

1. 情報戰：使用太空、空中、地面（水下）一體化情報網，獲取敵方情況、資料，以及進行情報欺騙，制止敵方獲取我方情況、資料的活動。實施情報戰主要有四種途徑：衛星偵察監視、航空偵察監視、地（水）面偵察系統及情報偵察。[64]

2. 電子戰（電子對抗）：是指利用電子技術及設備，削弱或破壞敵對方的電子設備的效能，保障己方電子設備正常工作而採取的各種技術行動及措施。利用電子對抗手段，可使敵方的通信中斷、指揮失靈、雷達盲目、武器失控進而達到全身癱瘓。21 世紀將是電磁權爭奪時代，是高技術局部

---

[61] 郭梅初　主編，*高技術局部戰爭論*，頁 100。

[62] 郭梅初　主編，*高技術局部戰爭論*，頁 101。

[63] 王普豐　著，*明天的戰爭與戰法*（北京：軍事科學出版社，2001 年 10 月），頁 151。

[64] 郭梅初　主編，*高技術局部戰爭論*，頁 108-112。

戰爭的「制勝點」。[65]

3. 信息戰：所謂信息戰是指以爭奪、使用和控制信息為主要內容，以信息裝備和系統為主要武器所進行的一種高技術戰爭。[66]信息戰是為奪取和保持信息優勢而進行的對抗。目前，中共對信息化戰爭、信息作戰及信息戰，由於研究問題看法不同，對信息作戰理解與表述也不盡相同。[67]

4. 火力戰：是在情報戰和電子戰與信息戰的「軟傷」支援下，使用各種高技術武器裝備的「硬傷」綜合火力打擊。如飛機遠視距攻擊、精準導彈攻擊等，不僅能破壞和癱瘓對方的防禦系統，為決戰創造條件，而達成戰略目的。[68]

5. 心理戰：是以人的心理為作戰目標，以改變人的心理狀態為目的的作戰行動。實施心理戰主要是運用宣傳手段向對方施加心理影響。如廣播、報刊、傳單、戰場喊話等。同時還利用其他手段，如通過暴力行動使對方產生震撼；或通過部隊的戰術欺騙與佯動使對手誤判與受騙造成士氣瓦解與動搖。[69]

高技術局部戰爭，進入 20 世紀 80 年代以來，隨著國際戰略格局的不斷變化，以及戰爭的政治經濟性與軍事的技術性的關聯性推動著戰爭型態的演變。而出現的高技術局部戰爭型態是以信

---

[65] 劉龍光　主編，高技術軍事世界（北京：國防大學出版社，1995 年 6 月第 3 版），頁 15。

[66] 王　越　主編，國防科技與軍事教程－國防科技『十五』重點教材，頁 159。

[67] 徐小岩　主編，信息作戰學（北京：解放軍出版社，2002 年 9 月），頁 2。

[68] 郭梅初　主編，高技術局部戰爭論，頁 117。

[69] 王　越　主編，國防科技與軍事教程－國防科技『十五』重點教材，頁 162-163。

息技術為核心，大量運用新材料技術、新能源技術、生物技術、航天技術與海洋技術等當代高新技術的常規武器裝備與之相適應的作戰理論、作戰方式所進行的戰爭。它是一個相對的、動態的、發展中的概念。高技術局部戰具有一個重要本質特徵，就是結構一體化：

（一）高技術局部戰爭不再是平面二維的作戰，而是將呈現出陸海空天電（磁）作戰對抗體系的一體化。

（二）太空的通信衛星，戰區上的中繼衛星，機載平台的無綫電指揮系統，構成了陸海空天電（磁）的指揮體系一體化。

（三）各個空間、各個層次的打擊行動都將具有陸海空天電（磁）一體的統一性與聯合性的作戰打擊的一體化。

（四）陸戰場、海戰場、空戰場都將呈現火力打擊的多樣化，打擊空間呈現立體化與聯合化火力打擊的一體化。[70]

　　20 世紀 90 年代以來，在軍事領域發生的根本性變革，稱為「新軍事變革」（revolution in military affairs）。它包括軍事技術、武器裝備、軍隊結構、作戰方式、軍事思想及理論等方面變革。新軍事變革是把工業時代的機械化軍事型態改造成以信息技術為核心的高技術局部戰爭型態的過程，是軍事發展過程中的一次質的飛躍。這場軍事變革是世界軍事發展史上範圍最廣，影響最為深刻，力道最為強勁的一次革命性變革。[71]

　　構建面向 21 世紀軍事理論發展的基本框架，必須站在高技術局部戰爭發展的前沿，學習和研究高技術局部戰爭的規律與特

---

[70] 岳嵐　主編，*高技術戰爭與現代化軍事哲學*（北京：解放軍出版社，2000年 10 月），頁 10-11

[71] 國防大學科研部　著，*軍事變革中的新概念*（北京：解放軍出版社，2004年 4 月），頁 3。

點。尤以，2003 年 3 月 20 日至 5 月 1 日，以信息為核心所主導
的第二次波灣戰爭，投入大量的高新技術武器，運用了新的作戰
樣式與作戰手段，形成了陸、海、空、天、電五位一體的聯合作
戰，成為高技術局部戰爭最經典的戰例。21 世紀的高技術局部戰
爭將以信息優勢為基礎，採用制敵機動、精確打擊、全維防護和
聚焦後勤的聯合作戰理論來指導戰爭。[72]

---

[72] 岳嵐　主編，高技術戰爭與現代化軍事哲學，頁 3。

第三章　中共高技術局部戰爭

　　在人類戰爭歷史上，20 世紀的戰爭佔有突出地位。20 世紀上半葉，爆發了兩次世界大戰。核戰爭和新的世界大戰長時間嚴重威脅著人類，卻又始終去沒有爆發。相反地，世界上不是這裡烽煙四起，就是那槍聲響聲起。[1]局部戰爭和武裝衝突此起彼伏、從未停歇。據統計，在「冷戰」期間，從 1945 年至 1989 年世界範圍發生局部戰爭和武裝衝突 197 起來平均每年 4.5 起。自 1990 年全 1999 年的 10 年間，世界各地共發生局部戰爭和武裝衝突 117 起，平均每年 10 多起，明顯高過於「冷戰」期間每年的平均數。2000 年世界各地共有 45 起局部戰爭和武裝衝突。[2]局部戰爭已逐步演變為相對獨立的，具有新的特點和規律的戰爭型態。[3]

　　第二次世界大戰後的戰爭演變形態，大致經歷以下幾個發展時期：第一個時期，從二次大戰結束到南北韓戰爭。以大規模戰爭的模式來進行局部戰爭，追求軍事上的徹底勝利，是這一時期局部戰爭的主要特點。[4]由於這個時期科學技術尚不發達，局部戰爭中大多使用一般技術的常規武器。因此，這個時期是高技術局部戰爭的始初階段（50-60 年代）；[5]第二個時期從南北韓戰爭結

---

[1]　姚有志　主編，二十紀戰略理論遺產（北京：軍事科學出版社，2001 年 8 月），頁 317。

[2]　熊光楷　著，國際戰略與新軍事變革 "International Strategy and Revolution in Military Affairs,"（北京：清華大學出版社，2003 年 10 月），頁 15。

[3]　姚有志　主編，二十紀戰略理論遺產，頁 317。

[4]　姚有志　主編，二十紀戰略理論遺產，頁 318。

[5]　郭梅初　主編，高技術局部戰爭論（北京：軍事科學出版社，2003 年 6

束到中印邊境自衛反擊作戰，最終以談判達成某種妥協而結束，標誌著局部的有限戰爭登上了歷史舞台；第三個時期，從 70 年代初到 80 年代末，由於國際政治經濟條件的變化，核均勢的出現和美蘇之間制約大戰機制的形成，局部戰爭與世界大戰的聯繫日益弱化；70 年代蘇聯藉由各種局部戰爭甚至直接入侵阿富汗而極力向外擴張，80 年代美國通過大打低強度戰爭來削弱蘇聯的戰略地位，更加突出了局部戰爭中的美蘇爭霸的背景。同時，局部戰爭的軍事技術屬性也開始呈現質的變化，以第四次中東戰爭與福克蘭群島戰爭具有高技術特點的局部戰爭。[6]因此，這個時期是高技術局部戰爭的成形階段（70-80 年代）；[7]第四個時期從 90 初至今。兩極世界格局的瓦解和波灣戰爭的爆發，使局部戰爭進入一個新的發展時期。從戰爭的軍事技術屬性的角度看，以波灣戰爭為新的起點，一般條件下局部戰爭向高技術條件下局部戰爭的轉化，已經成為世界局部戰爭的發展主流，也是當前世界各主要國家對戰爭研究和準備的重點。[8]這個時期是高技術局部戰爭的成熟階段（90 年代至今）。[9]2003 年 3 月 20 日，美國對伊拉克發動了後冷戰時期又一場高技術局部戰爭。隨著信息化為核心的高技術局部戰爭的逐步登場，「空地一體戰」、「空天海地一體戰」便向著信息化戰爭邁進與發展。[10]

月第 2 版），頁 23。

[6] 姚有志 主編，二十紀戰略理論遺產，頁 318。

[7] 郭梅初 主編，高技術局部戰爭論，頁 25。

[8] 姚有志 主編，二十紀戰略理論遺產，頁 318。

[9] 郭梅初 主編，高技術局部戰爭論，頁 27。

[10] 熊光楷 著，國際戰略與新軍事變革 International Strategy and Revolution in Military Affairs, 頁 37-42。 有關於伊拉克戰爭可參見：國防大學編印，二次波灣戰爭專題研究論文專輯全三冊（桃園：國防大學，2003 年 4 月）；

第一節　中共全面戰爭向高技術局部戰爭轉變

一、局部戰爭思想

1949 年中共建國後所處特定的歷史環境，各個歷史時期所面臨的不同威脅以及對國際環境判斷上的變化，使得中共對局部戰爭的認識經歷了曲折的發展歷程。在中共黨的十一屆三中全會之前的數十年間，從總體上看始終強調大戰的危險性，並將戰爭準備的著眼點放在如何對付西方國家的大規模入侵，因而不可能產生獨立的局部戰爭理論。50 年代毛澤東等領導人對這個問題的分析與判斷是有明顯區別的。他們在警惕地注視著世界戰爭危險性、立足最壞情況的同時，也強調新的世界戰爭是有可能制止或推遲的。在指導抗美援朝戰爭和一些軍事鬥爭的實踐基礎上，通過強權主義發動戰爭新特點的研究提出了有關局部戰爭的一些重要思想：

一、　強權主義的戰略是準備大戰的條件下搞局部戰爭。中共成立後，以毛澤東為首的中國共產黨在戰爭與和平問題上堅持這樣一個基本判斷；即世界上形成以美國為首民主陣營和以蘇聯為首的社會主義的陣營，爆發第三次世界大戰的可能性依然存在，只要全世界共產黨能夠繼續團結一切可能和平的力量，新的戰爭是能夠阻止的。1950 年 6 月南北韓戰爆發，美國出兵干預，中共領導人形成這樣的共識：美國發動第三次世界大戰是不可能的，其意圖是不斷地以一個一個的局部戰爭推動為世界大戰。經由南北韓戰爭，毛澤東意識到美國將要以局部戰爭形式進行侵略和爭奪。1956 年 8 月，毛澤東在

羅援主編，談兵論戰－－伊拉克戰爭點評（北京：軍事學科出版 社，2003 年 10 月）。

中共八大報告的修改稿中加寫道:「任何一個好戰國家或國家集團都很不容易發動世界戰爭。抗美援朝戰爭及蘇伊士運河事件已經證明,這一形式使得帝國主義國家不敢將局部戰爭擴大為世界大戰」。[11]

二、 帝國主義發動的局部戰爭將主要在「中間地帶」進行。「中間地帶」的概念,是毛澤東在 1946 年 8 月第一次提出的。[12]在美蘇之間隔著一個由歐亞非三洲的許多資本主義國家與殖民地半殖民地國家構成遼闊的中間地帶,因而戰後世界面臨的現實問題不是美蘇爆發戰爭而引起的世界大戰,而是美國控制和蘇聯侵略包括中共在內的中間地帶國家。既然美蘇之間大戰打不起來,在中間地帶發生的各種侵略與反侵略戰爭及民族解放戰爭就只能是局部戰爭。對毛澤東此一重要思想,周恩來在 1961 年 9 月一次會議中闡述:毛主席在 10 年前說過,帝國主義對社會主義陣營是防禦或是進攻?在一定意義上說,是防禦不是進攻。美國害怕打核戰爭,而要打有限戰爭,這是因為它把中間地帶看作是自己的防線;美國這種作法是想要把我們社會主義陣營「鈣化」起來。因此,局部戰爭總是在中間地帶打;推遲世界大戰的可能性正在增長,但有限戰爭即局部戰爭卻不可避免。[13]

三、 局部戰爭具有不同於大戰的新特點。在兩極格局和核威懾條

---

[11] 姚有志 主編,二十紀戰略理論遺產,頁 333-334。

[12] 中共中央毛澤東選集出版委員會,毛澤東選集第四卷(北京:人民出版社,1966 年 9 月),頁 1135-1140。毛澤東與美國記者安娜・路易斯・斯特朗的談話。是毛澤東在第二次世界大戰結束不久,關於國際形勢和國內形勢的一篇很重要談話。

[13] 姚有志 主編,二十紀戰略理論遺產,頁 334-335。

件下開始形成的現代化局部戰爭，其基本特點之一是，相對
有限的政治目的要求對戰爭的目標、手段、範圍和過程進行
一定程度的限制，從而使戰爭規模得以控制。中共為了將朝
鮮戰爭控制在一定的地域和規模內，周恩來在通過印度駐華
大使向英美兩國提出警告同時，明確表達了使朝鮮問題「地
方化」的作為，還公開提出了「朝鮮問題局部化」的主張。
在指導抗美援朝戰爭的過程中，以毛澤東為首的中央軍委對
作戰目標和範圍進行了限制，如美軍未直接攻擊大陸的情況
下，要求自願軍絕不在朝鮮以外地方主動攻擊美軍；志願空
軍也个轟炸朝鮮境內的美軍基地。將作戰目標由最初的殲滅
和驅逐美國及其他國家的侵略軍改為充分準備持久作戰和爭
取和談到結束戰爭。1954 年 10 月，毛澤東與印度總理尼赫
魯的一次談話中說：在大多數戰爭中，總是一勝一敗，一方
摧毀一方，戰爭也有不分勝負而和的。例如，三八度線戰爭
和十七度線戰爭。在這種戰爭中，沒有任何一方根本打敗另
一方。政治與外交聯結得更加緊密，在一定的意義上說，戰
爭的內涵更加豐富與廣泛了。它不僅指作戰行動，而且包括
各種遏止戰爭的行動；它的目的不但是要取得軍事上的勝
利，更重要的是爭得政治、外交上的主動，是將軍事鬥爭與
政治、外交鬥爭有機結合起來，這就是著眼於局部戰爭的新
特點。[14]

中共建國後的軍事戰略方針始終是積極防禦。在相當長的一
段時期中，這一方針的立足點主要是應付帝國主義可能對中共發
動大規模入侵。1956 年 3 月 6 日，彭德懷在軍委擴大會議上所作

---

[14] 姚有志 主編，二十紀戰略理論遺產，頁 336-337。

的《關於保衛祖國的戰略方針和國防建設問題》報告中，第一次正式提出了「積極防禦」的戰略方針。翌年 7 月 16 日，他在第三次國防委員會全體會議上對這一方針又作了進一步的闡述：這一方針是以美國為首的帝國主義對中共發動直接的大規模進攻情況作為思考問題的出發點；其基本的思想實際上也是針對共軍進行保衛祖國的局部戰爭和軍事鬥爭的指導原則。[15]

1960 年的軍委擴大會議上對積極防禦戰略方針作了局部調整。但其基本點仍然是準備應付敵人發動的全面侵略戰爭。會議認為，如果帝國主義對中共發動戰爭，有齊打與單打的可能，全面戰爭與局部戰爭的可能，原子戰與非原子戰的可能。在中蘇關係開始惡化的條件下，可能出現單打的可能。葉劍英在會議上也提到帝國主義發動「小型戰爭」的可能性。但從總體上看，要把立足點主要放在打得起來和準備大打上。[16]從 60 年代中期，由於國際情勢和中共周邊安全環境惡化，中共積極防禦的戰略方針就完全轉到準備早打、大打、打核戰的基點上，準備應付最困難的戰略情況，準備帝、修、反一齊進攻，立足於兩面以至多面作戰。當然也沒有完全排除發生局部戰爭的可能性。進入 70 年代，蘇聯逐漸成為中共國家安全的最主要威脅，中共軍事戰略的重點是解決防禦蘇聯入侵的問題。中共當時估計蘇聯可能發動三種類型的戰爭：全面戰爭、肢解性戰爭和抓一把就走，在這三種可能中，中共的立足點是全面戰爭。[17]

中共十一屆三中會重新確立的解放思想、實事求是的思想路

---

[15] 潘日軒　主編，*戰略的歷史轉變和歷史性的戰略轉變*（北京：國防大學出版社，2001 年 1 月），頁 130-131。

[16] 潘日軒　主編，*戰略的歷史轉變和歷史性的戰略轉變*，頁 141-142。

[17] 姚有志　主編，*二十紀戰略理論遺產*，頁 336-337。

綫。為應付局部戰爭和軍事衝突為核心的新時期積極防禦軍事戰略的形成奠定了政治基礎。1977 年 12 月 28 日，中央軍委全體會議上，鄧小平提出了可以延緩大戰爆發和防備「一些偶然的、局部的情況」的思想。[18]1985 年 6 月的擴大軍委會議，依據鄧小平提出的「在較長時間內不發生大規模的世界戰爭是有可能的戰略判斷」，[19]實現了軍隊建設指導思想的戰略性轉變，即由時刻準備「早打、大打、打核戰」的臨戰狀態真正轉入和平時期現代化建設的軌道上；把共軍建設成為平時可以應付局部情況，一旦大戰爆發能隨時擴編的精幹的常備軍的任務。旋即，中央軍委又指出由於戰爭的危險依然存在，特別是局部戰爭持續不斷，新時期的戰備工作要著重於做好應付局部情況的準備，強調戰略指導要從主要立足隨時準備應付敵人大規模入侵轉變為著重對付可能發生的局部戰爭和軍事衝突。[20]

1989 年 11 月初，以江澤民為核心的新一屆中央軍委組成的時候，正值世界局勢醞釀劇變之際。此後，東歐巨變，蘇聯解體，世界兩大軍事集團之一的華沙條約組織宣告瓦解。1990 年 12 月，在總參召開的一次重要軍事工作會議上，江澤民首次提出新形勢下軍隊建設的總要求，即「政治合格、軍事過硬、紀律嚴明、保障有力」。1991 年 1 月 25 日，在軍委擴大會議上又增加了「作風優良」。「政治合格、軍事過硬、作風優良、紀律嚴明、保障有力」這五句話，構成了新時期軍隊建設的根本方向，同時亦涵蓋

---

[18] 中共中央文獻編輯委員會，鄧小平文選第二卷（北京：人民出版社，2002 年 8 月第 13 次印刷），頁 72-84。

[19] 中共中央文獻編輯委員會，鄧小平文選第三卷（北京：人民出版社，2002 年 8 月第 13 次印刷）頁 127。

[20] 姚有志　主編，二十紀戰略理論遺產，頁 340。

軍隊建設的基本內容。[21]其實可用兩句話來概括：「打得贏、不變質」。即在一場積極防禦的高技術局部戰爭中，有取勝的把握，並永保人民軍隊的性質、本色、作風不變。[22]1993 年初中央軍委召開擴大會議，江澤民正式提出了新時期共軍的軍事戰略方針，即要把軍事鬥爭準備的基點，放在打贏現代技術特別是高技術條件下的局部戰爭上。江澤民表示，波灣戰爭事實說明，隨著高技術在軍事領域的運用，武器的打擊精準度提高，作戰的突然性、立體性、機動性、快速性和縱深打擊的特點十分突出，擁有高技術優勢的一方明顯地掌握更多的戰場主動權。[23]

2000 年 12 月江澤民在軍委擴大會議上指出：「本世紀以來，戰爭的基本型態，是以機械工業為技術基礎的機械化戰爭，最典型的是兩次世界大戰。目前，軍隊的作戰方式和作戰手段呈現出嶄新的面貌，戰爭型態也從機械化向信息化邁進」。[24]2002 年 11 月中共十六次全國黨代表大會，江澤民發表的政治報告中，對國防和軍隊建設：「貫徹積極防禦的軍事戰略方針，提升高技術條件下的防衛作戰能力。實施科技強軍戰略，加強質量建設，深入開展科技練兵，加強軍隊建設。完成機械化和信息化建設的雙重歷史任務，實現現代化的跨越式發展」。[25]2004 年 3 月全國人大政協

---

[21] 潘湘陳 著，最高決策 1989 之後共和國重大方略下冊（北京：中共黨史出版社，2004 年 2 月），頁 735-740。

[22] 岳嵐、陳志波、古懷濤 主編，『打得贏』的哲理－面對未來戰爭的若干思考（北京：解放軍出版社，2003 年 6 月），＜前言＞，頁 1-2。

[23] 潘湘陳 著，最高決策 1989 之後共和國重大方略下冊，頁 735-740。

[24] 牛力、邱桂金 主編，國防與軍隊建設－毛澤東、鄧小平、江澤民軍事思想研究（北京：解放軍出版社，2003 年 9 月），頁 61。

[25] 中共研究雜誌社，中共「十六大」評析專輯（台北：中共研究雜誌社，2002 年 12 月）頁 11

十屆二次會議解放軍代表團會議。江澤民強調：「推進中國特色軍事變革，必須抓住信息化的核心與本質，在新的起點上謀劃和推動我軍現代化建設。要按照建設信息化軍隊，打贏信息化戰爭的目標，積極推進我軍由半機械化、機械化向信息化轉型。[26]

中共建國後，其戰略方針始終是積極防禦。中共積極防禦戰略方針的發展，經歷了立足於全面戰爭和立足於局部戰爭兩大階段；積極防禦戰略方針儘管在主要作戰對象、主要防禦方向以及作戰型式等問題上時有調整和變化，但重點始終是準備應付一場全面的侵略戰爭。然而在實踐上，卻進行了多場局部戰爭，如在東南沿海軍事鬥爭中，在中印邊境、珍寶島、西沙群島、中越邊境等自衛反擊作戰與援越戰爭中，局部性質的戰爭，都表現的十分明顯。[27]進入 90 年代以後，冷戰結束後，世界政治、軍事形勢轉變，1991 年波灣戰爭，雖然不是世界大戰，但是一場現代化的大規模局部戰爭。從國際形勢觀察，和平與發展仍是當今世界的主題。世界形勢總體和平、局部戰爭、總體緩和、局部緊張、總體穩定、局部動盪。不同樣式的局部戰爭和武裝衝突將是當今世界主要戰爭形態。[28]因此，較之以往的國內革命戰爭和民族解放戰爭的全面性戰爭，在內容和形式上都發生了重大變化。進入 90 年代，中共中央軍委又明確提出立足打贏一場可能發生的現代技術特別是高技術條件下的局部戰爭，並由此出發對戰略目標和戰略指導、軍隊建設和武器裝備的發展等作了具體的規定，中共人

---

[26] 江澤民、胡錦濤參加解放軍代表團全會發表講話。引自 http：//news3..xinhua.com/newscenter/2004-03/11/content-1360725.htm

[27] 姚有志主編，二十世紀戰略理論遺產，頁 341。

[28] 牛力、邱桂金 主編，國防與軍隊建設－毛澤東、鄧小平、江澤民軍事思想研究（北京：解放軍出版社，2003 年 9 月），頁 60。

民解放軍就形成了較為系統完整的、適應現代戰爭特點的和具有中國特色的局部戰爭理論。[29]

二、一般技術條件下向高技術條件下轉變

科學技術對戰後局部戰爭的影響，最根本是本世紀中葉以來的新科技革命在戰爭形態變化方面所起的巨大作用，以及它所引發和推動的新軍事革命的產生。就新科技革命對戰後戰爭形態的影響而言，以核技術和火箭技術為基礎的核武器及其遠程運載工具的發展，以微電子技術為基礎的信息技術的發展，是兩個最重要內容。

正由於兩極格局的形成，核武器的出現，經濟關係的變化以及和平力量的增長，才促使戰爭形態開始了由世界大戰向局部戰爭的轉變。戰爭型態，主要是指戰爭的「社會型態」，著眼於戰爭與政治目的的關係，其變化反映了戰爭的社會政治本質的變化。換言之，核武器實質上是戰後戰爭社會型態變化的一個重要的原因，它為現代局部戰爭在世界戰爭的舞台上，占據主導地位創造了基本條件。與此不同，由信息技術發展所直接引起的戰爭形態的變化，則主要是局部戰爭「技術型態」的變化，它著眼於戰爭與軍事技術的關係，反映了局部戰爭的軍事本質的變化。它突出的標誌，是一般技術條件下局部戰爭向高技術條件下局部戰爭的轉變。[30]

中共建國初期，中共在恢復和發展國民經濟同時，集中力量建設與發展國防工業。1953 年，中共開始進行國民經濟的第一個五年計劃（一五計劃）建設。為適應國防現代化和南北韓戰爭的

---

[29] 姚有志　主編，二十世紀戰略理論遺產，頁 341。
[30] 姚有志　主編，二十世紀戰略理論遺產，頁 348-349。

迫切需要，中共將國防工業列為「一五計劃」建設的重點，規劃
5 年初步建設起國防工業體系。在蘇聯援助下，中共把「一五計
劃」及「二五計劃」國防工業建設的重點放在尖端技術和無綫電、
光學儀器上。50 年中期，為了打破核武國家的核威懾及核壟斷，
保衛國家安全，毛澤東說：「中國不但要有更多的飛機和大炮，
還要有原子彈，決心在世界高科技之林占據一席之地」。1958 年
10 月，中共中央成立國防部國防科學技術委員會。制定國防發展
計劃，以著名科學家錢學森等人，研究發展以原子彈和導彈為主
的尖端技術。1964 年 10 月 16 日，中共自行研制的第一顆原子彈
試爆成功；1967 年 6 月 17 日，中共自行研制的全當量的氫彈試
爆成功；1964 年 6 月 29 日，第一枚中近程地對地導彈試射成功；
1966 年 10 月 27 日，第一枚裝有核彈頭中近程導彈試射成功；1970
年 4 月 24 日，將中共第一顆人造衛星「東方紅一號」送入太空；
常規武器的發展也不斷地在質量上提高。1965 年，在批准定型的
500 項產品中，自行設計的占 50％。標誌著中共國防建設現代化、
航天技術的發展有了一個很好的開端，常規武器的發展已從仿制
走向研制階段。[31]

　　1976 年 10 月，結束 10 年動亂的「文化大革命」，批判整肅
「四人幫」，告別「革命時代」。1978 年底的十一屆三中全會，象
徵鄧小平時代的來臨。以「實事求是」的詮釋，進入「社會主義
現代化建設」上面。[32]決定實行以經濟建設為中心的國家戰略轉
移。國防科技工業從服從和服務於國家戰略出發，實行了軍民結

---

[31]　王越　主編，*國防科技與軍事教程－國防科技『十五』重點教材*（哈爾
　　　濱：哈爾濱工業大學，2002 年 10 月），頁 338-346。
[32]　陳永發　著，*中國共產革命七十年修訂版（下）*（台北：聯經出版事業，
　　　2001 年 8 月二版），頁 880-891。

合的發展方針。[33]

　　1986 年 3 月 3 日，王大珩、王淦昌、楊家墀、陳方允等四位科學家，上書黨中央，提出《關於跟蹤研究外國戰略性高技術發展的建議》，3 月 5 日鄧小平即批示：「這個建議十分重要，並強調指出：此事宜速決斷，不可拖延」。中共國務院迅速組織 200 多名專家學者全面論證和反覆修改，11 月 18 日，中共中央、國務院正式批准實施《高技術研究發展綱要計劃》，即「863 計劃」。[34]「863 計畫」內容，主要有：生物技術、航天技術、信息技術、激光技術、自動化技術、能源技術和新材料技術等 7 個技術領域，從第九個五年計劃，即「九五計劃」起又補充了海洋技術。「863 計劃」實進展順利，帶動高技術及其產業自 80 年代以來一直保持著強勁發展勢頭，尤以信息技術是高新技術群中最為突出的一例。[35]

　　1988 年，中共又制定了發展高技術產業的「火炬計劃」。主要宗旨：使高技術成果商品化，高技術商品產業化、高技術產業國際化。要求高技術成果一定要具有科學上的可行性、工藝技術上的可行性、經驗上的可行性。[36]與此同時，自 1986 年至 1989 年，中共中央軍委主導下，國防工委組織《2000 年的中國國防科學技術》的研究工作，提出了 2000 年的國防科技發展重要戰略決定、發展重點和政策措施。其中列為發展重點的前三項軍事高

---

[33] 王越　主編，國防科技與軍事教程－國防科技『十五』重點教材，頁 348。

[34] 中共中央文獻研究社、中國人民解放軍軍事科學院　編，鄧小平軍事文集（北京：軍事科學出版社、中央文獻出版社，2004 年 7 月），頁 277。

[35] 李大光　著，太空戰（北京：軍事科學出版社，2001 年 11 月），頁 15。

[36] 趙影露、鍾海主編，當代軍事高技術教程（北京：軍事誼文出版社，2000 年 11 月），頁 20。

技術是：精確制導技術、電子對抗技術及 C^3I 技術。[37]1995 年，全國科技大會所提出「科教興國」戰略；1997 年開始實施的計劃到 2010「技術創新計劃」，形成了「科教興國」、「科技強軍」的高技術發展戰略的關鍵。[38]

　　中共「十四大」以後，中央軍委根據國際戰略格局的變化，制定了新時期軍事戰略方針，強調把軍事鬥爭準備的基點，從一般條件下的常規戰爭轉到打贏現代技術特別是高技術局部戰爭上來；隨後明確提出在軍隊建設上，要逐步實現由數量規模型向質量效能型，由人力密集型向科技密集型轉變。實現「兩個根本性轉變」，核心是必須走科技強軍之路。[39]2002 年，中共「十六大」報告中，江澤民進一步強調，共軍要要適應世界軍事變革的趨勢，實施科技強軍、加強質量建軍、創新和發展軍事理論。努力完成機械化和信息化建設的雙重歷史任務，實現現代化的跨越式發展。2003 年 3 月 10 日「兩會」期間，江澤民在十屆人大解放軍代表團更明確提出：「要積極地推進中國特色的軍事變革，適應當代科學技術和新軍事變革加速發展的趨勢」。江澤民主要強調了五點，即：信息化是新軍事變革的本質核心；要積極推進中國特色的軍事變革；要完成機械化、信息化的建設的雙重歷史任務；重視發揮軍事理論的先導作用；培養高素質新型軍事人才是推進中國特色軍事變革的重要保證。必須堅持解放思想、實事求是、與

---

[37]　趙影露、鍾海主編，當代軍事高技術教程，頁 21。

[38]　潘湘陳　著，最高決策 1989 之后共和國重大方略下冊（北京：中共黨史出版社，2004 年 2 月），頁 218。

[39]　連玉明　主編，學習型軍隊（北京：中國時代經濟出版社，2004 年 1 月），頁 513。

時俱進，力爭本世紀中葉完成信息化建設的戰略任務。[40]

第二節　積極防禦與高技術局部戰爭

中共建國後，第一代中央集體領導和第二代中央領導集體曾
先後三次修改軍事戰略方針，即 1956 年的「積極防禦、防敵突
襲」的戰略方針；1964 年的「準備早打、大打、打核戰」的戰略
方針；1985 年的「應付和打贏局部戰爭」的戰略方針。特別是鄧
小平主持的第三次修改，揚棄了毛澤東晚年對國際形勢和戰爭問
題的「左」的估計，具有極其重要的指導意義。[41]1993 年江澤民
制定了新時期軍事戰略方針，提出必須把未來防衛作戰軍事鬥爭
準備的基點放在打贏可能發生的現代技術特別是高技術局部戰
爭。[42]

毛澤東積極防禦戰略的思想本質，是在戰略前提下，把進攻
與防禦辯證地統一，主要體現在兩個方面：一、把戰略上的防禦
與戰役戰鬥上的進攻有機地結合，將戰役戰鬥上的攻勢作戰作為
達成戰略防禦目的的主要手段；二是把戰略防禦與戰略反攻和戰
略進攻有機地結合起來，適時地將戰略防禦導向戰略反攻和戰略
進攻，徹底解決戰爭問題。[43]中共進入社會主義革命建設時期後，
毛澤東根據國家安全利益的需要，從國際形勢和國情的具體情況
出發，確立了中共的國防戰略、國防建設的目標和方針。1956

[40] 熊光楷　著，*國際戰略與新軍事變革 International Strategy and Revolution in Military Affairs*（北京：清華大學出版社，2003 年 10 月），頁 42-43。
[41] 潘湘陳　著，*最高決策 1989 之後共和國重大方略下冊*，頁 735-740。
[42] 熊光楷　著，*國際戰略與新軍事變革 International Strategy and Revolution in Military Affairs*（北京：清華大學出版社，2003 年 10 月），頁 37-42。
[43] 王厚卿　著，*軍事思想與現代戰役究*（北京：解放軍出版社，2004 年 1 月），頁 57。

年毛澤東批准了中央軍委提出的陣地戰結合運動戰與游擊戰，為未來侵略戰爭的主要作戰形式的「積極防禦」的戰略方針。相繼提出 「全民皆兵」和「深挖洞、廣積糧、不稱霸」的戰略思想。[44]積極防禦與人民戰爭是毛澤東戰略思想的兩個基本點，是毛澤東軍事思想的核心內容。[45]

鄧小平新時期戰略是指導戰爭全局的方針和指導武裝力量建設的基本依據，其基本分為進攻戰略和防禦戰略。打贏現代條件下特別是高技術條件下的局部戰爭是積極防禦的戰略目標。鄧小平對國際情勢的基本分析，未來戰爭的主要形式是地區性的武裝衝突與局部戰爭，台灣問題及與周邊國家在領土、領海上的爭端所造成及發生局部戰爭的現實威脅。而美國與俄羅斯等國也將軍事戰略的重點放在了加強解決局部戰爭的能力。20 世紀 80 年代以來的多次的局部戰爭充分表明，高技術在戰爭中的應用已極大地改變了戰爭的方式，帶來了軍事思想與建軍建設的深刻變革。因此，積極防禦戰略方針必須定位於打贏現代條件下特別是高技術的局部戰爭。[46]

1993 年初，作為第三代集體領導核心的江澤民，在中央軍委會議制定了新時期積極防禦的軍事戰略方針，在戰略指導上實行重大調整，把軍事鬥爭準備的基點由應付一般條件下的局部戰爭轉為打贏現代技術特別是高技術條件下的局部戰爭上來。明確了新形勢下軍事鬥爭準備的目標和任務，根據國際形勢的發展變

---

[44]　王　越　主編，國防科技與軍事教程：國防科技『十五』重點教材（哈爾濱：哈爾濱工程大學出版社，2002 年 9 月）頁 82-93。

[45]　王厚卿　著，軍事思想與現代戰役究，頁 55。

[46]　王　越　主編，國防科技與軍事教程：國防科技『十五』重點教材，頁 104-105。

化，要重點準備應付現代技術特別是高技術條件下的局部戰爭。[47]

　　新時期積極防禦戰略制定，是因應高技術局部戰爭，新的戰爭型態。針對中共的安全形勢、國家利益、社會制度和內外局勢，軍事鬥爭和軍隊建設的實際需要，而決定了中共必須堅定不移地貫徹積極防禦的軍事戰略。[48]在高技術局部戰爭為基點下，新時期積極防禦軍事戰略，主要體現三個方面的關聯：

一、　防禦與進攻的關係：中共認為，在高技術局部戰爭下，積極防禦不是單純防禦，而是攻勢防禦、是攻守結合。實施積極防禦，一定要機動靈活。戰略指導既要堅持戰略上的防禦和後發制人，亦要重視在戰役戰鬥上採取攻勢行動和先機制敵，既要有持久作戰的準備，更要力爭在戰役戰鬥上快速反應，速戰速決。這是立足於高技術局部戰爭下，戰略指導著眼於近海與邊境縱深作戰，反登陸作戰與空襲及反空襲的戰略速決，並強調戰役戰鬥上攻勢行動以儡止敵人。[49]

二、　遏制戰爭與打贏戰爭的關係：利用威儡力量，從軍事上和政治上設法制止或推遲戰爭的爆發。新時期積極防禦軍事戰略，根據國家戰略的需要，必要時可以運用各種軍事威儡手段，與政治、外交鬥爭相配合，不戰而屈人之兵，以達到遏制戰爭的目的。在高技術局部戰爭發展高技術裝備武器作為增強綜合國力與國防實力的關鍵作為，正是實戰與威儡的能

---

[47] 張全啟　主編，江澤民－國防和軍隊建設思想研究（北京：國防大學出版社，2003 年 6 月），頁 171-172。

[48] 張萬年　主編，當代世界軍事與中國國防（北京：軍事科學出版社，2002年 2 月第 7 版），頁 180

[49] 張全啟　主編，江澤民－國防和軍隊建設思想研究，頁 172。

力象徵。遏制戰爭是以具備打贏戰爭的能力為基礎的。[50]

三、　調整軍事戰略主動性與超前性：從總體上而言，世界多數國家的軍事戰略調整，都不約而同地追求著一個共同目標，就是爭奪 21 世紀的戰略主動權。例如，1996 年 7 月，美參謀聯席會頒發了《2010 年聯合構想》。以「冷戰後過渡期」美國國家戰略和國家軍事戰略為指針，以 21 世紀初國際地緣戰略可發生的變化為依據，以信息時代為背景，勾勒出今後 15 年美軍建設和作戰的基本藍圖。力求掌握 21 世紀戰略主動權。[51]再者，日本從 1995 年開始修訂了《五年防衛計畫大綱》，96 年 4 月與美國共同發布《日美安全保障宣言》和《新日美防務合作指針》，1999 年至 2000 年制定「周邊有事」安全確保法等。[52]都是從因應新情勢而主動調整的軍事戰略的自主性與超前性。[53]

因此，面對世界各國軍事戰略的調整和中共國家安全環境的新變化，中共對積極防禦軍事戰略方針作了調整。1985 年鄧小平提出和平與發展是當今時代主題，而調整了中共國防和軍隊建設指導思想的戰略轉變。中共「十四大」以後，江澤民主持中央軍委工作會議，根據國際戰略格局的變化，制定了新時期軍事戰略方針，強調把軍事鬥爭準備的基點，從一般條件下的常規戰爭轉到打贏現代技術特別是高技術局部戰爭上來；隨後明確提出在軍

---

[50] 張全啟　主編，江澤民－國防和軍隊建設思想研究，頁 173。

[51] 夏學華、陳昭林　主編，21 世紀美軍作戰理論新發展（濟南：黃河出版社，2000 年 5 月），頁 2。

[52] 日本防衛廳防衛研究所　編，東亞戰略概觀：East Asian Strategic Review 2004（日本：日本防衛廳防衛研究所，2004 年 3 月），頁 206-207。

[53] 王越　主編，國防科技與軍事教程－國防科技『十五』重點教材，頁 138-139。

隊建設上，要逐步實現由數量規模型向質量效能型，由人力密集型向科技密集型轉變。實現「兩個根本性轉變」，核心是必須走科技強軍之路。因此，以積極防禦的軍事戰略方針，以高技術局部戰爭為基點的戰略計劃，是中共國防政策及建軍現代化的新指導方針。[54]

是故，新時期貫徹積極防禦戰略方針，有必要從高技術局部戰爭的特點與規律出發，調整思路。在堅持戰略上的防禦性質的同時，強調以積極的戰略外綫反擊達成戰略防禦的目的。[55]

第三節　高技術局部戰爭下國防現代化建設指導原則

進入 80 年代以來，世界範疇的高技術競爭日趨激烈，各國均調整自己的國防發展戰略，把發展高技術作為增強綜合國力和國防實力的「倍增器」，力爭戰略主動。1991 年波灣戰爭，隨著高技術在軍事領域的運用，武器的精準打擊，作戰的突然性、立體性、機動性、快速性和縱深打擊的特點十分突出，擁有高技術優勢的一方明顯地掌握更多的戰場主動權。因此，不同於機械化戰爭的高技術局部戰爭型態，所帶動高技術武器裝備與高素質的軍隊，正悄然地改變了許多國家的國防政策與軍事戰略。[56]

1993 年，江澤民制定了中共新時期軍事戰略方針，要求軍隊重視研究高技術局部戰爭的特點與規律，提出必須把未來防衛作

---

[54] 連玉明　主編，*學習型軍隊*（北京：中國時代經濟出版社，2004 年 1 月），頁 513。

[55] 軍事科學戰略研究部，*戰略學*（北京：軍事科學出版社，2001 年 10 月），頁 490。

[56] 王　越　主編，*國防科技與軍事教程：國防科技『十五』重點教材*，頁 108。

戰軍事鬥爭準備的基點放在可能發生的現代技術特別是高技術
局部戰爭。1995 年又提出走中國特色的精兵之路，實現中共建設
的「兩個轉變」，即由「數量規模型向質量效能型、由人力密集
型轉向科技密集型轉變」。2002 年，中共「十六大」報告中，江
澤民進一步強調，要適應世界軍事變革的趨勢，實施科技強軍戰
略，加強質量建設、創新和發展軍事理論，努力完成機械化和信
息化建設的雙重歷史任務，實現現代化的跨越式發展。2003 年 3
月 10 日，「兩會」期間，江澤民在十屆人大共軍代表團上更明確
提出：「要積極推進中國特色的軍事變革，使適應當代科學技術
和軍事變革加速發展的趨勢」。信息化是新軍事變革的核心與本
質，要積極推進中國特色的軍事變革，要完成機械化、信息化建
設的雙重歷史任務」。[57]

　　高技術局部戰爭是現代戰爭的基本型態[58]。信息化戰爭是戰
爭型態發展的必然趨勢。[59]正確判斷和把握當代戰爭形態的變化
和發展，是加強國防與軍隊建設，作好軍事鬥爭準備的依據與指
導原則：[60]

一、　　必須堅持共產黨的領導：「四項基本原則」是中共的立國之
　　　　本。其中最根本的一條就是堅持共產黨的領導。《中華人民共
　　　　和國憲法》明確指出：「中國各民族人民將繼續在共產黨領導

---

[57]　熊光楷　著，國際戰略與新軍事變革 International Strategy and Revolution
　　in Military Affairs，頁 43。

[58]　國防大學科研部　著，軍事變革中的新概念（北京：解放軍出版社，2004
　　年 4 月），頁 13-15。

[59]　張建昌　著，走向信息化軍隊（北京：軍事科學出版社，2004 年 3 月），
　　頁 1。

[60]　牛力、邱桂金　主編，國防與軍隊建設的科學指南——毛澤東、鄧小平、
　　江澤民軍事思想研究（北京：解放軍出版社，2004 年 1 月），頁 55。

之下，逐步實現工業、農業國防和科學技術的現代化，把我國建設為富強、民主、文明的社會主義國家」。這一憲法規定，從法律上確立中國共產黨的統治與領導地位。軍隊建設是國防建設的主體。共軍是中共締造和領導的人民軍隊，是執行黨的政治任務的武裝集團。[61]從毛澤東、鄧小平及江澤民的國防建設思想，都始終強調黨對軍隊的絕對領導。[62]也就是所謂地「黨指揮槍」，槍桿子永遠掌握在黨和人民手裡。[63]

二、　必須貫徹積極防禦的軍事戰略：中共第三代領導核心，始終強調在國防建設中必須貫徹積極防禦的軍事戰略。在國防建設中貫徹積極防禦的軍事戰略，其關鍵是要努力提升打贏高技術局部戰爭的能力。高技術以前所未有的廣度與深度向戰鬥力諸要素滲透，極大地改變了現代戰爭的物質基礎和技術構成，使得高技術局部戰爭為現代戰爭主要型態。而其作戰方式主要表現為陸海空協同作戰的發展到陸海空天電一體化的聯合作戰。[64]

三、　國防建設以現代化為中心：1986 年 12 月，鄧小平主持軍委擴大委員會議《關於加強新時期軍隊政治工作決定》指出：「軍

---

[61] 劉精松、王祖訓　主編，*跨世紀的國防建設教程*（北京：軍事科學出版社，2001 年 7 月），頁 42-47。

[62] 牛力、邱桂金　主編，*國防與軍隊建設的科學指南——毛澤東、鄧小平、江澤民軍事思想研究*（北京：解放軍出版社，2004 年 1 月），頁 11。

[63] 中央文獻出版社、軍事科學出版社，*毛澤東軍事文集　第一卷*（北京：新華出版社，1993 年 12 月），頁 1-2。"黨指揮槍"、"槍桿子出政權"是源自於 1927 年 8 月 7 日 "八七會議"，中國共產黨第一次國內革命失敗，堅決地糾正了陳獨秀的右傾投降主義錯誤，確定了實行土地革命和武裝反抗國民黨反動派的屠殺政策的總方針。

[64] 劉精松、王祖訓　主編，*跨世紀的國防建設教程*，頁 30-47。

隊的現代化建設是我軍全部的工作中心」。[65]中共國防現代化建設，包括武裝力量、國防科技、國防工業、軍事人才培養、國防後勤制度等方面的現代化建設。把武裝力量的現代化，作為國防現代化建設的重點，包括常備軍的建設和後備力量的建設；把國防科技的現代化作為國防現代化建設的關鍵。[66]

四、　貫徹科技強軍的軍隊建設的戰略：中共科技強軍作法就是擺脫以往偏重數量和規模的發展模式，緊跟世界軍事變革的最新的潮流依靠科學技術推動戰鬥力的提高，建設一支具有中國特色的革命化、現代化、正規化的人民軍隊。實現共軍建設「兩個根本性轉變」，核心就是走科技強軍之路。由於信息技術的廣泛運用，武器系統增強了智能力與結構力，作戰效能空前提高。在構成戰鬥力的兩個基本因素——數量和質量中，質量的優勢很大程度上取決於軍隊的科技含量。站在當今世界軍事科技發展的最前沿，須中共緊密結合實際軍情，從軍隊未來發展之路和實現軍事鬥爭需要出發，從而在高技術局部戰爭中才能掌握主動權。[67]

五、　加強軍隊組織體制創新：軍隊組織體制簡稱軍隊體制，是構成軍隊戰鬥力的基本要素之一。即關於軍隊組織系統、機構、單位的設置，職能和權限區分及相互關聯的制度。[68]軍事戰略的實施，必須擁有與之相適應的軍事力量。軍隊體制是軍事

---

[65] 連玉明　主編，*學習型軍隊*（北京：中國時代經濟出版社，2004 年 1 月），頁 491。

[66] 劉精松、王祖訓　主編，*跨世紀的國防建設教程*，頁 58-59。

[67] 連玉明　主編，*學習型軍隊*，頁 491。

[68] 錢海皓　主編，*軍隊組織編制學*（北京：軍事科學出版社，2001 年 12 月），頁 125。

力量的主要形式，它必須以軍事戰略作為根本依據。軍事戰略發生變化，必然引起軍隊規模、結構和體制編制的變化。[69]1999 年 1 月，中共江澤民頒發《聯合作戰綱要》，首次以作戰法規的形式，對中共戰役的基本指導思想作了統一，即「整體作戰，重點打擊」。聯合作戰為共軍未來戰役的主要型態。[70]軍隊體制編制必須適應高技術局部戰爭，以聯合作戰為樣式的編制體制。。因此，體制編制的改革，朝著規模適度、結構合理、指揮靈活的方向努力，並體現於「精幹、合成、高效」的原則，以滿足作戰任務要求。為此，要改革作戰部隊體制編制、調整改革聯合作戰指揮體制，深化院校體制編制改革，推進後勤保障體制改革，都是中共在新時期國防建設與軍隊現代化改革的重要關鍵。[71]

六、　堅持把教育訓練擺到戰略地位：堅持把教育訓練擺在戰略地位培養和造就現代化軍事人才，關鍵在教育訓練。中共認為教育訓練須從兩方面著手進行：一是軍事院校體制趨向規模化、綜合化和社會化，部隊訓練趨向基地化。高技術局部戰爭是一種知識、技術密集型的戰爭，它要求參戰人員必須具備豐富的知識和技能。因此，在不斷加強武器裝備現代化同時，特別強調通過軍事院校體制改革，提高部隊整體素質；一是加大依托國民教育體系培養軍事人才的力度。軍事教育體系是一部份，軍事院校訓練無法承擔全部軍事人才的任務，必須依靠國民教育

[69] 錢海皓　主編，*軍隊組織編制學*，頁 61-62。

[70] 高宇飆　主編，*聯合戰役學教程*（北京：軍事科學出版社，2001 年 8 月）頁 78-80。

[71] 牛力、邱桂金　主編，*國防與軍隊建設的科學指南——毛澤東、鄧小平、江澤民軍事思想研究*，頁 106。

體系。改革軍事教育體系，建立與國民教育接軌的軍地聯合辦學體制；進一步加大國民教育與軍事教育的交流與合作。「寧可人才等裝備，不讓裝備等人才」。[72]

七、 強化諸軍兵種聯合作戰思想：近期幾場高技術局部戰爭的實踐從真正意義上體現了現代聯合作戰的技術對抗和整體對抗的特徵。高技術武器裝備的發展與運用，使武器裝備在戰爭中的作用日趨增大。武器裝備的發展有力地推動了陸、海、空及二炮部隊的建設，各個軍種在戰爭中開始發揮不可替代的重要作用。作戰中軍種之間相互依存、相互支援的關係日益重要。加之大量高新技術裝備的運用，聯合作戰呈現陸、海、空、天、電多維一體的特徵；高技術局部戰爭的戰略性、戰役性更加有賴於諸軍兵種的聯合作戰行動。[73]

建設現代化、正規化的軍隊，是中共新時期軍隊建設的總目標和總任務，也是國防建設以現代化為中心的內涵。「打得贏、不變質」是根本內涵與意義，同時亦反應中共國防建設的總要求。「打得贏」就是要把共軍建設成為一支具強大威懾與實戰能力的現代化軍隊，能夠打贏高技術局部戰爭。「不變質」就是要堅持共產黨的絕對領導永遠是黨的軍隊，永遠是社會主義國家的軍隊。[74]「打得贏、不變質」總要求同時涵蓋「政治合格、軍事過硬、作風優良、紀律嚴明、保障有力」的重要內涵。[75]

---

[72] 劉志輝　主編，*軍隊院校教育改革與發展問題研究*（北京：國防大學出版社，2004 年 1 月），頁 37-38。

[73] 連玉明　主編，*學習型軍隊*，頁 526。

[74] 連玉明　主編，*學習型軍隊*，頁 488。

[75] 潘相陳　著，*最高決策 1989 之後共和國重大方略下冊*，頁 737。

第四節　中共高技術局部戰爭的戰略指導與聯合作戰特點

戰略指導亦稱戰爭指導，是作戰指導活動最高層次。它是指對有關戰爭及其他全局的重大問題實施宏觀控制與協調活動。[76] 中共高技術局部戰爭的戰略指導規律，是要遵循高技術局部戰爭的一般規律，更要依照具體新時期高技術局部戰爭的特殊規律，著重瞭解在軍事技術相對落後的背景下，如何運用軍事力量與其他力量，戰勝高技術裝備之對手的戰略指導：[77]

一、高技術局部戰爭的戰略指導

（一）你打你的、我打我的，力爭完全主動：中共李際均認為，因應高技術局部戰爭，一方面要發展高技術武器裝備，一方面要研究以弱勝強的戰法。例如，當人們把目光都轉向網絡作戰時，不要忽視非網絡手段，如在編制體制和作戰編成上，盡可能減少作戰指揮單元；按計劃作戰、分段達成目標；使用運動通信、目視等輔助通信手段，甚至可以用遠射程炮打信號炮彈，指示進攻軸線等。這些都不受電子干擾的影響。因此，要避免在高技術戰爭領域裡與敵進行狹路相逢之戰，而應另闢戰場，「你打你的，我打我的，以我為主」。[78]

（二）以劣勢裝備戰勝優勢裝備：以劣勢裝備戰勝優勢裝備之敵戰略指導的基本涵義，是戰爭雙方武器裝備對比下處於劣勢條

---

[76] 余起芬　著，*戰後局部戰爭戰略指導教程*（北京：軍事科學出版社，1999年6月），頁1。

[77] 彭光謙、姚有志主編，*軍事戰略學教程*（北京：軍事科學出版社，2003年6月二版），頁249。

[78] 李際均　著，*論戰略*（北京：解放軍出版社，2002年1月），頁78。

件下，劣勢裝備一方戰勝優勢裝備一方。雙方的劣勢與優勢主要反應在武器裝備水平的對比上。武器裝備對比上處於劣勢，必然會影響到雙方戰爭力量和態勢對比的強弱和優劣，但不等於在其它戰爭力量和要素對比上都處於劣勢。[79]中共王厚卿在《軍事思想與現代戰役研究》書中認為，以劣勢裝備戰勝優勢裝備之敵的關鍵，在選準優劣轉化的突破口，打擊敵軍形成優勢條件。要削弱敵人必先了解敵人，知「高」才能限「高」、制「高」。掌握敵人高技術武器的特點，才能選準突破口，找準關節點，給敵狠狠的一擊破壞敵形成優勢條件；著眼於打擊敵系統：系統完整是敵人高技術武器裝備的優勢得以發揮的重要條件；著眼於打敵保障：包括作戰保障、後勤保障及技術保障；著眼於打敵有生力量：打敵運送有生力量的載體、打擊敵有生力量的集結地域、打擊和破壞維持有生力量生存的條件、在交戰過程中，打各種規模的殲滅戰。若能掌握這三方面，既是實現優劣轉化的突破口，又是戰法運用的著眼所在，方能順利地實現敵我優劣轉化。[80]

（三）高技術局部戰爭制勝關鍵是戰略速決：確保戰爭速決全勝，防止戰爭久拖不決，須把握幾個主要原則：

1. 精兵利器打敵要害：貫徹精兵利器打敵要害的作戰指導思想，即把打擊重心始終放在破網、破陣、破器上：破網，即力爭破壞敵信息系統：破陣，即注重破敵的作戰系統；破器，即積極毀壞敵主要作戰兵器。

---

[79] 蔣　磊　著，現代以劣勝優戰略（北京：國防大學出版社，2000 年 3 月二版），頁 15。

[80] 王厚卿　著，軍事思想與現代戰役研究（北京：解放軍出版社，2004 年 1 月），頁 280-282。

2. 高度靈活機動戰：機動作戰主要核心，是創造戰機和把握戰機。以主動行動造成敵人判斷上的失誤，其次必須敢於與敵以攻對攻，制敵機先的機會只存在於攻勢作戰之中，不能等敵人進攻達到作戰頂點再組織力量實施反擊。[81]

3. 奪取戰場制信息權：在高技術局部戰爭中，制信息權是戰場主動權的基礎。沒有制信息權，就沒有戰場主動權，軍事行動將在非常困難的情況下實施。在處於高技術劣勢，如何取得局部範圍內或一定時間內的制信息權，就必須堅持「兩條腳走路」的原則，一方面大力提高軍事信息權技術水準與信息作戰能力；以不對稱作戰，即不是按照敵人的意願以信息戰對信息戰，而是採用別的作戰手段和方式，破壞敵信息保障系統。[82]

（四）「聚合支援」的聯合後勤思想：在高技術局部戰爭中，「聚合支援」是聯合後勤支援的指導思想。「聚合」相對於「發散」提出來的。在高技術局部戰爭中，聯合後勤支援具有顯著的聚合特徵：一、通過聚合能夠在作用點上獲得更高的支援能量；二、通過聚合，形成新的後勤支援體系，而不改變其組成部份的本質屬性；三、通過聚合，使新的後勤支援組織具有更高的品質；四、聚合支援的目標的實現需要一定的過程和有力的控制，通常不能由各要素自發地實現。[83]聚合支援思想的內涵可以概括為：統一籌劃控制、多方聚集力量、有機合成要素、集約使用資源：

---

[81] 郭梅初　主編，高技術局部戰爭論（北京：軍事科學出版社，2003 年 6月二版），頁 90-96。

[82] 郭梅初　主編，高技術局部戰爭論，頁 90-96。

[83] 路　文　著，聯合戰役戰略後勤支援（北京：國防大學出版社，2000 年 4 月），頁 33-34。

1. 統一籌劃控制：高技術局部戰爭，作戰力量的多元性與整體性，作戰樣式的多樣性和戰場空間的多維性，更加要求後勤支援統籌兼顧，整體籌劃與控制支援保障任務。

2. 多方聚集力量：就是要面向全國、全軍，聚集質高量足的後勤支援力量。全國聚集質高量足的後勤力量，通過大範圍的聚集控制，將軍隊後勤力量和國家支援力量有機聚合起來，從而實現軍地一體，專業勤務支援與輔助勤務支援一體。[84]

3. 有機合成要素：是著眼於整體結構，有機合成各種支援要素，有機合成人力、物力、財力、科技與後勤信息等各種支援要素，以交通運輸為紐帶，以信息控制為核心，對物資支援、人員資源、科技資源與後勤信息資源實施整體聚合，通過物資流、技術流、信息流的整體聚合與優化，提高後勤支援的效能。

4. 集約使用資源：「集約經營」也是相對於「粗放經營」提出來的。集約使用資源的概念，就是強調在實施聚合支援時，須注意增加各種戰略後勤支援的技術與信息含量提高支援要素的質量，以盡可能節約的人力、物力、財力投入，滿足戰略、戰役的需求。[85]

進入 20 世紀 90 年代以來，隨著高技術戰爭正式登上人類戰爭舞台，作戰思想與作戰方式亦隨著戰爭型態改變而變化。在中共軍事理論體系中，作戰指導思想是一個極其重要的理論概念；也是中共作戰思想、作戰理論的核心，貫穿於戰略、戰役、戰術等個層次。平時牽動著武器裝備發展、軍事學術研究及戰備訓練

---

[84] 路　文　著，《聯合戰役戰略後勤支援》，頁 35。
[85] 路　文　著，《聯合戰役戰略後勤支援》，頁 36-38。

的重要作用；戰時則是統一諸軍兵種的作戰行動。長期以來，中共的作戰指導思想一直是集中優勢兵力，誘敵深入殲滅敵人，體現於中共全面戰爭戰略指導的實踐，亦深刻反應中共全面戰爭作戰指導的規律。[86]然而，在高技術局部戰爭，速戰速決是作戰指導基本要求，準確重點打擊是達成速戰速決的重要保證。[87]因此，總結高技術局部戰爭的作戰規律與特性，是促成中共作戰指導思想為核心的作戰理論，產生了轉變與深刻變化。[88]

二、高技術局部戰爭－聯合作戰特點

　　由於高技術局部戰爭先進武器與裝備大量使用於戰場，使聯合作戰以一種新的面貌呈現出來，產生了許多新的特點。把握這些特點十分重要，因為它制約著聯合作戰的作戰指導與原則、作戰樣式和方法、組織指揮和保障等各方面。同時，對於缺少聯合作戰實際經驗的中共而言，是必須認真探討高技術局部戰爭下的聯合作戰的特點以及掌握聯合作戰規律，使中共在為來聯合作戰中的主觀指導能符合其實際的作戰要求。[89]

　　高技術局部戰爭下的聯合作戰，具有明顯的時代特點：

（一）戰役的突出性：

　　高技術局部戰爭，戰爭目的往往可以通過一兩次聯合作戰達成戰役目的與戰爭目的緊密相連。中共未來進行的聯合作戰，無論是維護領土完整與海洋權益，或是抗擊敵人局部入侵，都關係

---

[86] 馬保安　主編，*戰略理論學習指南*（北京：國防大學出版社，2002 年 5月），頁 257。

[87] 郭梅初　主編，*高技術局部戰爭論*，頁 79-80。

[88] 馬保安　主編，*戰略理論學習指南*，頁 257。

[89] 郁樹勝　主編，*論聯合戰役*，頁 31。

到國家政治、經濟、軍事等巨大戰略利益，有時候一次作戰目的
就是一場戰爭，作戰目的戰略性十分突出，戰役往往直接達成戰
爭目的。從戰役的力量而言，通常由諸軍兵種戰役軍團組成戰略
性聯合戰役集團，規模大、級別高，具有強大綜合作戰能力，能
對戰爭進程和結局產生重大影響。從戰役行動而言，聯合作戰往
往直接受到戰略層次的指揮和控制，並受國家政治、外交、經濟
等因素的嚴格制約，許多戰役行動直接服從於國家政治、外交、
經濟對抗的需要，因此帶有強烈性的戰略性。[90]

（二）高技術武器的廣泛運用

聯合作戰的組織與實施，特別依賴於現代高技術武器。聯合
作戰指揮員所需要的大時空範圍內的情報信息，只有現代偵察、
探測、定位等高新技術手段，才能有效地提供在地面、海上、空
中和太空構成的全時段、全空域、立體交叉的偵察系統，能保證
實時、近時地提供各個戰場空間的情報信息，保證隨時判明敵我
態勢，作出正確的處理。[91]現代聯合作戰，高技術武器裝備是聯
合作戰軍團作戰能力的核心成份，是交戰雙方使用的主要武器裝
備；運用高技術手段爭奪各領域的控制權，特別是制信息權、制
空權、制海權，已成為戰役主動、贏得戰役勝利的基本途徑；敵
對雙方將集中使用高技術武器裝備，在陸、海、空、天、電磁等
各個領域展開激烈的對抗，高技術武器裝備系統是未來聯合作戰
行動的主要內容。[92]

---

[90] 薛興林　主編，*戰役理論學習指南*（北京：國防大學出版社，2002 年 2
月二版），頁 91。

[91] 胡思遠，＜試析聯合戰役的基本特點＞，國防大學，*高技術條件下聯合
戰役與軍兵種作戰*（北京：國防大學出版社，1997 年 1 月），頁 28。

[92] 薛興林　主編，*戰役理論學習指南*，頁 91-92。

（三）作戰編組趨向小型多態

技術決定戰術，也決定軍隊的基本作戰編組形式。作戰工具的技術進步，是在更大地程度上對人的解放。使用高技術武器裝備，如遠程攻擊武器、精準導引武器等，編成訓練有素的戰術分隊，就能對敵縱深要害目標實施打擊。在日益講求高效比的今天，使用高技術武器裝備基礎上形成的小型化、多能化的作戰編組，在作戰過程中具有更大的靈活性和較高的機動性，具有較高的生存能力。[93]

（四）戰役力量多元

以往戰爭中傳統的聯合作戰一般只有兩個軍種，最多也只有三個軍種參加。而高技術局部戰爭的聯合作戰力量組合將更加多元化，絕大多數聯合戰役不僅有陸軍作戰軍團、海軍作戰軍團、空軍作戰軍團和地方作戰軍團，而且還有導彈兵力以及太空力量、電磁對抗力量和特種力量參加。可以說現代聯合作戰是全軍兵種的聯合作戰。聯合作戰力量編成多元一體化，實質上是構成一個多層次、多功能和相互關聯、相互作用的大作戰系統。尤其是高技術局部戰爭下的聯合作戰，參戰軍兵種多，作戰手段和樣式多，高技術裝備系統化，其系統的構成更為龐大和複雜。在指揮與保障方面，有 C^4I 系統、作戰保障系統、後勤保障系統等；在作戰行動方面，有電子戰系統、空襲與反空襲作戰系統；突擊與反突擊作戰系統、空降與反空降作戰系統等。因此，作戰系統構成的複雜性，是高技術局部戰爭下聯合作戰的重要特徵。[94]

---

[93] 郭梅初　主編，*高技術局部戰爭論*，頁 53。
[94] 郁樹勝　主編，*論聯合戰役*，頁 34。

（五）作戰指揮的高度集中

高度集中的作戰指揮，是聯合作戰中集中使用陸海空軍和炮兵力量在戰役中組織實施中的主要體現。高技術局部戰爭中的三軍聯合作戰，對集中統一指揮的要求更高、更嚴，其重要性也更加突出。

從戰役行動的影響看，聯合作戰的實施與政治、外交鬥爭緊密相關，在整個戰役的整個進程中，中共在未來聯合作戰將遭遇到新的情況。對陸海空軍和第二炮兵部隊在不同戰場範圍內如和發揮本身的優勢，協調有序地使用其兵力武器達到最佳作戰效能；在確定打擊目標和協調打擊程序上，如何始終保持協調一致的行動；對能直接影響戰役進程的兵力與武器，如高技術「殺手鐧」武器、遠程兵器、航空航天力量以及快速機動力量，如何發揮其應有的作用，都需要實施高度集中統一的指揮，及時抓住戰機，發揮系統作戰的整體效能，保證聯合作戰目的的達成。[95]

（六）戰役行動轉換迅速

高技術軍事力量廣泛運用於戰場，成為加快戰役進程的「助推器」和提高作戰效益的「倍增器」。使軍隊的機動能力、打擊能力、快速反應能力和保障能力大為提高，單位時間內的作戰效能顯著增強，戰役行動向高速度、全天後、全時辰連續作戰發展，為短時間內完成作戰任務提供了物質條件。[96]1967 年第三次中東戰爭中的戰役進行 6 天，1973 年第四次中東戰爭的戰役打了 18

---

[95] 胡思遠，＜試析聯合戰役的基本特點＞，國防大學，*高技術條件下聯合戰役與軍兵種作戰*（北京：國防大學出版社，1997 年 1 月），頁 26。

[96] 郁樹勝　主編，*論聯合戰役*（北京：國防大學出版社，1997 年 6 月），頁 36。

天；1981 年以黎戰爭也只打了 7 天。第一次波灣戰爭的規模比較大，也只進行了 42 天，[97]第二次波灣戰爭也歷時 43 天結束。[98]儘管呈現戰役進程加快和交戰時間縮短之趨向，但空襲與反空襲、突擊與反突擊、合圍與反合圍、封鎖與反封鎖、機動與反機動、電磁干擾與反干擾等戰役行動和樣式更加多樣和緊張激烈。如海灣戰爭中，多國部隊在 24 小時的戰役電子戰階段之後，轉向空襲作戰階段幾乎沒有間隙時間。為實施「沙漠盾牌」行動，從翼側迂迴伊共和國衛隊，美軍第 18 空降軍與和第 7 軍以及英法等地面部隊進行了部署大調整，第 18 空降軍西移 400 公里，第七軍向西北移動了 160-270 公里。從防禦部署轉為進攻部署並完成進攻準備，僅用了 10 天時間，攻防轉換速度之緊密，都是以往戰爭所無法比擬的。[99]第二次伊拉克戰爭，在「斬首突擊」作戰階段後，美聯軍地面主力第 3 機械化師在第 101 空中突擊師的支援下，遠程快速機動 3 天近 700 公里，直取伊拉克首都巴格達。千里襲擊，直取要害，加速了整個戰爭進程。[100]

（七）戰役保障任務艱巨繁重

由於聯合作戰力量的多元性，戰場的多維性，作戰行動合作戰樣式的多樣性，導致雙方的對抗異常激烈，戰役節奏加快，消耗巨大。因而對戰役保障的依賴性也越來越大，使保障的內容不斷的增加，保障任務艱巨繁重。建立「陸海空天電一體」的保障

---

[97] 章儉、管有勳　主編，*15 場空中戰爭—20 世紀中葉以來典形空中作戰評介*（北京：解放軍出版社，2004 年 1 月），頁 59-105、頁 201-271。

[98] 展學習　著，*伊拉克戰爭*（北京：人民出版社，2004 年 7 月），頁 112。

[99] 軍事科學院軍事歷史研究部　著，*海灣戰爭全史*（北京：解放軍出版社，2002 年 4 月），頁 214-250

[100] 展學習　著，*伊拉克戰爭*（北京：人民出版社，2004 年 7 月），頁 409。

體系，並使其與作戰系統相協調已成為順利實施聯合作戰的重要基礎。[101]

聯合作戰保障，是保障作戰任務的順利實施，由聯合作戰指揮機構統一籌劃和採取的各種保證性措施及行動的總稱。它是聯合作戰能力的重要因素。其基本任務是，保障聯合作戰部隊協調、隱蔽、安全、順利地進行作戰準備和作戰任務的完成。作戰保障主要包括：後勤保障與技術保障、偵察情報保障、通信保障、對特種武器的防護、工程保障、作戰偽裝、氣象水文保障以及戰場管制等。[102]

後勤保障在聯合作戰的地位益形重要。特別是高技術局部戰爭，交戰雙方集中諸軍種精銳力量與投入大量高新武器與裝備，在廣闊的立體戰場上激烈對抗、消耗、殺傷、破壞因素增多，作戰物資消耗巨大，運輸量頻繁，使得後勤保障的任務十分繁重；再加上戰役作戰，敵對雙方都把打擊破壞對方的後勤視為達成戰役勝利目的的重要手段。因此，後勤有效保障與高度集中指揮及運輸行動有效的發揮，是高技術局部戰爭聯合作戰成功勝利的重要憑藉。[103]

作戰力量是進行聯合作戰重要的物質基礎和制勝因素。現代戰爭尤其是高技術局部戰爭下的聯合作戰實踐表明，任何單一的軍種力量都很難獨立達成戰役的總目的，必須依靠多軍種和其它各種武裝力量聯合作戰，優勢互補，發揮整體威力制勝。因此，高技術局部戰爭下的聯合作戰是全軍兵種的聯合作戰。[104]中共若

---

[101] 郁樹勝　主編，論聯合戰役，頁 39。

[102] 周曉宇、彭希文、安衛平　著，聯合作戰新論，頁 287。

[103] 薛興林　主編，戰役理論學習指南，頁 75。

[104] 郁樹勝　主編，論聯合戰役，頁 33。

要打贏高技術局部戰爭，就必須加強對「聯合作戰」的訓練。中共國防大學指出，『聯合作戰是在合同基礎上發展起來的，是以軍種協調一致的作戰行動戰勝敵人的一種作戰形式，是兩個以上軍種力量，為完成共同作戰任務，所進行相互獨立但在總體上又是相互配合，以整體作戰效能打擊敵人的作戰形式』。[105]

構建面向 21 世紀軍事理論發展的基本框架，必須站在高技術局部戰爭發展的前沿，認真學習和研究高技術局部戰爭的規律與特點。尤以，2003 年 3 月 20 日至 5 月 1 日，以信息為核心所主導的第二次波灣戰爭，投入大量的高新技術武器，運用了新的作戰樣式與作戰手段，形成了陸、海、空、天、電五位一體的聯合作戰，成為高技術局部戰爭最經典的戰例。[106]21 世紀的高技術局部戰爭將以信息優勢為基礎，採取制敵機動、精確打擊、全維防護和聚焦後勤的聯合作戰理論來指導戰爭。[107]

高技術局部戰爭是現代戰爭的基本型態。信息化戰爭是戰爭型態發展的必然趨勢。中共新時期的戰略方針，是以高技術局部戰爭為基點，在合同訓練的基礎上發展聯合作戰。因此，把發展高技術作為增強國家綜合實力與國防現代化的「倍增器」。是故，依據戰略指導與實行，作好軍事準備的依托，建設國防現代化，提升軍隊作戰能力及加速國防科技研發，是新時期國家軍事戰略所必須實行軍事變革的首要任務。

---

[105] 中共雜誌研究社，*2004 中共年報：第四篇軍事－對共軍「聯合作戰」發展之研究*（台北：中共研究雜誌社，2004 年 6 月），頁 4-120。

[106] 岳嵐　主編，高技術戰爭與現代化軍事哲學（北京：解放軍出版社，2000 年 10 月），頁 3

[107] 夏學華、陳昭林　主編，*21 世紀美軍聯合作戰理論新發展*（濟南：黃河出版社，2000 年 5 月），頁 60-61。

第四章　中共聯合作戰理論

　　第一次波灣戰爭後，世界軍事學術思想的一個重要特點，就是聯合作戰理論在戰役學領域進一步確立與發展。在軍事理論發展的歷史長河中，任何一種新的作戰理論的出現都不是偶然的。一方面新的作戰理論是生產力發展水準在軍事領域裡的反映。生產力的發展，在軍事領域裡的直接表現，即是武器裝備的發展，武器裝備的發展及廣泛運用，就會逐漸產生新的作戰方法，亦會形成反映時代生產力的作戰理論。無論是美軍「空地一體」，或是蘇聯的「大縱深」作戰理論，都是武器裝備發展到一個水準的必然結果。另一方面新作戰理論又是適應軍事戰略需要的產物。軍事戰略必須服從於國家戰略，而軍隊的作戰理論又是必須適應軍事戰略的需要。換言之，每一種新的作戰理論都是為了更適切地使用新型軍事力量，以達成新的戰略目標。[1]

　　聯合作戰是現代戰爭的產物。在第二次世界大戰以後的局部戰爭中，特別是進入 20 世紀 80 年代以後的英阿福島戰爭，以及 90 年代初的波灣戰爭，聯合作戰得到了進一步的發展。[2]1999 年科索沃戰爭，盟軍聯合作戰理論，提高了北約部隊聯合作戰能力。[3]2003 年伊拉克戰爭是美軍軍事事務革命成果的一次廣泛驗

---

[1] 郁樹勝　主編，*論聯合戰役*（北京：國防大學出版社，1997 年 6 月），＜前言＞，頁 1。

[2] 周曉宇、彭希文、安衛平　著，*聯合作戰新論*（北京：國防大學出版社，2000 年 6 月第 2 版），頁 1。

[3] 軍事科學院外國軍事研究部　譯，*科索沃戰爭－美國國防部關於聯盟力量行動的戰後審查報告*（北京：軍事科學出版社，2000 年 10 月第 2 版），頁 69。

證，隨著信息化為核心的高技術局部戰爭的逐步登場，「空地一體戰」、「陸海空天電一體作戰」，趨向著真正的體系對體系的聯合作戰（Joint Warfare）發展。[4]

當前人類社會處於由工業時代向信息時代過渡階段，軍事領域正在發生一場深刻的軍事變革。聯合作戰作為高技術局部戰爭戰役的基本型態，其理論與實踐是認識聯合作戰本質，揭示聯合作戰規律的重要組成部份。深入研究聯合作戰規律，具體表現為符合聯合作戰規律並經過聯合作戰實踐檢驗及證明是正確地聯合作戰的指導思想、原則及作戰方式等。因此，討論聯合作戰必須揭示戰役指導規律、聯合作戰指導規律，提出正確地聯合作戰發展史、聯合戰役指導思想和原則、聯合戰役力量、聯合戰役指揮、聯合進攻與聯合防禦等基本研究，才有助於總體上認識與研究中共聯合作戰理論。[5]

第一節　聯合作戰理論

一、聯合作戰定義

定義是明確概念內涵的邏輯方法。聯合作戰是中共人民解放軍未來戰役的基本型態。明確了聯合作戰基本型態，是區別於其他戰役型態，是聯合作戰的基本特徵，亦是聯合作戰特有的屬性。聯合作戰與軍種合同戰役相比較，具有三個基本特徵：

---

[4]　熊光楷　著，*國際戰略與新軍事變革 International Strategy and Revolution in Military Affairs*（北京：清華大學出版社，2003 年 10 月）頁 37-42。有關於伊拉克戰爭可參見：展學習　著，伊拉克戰爭（北京：人民出版社，2004 年 7 月）。

[5]　高宇飆　主編，*聯合戰役學教程*（北京：軍事科學出版社，2001 年 8 月），頁 1-6。

（一）戰役指揮通常由聯合指揮機構統一負責。聯合作戰通常要求
　　　以上級指定的指揮員和指揮機關為主，與參與各軍種指揮員
　　　及有關人員和地方有關領導共同組成聯合指揮機構，而對聯
　　　合作戰實施統一指揮。而軍種合同戰役通常不成立聯合指揮
　　　機構，只要求擔任主要任務的某一個軍種戰役軍團的指揮員
　　　和指揮機構實施統一指揮，參與的其他軍種只向該指揮機構
　　　派出作戰小組。

（二）戰役力量通常由兩個以上的軍種的戰役軍團構成，有時也可
　　　以由兩個以上軍種的戰術兵團構成。聯合戰役力量，一方面
　　　要求必須由兩個以上軍種的力量構成；另一方面要求各軍種
　　　的力量通常為戰役軍團規模，有時可以均為戰術兵團規模，
　　　但構成的聯合戰力必須達到戰役軍團的規模。[6]

（三）各軍種戰役力量之間構成並列關係，共同實施聯合作戰。聯
　　　合作戰各軍種力量之間，雖然在某一個階段，或某一個子戰
　　　役中構成支援與被支援的關係，但總體上為地位平等並列關
　　　係。軍種合同戰役參戰的軍種力量主次區分明確，相互間構
　　　成為較固定的支援與被支援的關係。

　　根據上述基本特徵，聯合作戰定義為：聯合作戰是在聯合指
揮機構的統一指揮之下，由兩個以上軍種的戰役軍團共同實施的
戰役；某些小型聯合戰役也可以是由兩個以上軍種的戰術兵團共
同實施的戰役。[7]中共軍事科學院對聯合戰役定義為：一、聯合戰
役的戰役指揮通常由聯合指揮機構統一負責；二、戰役力量通常
由兩個或兩個以上軍種的戰役軍團所構成；三是軍種戰役力量之
間構成並列關係，共同實施戰役。聯合戰役是在聯合指揮機構的

---

[6]　高宇飆　主編，*聯合戰役學教程*，頁 25-26。
[7]　高宇飆　主編，*聯合戰役學教程*，頁 26-27。

統一指揮下，由兩個以上軍種的戰役軍團共同實施的戰役。[8]《中國軍事百科全書》對聯合作戰定義：「兩個以上軍種的作戰力量按照總的企圖和統一的計劃，在聯合指揮機構的統一指揮下共同實施的戰爭，目的在於充分發揮諸軍兵種作戰能力。」[9]

與美軍聯合作戰定義比較，美軍聯合作戰定義是指兩個或兩個以上軍種－陸軍、海軍、空軍、海軍陸戰隊──實施統一的軍事行動，由聯合作戰指揮機構統一指揮協調。美軍聯合作戰有狹義與廣義上的聯合作戰。前者是指兩個或兩個以上軍種部隊組成的聯合職能部隊實施的協調一致的軍事行動；後者是指聯合作戰內涵更為廣泛，既包括聯合部隊和聯合職能部隊實施的一體化聯合作戰，也包括以一個軍種為主，其他軍種提供支援或配合所實施的聯合作戰。[10]

美軍具有聯合作戰的大量實踐與豐富的經驗，但由於各軍種歷來強調各自作用和軍種利益。直到 1986 年《高華德－尼古拉斯國防組織法》頒布，加速了聯合作戰理論的研究。從 90 年代初期，美軍陸續頒布了一系列的聯合出版物，逐步形成了較完整的聯合作戰理論體系。[11]

1991 年 11 月，美參聯會頒發了第一號聯合出版物《美國武裝部隊的聯合作戰》，提出了「聯合戰局」和「聯合戰役法」概

---

[8] 高宇飆　主編，*聯合戰役學教程*（北京：軍事科學出版社，2001 年 8 月）頁 27。

[9] 中國軍事百科全書編審委員會，*中國軍事百科全書增補*（北京：軍事科學出版社，2002 年 11 月），頁 340-341。

[10] 薛興林　主編，*戰役理論學習指南*（北京：國防大學出版社，2002 年 2 月），頁 506-507。

[11] 中國人民解放軍總參謀部作戰部，*美軍聯合作戰與聯合訓練*（北京：解放軍出版社，2000 年 10 月），頁 3。

念，1993 年 9 月，參聯會頒發了第 3 號聯合出版物《聯合作戰綱要》。[12]更詳細闡述美國武裝力量在兩個或兩個以上軍事部門的軍種聯合作戰所應遵循的行動原則與理論。[13]

　　美軍聯合作戰思想主要體現在 0 至 6 系列聯合出版物中，但從未來發展趨勢看，則主要體現在美軍參聯會《2020 聯合構想》提出的「信息優勢、制敵機動、精確作戰、全維防護、聚焦後勤、全譜優勢」等六個方面。[14]第一次波灣戰爭後，美軍參謀長聯席會議頒發了一系列「聯合作戰」條令，標誌著美軍聯合作戰理論的進一步完善和成熟。因此，對中共發展聯合作戰理論，具有重要的借鑒意義。[15]

二、聯合作戰的分類與基本樣式

　　根據聯合作戰的作戰性質、作戰規模、作戰手段、作戰力量構成、作戰空間等，聯合作戰可以區分為不同的作戰類型，構成完整的聯合作戰體系。[16]聯合作戰，按作戰性質可分為聯合進攻作戰與聯合防禦作戰。聯合進攻戰役是聯合戰役軍團實施的以進攻為主的作戰，作戰目的是大量殲滅敵有生力量，奪占重要地區

---

[12] 楊士華　著，*美軍戰役法研究*（北京：軍事科學出版社，2001 年 7 月），頁 75。

[13] 美國國防大學陸軍參謀學院　編，"The Joint off Officer Guide"，劉衛國、阮擁軍、王建華、馬力　譯，*美軍聯合參謀軍官指南*（北京：解放軍出版社，2003 年 1 月），頁 72。

[14] 中國人民解放軍總參謀部作戰部，*美軍聯合作戰與聯合訓練*，（北京：解放軍出版社，2000 年 10 月），頁 3。

[15] 崔師增、崔宏，＜美軍聯合作戰理論淺析＞，中共國防大學，*高技術條件下聯合戰役與軍兵種作戰*（北京：國防大學出版社，1997 年 1 月），頁 52。

[16] 周曉宇、彭希文、安衛平　著，*聯合作戰新論*，頁 7。

和目標，完成戰略進攻任務；聯合防禦作戰是聯合作戰軍團實施的以防禦為主的作戰，目的是消耗戰，堅守重要地區和目標，挫敗敵人的進攻，完成戰略防禦任務。[17]

按照作戰兵力規模，通常可分為戰區（大型）聯合作戰、戰區方向（中型）聯合作戰、集團軍級（小型）聯合作戰：

（一）戰區（大型）聯合作戰：通常在戰區或臨時組建的聯合指揮機構統一之下，在臨時指定的作戰區，由一個或兩個以上戰區，兩個以上軍種的若干高級戰役軍團及其他作戰力量組成的聯合軍團共同實施的戰役。（附圖 4-1）

（二）戰區方向（中型）聯合作戰：通常在戰區臨時組建的戰區方向聯合指揮機構的統一指揮下，在戰區的某一作戰方向，由兩個以上的軍種的基本戰役軍團及其他作戰力量的聯合軍團共同實施的戰役。（附圖 4-2）

（三）集團軍級（小型）聯合作戰：通常在臨時組建的聯合指揮機構的統一指揮之下，在一個戰略或戰役方向上，由兩個以上軍種的若干戰術兵團及其他作戰力量組成的聯合軍團共同實施的戰役。（附圖 4-3）。[18]

---

[17] 薛興林　主編，*戰役理論學習指南*（北京：國防大學出版社，2002 年 2 月），頁 93。

[18] 高宇飆　主編，*聯合戰役學教程*，頁 29。

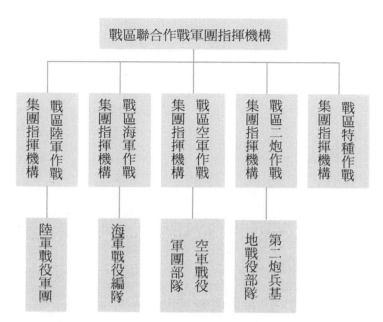

附圖 4-1．戰區（大型）聯合作戰戰役軍團臨時構建示意圖。
資料來源：張培高　主編，聯合戰役指揮教程（北京：軍事科學出版社，
　　　　　2001 年 5 月），頁 40。

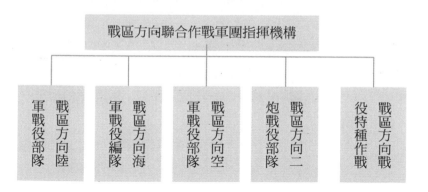

附圖 4-2：戰區方向（中型）聯合作戰軍團臨時構建示意圖
資料來源：張培高　主編，聯合戰役指揮教程（北京：軍事科學出版社，
　　　　　2001 年 5 月），頁 40。

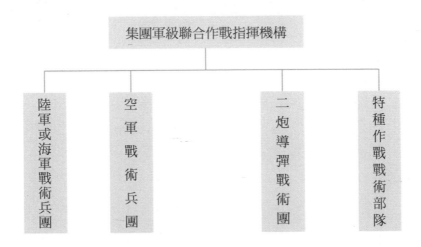

附圖 4-3：集團軍級（小型）聯合作戰臨時構建示意圖

資料來源： 張培高　主編，聯合戰役指揮教程（北京：軍事科學出版社，
　　　　　 2001 年 5 月），頁 40。

　　依作戰手段可以劃分機械化聯合作戰、高技術聯合作戰；按
作戰力量構成可以劃分為陸空聯合作戰、海空聯合作戰、陸海空
聯合作戰以及第二炮兵聯合作戰等；按作戰空間可以劃分為陸上
聯合作戰、海上聯合作戰、空中聯合作戰、以及太空聯合作戰。[19]

　　中共聯合作戰主要基本樣式：封鎖作戰、邊境反擊作戰、空
襲作戰、反空襲作戰、空降作戰、反空降作戰、登陸（島）作戰、
抗登陸作戰。[20]

（一）封鎖作戰與反封鎖作戰：封鎖作戰是以諸軍兵種武裝力量為
　　　 全部或局部切斷敵方與外界的經濟、軍事聯繫所採取的一系
　　　 列阻隔及進攻行動。它可以在海上、陸上或空中甚至於太空

---

[19]　周曉宇、彭希文、安衛平　著，聯合作戰新論，頁 8-10。
[20]　薛興林　主編，戰役理論學習指南，頁 94。

分別進行，也可以在多維空間以各種力量聯合實施。反封鎖作戰是運用各種力量保護自己與外界的經濟、軍事等聯繫的暢通，保持自己的作戰能力與潛力，打破敵人封鎖的一系列反擊或反控制作戰。[21]

（二）邊境地區聯合反擊作戰是諸軍兵種聯合對邊境地區局部入侵之敵實施的進攻戰役。是未來高技術局部戰爭中，中共可能面臨的重要戰役樣式之一。主要任務是殲滅、驅逐入侵之敵，恢復邊境地區領土之主權。[22]

（三）空降作戰及反空降作戰：空降作戰，是空降兵、航空兵與其他軍兵種部隊，為達成一定的戰略或戰役目的，按照統一的企圖與計劃，通過空中機動，在敵縱深進行的作戰行動。空降作戰在高技術局部戰爭中，日益受到重視。[23]反空降作戰是陸軍、空軍及第二炮兵戰役軍團（有時，亦有海軍的部份兵力）在武裝警察部隊及民兵的配合之下，對空降之敵實施的進攻作戰。高技術局部戰爭中反空降作戰，通常是聯合作戰，也可能是合同戰役。[24]

（四）登陸作戰也稱島嶼進攻戰役，是軍隊對據守海島、海岸之敵的渡海攻擊行動，為爾後作戰行動創造條件，對島礁區的登陸也稱登島作戰。[25]登島作戰與登陸作戰之間只有一字之差，但它們之間存在著既有聯繫又有區別的關係。其聯繫是，二

---

[21] 李明亮　著，*封鎖與反封鎖作戰*（北京：軍事科學出版社，2001 年 12 月），＜前言＞，頁 1。

[22] 高宇飆　主編，*聯合戰役學教程*，頁 31。

[23] 薛興林　主編，*戰役理論學習指南*，頁 238。

[24] 薛興林　主編，*戰役理論學習指南*，頁 251。

[25] 梁光烈　主編，*渡海登陸作戰－中外登陸作戰啟示錄*（北京：國防大學出版社，2003 年 3 月第 2 版），＜序言＞，頁 1。

者軍屬聯合作戰進攻的範疇，都是對據守海岸或海島之敵進攻，都是諸軍兵種實施的聯合戰役。其主要區別是作戰目的不同。登島作戰突破敵海岸建立登陸場後，繼續向縱身發展進攻，直至全島或奪占島上重要的目標；登陸戰役在突破海岸防禦，殲滅當面之敵，奪取登陸場後，戰役即告結束。[26]

（五）空襲與反空襲作戰：空襲是指使用航空器、導彈等武器從空中對地面、水面下的目標進行的襲擊。從空襲的定義有兩層含義，一是空襲的武器，主要指航空器與導彈；二是空襲的內容，主要是對地球表面的目標進行火力與電子襲擊。[27]反空襲，是指針對敵使用航空器、導彈等武器從空中對地面、水面下目標進行襲擊所採取的抗擊、反擊和防護的行動。[28]

依據中共新時期軍事戰略方針，在未來打贏高技術局部戰爭中，以聯合作戰為主要的作戰樣式，可分為聯合進攻作戰及聯合防禦作戰。因此，中共聯合作戰基本樣式，均包含聯合進攻作戰與聯合防禦作戰。[29]從當前中共所面臨的戰略環境分析，未來中共聯合作戰的類型和行動主要有三種：

──以制止分裂為目的，對守島之敵進攻的聯合進攻作戰；

──以抗擊沿海地區強敵局部入侵為目的的聯合防禦作戰；

──以反擊陸上邊境入侵之敵為目的的聯合防禦與進攻作戰；

──以軍事威懾和戰役突擊的聯合進攻作戰。[30]

---

[26] 薛興林　主編，戰役理論學習指南，頁 225-226。

[27] 崔長琦　主編，21 世紀空襲與反空襲（北京：解放軍出版社，2003 年 1 月第 2 版），頁 50。

[28] 崔長琦　主編，21 世紀空襲與反空襲，頁 142。

[29] 高宇飆　主編，聯合戰役學教程，頁 140。

[30] 黃　彬　主編，聯合作戰指揮（北京：國防大學出版社，1997 年 6 月），頁 265-266。

第二節　中共聯合作戰思想產生與發展

　　當前人類社會處於由工業時代向信息時代過渡階段，軍事領域正發生一場深刻的軍事變革聯合作戰作為高技術條件下局部戰爭的基本型態，其理論與實踐的變革是新軍事革命的重要組成部份。[31]聯合作戰是現代戰爭的產物。在第二次世界大戰以後的世界局部戰爭中，特別是進入 20 世紀 80 年代以後的英阿福島戰爭，以及 90 年代初海灣戰爭，聯合作戰得到了進一步的發展。在高技術條件下，未來戰爭將以聯合作戰為主要作戰形態。[32]

　　對聯合作戰的理論研究與實踐，美軍較早開發，並已日趨成熟，在西方其他國家也日益重視與研究。目前由於不同國家軍隊的編制體制、武器裝備、作戰思想等方面存在著較大的差異，因而對聯合作戰的概念的認識也不同。美軍認為：「聯合作戰是美國軍隊兩個或兩個以上軍種——陸軍、海軍、空軍、海軍陸戰隊——的統一軍事行動」。美軍在其 3－0 號聯合出版物《聯合作戰綱要》（1993 年 9 月）中認為：「聯合作戰這一術語主要的是指美國武裝部隊的協調一致的行動」。中共在聯合作戰理論研究方面開展得較晚，又缺乏聯合作戰方面的實踐，直至波灣戰爭後，中央軍委提出了新時期戰略方針，掀起了全軍性的打贏高技術條件下的聯合作戰理論的研討與建構。[33]

　　毛澤東說：「看看它的過去，就知道它的現在；看看它的過去和現在，就知道它的將來」。要深刻揭示聯合作戰的本質，正確把握聯合作戰的規律，科學預測聯合作戰的未來，就必須對聯

---

[31] 高宇飆　主編，*聯合戰役學教程*，頁 1。
[32] 周曉宇、彭西文、安衛平　著，*聯合作戰新論*，頁 1。
[33] 周曉宇、彭西文、安衛平　著，*聯合作戰新論*，頁 2。

合作戰的歷史發展有基本認識。概括言之，可將聯合作戰的歷史
發展分為三個階段：

一、　陸軍與海軍「平面聯合作戰」時期：從1871年美國獨立戰爭
　　　中的約克敦戰役開始到第一次世界大戰結束，是陸軍、海軍
　　　的平面聯合作戰產生的時期。1871年，約克敦戰役中，美國
　　　陸軍與法國海軍成功地進行了跨國、跨軍種的聯合作戰。1847
　　　年，美國陸軍、海軍在弗拉克魯斯戰役中首次進行大規模兩
　　　棲登陸作戰，一舉擊潰墨西哥軍隊。俄國軍隊在克里木戰爭
　　　中進行了陸、海軍聯合作戰的嘗試。日本軍隊在中日甲午戰
　　　爭及日俄戰爭中也多次實施陸軍與海軍的聯合作戰。第一次
　　　世界大戰英法軍隊同德國與土耳其軍隊在達達尼爾海峽進行
　　　了大規模的陸海聯合作戰。在聯合作戰發展的這一始初階
　　　段，由於只有陸軍和海軍兩個軍種，聯合作戰僅限於陸海軍
　　　之間的聯合，而且大都以陸軍為主，海軍主要遂行運送兵力
　　　和提供火力支援的任務。[34]

二、　「陸軍、海軍、空軍」立體聯合作戰時期：從第一次世界大
　　　戰結束到第二次世界大戰結束，是陸、海、空軍「三維立體
　　　聯合作戰」時期。英國、義大利、法國、德國等國家相繼把
　　　空中力量從陸軍、海軍建制中分離出來，建立獨立的空軍。
　　　特別是在第二次世界大戰期間，陸、海、空三軍聯合作戰次
　　　數之多、規模之大、樣式之複雜，都是前所未有的。其特點：
　　　以空軍為主實施先期作戰，奪取制空權和破壞敵方作戰體
　　　系；大規模陸空聯合作戰開始出現，對戰爭過程產生了重大

---

[34] 郭武君　著，*聯合作戰指揮體制研究*（北京：國防大學出版社，2003年
　　11月），頁32。

影響；以航空母艦為核心由多艦種組成的艦群奪取制海權，並直接支援登陸部隊突擊上陸；兩棲作戰的作戰規模和強度都取得了突破性進展；以空降兵在敵縱深實施空降作戰，成為聯合作戰的重要手段。在此一階段，空軍作為一個獨立的軍種出現，引起了聯合作戰形式的革命性變化；二維空間變為三維作戰空間；平面聯合作戰變為立體聯合作戰；陸海聯合作戰變為陸空聯合作戰或海空聯合作戰或陸海空聯合作戰。[35]

三、　陸海空天電「多維聯合作戰」時期：從第二次世界大戰結束至今，隨著軍事技術的迅猛發展及其在軍事領域的廣泛運用，促成聯合作戰內涵發生極大變化。在樣式上，出現了諸軍兵種齊全的聯合作戰。1991 年，波灣戰爭，以美軍為首的多國部隊把陸海空及特種部隊、航天部隊形成一個有機體，在多維空間實施協調一致的聯合作戰。在力量上，空軍、海軍、導彈部隊、特種作戰部隊、電子戰部隊等軍兵種的聯結。在空間上，隨著外層空間已成為敵對雙方進行對抗的場所，各種形式與樣式的信息戰的發展，電磁空間的爭奪也日趨激烈。現代技術，特別是高技術條件下的聯合作戰，已經遍布陸海空天電多維戰場，機械化聯合作戰已向信息化聯合作戰奔騰邁進。主要特點是：聯合作戰的主角陸軍轉變為任一軍種；聯合作戰從軍種聯合走向全面聯合；聯合作戰空間遍布陸海空天電戰場；聯合火力打擊為成為達成戰爭目的的獨立作戰樣式。[36]

---

[35] 郭武君　著，聯合作戰指揮體制研究，頁 32-33。，
[36] 郭武君　著，聯合作戰指揮體制研究，頁 33。

四、　2003 年 3 月 20 日，美國對伊拉克發動了後冷戰時期又一場高技術條件下的局部戰爭。與冷戰後 1991 年波灣戰爭、1999 年科索沃戰爭及 2001 年阿富汗戰爭相比，美國發動的這場技術含量更高、信息化特徵更為明顯，反應了軍事事務革命加速發展的新驗證。伊拉克戰爭是美軍軍事事務革命成果的一次廣泛驗證。通過這場戰爭可以看出，武器裝備智能化的發展帶來精準的打擊效果，更加精簡的編制體制，使部隊機動力大大提高，作戰行動在陸、海、空、天、電（磁）等多維空間的開展使作戰樣式呈現聯合體系化。高技術條件下的戰爭是系統與系統之間的對抗，諸軍兵種的協同作戰已發展到諸軍兵種的聯合作戰。在機械化戰爭階段有陸、海、空的協同作戰，但它只是協同。隨著信息化為核心的高技術局部戰爭的逐步登場，「空－地一體戰」、「陸海空天電一體戰」便向著真正的體系對體系的聯合作戰（Joint Warfare）發展。[37]

與外軍相比，中共解放軍聯合戰役的實踐經驗較少，對聯合作戰研究的起步也較晚。但是自 90 年代以來，聯合戰役研究受到高度重視，在共軍掀起了聯合作戰的研究的熱潮，共軍聯合作戰的理論體系漸趨發展與完善。

中共聯合作戰理論的形成（50－80 年代）：1949 年以前中共只有陸軍，進行的是單一軍種作戰。1949 年下半年毛澤東開始籌

---

[37] 熊光楷　著，國際戰略與新軍事變革 *"International Strategy and Revolution in Military Affairs,"*（北京：清華大學出版社，2003 年 10 月）頁 37-42。有關於伊拉克戰爭可參見：國防大學編印，二次波灣戰爭專題研究論文專輯全三冊（桃園：國防大學，2003 年 4 月）；羅援主編，談兵論戰－－伊拉克戰爭點評（北京：軍事學科出版社，2003 年 10 月）。展學習　著，伊拉克戰爭（北京：人民出版社，2004 年 7 月）。

劃攻台作戰。攻台作戰是島嶼進攻作戰，要求必須陸海空軍聯合實施。毛澤東在攻台準備的一系列重要指示中多次強調，要盡快建立一支具有一定作戰能力的空、海軍進攻台灣的作戰必須依靠空軍、海軍配合陸軍實施。這可以說是中共最早的聯合作戰思想。1950 年，在中共軍事訓練基本方針中，首次出現了聯合作戰概念。1952 年中共在朝鮮西海岸進行了陸海空三軍聯合抗登陸戰役備戰，該聯合戰役以空軍為主的防空戰役和以陸軍為主、海軍配合的海岸防禦戰役組成。1955 年 1 月，共軍在浙東的一江山島，進行了由陸海空三軍聯合實施的對近海敵占島嶼的登陸戰役。在戰前研究和戰後總結中，對聯合登陸戰役指揮、協同、保障、戰法等問題進行了理論探討，首次提出了建立聯合指揮所、聯合情報保障和聯合後勤等問題。[38]50 年代中期，中共還在遼東半島、山東半島、上海方向組織了大規模的陸海空抗登陸戰役演習。葉劍英在遼東半島演習總結中首次提出：抗登陸戰役是陸軍、海軍、空軍戰役的總和，並對軍種戰役軍團的調度和戰役協同問題作了闡述。[39]

60 年代初，共軍軍事科學院編寫的《中國人民解放軍戰役學》初稿明確了陸海空三軍聯合戰役的有關問題。70 至 80 年代出，隨著各軍種的發展和對現代化戰爭戰役的研究的深入，共軍在現代條件下全面戰爭的戰役理論得到發展，其中《中國人民解放軍戰役學》1981 年版、《戰役學總則》、《登陸戰役》、《抗登陸戰役》等理論，對中共陸海空三軍聯合戰役的具體戰役樣式及作戰的有關問題作了明確，強調了各軍種協同作戰、統一編組、統一指揮

---

[38] 何滌清　主編，戰役學教程（北京：軍事科學出版社，2003 年 5 月 2 版），頁 72。

[39] 高宇飆　主編，聯合戰役學教程，頁 10-11。

參戰力量等問題。[40]

80 年代中期，共軍實行了戰略指導思想的轉變。以 1986 年及 1988 年兩次全軍性戰役理論研討會為契機，共軍戰役理論的重點，開始從全面戰爭和核條件下戰役轉向常規條件下的局部戰爭戰役，聯合戰役作戰理論得以發展，1987 年經中央軍委批准頒發試行的《中國人民解放軍戰役學綱要》在戰役分類中提出了「聯合戰役」概念，並對諸軍兵種聯合進行的各種戰役樣式的準備與實施問題，以及戰役保障、戰役後勤、戰役政治工作等問題進行了全面規範。1988 年總參編寫《戰役學教程》對聯合戰役概念作了明確的闡述；同時，闡述了諸軍兵種聯合進行的戰區戰役的特點和指導問題；各軍種還頒發了《海軍戰役學》、《空軍戰役學》和《第二炮兵戰役學》。[41]

中共聯合戰役學的確立和發展（20 世紀 90 年代）。進入 90 年代以後，中共確立了新時期軍事戰略方針，聯合戰役成為現代技術特別是高技術條件下局部戰爭戰役的基本型態，共軍聯合戰役學開始確立。1999 年 1 月 8 日中共中央軍委會頒發了第一代《聯合戰役綱要》。該綱要對聯合戰役問題作了全面、系統的規範，確定了共軍戰役基本指導思想，提出了聯合戰役基本原則，明確

---

[40] 展學習　主編，*戰役學研究*（北京：國防大學出版社，1997 年 6 月），頁 15。

[41] 展學習　主編，*戰役學研究*，頁 14-16。1981 年 9 月 27 日，「解放軍報」為了祝賀華北軍事演習的結束及傳達鄧小平有關「正規化」建軍的指示，發表了一篇題為＜為建設現代化國防作出新貢獻－祝賀華北某地舉行的軍事演習成功＞社論，內容概括三點其中第三點：總結華北演習經驗……切實改變長期形成的單一兵種觀念，總結出一套適合我軍實際的諸軍兵種協同作戰的現代積極防禦作戰的原則……。參見：張天霖，＜對中共重新強調現代化建軍方針之研析＞，林長盛　編，*解放軍的現狀與未來*（台北：桂冠圖書股份有限公司，1993 年 5 月），頁 3-18。

未來聯合戰役的主要樣式、基本戰法合聯合戰役保障的任務、措施，規範了聯合作戰體系，指揮所編組和各軍種戰役軍團的任務與運用，以及信息作戰等問題。中央軍委同時還頒發了《陸軍戰役綱要》、《海軍戰役綱要》、《空軍戰役綱要》、《第二炮兵戰役綱要》和《戰役後勤保障綱要》等戰役法規。這些作戰法規和理論專著的完成將使中國人民解放軍聯合戰役學發展到新的階段。[42]這些累積的成果也逐步形成一整套具有中國特色及適合共軍特性的聯合作戰基礎理論與應用理論體系；亦提供中共在高技術局部戰爭下實施聯合作戰為戰役樣式的發展進程的經驗。[43]

　　鄧小平在 1997 年曾說過：「要認真學習現代化戰爭知識，學習諸軍兵種聯合作戰」。1994 年軍委副主席劉華清在國防大學戰役進修班座談會指出：「要打贏未來高技術局部戰爭，必須加強對三軍聯合作戰理論的學習與研討，提高各級指揮員的組織指揮藝術與能力」。另一副主席張震也強調：「未來作戰是我軍前所未有的諸軍兵種的聯合作戰，必須強化整體作戰意識，加強指揮協同，使參戰的陸海空三軍和二炮部隊，以及支援作戰的預備部隊、民兵，真正形成一個有機整體的聯合作戰」。[44]

第三節　中共聯合作戰的戰略指導

　　聯合作戰指導思想是聯合作戰理論的核心，是聯合作戰原則的集中體現。聯合作戰指導思想是針對聯合作戰這一具體作戰型態抽象提煉出來的。聯合作戰指導思想的主要作用，作為一個時

---

[42]　高宇飆　主編，聯合戰役學教程，頁 12-13。
[43]　薛興林　主編，戰役理論學習指南，頁 97-98。
[44]　郁樹勝　主編，論聯合戰役，＜前言＞，頁 2。

期對聯合作戰的客觀認識，主要具有以下幾方面的作用：

一、　對軍隊作戰思想的統一作用。高技術局部戰爭下聯合作戰是
　　　主要戰役樣式，各種作戰力量將主要在聯合作戰背景下遂行
　　　戰役任務，都必須貫徹聯合作戰的指導思想。因此，聯合作
　　　戰指導思想所規範的現象不僅是聯合作戰，而且對其他戰役
　　　乃至戰鬥也具有一定的規範作用，從而統一全軍的作戰思想
　　　發揮重要作用。

二、　對軍隊建設的牽引作用。聯合作戰是未來一個時期軍隊作戰
　　　的共同選擇。謀求聯合作戰能力的優勢，以聯合作戰贏得未
　　　來戰爭的勝利，是軍隊追求的共同目標。聯合作戰指導思想
　　　做為一種作戰理論，提供了未來作戰的需求，指明了軍隊建
　　　設的發展方向，從而對軍隊建設起到特殊的牽引與推動作
　　　用。[45]

三、　對聯合作戰實踐的指導作用。（一）聯合作戰指導思想是進行
　　　聯合作戰籌劃的主綫。制定聯合作戰的具體作戰方針、設想
　　　聯合作戰的參戰力量、區分戰役階段、下達戰役決心，都必
　　　須把具體情況貫徹聯合作戰指導思想作為基本要求。（二）聯
　　　合作戰指導思想是進行聯合作戰準備的重要依據。制定戰役
　　　計劃、選定作戰目標、進行物質準備等，都必須把落實聯合
　　　作戰指導思想，完整地實現 "聯合" 作為基本目的。（三）聯
　　　合作戰指導思想是實施聯合作戰的最高目標和行動準則。指
　　　揮作戰行動、控制作戰進程、進行作戰協同、組織作戰保障，
　　　都必須圍繞統一的聯合作戰指導思想實踐。[46]

---

[45] 高宇飆　主編，*聯合戰役學教程*，頁77。
[46] 高宇飆　主編，*聯合戰役學教程*，頁77-78。

四、　　對聯合作戰理論的支撐作用。在當前和今後的一個時期，聯合作戰都將扮演戰役形態的主角，其他戰役將主要成為聯合戰役的組成部份，以聯合作戰理論的發展來帶動其他戰役理論的發展，使聯合作戰理論自然成為戰役理論的主體。其次，聯合作戰是一個獨立完整的體系，在這個體系中，指導思想是精髓，是核心，其他理論都可以被認為是指導思想在不同方面的具體化，都是對指導思想的貫徹與落實。[47]

1996 年 7 月，美參聯會頒發了《2010 年聯合願景》。這一構想以冷戰後過渡期，美國國家安全戰略和國家軍事戰略為指針。以 21 世紀初國際地緣戰略可能發生的變化為依據，以信息時代的軍事事務革命為背景，勾畫了今後 15 年美軍建設和作戰的基本藍圖。這一構想力求適應「五個需要」，即適應下世紀初變幻莫測的國際形勢的需要，能夠應付各種威脅；適應高技術特別是信息高技術高速發展的需要，大力發展信息化裝備；適應維護美國全球戰略利益的需要，能在各種衝突或戰爭中戰而勝之；適應新時期國家軍事戰略的需要，能使美軍保持「全面優勢」；適應未來聯合作戰的需要，準備實施高技術局部戰爭的一體化作戰。[48]

新時期中共軍事戰略方針是打贏高技術局部戰爭，以聯合作戰為戰役樣式。因此，中共在制定聯合作戰指導思想必須充分考慮新時期軍事戰略方針，確實把貫徹落實新時期軍事戰略方針作為基本著眼點。1999 年 1 月，中共軍委頒發《聯合作戰綱要》，首次以作戰法規的形式，對中共戰役的基本指導思想作了統一，即「整體作戰，重點打擊」。聯合作戰為共軍未來戰役的主要型

---

[47] 高宇飆　主編，聯合戰役學教程，頁 78。

[48] 夏學華、陳昭林　主編，21 世紀美軍作戰理論新發展（濟南：黃河出版社，2000 年 5 月），頁 2。

態，因此必須遵循和貫徹基本思想。[49]

高技術局部戰爭，中共聯合作戰的基本指導思想是「積極主動，靈活反應，整體作戰，重點打擊」：[50]

積極主動：基本涵義，一是強調必須把積極防禦戰略方針堅決地貫徹和落實在戰役上，這也是中共聯合作戰的根本指導思想。換言之，中共聯合作戰必須服從和服務於國家的戰略目標，從國家的政治、經濟、外交等總體需求出發，圍繞國家主權，維護國家利益的鬥爭，從人民戰爭的作戰體系上部署和實施聯合作戰。二是強調積極奪取和把握戰役主動權，在戰役指導上特別要確立積極進攻意識和主動打擊的精神，力爭主動、力避被動，以積極堅決主動的作戰行動達成戰役任務，完成既定的戰略目標。[51]

靈活反應：就是要求聯合作戰指揮員必須保持清醒的頭腦，從戰略全局出發，靈活應對各種複雜情況，做到善於依據統的意圖和戰場情況的發展變化，迅速作出正確的判斷，提出克敵制勝的對策，做到因時用兵、因地設陣，因敵施法；善於靈活運用各種有效的戰法和手段，提高戰役軍團的生存能力，快速反應和機動能力；善於謀勢和造勢，重視關鍵領域的爭奪，強調先機制敵，注重實施先機打擊，把握戰役節奏和進程，使戰局有利於自身的方向發展。[52]

整體作戰：是聯合作戰基本指導思想的含義是：充分運用人民戰爭戰役的優勢，綜合運用力量、空間、時間、手段等一切作戰條件，形成整體合力，從破壞敵作戰體系的整體結構入手，協

---

[49] 高宇飆　主編，*聯合戰役學教程*，頁 78-80。

[50] 周曉宇、彭西文、安衛平　著，*聯合作戰新論*，頁 134-145。

[51] 郁樹勝　主編，*論聯合戰役*，頁 40-41

[52] 郁樹勝　主編，*論聯合戰役*，頁 41。

調一致地遂行戰役行動。它包括形成己方的整體和破壞的整體兩個方面。在形成己方的整體方面，包括實行軍民結合，軍事鬥爭與政治、經濟、外交等戰綫的鬥爭相結合。又包括參戰力量的整體，各空間、戰場、領域的整體，作戰方法、手段的整體，以及作戰階段和行動的整體等。在破壞敵人的整體方面，包括破壞敵人的指揮體系、武器系統、各部聯繫、計劃協調、後方補給，以及心理平衡等方面。整體作戰就是聯合作戰。[53]

重點打擊：即集中力量形成拳頭，打擊敵之戰役重心，也就是敵作戰體系的關節點。一切作戰部署和行動都要圍繞和選擇打擊敵人的重心展開。確定戰役重心，包括確定敵之戰役重心和己之戰役重心，是聯合作戰決策和行動的焦點。重點打擊既包括了集中力量，重點用兵，又包含了打擊時機和目標等方面的重點，但核心是打擊目標要有重點。集中力量和選擇打擊時機，都是為了提高對重點目標的打擊效果。重點打擊與整體作戰相輔相成，渾然一體。整體作戰是取勝的基礎和前提，重點打擊是制勝的關鍵和憑藉。[54]

一體化對抗：在未來的戰爭中，如果軍隊不具備全維對抗能力，特別是信息對抗能力，將無法贏得任何一場戰爭勝利。因此，應把全維對抗能力作為聯合作戰的重要指導原則。[55]就中共解放軍而言，可體現於幾個方面：一是軍事鬥爭要與政治、外交、經濟領域的鬥爭一體化；二是參戰的陸海空及二炮部隊戰役力量以及武裝警察、民兵部隊的一體化；三是陸海空天和信息戰場的一體化。力求戰場空間、時間、多個領域對敵實施全方位、全縱深

---

[53] 薛興林　主編，*戰役理論學習指南*，頁 20。
[54] 郁樹勝　主編，*論聯合戰役*，頁 42。
[55] 周曉宇、彭西文、安衛平　著，*聯合作戰新論*，頁 141。

作戰；四是多種作戰方法和手段一體化。根據聯合作戰的總要求，統一籌劃和靈活運用進攻、防禦、遠程火力戰、信息作戰、特種作戰以及封鎖、殲滅和驅逐等作戰方法與手段，高低結合，土洋並舉，綜合制敵。[56]

中共聯合作戰的指導原則，是隨著戰役的發展而發展。一定歷史階段的戰役，有其歷史的特點。戰役規律是這些特點的反映，而戰役指導原則是這些規律的表現。高技術局部戰爭軍事技術的繼續發展，必將引起軍隊內部組織結構的變化，聯合作戰也將出現新的特點，而聯合作戰指導原則也必定有新的發展。因此，在高技術局部戰爭下，中共聯合作戰指導原則思想，可歸結幾項重點：

——力爭主動，周密準備；

——攻防結合，注重進攻；

——機動戰為主，多種作戰樣式與手段結合；

——積極奪取「三權」，首重信息領域的對抗；

——重點用兵，打擊要害；

——注重有生戰力，打藏並舉；

——靈敏反應，出敵不意；

——統一指揮，密切協同；

——全面保障，突出重點；

——加強政治工作，發揮政治優勢。[57]

從現在到 2010 年，將是一段意義深遠而又富有活力的變革時期。為迎接未來的各種挑戰，美軍參聯會主席於 1996 年 7 月

---

[56] 高宇飆　主編，聯合戰役學教程，頁 81-82。
[57] 薛興林　主編，論聯合戰役，頁 29。

提出了《2010 年聯合願景》，其核心內容是關於未來聯合作戰的
理論與願景。美軍的《2020 年聯合構想》提出了信息優勢、制敵
機動、精確打擊、全維防護、聚焦式後勤、全譜優勢六項新的作
戰原則。[58]美軍認為，現代戰爭是由諸軍兵種共同參與的聯合作
戰，聯合作戰是未來美軍遂行的主要作戰樣式，是制勝的關鍵。
未來新的聯合作戰，將對世界軍事對抗和各國軍隊建設帶來新的
變革，也標誌著未來聯合作戰將呈現新的發展趨勢。[59]隨著高技
術局部戰爭的發展，聯合作戰已經成為高技術局部戰爭的主要作
戰樣式。各國軍隊非常重視聯合作戰，認為聯合作戰是高技術局
部戰爭中，作戰特有的性質，更是未來軍事行動主軸。[60]

　　由於中共歷史因素、軍事技術水平的限制，致使中共聯合作
戰理論研究起步較晚，且並無聯合作戰實際經驗。1982 年 4 月，
英阿福克蘭群島戰爭中英軍的作戰形式及 90 年波灣戰爭中美軍
的作戰形式，讓中共體認到，英、美兩國能夠掌握戰場主動權在
較短時間取得戰爭勝利的主要因素是以「聯合作戰」的形式：面
對新的戰爭情況和作戰任務，假設共軍仍採用以陸軍為主，其他
軍種相配合的合同作戰模式，不僅會限制其他軍種作戰功能的發
揮，而且還會造成戰略全局上的被動。因此，指出「聯合作戰」
為符合現代戰爭特別是高技術局部戰爭需要的作戰形式。[61]

---

[58] 中共總參謀部作戰部，*美軍聯合作戰與聯合訓練*（北京：解放軍出版社，
　　2000 年 10 月），頁 3-8

[59] 夏學華、陳昭林　主編，*21 世紀美軍作戰理論新發展*（濟南：黃河出版
　　社，2000 年 5 月），頁 57。

[60] 岳嵐　主編，*高技術戰爭與現代軍事哲學*（北京：解放軍出版社，2000
　　年 10 月），頁 209-210。

[61] 中共雜誌研究社，*2004 中共年報－第四篇軍事：對共軍「聯合作戰」發
　　展之研究*，頁 4-120。

1999 年 1 月，中共中央軍事委員會頒發了《聯合戰役綱要》，明訂了中共人民解放軍戰役基本指導思想，提出了聯合作戰基本原則，確定了聯合作戰為未來主要作戰樣式和聯合作戰保障等任務。也深刻牽引著中共打贏高技術局部戰爭，須發展聯合作戰。因此，深入瞭解中共聯合作戰的定義、分類、作戰方式與指導原則，並分析聯合作戰指揮、軍種戰役作戰、聯合作戰系統整合體系化及指揮人員培養與訓練與聯合後勤建立，才能完整地掌握中共聯合作戰的實際發展。[62]

第四節　中共聯合作戰原則

聯合作戰原則，是聯合作戰所依據的基本準則，是聯合作戰規律的反映。聯合作戰原則，是中共實施聯合作戰必須遵循的基本原則，其實質是以聯合作戰規律為依據，以聯合戰役指導思想為基礎，並體現於幾個著眼點：

一、　著眼於在借鑒外軍的成果的基礎上謀求發展。共軍與外軍相比特別是與發達國家軍隊相比，聯合作戰的實戰經驗不多，聯合作戰的研究起步較晚，尤其是由於武器裝備的落後，導致聯合作戰理論相對滯後，特別是擁有高技術武器裝備的強敵，在聯合作戰理論具有相當的代表性，在某些方面反映了今後的發展方向。因此，中共制定聯合作戰原則，必須借重外軍現有的成果，並結合中共具體實際發展，方能進一步完善。[63]

二、　著眼於適應於高技術局部戰爭系統對抗的新特點。高技術局

62　高宇飆　主編，聯合戰役學教程，頁 12。
63　高宇飆　主編，聯合戰役學教程，頁 86。

部戰爭，其戰場型態、作戰方法、指揮體制、物資耗費等方面出現許多新特點，如信息權成為爭奪戰場主動權的重要手段，空中力量成為陸（海）上戰場的支撐，「非綫式」成為戰場的基本型態，夜戰和遠戰成為重要的交戰方式等。其基礎是通過高技術武器裝備以大小和不同層次的系統對抗方式在戰場上發揮作用。因此，加強戰役的整體結構，打擊、破壞敵方戰役體系的整體性，已成為中共聯合作戰制勝的重要關鍵。[64]

三、　著眼於立足以劣勢裝備戰勝優勢裝備之敵。武器裝備是聯合作戰的物質基礎。隨著中共經濟建設和國防現代化建設的發展，相較於高技術武器裝備先進國家，中共的武器裝備的現代化水準及諸軍種的作戰能力，雖有不斷的提升，但在今後相當長的一個時期內，與強敵之間的武器裝備上的差距仍然很大。鄧小平曾指出：「我們的戰略就是以劣勢裝備為出發點的，是以劣勢裝備對付現代化裝備這一著眼點」。因此，確定中共聯合作戰原則與指導思想，是必須從實際出發，以劣勝優的傳統上，根據新情況、新特點，尋求和創造以劣勝優的新戰法，都是中共在聯合作戰原則與指導上，所必須思考的出發點與立足點。[65]

四、　著眼於攻勢作戰原則：共軍在戰略上實行的是積極防禦的總方針，這並不排除在戰役上的主動進攻，尤以當前及面臨未來新形勢，共軍戰略上的主要任務是遂行聯合作戰的進攻作戰。中共認為聯合作戰是一種龐大的軍事對抗行動，組織十

---

[64]　郁樹勝　主編，*論聯合戰役*，頁 44。
[65]　郁樹勝　主編，*論聯合戰役*，頁 44-45。

分複雜，貫徹積極進攻的思想，比只重視防禦更容易掌握主動權有利於籌劃與組織戰役力量。在高技術局部戰爭下聯合作戰，往往一次聯合作戰就能決定戰爭的勝負。所以共軍認為，未來所實施的聯合作戰而言，要達成戰役的目的，爭取局部戰爭勝利，就是要發揮聯合進攻作戰。[66]

　　中共未來聯合作戰是貫徹與具體實現在「整體作戰、重點打擊」的基本指導思想上，以「知彼知己、力求主觀」指導符合客觀實際及「消滅敵人、保存自己」等作戰一般原則。確立合力制勝、整體制勝觀念，在戰場的全空間建立陸海空天電一體的作戰體系，集中精銳力量於戰役的主要方向，綜合運用各種作戰方法和手段，對作戰體系中起支撐作用的要害目標實施重點打擊，破壞敵之整體結構，奪取戰役勝利。[67]因此，1999 年 1 月，中共軍委頒發《聯合戰役綱要》對聯合作戰遵循的原則，訂定了明確指導依據：[68]

一、　周密籌劃，充份準備：現代高技術局部戰爭下的聯合作戰，戰場空間廣闊，系統龐大，構成複雜及行動多樣，必須通過戰爭全局周密籌劃，圍繞作戰需要進行充份的準備，以確保聯合作戰順利實施。

二、　統一指揮，密切協調：聯合戰役中參戰力量眾多，諸軍兵種之間互不隸屬，功能特長各不相同，各個戰場空間的作戰行動交織進行，離開了統一的指揮和密切協同，就難以形成整體作戰的戰力。[69]

---

[66] 高宇飆　主編，*聯合戰役學教程*，頁 83。
[67] 薛興林　主編，*戰役理論學習指南*，頁 101。
[68] 高宇飆　主編，*聯合戰役學教程*，頁 87。
[69] 薛興林　主編，*戰役理論學習指南*，頁 102。

三、 整體作戰，重點打擊：聯合作戰是敵對雙方諸軍兵種在廣闊
戰場上的激烈對抗，戰役的成敗在很大的程度上取決於整體
戰力能否有最大限度地發揮出來。而整體作戰能力的發揮又
是以整體、重點的使用作戰力量為基本前提。因此，強調形
成整體與重點地使用作戰力量，是中共聯合作戰制勝的重要
原則之一。[70]

四、 陸海空天電一體的作戰體系：聯合作戰體系主要包括以下四
個方面：一是信息作戰體系；二是空中作戰體系；三是海上
作戰體系；四是陸上作戰體系。除此之外，尚須建立高效靈
活穩定的指揮控制體系，從而將地面作戰、空中作戰。海上
作戰、電子戰及外層空間作戰保障融為一體，構成「陸海空
天電一體」的新型態作戰體系，是實施聯合作戰的基礎和必
須要求。[71]

五、 戰法運用，揚長避短：在中共聯合作戰原則當中，之所以必
須突出揚長避短，主要有三個方面的原因：（一）敵我雙方的
客觀現實決定。中共在面臨高技術武器裝備是有一些「時代
差」，必須以劣對優。（二）是作戰的一般規律決定的。古今
中外的一切作戰，交戰的雙方無論是強是劣，制勝的一方，
都是發揮揚長避短。發揮自身的長處，同時巧妙地隱藏了自
己的短處。（三）合理的戰法運用為中共提供了揚長避短，創
造了靈活運用的條件。「你打你的，我打我」的奇正結合，以
彌補武器「時代差」的落後及「戰法」徒具不足。[72]

六、 整體保障，統分結合。聯合作戰的後勤保障系統，面臨著高

---

[70] 高宇飆 主編，*聯合戰役學教程*，頁87。
[71] 郁樹勝 主編，*論聯合戰役*，頁48。
[72] 高宇飆 主編，*聯合戰役學教程*，頁91。

消耗、高技術和敵人縱深打擊的多種複雜局面，只有構成整體系統的聯勤保障，才能適應未來聯合作戰中後勤保障的要求。[73]根據聯合作戰保障特點和各軍種的保障需求，堅持統分結合。涉及戰役全局的保障，由聯合作戰指揮機構統一組織；後勤和裝備技術的通用勤務保障，則採用區域聯勤的體制，在聯合作戰後方指揮機構的指揮統一指導協調下，由各軍種戰役集團指揮機構分別組織實施。因此，整體保障，統分結合是發展聯勤保障的重要原則。[74]

七、　配合軍事打擊，展開政治攻勢：毛澤東曾說過：「政治軍事仗，或者是軍事政治仗」。[75]奪取聯合作戰勝利，除了依靠強大軍事實力還要依靠積極有效地政治攻勢，利用一切機會，通過各種手段對敵展開心理戰，渙散敵軍士氣，使敵軍產生消極畏戰情緒，加速分化瓦解，癱瘓敵方的「精神防綫」。[76]

　　聯合作戰原則，是聯合作戰行動所依據的基本準則，是聯合作戰規律的反映。共軍未來聯合作戰是貫徹與具體表現在「整體作戰、重點打擊」的作戰基本指導思想。以「知彼知己，力求主觀」指導和符合客觀實際「消滅敵人，保存自己」的戰役基本原則。[77]

　　中共認為，聯合作戰是隨著科技的進步、武器裝備的發展和作戰力量進一步分工而逐漸形成。因此，從戰爭的實際而言，不

---

[73] 胡思遠，＜試析聯合戰役的基本特點＞，國防大學，*高技術條件下聯合戰役與軍兵種作戰*（北京：國防大學出版社，1997 年 1 月），頁 29。

[74] 薛興林　主編，前揭書，頁 104。

[75] 姚有志　著，二十世紀戰略遺產（北京：軍事科學出版社，2001 年 8 月），頁 346。

[76] 郁樹勝　主編，*論聯合戰役*，頁 54。

[77] 薛興林　主編，*戰役理論學習指南*，頁 101。

同歷史時期有其不同的主要作戰樣式。隨著中共建政，共軍職能和任務發生根本性轉變，由過去的「打江山」轉變為「保江山」。戰爭形態由原來的內戰轉為抗擊外敵入侵，交戰地區由內地轉向邊境與海洋，戰爭規模也由全面戰爭轉變為局部戰爭。面對當今擁有高技術武器裝備的強敵在世界範圍內發動的高技術戰爭，都圍繞著多軍種、高強度的聯合作戰。因此，中共認為從所面臨的新形勢與任務，要想爭取高技術戰爭的主動權，就必須發展陸海空軍和第二炮兵以及空間力量、電子力量、特種作戰等多種力量為一體的聯合作戰。[78]

　　1999 年中共中央軍委主席江澤民簽署《中國人民解放軍聯合戰役綱要》明確指示：「我軍組織實施聯合戰役必須遵循整體作戰、重點打擊的戰役基本指導思想。整體作戰、重點打擊，即圍繞著總的戰略意圖，軍事鬥爭與政治外交鬥爭密切配合，綜合運用諸軍種戰役軍團和其他戰役力量，構建立體、全縱深、一體化的戰場體系，正規與非正規作戰緊密結合，形成整體戰力，集中精銳力量於戰役主要方向和關鍵時刻，採取快速機動的戰法，重點打擊敵要害目標，癱瘓敵作戰體系，力爭速戰速決，貫徹殲滅戰」。它的基本內涵就是強調「以我為主」，「你打你的、我打我的」，「陸海空天電一體化」的全方位聯合進攻與防禦作戰。[79]

---

[78] 中共雜誌研究社，*2004 中共年報－第四篇軍事：對共軍「聯合作戰」發展之研究*，頁 4-121。

[79] 何滌清　主編，*戰役學教程*（北京：軍事科學出版社，2003 年 5 月 2 版），頁 138-139。

第五章　中共聯合進攻與防禦作戰

第一節　聯合進攻作戰

依據中共聯合作戰性質分為聯合進攻與防禦作戰。「進攻」，即主動進擊敵人的作戰行動，是作戰基本類型之一。是消滅敵人主要手段。[1]聯合進攻戰役，是諸軍種作戰力量和地方作戰力量在統一指揮下協同實施的進攻戰役。高技術局戰爭下聯合進攻作戰通常是達成局部戰爭戰略目的的主要戰役類型。未來共軍可能面臨的高技術局部戰爭中，聯合進攻戰役將可能在多種作戰背景中以多種樣式實施。[2]聯合進攻作戰的基本性質是殲滅戰。其目的是殲滅敵人的有生力量，奪取戰略、戰役要地或重要目標。[3]

一、中共的高技術局部戰爭在聯合進攻作戰指導基本要求：

（一）整體作戰，合力制敵

是組織實施聯合進攻作戰要圍繞統一的目的，充份發揮並綜合運用戰役力量、戰場空間、時間、戰法及戰場環境等一切作戰條件潛在的能量，形成現實的整體合力，奪取戰役勝利。貫徹整體作戰、合力制敵的原則。一是在戰役力量的上，要實行主力軍、地方軍、民兵及廣大群眾三結合，並突出陸海空、第二炮兵戰役

---

[1] 趙彥亮　主編，*戰術學習理論指南*（北京：國防大學出版社，2004 年 6 月），頁 141。

[2] 高宇飆　主編，*聯合戰役學教程*（北京：軍事科學出版社，2001 年 8 月），頁 140。

[3] 薛興林　主編，*戰役理論學習指南*（北京：國防大學出版社，2002 年 2 月），頁 209

軍團的整體運用；二是在任務區分上，要根據各軍種的特點，著
眼於揚長避短、互為補充；三是在戰役空間上，要對陸地、海上、
空中、太空、正面、側翼、敵後諸戰場運用設計，構成立體、全
縱深的戰場體系，充份利用戰場的各種有利條件，將其轉化為實
際的戰鬥力；四是在作戰方法和手段上，要掌握機動戰、陣地戰、
特種戰等作戰形式和各軍種戰役樣式的緊密配合；正確運用情報
戰、電子戰等戰法，對敵實施整體癱瘓，破壞敵作戰體系的整體
性，造成整體力量敵消我長的客觀效果。[4]

（二）充分準備，主動造勢

聯合進攻作戰實施前，應對作戰過程中各階段的行動，戰法
進行縝密籌劃，周密協調，並按照進攻戰役的需要完善各種物資
及戰前準備。聯合進攻戰役，參戰力量多，戰法、手段運用多樣，
協調複雜，尤以高技術局部戰爭中的聯合進攻作戰與戰略目的聯
繫緊密，決戰性強，更應強調戰前周密充份地準備，作到不打無
把握之仗，不打無準備之仗。[5]

聯合進攻作戰指導上，須特別注重主動造勢。進攻取勝求之
於勢，勢是兵力與智謀的結合體。主動靈活地創造和形成對己方
有利的不對等態勢，對聯合作戰奪取和保持戰役主動權更為重
要。因此，一方面要圍繞戰役重心和基本戰法，從戰役全局上對
各軍種作戰集團統一部署，對陸上、空中、海上、電磁各個領域
的作戰力量與行動統籌布局，對癱瘓與遮斷、突破與合圍、阻援

---

[4] 張幼明、張慶春，<淺談我軍聯合戰役的基本原則和指揮問題>，國防
大學，*高技術條件下聯合戰役與軍兵種作戰*（北京：國防大學，1997 年
1 月），頁 80-81。

[5] 郁樹勝　主編，*論聯合戰役*（北京：國防大學出版社，1997 年 6 月），
頁 193。

與箝制等各種作戰行動統一安排，以建立火力為中心；另一方面要善於巧妙地運用謀略，從戰役的各個領域創造和擴大敵人的弱點，造成有利於我而不利於敵的作戰態勢和作戰時機。[6]

（三）先癱後殲，癱殲結合

將癱瘓敵作戰系統與殲滅敵有生力量有機地結合，是共軍聯合進攻作戰指導必須把握的要則。「癱瘓戰」是主要使用高技術武器裝備或其他手段，適時集中打擊對方戰役體系的 C^4ISR 系統、後勤系統、火力系統、機場、港口、交通樞紐等主要「關節點」，嚴重破壞敵對方戰役體系內部結構的完整、系統運行的協調和整體功能的發揮，從而導致敵方整個戰役體系陷於癱瘓。癱瘓戰也稱結構破壞或點穴式破壞。[7]共軍癱瘓戰指導原則即是「整體作戰、重點打擊」。殲滅戰則是一切進攻戰役的基本點。有效地殲滅敵有生力量是達成聯合進攻作戰的最終目的。[8]

（四）立體突破，全縱深打擊

在聯合進攻作戰中，選擇敵防禦薄弱及要害的部位，實施具有壓倒優勢的陸空一體的突破。與此同時，從地面（海面）、空中、電磁等各個空間對敵實施全縱深打擊。在短時間內產生集中突出效應，使敵難以前後兼顧，不能按照計劃組織整體打擊，進而迅速癱瘓和突穿敵防禦，分割圍殲。[9]聯合進攻作戰行動之所以

---

[6] 薛興林　主編，戰役理論學習指南，頁 210

[7] 郁樹勝　主編，論聯合戰役，頁 196。

[8] 范承斌　著，高技術條件下戰役癱瘓戰研究（北京：國防大學出版社，2003 年 10 月），頁 45。

[9] 周曉宇、彭希文、安衛平　著，聯合作戰新論（北京：國防大學出版社，2000 年 6 月），頁 262。

強調立體突破、全縱深打擊；一是由於高技術武器裝備的發展和部隊縱深作戰能力的提高。高技術的地面、空中、海上作戰平台的出現，使部隊具有了全縱深實施立體火力打擊的能力；二是聯合進攻作戰是依靠整體發揮陸、海、空和第二炮兵的綜合優勢發揮取得作戰勝利；三是高技術局部戰爭中的聯合進攻作戰是強調速戰速決，迅速突破敵防禦，打亂敵作戰部署。[10]因此，在聯合進攻作戰中，須按照立體突破、全縱深打擊的要求編組作戰力量，合理區分任務，使其在同一時期內形成對敵實施協調一致的立體突破、全縱深打擊。而速戰速決是殲滅敵人的有效制勝途徑。[11]

二、聯合進攻作戰背景和戰役樣式

根據中共新時期軍事戰略方針，共軍未來高技術局部戰爭中的聯合進攻作戰可能有島嶼海洋地區作戰、瀕海地區作戰和內陸邊境地區作戰。

（一）島嶼進攻作戰，一般是對據守大型島嶼、群島之敵的渡海進攻作戰，主要目的奪佔敵控制島嶼、周邊海空區域。進攻島嶼作戰通常包括常規導彈突擊戰役、空中進攻戰役、進攻敵海上兵力集團作戰、登陸作戰和島上進攻作戰中的瀕海城市進攻作戰、山地作戰等戰役行動。[12]

（二）海空封鎖作戰，是對位於島嶼海洋地區之敵實施海上和空中封鎖的進攻作戰。主要目的是切斷位於島嶼海洋地區之敵與

10　郁樹勝　主編，論聯合戰役，頁 197。
11　薛興林　主編，戰役理論學習指南，頁 211。
12　梁光烈　主編，渡海登陸作戰－中外登陸作戰啟示錄（北京：國防大學出版社，2003 年 3 月），頁 1-5。

外界的經濟、軍事聯繫，削弱其戰爭潛力和作戰能力，迫使敵方接受我的條件，或為其實施其他作戰行動創造條件。海空封鎖作戰通常包括海上封鎖作戰、空中封鎖作戰、常規導彈突擊作戰，奪佔外圍島嶼等作戰行動。[13]

（三）瀕海地區聯合進攻作戰通常為殲滅和驅逐侵佔我沿海重要地區之敵，收復敵佔瀕海地區的戰略目的實施。作戰行動通常在瀕海陸上地區及相連的海空域展開。瀕海地區聯合進攻作戰的作戰樣式主要有瀕海城市地區進攻作戰、瀕海要地進攻作戰，也可能包含空中進攻作戰、海上封鎖作戰、陸上機動作戰、山地進攻作戰、登陸作戰、空降作戰、特種作戰等作戰行動。[14]

二、聯合進攻作戰實施與作戰方式

聯合進攻作戰的實施過程，通常包括奪取制電磁權、戰役控制權，實施全縱深立體突擊、實施決定性作戰、打擊敵反擊與增援、發展勝利和擴張戰果、結束戰役和控制結局等重大戰役行動。[15]

（一）奪取戰役電磁權：奪取聯合進攻作戰制信息權在很大程度上就是奪取制電磁權，這是掌握和保持戰場主動權的關鍵。聯合奪取制電磁權的基本戰法是充分發揮各軍種電子對抗力量的整體合力，「軟」、「硬」兩種手段結合運用，以電子進攻為

---

[13] 李明亮　著，*封鎖與反封鎖作戰*（北京：軍事科學出版社，2001 年 12 月），頁 94-100。

[14] 彭翠峰，＜聯合作戰軍團邊境反擊作戰初探＞，國防大學，*高技術條件下戰役理論研究*（北京：國防大學出版社，1997 年 1 月），頁 274-279。

[15] 高宇飆　主編，*聯合戰役學教程*，頁 149。

主，攻防結合：[16]

1. 實施電子對抗偵察：奪取戰役電磁權的偵察，是在戰前偵
察系統大量地掌握敵電子系統，特別是 C^{4}I 系統、武器控制
系統、防空系統的電子設備體制與參數，配置位置和工作
規律的基礎上，而進行的實時偵察與補充偵察。其目的掌
握敵方電子目標的活動，及時發現敵空中、海上來襲的電
子目標，判明聯合進攻作戰的電磁威脅環境，使作戰電子
對抗始終能處於預有充分準備、能夠迅速反應主動。

2. 實施電子干擾與癱瘓：集中使用諸軍兵種電子進攻力量，
有重點地實施電子干擾。集中用於空中電子干擾，主要採
取伴隨空中突擊兵力的方式：集中用於海上電子干擾，通
常以艦載機動方式對敵艦載和岸基電子目標進行干擾。採
用多種手段，摧毀敵重要電子目標，主要使用戰役戰術飛
彈、航空兵力或派遣特種部隊，直接摧毀敵重要電子目標。
當高技術武器大量使用，可使用反幅射武器摧毀敵各種雷
達，甚至還可用電磁脈衝彈破壞敵電子設備。[17]

（二）奪取戰役制空權：奪取聯合進攻作戰制空權是以空軍作戰集
團為主，在陸軍、海軍、第二炮兵、特種作戰部隊等多種力
量密切配合之下的聯合作戰行動。奪取制空權的行動通常是
在實施電磁打擊下，基本戰法是以突擊敵起飛戰機，制敵於
地面、海上為主與空中攔截，對空打擊和制壓敵地面防空系
統相結合：[18]

---

[16] 周曉宇　等著，*聯合作戰新論*，頁 264。

[17] 黃彬　主編，＜電子對抗作戰指揮＞，國防大學，*十種作戰樣式的作戰
指揮*（北京：國防大學出版社，1997 年 6 月），頁 1-4。。

[18] 黃彬　主編，＜空中進攻作戰指揮＞，國防大學，*十種作戰樣式的作戰*

1. 突擊敵起飛平台，制敵於地面（海上）：這是奪取聯合進攻
   作戰制空權的有效方法。換言之，就是使用航空兵、導彈
   突擊團、海軍潛射導彈等對敵主要機場、水面艦隊（航母）
   觀通系統實施突擊，致使敵失去制空能力。其主要方法是
   集中突擊主要目標與同時突擊敵數個目標相結合；首次突
   擊與連續突擊相結合；航空火力與導彈火力相結合。為有
   效地配合空中突擊制敵空中力量於地面，可採取特種部隊
   作戰，破壞敵機場、指揮站與雷達站、油庫及彈藥庫等，
   以收奇襲制勝的效果。[19]

2. 實施空中交戰，殲敵於空中：空中交戰主要包括與來襲敵
   機進行空戰和突入敵區主動尋殲敵機的空戰行動。高技術
   局部戰爭，空中交戰將大量使用空對空導彈實施超視距打
   擊，空中交戰成為預警機、電子干擾機、空中加油機與作
   戰飛機的協同作戰。要在打擊敵戰機同時注重打擊敵電子
   干擾機、預警機等支援機種，破壞敵空戰的整體結構。[20]

3. 壓制敵地面防空武器系統，保障己方航空兵行動自由：對
   敵地面防空武器系統實施制壓時，必須空中制壓和地面制
   壓密切協同，充份發揮航空兵與地面遠戰兵器的整體火
   力，必須對敵地面防空系統的指揮、引導等電子設備實施
   電子干擾，降低敵防空系統的作戰效能，必須集中壓制和

指揮（北京：國防大學出版社，1997 年 6 月），頁 210-212。

[19] 曹擴發，＜登陸戰役中空軍作戰運用的幾個問題＞，國防大學，*高技術條件下戰役理論研究*（北京：國防大學出版社，1997 年 1 月），頁 115-120。

[20] 崔長琦　主編，*21 世紀空襲與反空襲*（北京：解放軍出版社，2003 年 1 月 2 版），頁 85-91。

摧毀敵雷達陣地、指揮系統和導彈發射陣地。[21]

（三）奪取戰役制海權：在聯合登陸（島）戰役中，奪取戰役制海
權的行動是以海軍兵力為主、空軍和第二炮兵部份兵力以及
海上民兵參加，所實施的海上進攻作戰。在聯合作戰指揮下
在奪取戰役制空權的同時實施，利用綜合火力突擊，奪取戰
役制電磁權和制空權作戰的效果，其基本方式：[22]

1.海空封鎖：封鎖敵基地、港口或必經水域的方式，可限制
敵作戰海軍兵力機動的自由，使其無法有效利用預定的海
域，以奪取制海權、制空權。封鎖還可為爾後集中殲敵創
造條件。當採用封鎖敵駐泊地域方式時，必須注重進出水
道寬窄、航道數量、水深、流速等，以便利用這些條件實
施水雷封鎖。為防止敵掃雷和突破雷陣，通常在水雷封鎖
區附近配置一定數量的兵力，採取水雷封鎖與兵力封鎖相
結合的方式。[23]

2.襲擊敵基地、港口：當敵情、我情、海域自然地理條件都
具備襲擊條件時，宜採用襲敵基地、港口的方式。因敵在
戰役展開前其大部份兵力可能分別集結於各基地、港口或
前進基地內，此時敵目標相對集中，機動受限，利於我選
擇有利時機，出其不意實施集中突擊，一舉達成奪取制海
權目的。即使不能完成任務，也可打亂其作戰部署為爾後

---

[21] 高守維，＜聯合戰役空軍作使用問題初探＞，國防大學，*高技術條件下
聯合戰役與軍兵種作戰*（北京：國防大學出版社，1997 年 1 月），頁
180-184。

[22] 郁樹勝　主編，*論聯合戰役*，頁 211。

[23] 李明亮　著，*封鎖與反封鎖作戰*（北京：軍事科學出版社，2001 年 12
月），頁 174-177。

突擊創造有利條件。[24]

3.海上突擊：若敵制海、制空兵力編隊已在海上展開或兵力
疏散時，應抓住有利時機集中優勢力量對敵實施連續突
擊，大量殲滅敵有生戰力，是奪取制海權的主要作戰方式。
突擊孤立的、攻防能力強的敵艦編隊，應集中各種兵力形
成對敵優勢，採取一次集中突擊的方式，對敵實施合同突
擊，可充份發揮整體打擊火力。集中突擊是按海域或時間
進行協同，各艦隊兵力群在不同的海域對敵實施連續打擊
或從不同方向上以最短時間間隔對敵集中突擊。[25]

4.空中交戰：用空中方式奪取制空權，進而配合海上兵力奪
取制海權，及為保護岸上和海上目標突擊敵艦隊都需要展
開空中交戰。奪取制海權離不開空中交戰。空中交戰要以
陸地機場為平台依托，能一次投入較多的殲擊機部隊，造
成對空優勢。在聯合奪取制海權作戰中，通常把海空封鎖、
襲敵基地港口、突擊海上編隊、空中交戰等四種方式結合
使用，才能更有效地奪取制海權。[26]

（四）火力癱瘓作戰：聯合進攻火力癱瘓作戰，通常是在電磁打擊
奪取作戰制空與制海權同時或稍後，也就是在實施立體突破
之前。火力癱瘓作戰應集中運用空軍、陸軍、二炮部隊及海
軍遠程突擊力量和電子對抗力量，在統一計劃和指揮下，從

---

[24] 黃彬　主編，＜海上封鎖作戰指揮＞，國防大學，*十種作戰樣式的作戰
指揮*（北京：國防大學出版社，1997 年 6 月），頁 49-54。

[25] 楊玉書，＜試論聯合登陸戰役中奪取和保持制海權問題＞，國防大學，
高技術條件下戰役理論研究（北京：國防大學，1997 年 1 月），頁 186-192。

[26] 王永固，＜海上封鎖作戰問題探討＞，國防大學，*高技術條件下戰役理
論研究*（北京：國防大學，1997 年 1 月），頁 197-199。

空中、地面、及海上防禦之敵進行全縱深、多方向、有重點、高強度、多波次的綜合火力突擊。[27]

（五）聯合立體突破：突破是聯合進攻戰役主要作戰階段，也是最複雜、最關鍵階段的作戰行動。在有效地區奪取了局部制電磁權、制空權、制海權的基礎上，聯合戰役軍團應充份利用癱瘓作戰的效果，集中形成對敵壓到優勢力量實施突破打擊。突破樣式應根據具體地形和敵情而定，或採取一點突破、或採取鉗形突破、或採取多點突破。[28]

（六）聯合進攻作戰的合圍行動：突破與合圍是相輔相成的整體進攻作戰行動。如果說完成戰役突破是打開了進攻作戰勝利大門，完成作戰合圍才算是握住了聯合進攻作戰的勝券。一旦達成合圍就會對敵產生強烈地震憾，加速作戰的勝利。因此達成合圍之勢必須充份發揮迂迴、穿插、分割和戰場遮斷等各種戰法和手段，對防禦之敵達成合圍，方能迅速完成聯合進攻作戰任務。[29]

綜合前述，聯合進攻作戰，是諸軍種軍團為實現同一戰略或戰役目的，在聯合指揮機構統一計劃和指揮之下，在多維空間協調進行的以進攻行動為主的一體化戰役。共軍在聯合進攻作戰指導基本要求：整體作戰，合力制敵；充分準備，主動造勢；癱殲結合，先癱後殲；立體突破，全縱深打擊。聯合進攻作戰背景和

---

[27] 趙國強、馮新波，＜登陸戰役先期綜合火力突擊的火力運用問題＞，國防大學，*高技術條件下戰役理論研究*（北京：國防大學，1997 年 1 月），頁 266-267。

[28] 陳勇、徐國成、耿衛東　主編，*高技術條件下陸軍戰役學*（北京：軍事科學出版社，2003 年 3 月）頁 235-249。

[29] 陳勇、徐國成、耿衛東　主編，*高技術條件下陸軍戰役學*，頁 259-262，

戰役樣式有：島嶼進攻作戰、海空封鎖作戰、瀕海地區聯合進攻作戰、邊境地區反擊作戰。在作戰方式：奪取戰役電磁權、奪取戰役制空權、奪取戰役制海權、火力癱瘓作戰、聯合立體突破、聯合進攻作戰的合圍行動。

　　從戰爭全體而言，聯合進攻作戰是奪取戰爭勝利的主要戰役類型，聯合防禦作戰是奪取戰役勝利的輔助作戰類型。高技術局部戰爭下，進攻與防禦兩種作戰類型將結合的更為緊密，而攻防亦將因作戰情勢發展迅速轉換。[30]

第二節　聯合防禦戰役

　　防禦，是抗擊敵人進攻的作戰行動，是作戰的基本類型之一。防禦目的是阻止敵人進攻，殺傷消耗敵人，保存自己，爭取時間，輔助主要方向進攻或準備轉入進攻。[31]共軍聯合防禦作戰，是諸軍種軍團為達成同一戰略或戰役目的，在統一計劃和指揮之下，在多維空間協同進行的以防禦為主與攻勢行動緊密結合的一體化作戰。聯合防禦作戰的基本性質是消耗戰，基本要求是持久穩定；其目的是堅守住指定的地區，大量消耗敵人，保存自己，挫敗敵人的進攻，並為己方的反攻或進攻爭取時間或創造有利條件。[32]

　　高技術局部戰爭，聯合防禦戰役通常是抗擊敵局部入侵，挫敗敵軍事干涉或轉為聯合進攻作戰創造條件的重要作戰類型。共軍未來聯合防禦作戰將可能在島嶼海洋和瀕海地區、內陸邊境地

---

[30]　薛興林　主編，*戰役理論學習指南*，頁 198。
[31]　薛興林　主編，*戰役理論學習指南*（北京：國防大學出版社，2002 年 2 月），頁 401。
[32]　郁樹勝　主編，*論聯合戰役*（北京：國防大學出版社，1997 年 6 月），頁 193。

區等環境中實施。[33]因此，針對高技術局部戰爭中聯合作戰戰場特徵及對防禦作戰帶來的影響和變化，在聯合防禦作戰指導上主要表現在：

一、充份準備，快速反應

聯合防禦作戰的準備應在平時各項準備上的基礎上，有針對性與有重點地進行。要立足於最困難最複雜的情況，實施獨立作戰、多方向作戰、前後方同時作戰的準備，把準備基點放在應付可能出現的最壞的局面上。對全局影響最大的戰役主要方向和重點地區的作戰準備，同時兼顧縱深地區的作戰準備。在聯合防禦作戰中，面對敵突然襲擊，必須在充份準備的基礎上作到快速反應。因此，要根據聯合作戰指導原則速戰速決、快速反應，使其在敵突然襲擊面前，能夠拉得動、聯得上、合得成，達成整體快速反應。[34]

二、打藏結合，抗敵癱瘓

打藏結合是抗敵癱瘓的基本手段。所謂「打」，就是強調積極主動的先機打擊，破壞威脅生存的作戰手段和作戰能力，從根本上解除和削弱敵實施癱瘓打擊的威脅。因此，充份發揮偵察監視系統及時掌握敵發動進攻的徵侯，配合高技術武器和遠程打擊，力求於敵火力打擊之前，癱瘓敵火力突擊系統。所謂「藏」，要運用高技術方法為基礎作好戰役偽裝與欺騙，要以「動」求藏，實施廣泛機動，造成敵發現與攻擊的困難。只有積極主動，善於

---

[33] 高宇飆　主編，*聯合戰役學教程*（北京：軍事科學出版社，2001 年 8 月），頁 185。

[34] 黃彬　主編，＜邊境反擊作戰指揮＞，國防大學，*十種作戰樣式的作戰指揮*（北京：國防大學出版社，1997 年 6 月），頁 133-134。

先機制敵，藏打結合，快速機動，才能有效保存力量。[35]

三、集中力量，重點防禦

現代聯合防禦作戰要從被動中爭取主動，除強調充份準備和先機制敵外，另一就是集中力量，重點防禦：要在主要方向形成重點，要集中主要兵力，火力於主要防禦方向，以構成大縱深立體的部署。其次，要在防禦要點上形成重點，尤其是戰略、戰役要點，是整個防禦體系的支柱。再者，要在主要空域與海域形成重點，研判敵可能空襲的主要力向上，建立重點多層的反空襲作戰體系，對敵空襲編隊形成重點打擊，以奪取有效局部制空權。對敵登陸集團於可能的海上展開、換乘和向岸接近的海域、泊地，還以殲滅性的「半渡擊」。須更要掌握強大的機動力量，特別是在敵改變十要進攻方向時，迅速機動力量形成新的防禦重點，使聯合防禦進攻作戰始終與敵人進攻方向與重點形成針鋒相對之勢。[36]

四、多維布勢，全縱深抗擊

防禦的戰法和行動以進攻的戰法和行動為根據。從高技術局部戰爭進攻作戰呈現的特點而言，共軍在聯合作戰抗擊的將是高武器裝備的強敵，從地面、海上、空中、太空和正面、翼側、前沿、縱深同時實施的電磁、火力、兵力三位一體的突擊。所謂多維布勢，是在防禦作戰的全縱深進行陸、海、空、天、電五維空間的統一布勢，建立陸海空天電一體的防禦作戰體系。[37]

---

[35] 郁樹勝　主編，論聯合戰役，頁 224。

[36] 黃彬　主編，＜機動作戰指揮＞，國防大學，十種作戰樣式的作戰指揮（北京：國防大學出版社，1997 年 6 月），頁 133-134。

[37] 周曉宇、彭希文、安衛平　著，聯合作戰新論（北京：國防大學出版社，

五、守攻結合，以攻助守

聯合防禦作戰從總體而言是處於被動的地位，要從被動中爭取主動，必須強調守攻結合，以攻助守。使防禦成為「由巧妙地打擊組合的盾牌」。貫徹守攻結合，以攻助守的要點：在布勢上要建立攻守兼備的防禦部署，作到守有精兵、攻有拳頭；在手段上要靈活運用火力打擊、兵力突擊、電磁攻擊等多種手段；在時機上要審時度勢，既要善於利用堅守防衛作戰所創造的條件，亦要著眼於整個防禦穩固，使攻勢行動與防禦行動相輔相成。防禦穩固是攻勢行動的基礎，攻勢行動則須圍繞防禦堅守的目的。[38]

共軍未來的聯合防禦作戰可能在島嶼海洋和瀕海地區、內陸邊境地區等作戰環境中實施。共軍認為未來可能面臨的局部戰爭，及依據戰場環境、作戰對象和作戰性質不同，聯合防禦作戰樣式也會不同：

一、作戰背景和作戰樣式

島嶼海洋和瀕海地區聯合防禦作戰：根據戰場環境、作戰對象和作戰目的不同，島嶼海洋和瀕海地區聯合防禦作戰可分為抗登陸戰役、島嶼防禦戰役、珊瑚島礁及其周圍海域防禦戰役和海峽防禦戰役。抗（反）登陸戰役，是依托瀕海地區和近岸島嶼抗擊敵人渡海登陸和防禦戰役，主要是挫敗敵登陸企圖、保衛沿海重要地區和目標。大型抗登陸戰役通常包括反空襲、空中進攻、進攻敵海上兵力集團、海軍基地防禦、瀕海城市防禦等戰役行

2000 年 6 月），頁 141。

[38] 袁興華，＜對高技術條件下瀕海地區防衛作戰戰法的探討＞，國防大學，*高技術條件下戰役理論研究*（北京：國防大學出版社，1997 年 1 月），頁 382-390。

動。[39]內陸邊境地區聯合防禦作戰樣式，依據戰場條件和作戰對象不同，內陸邊境地區聯合防禦作戰可分為熱帶山岳叢林地區聯合防禦作戰、高原寒區聯合防禦作戰、荒漠草原地區聯合防禦作戰和北方山林地區聯合防禦作戰等作戰樣式。各種作戰樣式通常包括反空襲作戰、反空降作戰及戰役反擊等作戰行動。[40]反空襲作戰在高技術局部戰爭的聯合防禦作戰中，空中威脅空前增大。高技術進攻之敵以較大空中優勢可能企圖以空襲行動直接達成戰略目的。反空襲戰役將可能成為獨立的聯合防禦戰役樣式。共軍認為在未來的聯合防禦作戰中，無論在島嶼海洋和瀕海地區或是在內陸邊境地區，反空襲戰役都有可能成為獨立的聯合防禦作戰樣式。[41]

二、聯合防禦戰役作戰體系的建立

聯合防禦戰役作戰體系的建立，必須根據自身的特點和規律，立足於客觀的實際，把各軍種作戰力量與戰場環境有機地結合起來，充份利用本土作戰的有利條件，建立陸海空天電一體的，攻防兼備和全縱深立體的防禦作戰體系。作戰區域劃分是對各種作戰行動的區域進行的空間設計，作戰區域的劃分，應依據自身的特點和戰區地理環境等條件，針對敵人可能的進攻行動進行攻防一體作戰與部署。[42]

（一）太空防禦區：太空是指地球表面 120 公里以上，直至遙遠宇

---

[39] 高宇飆　主編，*聯合戰役學教程*，頁 185-186。

[40] 郁樹勝　主編，*論聯合戰役*，頁 227。

[41] 崔長琦　主編，*21 世紀空襲與反空襲*（北京：解放軍出版社，2003 年 1月），頁 164-168。

[42] 郁樹勝　主編，*論聯合戰役*，頁 227。

宙的區域空間，也稱外層空間。[43]太空防禦區，指的是在地球大氣層以外空間進行的以防禦為主要目的作戰空間領域。太空防禦作戰，主要包括兩個方面：一是反衛星作戰，它又包括衛星自身防禦與反衛星作戰系統；二是反彈道導彈。[44]

（二）聯合防空區：指的是在超低空至高空之間的空間內，以擊滅敵空襲為主要防禦目的而實施各種作戰行動的作戰區域。建立聯合防空區，將各軍種防空力量統一部署、協調使用，是高技術局部戰爭下反空襲作戰的必然條件。[45]聯合防空區域應建立以下作戰系統：1.完善的預警系統；2.靈活快捷的作戰系統；3.快速反應的防空武器系統；4.空中障礙配系統。[46]

（三）聯合攻擊區：是使用海、空軍及戰役戰術導彈部隊，對敵縱深實施火力打擊的作戰區域。聯合攻擊區的作戰，主要由攻勢行動組成，包括遠程火力突擊、空中戰役、海上戰役、破擊戰等。基本戰法是火力突擊和兵力、火力的破擊或襲擊。[47]

（四）聯合防禦區：是由陸、海、空、第二炮兵及其他作戰力量基礎上，在陸上、瀕海地區實施堅守作戰和機動作戰的主要地區，也是聯合防禦作戰的基本作戰區域。聯合防禦區是敵我雙方爭奪的主戰場，應進行全面周密地規劃。必須根據未來戰場"非綫式"形態的特點，依據戰役企圖，敵主要進攻特點和地形條件，在聯合防禦區內，建立區域式陣地。聯合防

---

[43] 李榮常、程健、鄭連青 編著，空天一體信息戰（北京：軍事科學出版社，2003 年 6 月），頁 7。

[44] 李大光 著，太空戰（北京：軍事學科出版社，2001 年 11 月），頁 199-203。

[45] 鄭申俠，＜聯合戰役空軍運用應把握的幾個問題＞，國防大學，高技術條件下戰役理論研究（北京：國防大學出版社，1997 年 1 月）104-105。

[46] 薛興林 主編，戰役理論學習指南，頁 410。

[47] 薛興林 主編，戰役理論學習指南，頁 411。

禦區通常以陸軍戰役集團軍的守備集團和機動集團為主空
制，海、空軍和第二炮兵按照統一計劃支援陸上作戰。[48]

（五）縱深抗擊區：縱深抗擊區是從聯合防禦區後沿至整個防禦地
幅後沿的廣大地區。縱深抗擊區它既是聯合防禦區作戰重要
的依托，又是抗敵縱深火力突擊的作戰地區，亦是隱蔽保存
力量、遏制敵縱深垂直突破或迂迴攻擊，確保聯合防禦作戰
體對縱深抗擊區的作戰與部署進行攻防一體的規劃，以適應
戰場的轉化，在大縱深、多方向上積極有效打擊敵人。[49]

上述五個作戰區域，是共軍聯合防禦作戰採取攻防一體的作
戰與部署，包含了諸軍種的作戰行動，是一個有側重又相互關聯
的作戰整體。其中，聯合防禦區是主體，縱深抗擊區是依托，聯
合攻擊區是前伸的利箭，聯合防空區是防禦的屏障，而太空防禦
區則是上述幾個作戰區域的有利保障。因此，共軍在籌劃和實施
五個作戰區域行動時，必須運用聯合作戰的體系，著眼於聯合防
禦戰役的總體要求和根本目的，系統地使用各作戰力量，最大限
度地發揮整體效能，使五個作戰區域的作戰緊密相聯，最後奪取
聯合防禦作戰的勝利。[50]

三、聯合防禦作戰樣式

高技術局部戰爭下的聯合防禦作戰，通常從反敵先期作戰開
始。先期作戰是進攻之敵對共軍聯合防禦體系實施立體突擊之前
實施的信息進攻、空中和海上襲擊與封鎖，預先火力突擊和掃除

---

[48] 郁樹勝　主編，論聯合戰役，頁 230。

[49] 展學習　主編，戰役學研究（北京：國防大學出版社，1997 年 6 月），
頁 232。

[50] 薛興林　主編，戰役理論學習指南，頁 411。

障礙等作戰行動。目的是奪取制信息權、制空權、制海權，削弱和癱瘓對方的能力，創造有利戰場態勢，為實施立體突擊創造條件。為打破進攻之敵先期作戰企圖，共軍要求聯合作戰指揮員須在反敵先期作戰階段組織反敵信息作戰、反空襲作戰、反封鎖作戰等作戰行動、反敵空降突擊和掃除障礙等作戰行動：[51]

（一）反敵信息作戰：進攻之敵為奪取聯合進攻作戰的信息優勢，通常要率先實施陸海空天的偵察、電子戰、作戰保密、戰役欺騙、心理戰和摧毀共軍 C⁴ISR 系統的信息進攻作戰。[52]為奪取和保持戰場信息主動權，戰役指揮員要協調諸軍種信息作戰力量，組織實施偵察與反偵察、干擾與反干擾、摧毀與反摧毀行動。[53]

（二）反空襲作戰：先期作戰階段，敵軍通常要集中使用空軍、海軍的高技術空中作戰力量，襲擊共軍偵察預警和指揮通信系統、防空兵陣地、戰略戰術導彈發射陣地、機場、港口、海軍基地和駐泊點、重兵集結地域、交通樞紐、後方基地和軍事工業設施，以奪取作戰區域的制空權和制海權，削弱和癱瘓防禦能力。[54]戰役指揮員須根據敵我雙方和戰場的實際環境組織各作戰集團協同實施防護、抗擊和反擊相結合的作戰行動，挫敗敵空襲企圖。[55]

（三）反敵海空封鎖作戰：在島嶼海洋和瀕海地區聯合防禦作戰中

[51] 高宇飆　主編，聯合戰役學教程，頁 204。

[52] 徐小岩　主編，信息作戰學（北京：解放軍出版社，2002 年 9 月），頁 14-19。

[53] 薛興林　主編，戰役理論學習指南，頁 446。

[54] 黃彬　主編，＜反空襲作戰指揮＞，國防大學，十種作戰樣式的作戰指揮（北京：國防大學出版社，1997 年 6 月），頁 27-29。

[55] 高宇飆　主編，聯合戰役學教程，頁 206。

進攻之敵在奪取制信息權、制空權和制海權的基礎上可能會以海空封鎖行動削弱共軍防禦能力。[56]當敵實施海空封鎖時，戰役指揮員要利用依托本土、近海作戰的有利條件，採取對稱打擊和不對稱打擊相結合的戰法，重點組織好作戰行動：1.以常規導彈突擊、潛艇伏擊、水雷阻滯和航空兵突擊與截擊行動，打擊敵海空封鎖作戰和保障兵力；2.堅守重要島嶼扼制的海上航道，限制敵海上活動範圍；3.保衛重要的海上和空中航線，保障航線的暢通；4.打擊敵布雷兵力，掃除重要航道和海域的敵布水雷。[57]

（四）反敵空降作戰：為支援和配合立體突擊作戰，敵軍通常要在超視距立體登陸或陸空一體化突擊的關鍵時刻在共戰役縱深的重要地區實施戰役空降，以配合登陸作戰和陸突擊作戰。為挫敗的之戰役空降企圖，戰役指揮員要加強對敵戰役空降動態的偵察，判明敵實施戰役空降的可能行動，籌劃反空降作戰方案，指揮各作戰軍團採取聯合行動，殲滅戰役空降之敵。[58]

（五）實施戰役反擊：戰役反擊是防禦作戰中全局性的攻勢行動。聯合防禦作戰的戰役反擊，通常是在戰役發展過程中出現了有利於我的作戰態勢或作戰力量對比發生了變化，為穩定和改善防禦態勢或徹底粉碎進攻行動而採取的決戰性的攻勢行動。其意義不僅關係到當前防禦作戰穩定與否，而且關係爾

---

[56] 李明亮　著，封鎖與反封鎖作戰（北京：軍事科學出版社，2001 年 12 月），業 151-155。

[57] 郁樹勝　主編，論聯合戰役，頁 238-243。

[58] 黃彬　主編，＜反空降作戰指揮＞，國防大學，十種作戰樣式的作戰指揮（北京：國防大學出版社，1997 年 6 月），頁 154-156。

後戰役主動權的得失，甚至可能影響到戰略全局。[59]根據作戰
背景和戰役樣式不同，聯合防禦作戰中的戰役反擊行動通常
有海空作戰反擊、陸海空作戰反擊和陸空作戰反擊等。海空
戰役反擊是島嶼海洋和瀕海地區聯合防禦作戰中，以空中反
擊行動為主對敵海空作戰兵力實施的戰役反擊。陸海空作戰
反擊是島嶼海洋和瀕海地區聯合防禦作戰從海上、空中及陸
地的敵軍實施的戰役反擊的行動。陸空戰役反擊是內陸邊境
地區聯合防禦作戰中對陸上入侵之敵實施的戰役突擊。[60]

聯合進攻作戰，是諸軍種軍團為實現同一戰略或戰役目的，
在聯合指揮機構統一計劃和指揮下，在多維空間協調進行的以進
攻行動為主的一體化作戰。聯合進攻作戰的作戰性質是殲滅戰，
其目的是殲滅敵人的有生力量，奪取戰略、戰役要地或重要目標。
聯合進攻作戰是高技術局部戰爭的基本戰役類型，也是共軍主要
的聯合作戰類型。而共軍聯合進攻戰役有島嶼封鎖戰役、島嶼進
攻戰役、邊境地區反擊戰役。聯合防禦作戰，是諸軍種軍團為達
成同一戰略或戰役目的，在統一計劃和指揮之下，在多維空間進
行的以防禦行動為主與攻勢行動緊密結合的一體化作戰。聯合防
禦作戰的基本性質是消耗戰，基本要持久穩定，其目的是堅決守
住指定的地區，大量消耗敵人保存自己，挫敗敵人的進攻，並為
己方的反攻或進攻爭取時間和創造有利條件。共軍聯合防禦作戰
有反空襲作戰、反敵登陸作戰、邊境反擊作戰及反空降作戰等。

聯合進攻與聯合防禦作戰指導原則，都圍繞著聯合作戰思
想。共軍聯合作戰是貫徹和具體表現在「整體作戰、重點打擊」

---

[59] 高宇飆　主編，*聯合戰役學教程*，頁 223。
[60] 高宇飆　主編，*聯合戰役學教程*，頁 224。

的作戰基本指導思想。以「知彼知己，力求主觀」指導符合客觀實際，與「消滅敵人，保存自己」等戰役一般基本法則，牢固確立合力制勝，整體制勝觀念。在戰場奪取制信息權、制空權與制海權的全空間主動權，並建立陸、海、空、天、電一體的作戰體系，集中精銳力量於作戰的主要方向、重要領域和關鍵時刻，綜合運用各種作戰方法和手段，對敵作戰體系中起支撐作用的要害目標實施重點打擊，破壞敵之整體結構，奪取作戰勝利。

第三節　中共聯合戰役的軍種作戰

聯合作戰力量是參加聯合作戰的諸軍種軍團的作戰力量的總和，是聯合作戰行動的主體。[61]共軍聯合作戰的力量結構可以從不同的角度加以區分。從軍種結構上區分，包括聯合作戰的陸軍、海軍、空軍戰役軍團，二炮部隊常規軍團，地方軍（兵）團，民兵武裝等；從編成規模和層次結構上區分，包括戰區聯合戰役力量和戰區方向級聯合作戰力量；從任務性質和職能結構上區分，包括戰役指揮力量、戰役作戰力量和戰役保障力量。[62]聯合作戰的主要力量編成是聯合作戰中的陸、海、空、二炮部隊的軍種作戰。[63]

一、聯合作戰海軍作戰

（一）海軍作戰指導思想

---

[61] 高宇飆　主編,*聯合戰役學教程*(北京:軍事科學出版社,2001 年 8 月),頁 96。

[62] 郁樹勝　主編,*論聯合戰役*(北京:國防大學出版社,1997 年 6 月),頁 75。

[63] 薛興林　主編,*戰役理論學習指南*(北京:國防大學,2002 年 2 月),頁 127。

聯合作戰海軍作戰思想指導，是聯合作戰海軍作戰指導規律的高度概括，是組織實施聯合作戰海軍作戰的基本依據。依據「積極防禦」的戰略方針，「近海防禦」的海軍戰略和「整體作戰、重點打擊」的戰役基本思想。著眼於中共海軍的客觀實際，針對聯合作戰海軍的特點和面臨的新問題，聯合作戰海軍作戰應遵循「積極進攻」、「近海作戰」、「整體作戰」、「機動作戰」的指導思想。[64]

1. 積極進攻：海軍兵力的機動性和進攻性特點，以及海戰場廣闊無垠無險可守的戰場環境，致使海軍作戰目的往往需要通過進攻手段，以毀傷敵艦船和其他戰役戰鬥方式來實現。進攻行動是取得戰場主動權的積極因素，在聯合作戰的海軍作戰中，積極地進行攻勢行動，既是要發揮海軍兵力特點所需要，亦是取得戰場主動權必須的，即使在防禦性作戰中，海軍也必須實施積極的進攻行動。[65]共軍聯合作戰的海軍作戰，積極進攻行動達成戰役目的的基本作戰方式是集中兵力打擊和小兵力群破襲。[66]

2. 近海作戰：是指在組織與實施聯合作戰海軍作戰時，要以第一島鏈為前沿的近海海域為主戰場。以便海軍作戰能依托島岸和充份利用海上預設戰場，占據地利，能及時得到其他軍兵種部隊和海上民兵及人民群眾的支援配合，實施多種力量一體作戰，能最大限度地發揮共軍海上兵力的特

---

[64] 國防大學，高技術條件下聯合作戰與軍兵種作戰（北京：國防大學出版社，1997 年 1 月），頁 157-159。

[65] 薛興林，主編，戰役理論學習指南，頁 136-137。

[66] 國防大學，高技術條件下聯合作戰與軍兵種作戰（北京：國防大學出版社，1997 年 1 月），頁 157-158。

長和作戰效能。「以己之長，擊敵之短」。[67]

3. 整體作戰：是指在組織與實施聯合作戰海軍作戰時，要緊跟於戰略意圖合聯合作戰目的，把各種作戰要素有機結合起來，融為一個緊密的聯系的整體，藉由整體作戰效能的發揮以奪取勝利。海軍整體作戰的有理布局，將海戰場縱向上的近岸、近海與遠海，橫向上的主要方向與次要方向，垂直向上的水面、水下、海底、空中，形成一個能相互配合、相互支援的一體化戰場的結構。把海上作戰形式的海上機動戰與游擊戰、近岸海域陣地戰；把聯合作戰類型的海上進攻作戰與海上防禦作戰；把作戰手段的硬殺傷，導彈戰、魚雷戰、水雷戰等與軟殺傷，電子戰、信息戰、心理戰等有機結合，形成一體化的作戰行動和整體打擊威力。[68]

4. 機動作戰：是指在組織與實施聯合作戰海上作戰時，要正確認識敵我雙方的客觀情況，以靈活機動的戰略戰術與進襲之敵進行作戰。首先，要以海上機動戰為主要作戰形式，通過快速機動，制敵機先；將優勢兵力前伸至戰役戰鬥的外線對敵實施速決的進攻戰。其次，要靈活而巧妙地運用謀略，善於以佯動偽裝等措施迷惑，擾亂敵人，抓住敵不意與行動失調之機對其實施奇攻。[69]

---

[67] 楊玉書，＜試論聯合登陸戰役中奪取和保持制海權問題＞，中共國防大學，*高技術條件下戰役理論研究*（北京：國防大學出版社，1997 年 1 月），頁 186-188。

[68] 薛興林，主編，*戰役理論學習指南*，頁 136。

[69] 黃彬　主編，＜機動作戰指揮＞，國防大學，*十種作戰樣式的作戰指揮*（北京：國防大學出版社，1997 年 6 月），頁 179-186。

綜合上述四個要點，反映了共軍聯合作戰海軍作戰指導思想的本質，是一個緊密聯繫的一體。「近海作戰」強調的是以第一島鏈為前沿的近海海域為主戰場，以占據地利；「整體作戰」強調的是作戰各要素的合理組合，形成整體戰力；「機動作戰」強調的是通過機動作戰與謀略的巧妙地結合運用，致使聯合作戰的海軍作戰效能充份發揮。[70]

（二）聯合作戰海軍作戰樣式

共軍聯合作戰海軍作戰主要作戰有，登陸、封島、抗敵海上方向局部入侵和瀕海地區攻防等戰役樣式，依照海上作戰對象不同，海軍作戰樣式可區分為以下幾種：

1. 襲岸作戰：襲岸作戰是以敵人的海軍基地、重要港口或岸上的戰略、戰役要點為主要作戰對象的海軍行動。使用的兵力主要是海軍突擊航空兵、彈道導彈潛艇，裝備有大口徑火炮的戰鬥艦參加。目的是削弱敵戰爭潛力或支援陸軍的重要戰役行動。襲岸作戰通常是登陸作戰或海上作戰的主要手段或途徑。[71]

2. 反艦作戰：反艦作戰是以敵水面戰鬥艦艇或艦艇編隊為主要作戰對象的海軍作戰行動。使用的兵主要是水面戰鬥艦艇、攻擊潛艇和海軍突擊航空兵，有時海軍岸防兵力也可參加。可採取襲擊、伏擊等戰法，以快制慢，以小制大，力求從多方向、多空間對敵實施聯合火力打擊，以削弱敵人的有生力量，打亂敵作戰企圖。反艦作戰通常是奪取制

---

[70] 薛興林　主編，戰役理論學習指南，頁 136。

[71] 靳懷鵬、張玉坤，＜聯合戰役海軍作戰問題初探＞，中共國防大學，高技術條件下聯合戰役與軍兵種作戰（北京：國防大學出版社，1997 年 1 月），頁 156。

海權作戰的主要手段與途徑。[72]

3. 反潛作戰：反潛作戰是以敵人的潛艇為主要作戰對象的海軍作戰行動。包括主動搜索和攻擊敵方潛艇，設置反潛障礙、反潛封鎖區，限制敵方潛艇活動，以及為防潛而採取的護航巡邏警戒等。使用的兵力主要是裝備有搜潛器材和反潛武器裝備的水面戰鬥艦艇、反潛潛艇和反潛航空兵。目的是消滅或削弱敵人的潛艦兵力並限制敵潛艇活動，或迫敵潛艇放棄其攻擊企圖。反潛作戰通常是反封鎖作戰的主要手段。[73]

4. 防空作戰：防空作戰是以敵空襲兵力兵器為主要作戰對象的海軍作戰行動。包括海上防空和基地、港口防空。使用的兵力主要有水面艦、殲擊航空兵、港岸防空兵力、島礁守備部隊等。防空作戰通常是奪取局部制空、制海權，保交護航作戰的主要對手段。[74]

5. 反水雷作戰：反水雷作戰是以敵人布設的各種水雷障礙為主要作戰對象的海軍作戰行動。包括阻止敵方布雷和適時掃除水雷障礙。使用的兵力主要是掃雷艇、獵雷艇、破雷艇和反水雷直升機，攜帶有深水炸彈的小型快艇也可參加。目的是保持己方海上航道的暢通或破壞敵布設的水雷障礙，為登陸輸送艦艇開闢通道。[75]

---

[72] 胡孝民、應甫成　主編，*聯合火力戰理論研究*（北京：國防大學出版社，2004 年 7 月），頁 69。

[73] 李明亮　主編，*封鎖與反封鎖作戰*（北京：軍事科學出版社，2001 年 12 月），頁 159-161。

[74] 靳懷鵬、張玉坤，前揭文，中共國防大學，前揭書，頁 156-157。

[75] 黃祖海，＜登陸戰役三軍聯合掃雷破障研究＞，中共國防大學，*高技術條件下聯合戰役與軍兵種作戰*（北京：國防大學出版社，1997 年 1 月），

　　聯合作戰海軍作戰，是聯合作戰中參戰的海軍力量在其軍種部隊及海上民兵的支援配合下，所進行的各種作戰行動的統稱，是聯合作戰的重要組成部份。海軍進攻作戰是海軍為實現聯合作戰的一定目的而主動進擊敵人的作戰。其目的是殲滅敵人的作戰力量，或奪占、控制某一具有重要意義的海（地）域，它是海軍作戰基本類型。海軍防禦作戰，是海軍為實現聯合作戰的一定目的而實施的抗擊敵人進攻的作戰。它是中共海軍作戰的基本類型，其具體目的是挫敗敵人的進攻，阻止敵海軍突入共軍控制的海域、水道或奪占控制的島嶼及海岸地段，保障共軍基地港口和其它戰略戰役目標的安全，並為爾後轉入進攻創造有利條件。[76]

二、聯合作戰空軍作戰

（一）空軍作戰指導思想

　　空軍作戰力量是以航空兵為主，主要遂行空中作戰和對空作戰任務的作戰力量。在聯合作戰中，空軍作戰力量是一支始終都不可或缺的重要力量，尤以高技術局部戰爭下，離開了空軍作戰力量的參加，任何樣式聯合作戰都無法取勝。因此，正確運用空軍作戰力量，是組織實施聯合作戰的關鍵。[77]

　　中共聯合作戰空軍作戰指導思想，是聯合空軍作戰指導規律的高概括和聯合作戰空軍作戰的基本依據，也是對參加的空軍部隊提出的要求。依據中共新時期軍事戰略方針、近期高技術局部

頁 442-445。

[76] 薛興林　主編，*戰役理論學習指南*（北京：國防大學出版社，2002 年 2 月），頁 133。

[77] 高宇飆　主編，*聯合戰役學教程*（北京：軍事科學出版社，2001 年 8 月），頁 111。

戰爭的實戰經驗與中共空軍的實際發展情況，置重點於聯合作戰全局，空軍作戰指導思想應該是「攻防兼顧、以攻為主」，「首當其衝，全程使用」，「重點制空」。[78]

1. 攻防兼顧，以攻為主：中共空軍是以航空兵為主體，輔以地面防空兵的軍種，具有空中進攻與地面防空兩種任務。在運用空軍時，首先要攻防兼顧，有效地遏制與打擊敵人可能的「先制」和「反制」。作戰中雙方空軍將攻守交替，反覆較量，掌握空優。因此必須重視攻與防的轉換。只思進攻不慮進攻，將導致嚴重損失和被動。同時，注重空中進攻作戰，創造制敵機先。[79]因此，攻防兼顧，以攻為主的核心是，制敵機先實施攻擊，爭取掌握局部空優；機動、重點部署防空兵力，削弱敵防空力量；保持戰力配合陸軍、海軍實施聯合作戰。[80]

2. 首當其衝：在聯合作戰的第一個階段或戰役一開始就大量使用空中力量，以積極的作戰行動，為聯合作戰全局爭取主動權創造有利條件。空軍具有高速機動、隱蔽突然和全縱深作戰的能力。在聯合作戰中常常成為作戰雙方首先使用的戰役力量，而且再作戰初期一般都有一個相對獨立的空中作戰階段。在這階段，當實施聯合進攻作戰時，首先要集中空軍力量，對敵縱深目標實施強大的空中突擊，奪

---

[78] 薛興林　主編，*戰役理論學習指南*（北京：國防大學出版社，2002 年 2 月），頁 144。

[79] 董文先，＜聯合作戰中的空軍運用＞，中共國防大學，*高技術條件下聯合戰役與軍兵種作戰*（北京：國防大學出版社，1997 年 1 月），頁 188。

[80] 戴金宇　主編，*空軍戰略學*（北京：國防大學出版社，1995 年 7 月），頁 77。

取戰役制空權，為爾後作戰環境創造條件。當實施聯合防禦作戰時，首先要集中空軍力量，抗擊大規模空中突擊，為掩護陸、海軍和第二炮兵的機動展開提供空中安全保障。因此，中共空軍在聯合作戰中的「首當其衝」，其成敗對聯合作戰的主動權將起重要甚至是打贏的關鍵作用。[81]

3. 全程使用：在聯合作戰中，中共空軍將按照一般規律和程序，形成自始至終、前後銜接和梯次有序的空中連續作戰。[82]首先，空軍應實施空中進攻和防空作戰，與敵人的空中的威脅進行堅決纏鬥，全過程地發揮掩護、防空作用，包括戰役準備階段的機動、展開，戰役實施階段的攻防行動等。其次，還要以積極支援行動，遂行航空偵察、直接航空火力支援、縱深空中突擊、空中運輸、空降、空中電子戰等任務。全程使用，充分了說明中共空軍在聯合作戰中的重要作用。[83]因此，戰役指揮員在使用空軍時，必須全面分析情況，既要考慮聯合作戰全過程的需要，又要考慮到空軍的作戰特性和實際情況，統籌計劃，統一安排，恰當地賦於空軍任務，合理區分使用空軍兵力，做到整體需要與臨時可能相結合。[84]

4. 重點制空：在聯合作戰中，要把奪取和保持制空權，掩護陸、海軍和二炮部隊重要目標與重要作戰行動的空中安

---

[81] 薛興林　主編，*戰役理論學習指南*，頁 144。

[82] 董文先，＜聯合作戰中的空軍運用＞，中共國防大學，*高技術條件下聯合戰役與軍兵種作戰*（北京：國防大學出版社，1997 年 1 月），頁 185。

[83] 喬清晨，＜空軍在聯合戰役中的運用＞，中共國防大學，*高技術條件下戰役理論研究*（北京：國防大學出版社，1997 年 1 月），頁 110-112。

[84] 黃彬　主編，＜聯合作戰指揮＞，國防大學，*十種作戰樣式的作戰指揮*（北京：國防大學出版社，1997 年 6 月），頁 279-281。

全，作為空軍兵力使用的重點。在聯合作戰中，能否取得
制空權，不僅決定著本身空軍有無行動自由權，而且決定
著己方整個陸、海軍有無行動自由。只有在奪取和保持作
戰行動的主動權，才能迅速地利用這種優勢在不同的戰場
上同時行動，以整體作戰力量打擊敵人，奪取戰役的勝利。
當然，空軍不僅要奪取制空權，亦要擔負突擊敵陸、海軍
目標，削弱甚至癱瘓敵作戰能力和直接支援陸、海軍行動
等任務。因此，奪取制空權的重要性，故要突出「制空」
的重點與關鍵。[85]

　　「攻防兼顧、以攻為主」，「首當其衝，全程使用」，「重點制
空」的指導思想是辯證統一的。「攻防兼顧、以攻為主」，不僅強
調空中主動出擊，亦要機動與重點防空。「首當其衝」，絕不是戰
役一開始就把空軍拼光用盡，只顧當前，不計爾後。「全程使用」，
絕不是沒有重點，平分兵力，而應在任何情況下，都要貫徹重點
用兵的原則，切忌分散兵力。「重點制空」，也不是不兼顧其他作
戰行動，以制空權代替一切，就必須考量統籌兼顧。因此，中共
聯合作戰的空軍作戰，是必須強調集中空軍兵力遂行相對獨立的
空中作戰任務，亦必須分配運用空中兵力用於以縱深打擊為主的
進攻行動及其他支援與保障的作戰行動。[86]

（二）聯合作戰的空軍作戰樣式

　　空軍作戰力量與其他軍種相比，最大特性在於機動速度快，

---

[85] 徐俊賓，＜空軍在聯合戰役中的運用＞，中共國防大學，*高技術條件下
聯合戰役與軍兵種作戰*（北京：國防大學出版社，1997 年 1 月），頁
178-179。

[86] 薛興林　主編，*戰役理論學習指南*，頁 145。

可以迅速集中和分散兵力，大速度、遠距離打擊敵戰役乃至戰略全縱深的目標。因此，依據空軍作戰力量的特性、能力，共軍聯合作戰的空軍作戰樣式：[87]

1. 空中威懾：軍事力量的運用包括實戰和威懾兩種形式。高技術局部戰爭軍事威懾具有越來越重要的作用。在不同力量的威懾中，由於空中力量威懾範圍廣，時效性強，威力大，使用靈活，顯示出空中威懾獨有的特色。空中力量可藉由在敏感地區集中優勢兵力，保持高度警戒，組織空中巡邏，參加聯合作戰演習，向對方表達意志和決心，對敵形成強大壓力，達到不戰而屈人之兵的目的。必要時通過建立空中「禁航區」或實施「外科手術式」空中打擊，達到軍事威懾效果。[88]

2. 空中進攻作戰：空軍是擅於進攻的軍種。空中進攻作戰可能產生決定性作用，在特定條件下可以直接達成國家的戰略目的。組織相對的獨立的空中進攻作戰：一是集中絕對優勢的空中力量，不僅是兵力數量的優勢，更重要的是火力的優勢，先機制敵作戰時機上的優勢和多軍兵種整體作戰力量結構優勢；二是統一使用各軍種航空兵、海基和陸基遠戰兵力進行大規模的聯合空襲；三是直接打擊敵作戰重心，首先爭奪包括制信息權、制空權、制海（地）權、制武器使用權在內的戰場控制權、戰略主動權、戰役制勝權，做到「首戰用我、用我必勝」。[89]

---

[87] 高宇飆 主編，*聯合戰役學教程*，頁111。

[88] 喬清晨，＜空軍在聯合戰役中的運用＞，中共國防大學，*高技術條件下戰役理論研究*（北京：國防大學出版社，1997年1月），頁112-113。

[89] 閻增福、田同順、鄭友太，＜空軍在聯合戰役中的作戰運用＞，*高技術*

3. 防空作戰：在空軍的作戰運用方式中，防空幾乎是與空中進攻同時產生的一種作戰方式。其與空中進攻作戰相輔相成，共同履行空軍的使命，完成賦於的作戰任務，是空中進攻並立的基本運用方式。防空作戰須建立積極的"攻勢防空"思想，突破軍兵種防空力量分割地帶的靜態綫式防空作戰模式，樹立區域聯合防空的基本樣式，創造與高技術戰爭特點相適應的空中多機種集群截擊，重視打空中預警指揮機、電戰機、空中加油機，對敵空中進攻作戰集群進行結構破壞及積極主動的外綫反擊作戰。[90]最大限度地做到，預先設防與待機出動相結合，攔敵於外層；一線展開，交錯配置，聯合火力銜接，擊敵於外層；彈炮結合，整體防禦，聯合殲敵，毀敵於內層。[91]

4. 海空封鎖作戰：海空封鎖是以海空力量為主體，在其他力量配合下，以海空戰場為依托，切斷敵方與外界的海空聯繫通道，切斷敵方岸（島）與外界的經濟、軍事聯繫，最大限度地孤困對方，迫使對方按照己方的意願行動的海空一體化封鎖作戰。[92]海空封鎖作戰所要達到的目的，可將封

條件下聯合戰役與軍兵種作戰（北京：國防大學出版社，1997 年 1 月），頁 194。

[90] 高守維，＜聯合戰役空軍作戰使用問題初探＞，中共國防大學，高技術條件下聯合戰役與軍兵種作戰（北京：國防大學出版社，1997 年 1 月），頁 183。

[91] 鄭申俠，＜聯合戰役空軍運用應著重把握的幾個問題＞，中共國防大學，高技術條件下戰役理論研究（北京：國防大學出版社，1997 年 1 月），頁 105。

[92] 閻增福、田同順、鄭友太，＜空軍在聯合戰役中的作戰運用＞，高技術條件下聯合戰役與軍兵種作戰（北京：國防大學出版社，1997 年 1 月），頁 195。

鎖規模劃分為戰略性封鎖和戰役性封鎖。戰略性封鎖，通常以封鎖敵方對外經濟往來，削弱其戰爭潛力，對敵方軍隊和民眾施加心理戰，迫使其屈服己方意志。戰役性封鎖，往往作為戰爭的一個相對獨立的階段，既可以作為戰爭第一個階段戰役行動首次使用，也可以在戰爭過程中實施。主要是以優勢的海空力量切斷對方與外界的海空聯繫，孤立對方的重兵集團、重要港口和城市，消耗敵軍的作戰實力和作戰潛力，為最終殲滅敵軍或迫其投降創造條件。[93]

5. 協同陸海軍登陸作戰：登陸作戰一般在奪取了局部制空、制海權後實施。協同陸、海軍登陸作戰，要始終堅持「全力掩護、重點支援、密切協同」的原則。一是保障陸、海軍兵力集結的制空安全。因此，要組織空中力量進行空域巡邏掩護，組織地面防空部隊嚴陣以待。二是積極組織航渡、上陸階段的空中掩護。使用空軍一定數量的轟炸、強擊兵力實施突擊壓制敵防空體系，奪取和保持航渡、登陸時海域的空中優勢。同時應組織殲擊航空兵部隊以間接掩護為主，靈活運用空中打擊、空域巡邏和伴隨掩護等方法，攔擊阻擊對登陸集團的敵機。三是適時進行空中火力準備和支援，須根據聯合作戰指揮員的意圖，在爭奪制空權、實施空中掩護的同時指定一定數量的轟炸、強擊兵力擔負航空火力準備和支援任務，突擊敵陣地和有生力量，孤立戰場，阻滯地面機動，增援登陸部隊搶灘、登陸及縱深作戰。[94]

---

93 李明亮　著，*封鎖與反封鎖作戰*（北京：軍事科學出版社，2001 年 12 月），頁 152-153。

94 高守維，＜聯合戰役空軍作戰使用問題初探＞，中共國防大學，*高技術條件下聯合戰役與軍兵種作戰*（北京：國防大學出版社，1997 年 1 月），

6. 空降作戰：聯合作戰中的空降作戰，是指空降兵或地面、海軍陸戰部隊藉由空中機動，以傘降或機降方式，直接抵達作戰地區，進行獨立作戰或配合主要戰場方向的作戰行動。空降作戰，主要是奪取具有決定性意義的目標，如戰役縱深內的重要目標或地區，突擊敵指揮控制中心、交通和通信樞紐、戰略戰役武器發射基地和後方供應基地等重要目標，奪取和控制機場、港口、登陸場，在敵側翼或後方配合正面戰場實施進攻作戰，割裂戰役布勢，合力圍殲敵人。[95]

中共聯合作戰空軍作戰，是聯合作戰中參戰的空軍力量在其他軍種部隊和人民防空力量的支援配合下進行的各種作戰行動的統稱，是聯合作戰的重要組成部份。空軍作戰可分為進攻性作戰和防禦性作戰。進攻作戰，是指空軍獨立或在其他軍種的協同配合下所實施的空襲和空戰行動。如空中進攻作戰、空降作戰、奪取制空權作戰、近距空中支援和縱深空中突擊等。防禦性作戰，是指空軍在其他軍種和人民防空力量協同配合實施的對空作戰和空中突擊行動。如防空作戰、空中掩護、反空襲作戰等。[96]不論進攻和防禦作戰指導原則，始終圍繞著「首當其衝、全程使用」，「突出重點，集中用兵」，「積極進攻，嚴密防護」，「揚長避短，整體作戰」的聯合作戰原則。[97]

頁 183-184。

[95] 徐俊實，＜空軍在聯合戰役中的運用＞，中共國防大學，*高技術條件下聯合戰役與軍兵種作戰*（北京：國防大學出版社，1997 年 1 月），頁 178-179。

[96] 薛興林　主編，*戰役理論學習指南*，頁 140-142。

[97] 高守維，＜聯合戰役空軍作戰使用問題初探＞，中共國防大學，*高技術*

三、聯合作戰陸軍作戰

（一）陸軍作戰指導思想

　　陸軍作戰力量是在陸上遂行戰役任務的軍種力量。在聯合作戰中，雖然陸軍作戰力量不像在傳統的合同作戰中那樣始終擔任主角，但仍然是其他任何軍種都無法替代的重要力量。陸軍作戰力量擁有適合於陸上機動的各類裝備，便於在陸上以多種方式實施不同距離的輸送、行軍、開進等，具有較強的地面機動能力，配備有適合於打擊地面目標的各類武器系統，與其他軍種相比，地面兵力突擊能力較強，火力打擊機動靈活，適應陸上作戰環境，具備各種複雜、惡劣條件下對各種目標實施多樣式攻防作戰的能力。[98]

　　聯合作戰的陸軍作戰，是雙方作戰系統之間整體較量，交戰雙方的作戰力量將高度濃縮在陸戰場上，展開激烈系統對抗。高技術局部戰爭下陸軍作戰，由於陸軍戰役軍團的火力、突擊力、機動力以及與其他軍種協同作戰能力已有很大提高，陸軍作戰為聯合作戰的重要組成部份，在戰役全局和全共成中占有十分突出地位，對聯合作戰目的的實現具有舉足輕重的作用。因此，聯合作戰陸軍作戰指導思想，是貫徹「整體作戰」、「重點打擊」、「縱深立體」。[99]

　　1.　整體作戰：通過通盤謀劃和精心佈局，把陸軍作戰力量、空間、時間、方式等制勝因素有機地結合起來，形成整體

　　　條件下聯合戰役與軍兵種作戰，頁 181-182。

[98]　高宇飆　主編，*聯合戰役學教程*，頁 108。

[99]　陳勇、徐國成、耿衛東　主編，*高技術條件下陸軍戰役學*（北京：軍事科學出版社，2003 年 3 月），頁 70

作戰合力，從破壞敵作戰體系的整體結構入手，揚己之長，擊敵之短，合力制敵。[100]首先，綜合運用各種力量：包括陸軍戰役軍團與支援作戰的各軍兵種力量密切協同，野戰軍團與地方武裝力量相互配合；高技術裝備與一般技術裝備結合，形成整體作戰的戰役力量結構體系。其次，綜合利用戰場空間：在打擊敵人一綫的同時，注重打擊敵人的縱深與後方，同時保護己方的戰役縱深和後方免遭敵人襲擊。在地面作戰的同時，注重對海、對空、對電磁領域的作戰，使各戰場、各空間、各領域有機結合，構成多維空間一體的戰場體系。三是綜合運用多種作戰形式和戰法。以機動戰為主要形式，輔之以必要的陣地，同時廣泛實施電子戰、網絡戰、火力戰、特種戰、游擊戰等，充分運用新的技術兵和手段打擊敵人，使有形打擊與無形打擊、硬打擊與軟殺傷、正規與非正規戰有機結合。[101]

2. 重點打擊：準確把握陸軍戰役目標、時機、力量、指揮協調等重點問題，以積極進攻和主動造勢的意識，注重打擊敵人作戰體系中的要害目標，將迅速癱瘓敵作戰體系作為戰役的重心和制勝的主要途徑。[102]正確選擇重點打擊目標，其核心是強調對敵作戰體系起維繫和支撐作用的要害目標實施決定性打擊，造成作戰體系的失衡乃至癱瘓。戰役與戰鬥之不同，在目標選擇上有較大的自主權。為此，應立

---

[100] 何滌清　主編，*戰役學教程*（北京：軍事科學出版社，2003 年 5 月 2 版），頁 138。

[101] 陳勇、徐國成、耿衛東　主編，*高技術條件下陸軍戰役學*，頁 116-117。

[102] 葉征　主編，*陸軍戰役學教程*（北京：軍事科學出版社，2001 年 3 月），頁 111。

足戰役全局，根據不同的戰場情況，準確定重點打擊目標，以收到攻其一點或一部，影響和震撼其餘的作用；從目標所處的空間而言，通常以敵之翼側、側後和後方作為重點打擊的部位，在正面的配合下，使敵腹背受擊、前後難顧；從目標系統構成，通常以敵指揮系統，主要部署和高技術武器的關節作為重點打擊目標，以獲取擊其一點而癱其全局的打擊效果；從目標對己方的威脅程度上看，通常優先打擊敵方對己方威脅最大目標。有重點地使用力量，是重點打擊思想對作戰力量使用的基本要求。只有對要害目標形成重錘猛擊之勢，才能迅速實現重點打擊目的，推動戰局發展。[103]

3. 縱深立體：縱深立體作戰是指交戰過程中，集中一切打擊力量對作戰布勢的全縱深實施多方向、多空間，全方位的打擊。高技術局部戰爭下聯合作戰，戰場全縱深各個環節和重點都可能遭受到火力打擊和兵力突擊，已不存在打不到或搆不著的目標和敵人。[104]縱深立體作戰，著重打敵要害，有效破壞敵整體作戰結構，迅速癱瘓敵作戰體系。高技術局部戰爭，陸軍作戰軍團的打擊手臂大大沿伸，前方與後方的界綫已被打破，層層推進的線性戰法已不符要求，對敵全縱深、全方位進行重點的有效打擊，可以使敵首尾難顧，前後吃緊，指揮失調，體系癱瘓。同時，強烈地震撼敵人，干擾和破壞敵戰役決心，致使敵完全改變戰

---

[103] 陳勇、徐國成、耿衛東　主編，*高技術條件下陸軍戰役學*，頁 118-119。
[104] 張立棟　著，*21 世紀陸軍*（北京：國防大學出版社，2001 年 3 月），頁 295。

略決心或者放棄軍事企圖。[105]

（二）聯合作戰的陸軍作戰樣式

陸軍作戰力量是實施陸上作戰的主要力量。根據中共陸軍戰役力量的作戰能力和特點，陸軍作戰在聯合戰役中的主要作戰樣式：[106]

1. 陣地進攻戰役：是中共陸軍戰役軍團對依托陣地進行防禦之實施的進攻戰役。當敵依托陣地防禦或固守某一陣地負隅頑抗時，中共陸軍戰役軍團為了達成戰役企圖，必須實施進攻。其進攻戰役的特點：[107]一是周密組織，充份準備：對陣地防禦之的進攻，每戰力求周密組織，充分準備。包括詳細查明敵情、地形等情況，找出敵要害及弱點及時下達戰役決心，周密制定戰役計劃和組織協同，全面組織戰役保障。二是建立縱深梯次的部署，保持攻擊能力。對陣地之敵進攻。為此，戰役軍團於戰役發起前，通常應根據敵情、地形和任務，區分為第一、第二梯隊和預備隊，必要時建立還可建立第三梯隊和快速應急機動突集群，以增強縱深梯次持續打擊力。三是集中絕對優勢兵力武器，確保一舉突破。高技術戰爭下，陣地進攻戰役集中絕對優勢的地面綜合壓制火力和空中突擊火力，使用於主要方向、主要時節和主要突破地段上。依據不同的情況，靈活運用鉗形突破、縱深合圍；並列突破，分割殲敵；一點突破，兩翼卷擊；多點突破，向心突擊；以及立體突破，全縱深

---

[105] 陳勇、徐國成、耿衛東　主編，*高技術條件下陸軍戰役學*，頁 133-134。
[106] 高宇飆　主編，*聯合戰役學教程*，頁 108。
[107] 陳勇、徐國成、耿衛東　主編，*高技術條件下陸軍戰役學*，頁 118-119。

同時攻擊。[108]

2. 登陸作戰：登陸戰役是指陸軍戰役軍團在聯合戰役軍團編成內或獨立對据守島嶼、海岸之敵實施的渡海進攻戰役。[109] 當抗登陸之敵据守島岸或海岸之敵負隅抵抗時，共軍戰役軍團在選擇其他進攻戰役樣式無法達成作戰企圖時，選擇強行登陸作戰。登陸戰役，具有進攻戰役的一般特點外，還具有明顯的兩棲和海戰性質。諸軍兵種聯合作戰的地位更加突出，對戰役的制信息權、制空、制海保障有著更為特殊的要求。[110]

3. 反登陸作戰：反登陸作戰是陸軍、海軍、空軍、二炮部隊編成的戰役軍團在地方部隊、武裝警察部隊及民兵配合支援下，依托瀕海地區或島嶼抗擊敵渡海登陸的防禦作戰。[111] 陸軍海岸防禦作戰，是陸軍戰役軍團在海岸地區依托既設陣地抗擊敵人登陸和著陸的防禦作戰。通常是登陸或抗登陸聯合作戰中的子戰役，以陸軍戰役軍團為主，在海空軍以及其他作戰力量的配合支援下組織實施。[112]中共面臨著18000公里的海岸線，沿海地區經濟發達，戰略地位重要，是敵人入侵的重要方向和地區。在這種情況下，反登陸作戰將不可避免，作為反登陸戰役組成的海岸防禦作戰，具有重要地位。[113]

---

[108] 何滌清　主編，戰役學教程，頁 152。

[109] 陳勇、徐國成、耿衛東　主編，高技術條件下陸軍戰役學，頁 232。

[110] 葉征　主編，陸軍戰役學教程（北京：軍事科學出版社，2001 年 3 月），頁 133。

[111] 薛興林　主編，戰役理論學習指南，頁 432。

[112] 陳勇、徐國成、耿衛東　主編，高技術條件下陸軍戰役學，頁 378。

[113] 葉征　主編，陸軍戰役學教程，頁 199。

　　中共聯合作戰的陸軍作戰，是貫徹「整體作戰，重點打擊」，「縱深立體」的指導思想。「整體作戰」著眼於戰役各要素的結合，形成戰役的合力與凝聚力；「重點打擊」則側重於戰役決策和戰役謀略的運用，強調戰役作戰中的重心思想和主動打擊；「縱深立體」反映高技術局部戰爭陸軍作戰在戰法的新趨勢，強調殲滅與癱瘓。綜合使用一切力量、手段與戰法，在戰役的全縱深、各階段，對敵實施全面、立體、有重點打擊，迅速達成戰役目的。[114]

四、聯合作戰第二炮兵作戰

（一）第二炮兵作戰指導思想

　　聯合作戰第二炮兵作戰，是指聯合作戰指揮機構的統一計劃、組織下，第二炮兵常規導彈力量與其他軍種力量協調實施的作戰行動。聯合作戰的第二炮兵作戰，其性質可分為核反擊戰役和常規導彈突擊戰役。[115]第二炮兵作戰力量是以彈導飛彈和巡弋飛彈為主要武器，遂行遠距離火力突擊的任務的軍種力量。第二炮兵作戰力量使用各種核導彈與常規導彈作戰，具有核反擊與常規導彈突擊能力，既能獨立實施核突擊和常規導彈突擊作戰，又能與其他軍種部隊聯合實施核突擊和常規導彈突擊作戰。[116] 依據中共新時期積極防禦的軍事戰略方針和聯合作戰指導原則「整體作戰，重點打擊」作戰思想，著眼於高技術局部戰爭導彈戰的特點與聯合作戰第二炮兵常規導彈作戰行動規律，為在聯合作戰中最大限度地發揮第二炮兵常規導彈部隊作戰效能，其指導思想是

---

[114] 何滌清　主編，*戰役學教程*，頁 95-96。
[115] 薛興林　主編，*戰役理論學習指南*，頁 148。
[116] 高宇飆　主編，聯合戰役學教程，頁 112-113。

「靈活機動,重點突擊」。[117]

1. 靈活機動:首先是指在聯合作戰中第二炮兵常規導彈部隊
   指揮員要在根據戰場情況的變化,審時度勢,靈活地運用
   導彈兵力、火力及戰法,從而創造有利時機與態勢,奪取
   戰場主動權。其次是指掌握時機地採取多種形式實施兵
   力、火力機動。靈活機動兵力,不僅有利於提高常規導彈
   部隊的生存能力,而且也是形成戰役布勢的重要手段。可
   充分發揮常規導彈射向變換靈活的技術優長,通過調整射
   向轉換目標,形成新的集火攻擊態勢。[118]

2. 重點突擊:是指常規導彈部隊在聯合作戰中擇敵要害,將
   全部或大部份火力集中使用於決定性時機和戰略、戰役主
   要方向的重點目標上。在局部空間、時間內形成火力優勢,
   達成預期的突擊效果。實施重點突擊多波次打擊,不僅能
   夠在總體上持續對敵施加壓力,有極高的軍事效益,而且
   能在政治上、心理上對敵產生巨大的威懾,有利於進攻作
   戰的速戰速決。[119]

(二)二炮部隊主要作戰行動

共軍在未來可能進行的陸上、海上、空中各種進攻作戰中,
二炮部隊可能參加的有空中進攻作戰、登陸作戰、城市進攻戰

---

[117] 薛興林　主編,戰役理論學習指南,頁 154。

[118] 張二旺,＜聯合作戰中常規導彈部隊作戰運用的幾個問題＞,中共國防
大學,高技術條件下戰役理論研究(北京:國防大學出版社,1997 年 1
月),頁 229。

[119] 王曉東、王向偉,＜導彈部隊在進攻戰役的運用問題＞,中共國防大學,
高技術條件下戰役理論研究(北京:國防大學出版社,1997 年 1 月),
頁 232。

役、陣地進攻作戰、空降作戰等。二炮常規導彈部隊作為一支使用靈活、射程遠、突擊力強的火力突集團，在各種不同的進攻作戰中將發揮重要的作用。

1. 空中進攻作戰：導彈部隊用以壓制、癱瘓，摧毀敵機場、導彈陣地、空防設施、指揮中心、交通樞紐等，配合空軍奪取制空權，完成敵縱深戰略、戰役目標的突擊。登陸作戰：導彈部隊用以摧毀敵機場、港口、重要集團和交通樞紐，保障登陸軍團順利開闢登陸場，完成登陸作戰。[120]

2. 城市進攻作戰：導彈部隊可摧毀敵指揮中心、重兵集團、後勤補給基地等，打擊敵城防體系，突擊城市內的軍事工業、基礎工業及城市建設，震撼瓦解敵士氣，削弱敵守城實力，迅速達成城市進攻作戰任務。

3. 陣地進攻作戰：導彈部隊可實施對敵縱深突擊，摧毀敵防禦陣地體系，對敵實施陣地進攻作戰。空降作戰：導彈部隊可突擊敵機場、攻擊直升機配置地域、防空體系及對共軍空降作戰有較大威脅目標，支援空軍和保持局部制空權，保障空降地域的安全及空降作戰的順利實行。[121]

「靈活機動」和「重點突擊」，從不同方面揭示了共軍二炮常規導彈部隊制勝的途徑。「靈活機動」強調兵力、火力及戰法的巧妙運用；「重點突擊」強調的是在火力指向上要注重系統破

---

[120] 于際訓、傅德權，＜登陸作戰常規導彈部隊的火力支援＞，中共國防大學，*高技術條件下聯合戰役與軍兵種作戰*（北京：國防大學出版社，1997年1月），頁 251-255。

[121] 王曉東、王向偉，＜導彈部隊在進攻戰役的運用問題＞，中共國防大學，*高技術條件下戰役理論研究*（北京：國防大學出版社，1997年1月），頁 232-233。

壞，打敵作戰體系中的要害關節。在聯合作戰中，中共二炮常規導彈部隊具有機動能力、遠戰能力、突防能力的優長，以靈活的指揮和快速機動為基本手段，集中火力，實施縱深突擊，以達成摧毀或壓制敵重要目標的戰役目的。[122]

第四節　聯合作戰保障

聯合作戰保障，是指參戰的諸軍種和其他各種保障力量，在聯合作戰指揮員及指揮機構的統一計劃和指揮下，對參戰部隊實施人力、財力、物力等一系列勤務保障。[123]主要包括有作戰保障、後勤保障、裝備技術保障等。戰役保障與作戰行動的主要區別是，它並不通過直接交戰殺傷和摧毀敵有生力量，並不直接達成戰役目的，而是增強己方戰役作戰能力來影響戰役的進程和結局。對於聯合作戰而言，整體綜合、協調有力的戰役保障成為聯合作戰的支柱之一，是諸軍種間實現一體化聯合作戰的「黏合濟」。[124]

一、聯合作戰保障特點

共軍未來實施聯合作戰，戰場空間範圍廣闊，參戰力量眾多，作戰類型和樣式複雜且轉換頻繁，整體性、協調性突出，致使聯合作戰保障產生了新特點：[125]

（一）作戰保障對象的多元性：高技術局部戰爭下共軍聯合作戰，將不再是單一軍種軍團的作戰，其戰役力量要素的構成，具

---

[122] 薛興林　主編，戰役理論學習指南，頁 154。

[123] 周曉宇、彭希文、安衛平　著，聯合作戰新論（北京：國防大學出版社，2000 年 6 月第 2 版），頁 276。

[124] 高宇颷　主編，聯合戰役學教程，頁 69-70。

[125] 周曉宇等著，聯合作戰新論，頁 276。

有明顯的多元性，呈現出力量眾多、結構複雜等特點。不僅
有正規軍團而且有地方部隊和廣大民兵；不僅是某一戰區的
現有力量，而且將集中抽調全軍的精銳力量；不僅有陸軍、
海軍和空軍，而且有第二炮兵和特種作戰部隊；每個軍種內
又有若干不同專業技術的兵種。這種戰役力量的多元構成決
定了作戰保障必須突破單一專向的保障模式。[126]

（二）作戰保障空間的多維性：軍事高科技的發展，極大地提高了
武器的打擊距離和能力，軍隊的戰場機動能力亦大大增強，
使得戰役戰場的空間範圍不斷地擴展，戰場的結構形態也發
生了急劇變化。戰場的構成由過去的陸海空三維戰場，發展
為陸海空天電多領域構成的戰場；綫式的戰場結構將被非綫
式的戰場結構取代，作戰行動將在戰場的全空間縱深同時展
開，陸海空天電磁各個戰場領域的緊密聯繫，在戰略、戰役
目的下形成了一個有機整體。作戰保障是為作戰行動服務。
從這個意義上說，中共未來聯合作戰的作戰保障，由過去的
陸海空三維戰場領域，擴展到陸海空天電多維戰場領域，保
障行動將在一體化的戰場全空間展開，具有明顯的多維性。[127]

（三）作戰保障系統受敵威脅的嚴重性：未來高技術局部戰爭下聯
合作戰，由於共軍與西方國家在武器裝備存在著優劣差和技
術差，作戰保障系統將受到高技術優勢之敵全時空、全方位、
多領域的威脅和破壞，作戰保障系統生存問題極為突出。[128]
首先，敵人廣泛應用全方位、全天候、大縱深、多層次的高

---

[126] 郁樹勝　主編，論聯合戰役（北京：國防大學出版社，1997 年 6 月），
頁 250。

[127] 薛興林　主編，戰役理論學習指南，頁 191。

[128] 郁樹勝　主編，論聯合戰役，頁 254。

技術立體偵察監視系統，進行全面的偵察監視，而共軍作戰保障系統的目標相對固定和明顯，傳統的隱蔽偽裝手段又難以奏效，被敵發現的概率將明顯增大。一旦被敵發現，就意味著被摧毀，戰場生存將受到嚴重威脅。[129]

其次，作戰保障系統將受到敵高精度、大威力、長時間、大規模綜合火力打擊的嚴重威脅。集中優勢的火力摧毀對方的偵察情報設施、交通設施和通信系統，使對方變成「瞎子」、「聾子」、「瘸子」，已成為戰役制勝的重要手段之一。[130]第一次波灣戰爭，以美國為首的多國部隊在 38 天的空襲中，首批突擊的重點目標就是伊拉克的指揮中心，對其機場、港口、鐵路、公路和橋樑等實施了高強度的持續打擊，使伊拉克的指揮通信和交通運輸遭到了嚴重破壞，幾乎陷入癱瘓。[131]因此，抵抗敵人的火力打擊，減少作戰保障系統的損失，提高生存能力，以適應高技術局部戰爭型態下聯合作戰行動的需要。[132]

二、聯合作戰保障的主要原則

高技術局部戰爭下聯合作戰，作戰保障發生了很大變化，努力提高綜合保障效益極為重要。共軍未來聯合作戰保障的主要原則主要有以下內涵：[133]

（一）通盤籌劃，嚴密組織：聯合戰役保障，涉及到參戰諸軍兵種各部隊，保障力量多元構成，保障內容繁雜，空間範圍廣闊

---

[129] 薛興林　主編，*戰役理論學習指南*，頁 193。

[130] 郁樹勝　主編，*論聯合戰役*，頁 254。

[131] 薛興林　主編，*戰役理論學習指南*，頁 193。

[132] 展學習　主編，*戰役學研究*（北京：國防大學出版社，1997 年 6 月），頁 326。

[133] 高宇飆　主編，*聯合戰役學教程*，頁 93。

且貫穿於戰役的全程，如果不能進行通盤籌劃和嚴密組織，就無法形成整體保障合力。要做到通盤籌劃，嚴密組織，關鍵是必須建立集中統一的保障指揮機構，以破除現行編制中諸軍兵種的保障自成體系。三軍一體聯合作戰保障機構，統一編組和使用作戰保障力量，統一擬制各項保障計劃，統一部署保障力量，統一區分諸軍種的保障任務，統一控制與協調各樣式保障行動，統一組織保障體系的防衛，使聯合作戰保障形成一個堅強有力的支援與供應體。[134]

（二）全面保障，突出重點：聯合作戰保障必須從各參戰的各軍兵種、各個系列子戰役、各個空間領域、各種作戰樣式、各類武器系統、各個作戰方向、各個作戰階段，以及各個作戰時節的需要著眼，關照到整個戰役系統的各方面，避免顧此失彼。因此，聯合作戰保障力量的配布須依據戰役任務，分清主次，有組織、有計劃地集中保障力量和保障方式，對戰役全局具有重大影響的主要軍種、主要作戰行動、主要戰場、主要作戰方向、重點作戰地區、關鍵作戰時刻以及重要武器系統等實施重點保障。[135]

（三）及時可靠，注重效益：這一原則是指各種保障措施與行動要有高度的時效性、獲取、傳遞與處理各種情報信息的速度要快，各種保障手段要穩定可靠，要確實有效，提供的情報要準確真實，各種偽裝要形象逼真。聯合作戰是一種多元化的系列戰役所組成的大型的戰役，戰役樣式構成複雜，轉換迅速，作戰節奏快；還由於戰役中偵察與反偵察、干擾與反干

---

[134] 展學習　主編，戰役學研究，頁 326-327。
[135] 郁樹勝　主編，論聯合戰役，頁 255-256。

擾、破壞與反破壞、欺騙與反欺騙等對抗激烈，帶給作戰保障的時效性與穩定可靠性提出了更高的要求。因此，建立多功能一體化的保障體系，相互構聯、相互作用、相互補強、功能兼備，形成一個有機有力整體；充分利用先進設備，以高速計算機，力求自動化處理與快速傳輸，最大限度地發揮保障力量與保障手段的及時快速與整體效益。[136]

（四）加強防衛，注重生存：生存與保障，是一個問題的兩個方面前者是條件是基礎，後者是目的是結果。沒有生存，保障則無從談起，生存成為爭取保障主動權的重要內容；受損的保障力量、被破壞的保障設施得不到及時恢復，持續不間斷的保障將成為空談。因此，增強保障系統的生存能力與再生能力，是組織實施聯合作戰保障核心問題。[137]加強防衛是提高生存能力的基本手段。戰役保障要把保障系統的防衛納入戰場整體防衛中，使保障部署與戰役布勢、保障行動與作戰行動相互照應，對重要的和相對固定的保障設施，如通信樞紐、高技術偵察監視裝備、交通幹線、機場等，實施重點防衛。防衛的措施手段應多樣靈活，如以藏求生存做到運用傳統藏的手段與廣泛運用技術手段，特別是高技術手段並存，儘量使重要保障設施地下、半地下化、偽裝化，以提高藏的效果；以打求生存既要組織一定的兵力火力，以主動打擊與被動打擊相結合，選擇對聯合作戰保障體系構成重大威脅的重點目標，給以硬破壞打擊與軟破壞殺傷。[138]

---

[136] 高宇飆　主編，聯合戰役學教程，頁 93-94。
[137] 郁樹勝　主編，論聯合戰役，頁 259-260。
[138] 薛興林　主編，戰役理論學習指南，頁 196。

三、聯合作戰保障

聯合作戰保障，是聯合作戰指揮機構統一籌劃組織，為遂行聯合作戰而採取的各項的保證性措施與進行的相應活動的統稱。主要包括作戰保障、後勤保障、裝備保障。[139]作戰保障的基本任是保障戰役指揮員及時下達作戰決心和實施不間斷的指揮，保障戰役軍團隱蔽、安全、順利地進行戰役準備和完成作戰任務。[140]

（一）作戰保障

作戰保障具有地位作用突出，保障內容多、任務艱巨、組織協調難度人、保障對抗激烈等特點。因此，聯合作戰指揮員應組織協調一切保障力量，實施整體保障；統一籌劃，全面整合，突出重點，集中主要力量完成主要保障任務；多種手段並用，提高保障效率；積極採取對抗相應手段，增強保障系統的生存能力。[141]

1. 偵察情報保障：是指聯合作戰軍團運用偵察情報力量獲取和提供有關作戰情報的活動。其主要任務是為作戰指揮和作戰行動，提供及時、準確的情報。

2. 通信保障：是指組織與運用各種通信裝備和手段，保障各種作戰信息傳輸的一切活動。基本任務是組織實施通信聯絡，保證作戰指揮、協同、後方傳輸的信息順暢。重點是保障作戰指揮。建立先進和力量強大的聯合作戰通信保障隊伍，綜合運用各種通信力量，保障擔負主要作戰任務的

---

[139] 何滌清　主編，*戰役學教程*（北京：軍事科學出版社，2003 年 5 月 2 版），頁 226。

[140] 展學習　著，*戰役學研究*，頁 324。

[141] 周曉宇、彭希文、安衛平　著，*聯合作戰新論*，頁 287。

部隊和重要作戰階段及關鍵行動的通信聯繫順暢。[142]

3. 工程保障：是指為保障作戰行動所採取的一切工程措施的總稱。其基本任務是建立和完善工程體系，保障作戰指揮的穩定和主要部署的安全。構建和維護道路、橋樑、港口、機場、碼頭等，保障部隊的順利機動；建立工程障礙體系，限制破壞敵人的機動；實施工程偽裝和給水保障。目的在於提高參戰力量的戰場生存能力、指揮效能及武器裝備的使用效能。[143]

4. 戰役偽裝：是指戰役軍團採取各種手段和措施，以欺騙迷惑敵人，隱蔽戰役企減少損失，達成戰役的突然性和奪取戰役的主動權。戰役偽裝的基本方法包括隱真與示假，運用高技術新進防光、紅外、雷達、雷射探測的偽裝遮障和偽裝誘耳與煙幕，使敵虛實難辨，以造成敵的錯覺與失誤。[144]

5. 氣象、水文保障：戰役氣象、水文保障的基本任務是準確、及時提共作戰地區的氣象、水文預報、情報與資料，保障戰役軍團正確利用氣象、水文條件，趨利避害，順利達成戰役作戰任務。氣象、水文儘管是作戰環境中最具有可變性的因素，但仍有規律可循。要準確掌握氣象、水文條件基礎上，善於利用氣象、水文的變化及影響誘導敵人，隱

---

[142] 何滌清　主編，*戰役學教程*（北京：軍事科學出版社，2003 年 5 月 2 版），頁 226-227。

[143] 唐立民、吳鳳明，＜建立聯合作戰工程保障理論體系＞，中共國防大學，*高技術條件下聯合戰役與軍兵種作戰*（北京：國防大學出版社，1997 年 1 月），頁 437-439。

[144] 譚茂球，＜高技術條件下聯合戰役偽裝問題初探＞，中共國防大學，*高技術條件下聯合戰役與軍兵種作戰*（北京：國防大學出版社，1997 年 1 月），頁 428-431。

蔽自己，出敵不意，爭取主動。[145]

6. 交通保障：是指戰役軍團為進行交通準備和保持、恢復、提高交通能力所採取的各種措施和進行的各種行動。其主要任務是加強作戰地區交通網的使用管理和搶修、搶建與防護，保障交通線暢通與運輸任務的完成。[146]其次戰場管理。戰場管理的基本任務是保障所屬部隊有條不紊，秩序井然地戰鬥、工作和生活，隱蔽戰役企圖，避免減少遭敵襲擊時造成的損失，提高戰役軍團的生存能力和保持持續戰鬥力，順利遂行作戰任務。[147]

（二）後勤保障：

後勤保障的根本職能是為參戰的人員和武器裝備系統提供直接或間接的物資保障。基本任務是充分發揮各種後勤力量的作用，從物資、經費、衛勤、交通運輸等方面，鞏固和增強部隊的作戰能力，保障作戰任務的完成。[148]

1. 物資保障：物資保障是軍用物資的籌措、儲備、補充與管理的統稱。主要包括彈藥、油料、給養、被服、器材等保障。高技術局部戰爭的物資需求量大，品種多，補給面廣，時限要求嚴，其保障程度不僅是衡量戰役準備的主要標誌之一，而且對戰役進程和結局有重大影響。因此，必須重視物資籌集、物資儲備、物資補充各環節的物資保障問題。[149]

---

[145] 展學習　主編，*戰役學研究*（北京：國防大學出版社，1997 年 6 月），頁 340-341。

[146] 何滌清　主編，*戰役學教程*，頁 227-228。

[147] 展學習　主編，*戰役學研究*，頁 343。

[148] 周曉宇、彭希文、安衛平　著，*聯合作戰新論*，頁 298。

[149] 黃成林，＜淺談戰略後勤對高技術條件下局部戰爭戰役的支援＞，中共

2. 衛勤保障：聯合作戰指揮機構組織衛勤力量，對傷病人員進行救護、醫療、後送與實施衛生防疫及衛生防護等活動。戰時衛勤保障的基本任務是，組織戰役後方的衛勤防護，對傷病人員進行救護、醫療、後送；實施衛生防疫和衛生防護，維護人員健康，鞏固和提高部隊戰鬥力。高技術局部戰爭，各種高技術武器綜合使用於戰場全縱深，可能在短時間內集中發生大量傷患人員，而且傷情嚴重，傷類複雜，分布面廣，致使醫療後送帶來很大問題。因此，組織與運用衛勤保障力量，快速救治與就醫，可確保有生戰力持續發揮。[150]

3. 運輸保障：聯合作戰運輸保障，是指組織與使用參戰運輸力量對作戰部隊機動、物資供應、傷病員及損壞裝備後送等行動。高技術局部戰爭下聯合作戰，部隊機動快速頻繁，前運後送任務繁重運輸量大，流動大、空間廣，交通運輸線易受敵嚴重威脅。運輸保障應充分發揮軍民整體保障力量的作用，組織陸上、水上、空中多管道運輸保障。[151]

4. 後勤防衛保障：為防止敵人和戰勝敵人對後勤目標的襲擊破壞所採取的警戒、防護措施和作戰行動。高技術局部戰爭，前方對後方的依賴性增大，後勤保障的地位益形重要，特別是超視距作戰手段的突出，敵人將加劇對後方的破壞，後勤防衛工作將在經常受敵威脅和與敵激烈的對抗中展開與進行。後勤防衛的基本任務是，加強後勤機關、部隊設施的隱蔽、偽裝和警戒，防止敵人地面、空中和海上偵察；開展反

國防大學，高技術條件下戰役理論研究（北京：國防大學出版社，1997年1月），頁436-439。

[150] 周曉宇、彭希文、安衛平　著，聯合作戰新論，頁302-303。

[151] 何滌清　主編，戰役學教程，頁230。

空襲、反空降、反坦克、反破壞作戰，積極打擊來犯之敵，
保障後勤人員、物資、裝備和設施的安全。[152]

（三）裝備保障：

　　裝備保障是為保障戰役軍團的武器裝備處於良好的技術狀
態下所進行的維護、保養、檢查、修理和改裝等勤務行動。裝備
保障的任務，是在戰略保障力量的支援下，統一計劃使用戰役編
成內的裝備保障力量和地方支前力量，實施裝備補充、裝備使用
管理、裝備修理和彈藥保障，保持和提高戰役軍團作戰能力，保
障戰役勝利。[153]

1. 裝備補充：對部隊所須武器裝備的儲備管理與供應。其主
   要目的是通過組織實施武器裝備的儲備與供應，保持和提
   高戰役軍團武器裝備的數量與質量水準。[154]
2. 裝備使用管理：是指對部隊使用的武器裝備所進行的技術
   檢查、維護與保管。主要任務是通過組織實施武器裝備的
   檢查、維護與保管，確保其正常發揮作戰效能。
3. 裝備修理：是指對部隊的武器裝備進行修理與改裝。主要
   目的是藉由組織實施武器裝備的修理與改裝，恢復與提高
   戰役軍團的作戰能力。
4. 彈藥保障：是指對部隊所需彈藥的儲備、供應與保存管理。
   其主要任務是通過組織實施各類彈藥的儲備、供應和管
   理，保障戰役軍團作戰順利進行。[155]

---

[152] 黃成林，＜淺談戰略後勤對高技術條件下局部戰爭戰役的支援＞，中共
國防大學，*高技術條件下戰役理論研究*（北京：國防大學出版社，1997
年1月），頁440-442。

[153] 周曉宇、彭希文、安衛平　著，*聯合作戰新論*，頁308-309。

[154] 展學習　主編，*戰役學研究*，頁356-358。

[155] 何滌清　主編，*戰役學教程*，頁233。

作戰保障體制，是保障體制、保障機制、保障制度的統稱。高技術局部戰爭下聯合作戰保障體制，是聯合作戰體制的重要組成部份，是為聯合作戰及其保障活動服務的。因此，應保持與作戰體制相適應，有利於保障活動的快速靈活、整體組織、密切協調、合成高效的原則建立。在高技術局部戰爭，由於聯合作戰樣式多樣與靈活，攻與防轉變迅速，所以建立後勤保障、物資保障、裝備保障不同類型的聯合保障體制，是打贏高技術局部戰爭所不可或缺的。[156]

綜合前述，中共聯合作戰原則，是聯合作戰行動所依據的基本準則，是聯合作戰規律的反映。共軍未來聯合作戰是貫徹和具體表現在「整體作戰、重點打擊」的作戰基本指導思想；以「知彼知己，力求主觀」的指導與符合客觀實際「消滅敵人，保存自己」的進攻與防禦作戰的基本法則。在戰場的全空間建立陸、海、空、天、電一體的作戰體系，集中精銳力量於作戰的主要方向、重要領域和關鍵時刻，綜合運用各種作戰方法和手段，對敵作戰體系中起支撐作用的要害目標實施重點打擊，破壞敵整體結構，奪取作戰勝利。[157]

作為聯合作戰體制的重要組成部份，是為聯合作戰及其保障行動服務後勤保障系統，在高技術局部戰爭裡，面臨著高消耗、高技術和敵人縱深打擊的多種複雜局面。因此，只有建構整體系統的聯勤保障，才能適應未來聯合作戰陸海空天電一體化的作戰保障與需求。[158]

---

[156] 周曉宇、彭希文、安衛平　著，*聯合作戰新論*，頁 312。

[157] 薛興林　主編，*戰役理論學習指南*，頁 101。

[158] 胡思遠，＜試析聯合戰役的基本特點＞，國防大學，*高技術條件下聯合戰役與軍兵種作戰*（北京：國防大學出版社，1997 年 1 月），頁 29。

第六章　聯合作戰建設－陸海空天電一體化

　　聯合作戰的基本特徵，是聯合作戰本質在其戰役力量、戰役空間、戰役行動及戰役指揮諸要素的具體表現，是現代聯合作戰都具有的共同點。在力量上呈現出諸軍種軍集團和其他各武裝力量多元組合融為一體的明顯特徵，並具有陸戰、海戰、空戰、特種作戰與信息戰等綜合能力。[1]在空間上，呈現多維立體的明顯特徵並具有陸戰、海戰、空戰、特種作戰與信息戰等綜合能力；[2]呈現多維立體的明顯特徵，戰場形態表現為陸、海、空、天、電磁「五維一體」。在行動上，呈現出多樣的明顯特性，包括軍種戰役作戰類型，多種作戰樣式和多種戰法手段，整個作戰是同時或是先後進行不同類型和樣式的相互關聯的一系列子戰役的總和。在聯合作戰指揮上，呈現出高度集中統一的明顯特徵，通常情況下由聯合指揮機構對整個戰役實施統一計劃、統一組織、統一協調控制。[3]

　　在選擇和創造戰場的基礎上，必須建立陸海空天電一體的作戰體系。這是近期幾場高技術局部戰爭下的作戰特點和發展趨勢，同樣是，中共在建立聯合作戰能力的基礎和必然要求。[4]聯合

---

[1] 連玉明　主編，*學習型軍隊*（北京：中國時代經濟出版社，2004 年 1 月），頁 524。

[2] 連玉明　主編，*學習型軍隊*，頁 525。

[3] 薛興林　主編，*戰役理論學習指南*（北京：國防大學出版社，2002 年 2 月），頁 91。

[4] 展學習，*論現代戰役特點*（北京：國防大學出版社，1997 年 1 月），頁 50-57

作戰體系主要包括：一、指揮體系；二、編制體系；三、武器裝備體系；四、聯合後勤體系。[5]

第一節　聯合作戰指揮

1939 年，毛澤東於中共抗日發展勢力時，指出：「指揮問題關係戰鬥勝負」。[6]高技術局部戰爭，勝敗的關鍵在很大程度上取決於指揮。聯合作戰，各種作戰力量，作戰方式能否「聯得起來」，協調一致地達成戰役目標，同樣取決於聯合作戰指揮。[7]

聯合作戰指揮，是聯合作戰指揮員及其指揮機構對參戰軍兵種戰役軍團（兵團）及其他戰役力量的聯合作戰行動的組織領導。按照中共《中國人民解放軍聯合戰役綱要》的規範，聯合作戰通常是在"聯合戰役指揮機構的統一指揮之下，由兩個以上的軍種的戰役軍團共同實施；有時也可以由兩個以上軍種的戰術兵團共同實施的作戰行動。[8]從定義與規範明確了聯合作戰指揮的行為主體，即聯合作戰指揮員及其指揮機構；二是明確了聯合作戰指揮的行為對象是諸軍兵種戰役軍團（兵團）及其他作戰力量的作戰行動。因此，在中共聯合作戰指揮是必須注重集中統一指揮，而不是分散多元指揮。[9]

---

[5]　薛興林　主編，戰役理論學習指南，頁 167。

[6]　軍事科學出版社、中央文獻出版社，毛澤東軍事文集第二卷（北京：新華社出版社，1993 年 12 月），頁 503。

[7]　黃彬　主編，十種作戰樣式的作戰指揮（北京：國防大學，1997 年 6 月），頁 266。

[8]　汪江淮、盧利華　主編，聯合戰役作戰指揮（北京：國防大學出版社，1999 年 3 月），頁 8-14。

[9]　薛興林、郁樹勝，＜對建立我軍聯合作戰指揮關係的構想＞，國防大學主編，高技術條件下聯合戰役與軍兵種作戰（北京：國防大學，1997 年

一、中共聯合作戰指揮體系

　　聯合作戰指揮體系，是指聯合作戰各級各類的有機整體。從戰爭實踐看，指揮體系是達成作戰目的，統一作戰意志、統一作戰行動的組織基礎。[10]從美軍情況看，長期以來聯合作戰指揮體系的結構形式多種多樣，自波灣戰爭以後逐步趨精簡層次，美軍通常根據作戰任務大小的分為三個層次：一是大型的戰區聯合司令部；二是中型的特種聯合司令部；三是小型的聯合部隊與聯合特遣部隊。[11]

　　根據中共未來可能的作戰任務與戰略環境而言，中共聯合作戰指揮體系大體可分為以下三種情況：一是大型（戰區）聯合作戰指揮體系，由三級作戰指揮機構組成，即聯合作戰指揮機構、軍種高級戰役軍團指揮機構或者戰役方向（區域）聯合作戰指揮機構——軍種基本戰役指揮機構；二是中型（戰區方向）聯合作戰指揮體系，由兩級作戰指揮機構組成，即聯合戰役指揮機構——軍種基本戰役軍團指揮機構；三是小型（集團軍級）聯合戰役體系，只建立一級聯合戰役指揮機構，直接指揮各軍種戰術兵團。[12]。

　　從戰爭的實踐而言，聯合作戰是否按照統一的意志協調一致地行動，在很大的程度上取決於指揮關係的建立，而指揮關係的

---

1 月），頁 92。
[10] 張培高　主編，*聯合戰役指揮教程*（北京：軍事科學出版社，2001 年 5 月），頁 22。
[11] 崔師增、王勇男　主編，*美軍聯合作戰*（北京：國防大學，1996 年 6 月），頁 60。
[12] 張培高　主編，*聯合戰役作戰指揮*（北京；軍事科學出版社，2001 年 5 月），頁 22-23。

是否順暢又與指揮的責任、權力是否一致密切相關。[13]在美軍的聯合作戰理論中所謂的指揮關係,是指揮官運用「作戰指揮」、「作戰控制」、「戰術控制」與「支援」四種權力履行職責。[14]

相對於中共聯合作戰指揮關係通常存在著四種基本關係型式:一是指揮與被指揮關係,即聯合戰役指揮機構與所屬部隊間,構成指揮與被指揮的關係;二是指導與被指導的關係,即聯合作戰指揮機構與在戰區內遂行其他任務的部隊間,構成指導與被指導的關係;三是支援與被支援的關係,即聯合作戰指揮機構與支援作戰部隊間構成支援與被支援的關係;四是控制與被控制的關係,即因任務的需要或臨時彈性調配與支援戰區遂行作戰任務的部隊,在戰區內的行動接受聯合作戰指揮機構的監督與協調。[15]

依中共國防法規定:「共軍總參謀部是中央軍委的軍事工作機關,是全國武裝力量軍事工作的領導機關。其基本任務是在中央軍委領導下,組織領導全國武裝力量的軍事建設,指揮全國武裝力量的軍事行動」[16]。這一規定表明,中共總參謀部既是中央軍委的參謀機構,又是全國武裝力量軍事工作的領導機關與指揮機關,是陸海空二炮的『總司令部』。因此,它對聯合戰役軍團

[13] 張可,<對建立聯合戰役一體化指揮體制問題的探討>,國防大學 主編,高技術條件下聯合戰役與軍兵種作戰(北京:國防大學,1997年1月),頁103-107。
[14] 崔師增、王勇男 主編,美軍聯合作戰,頁61。
[15] 王光宙 主編,作戰指揮學(北京:解放軍出版社,2003年5月三版),頁237-248。
[16] 「中共年報」編輯委員會,2001年中共年報上冊-第五篇 軍事 "Yearbook on Chinese Communist Studies"(台北:中共研究雜誌社,2001年6月),頁5-9。

具有按照統帥部（中央軍委與總參謀部的總稱）意圖實施指揮的權力。聯合戰役軍團指揮員及其指揮機關必須貫徹執行總參謀部的命令、指示及適時向總參謀部報告提出建議。[17]因此，戰區聯合作戰指揮部在統帥部的指揮下，在軍兵種率領機關的協調性支援之下，直接指揮戰區空軍、戰區海軍及第二炮兵部隊和方面軍或集團軍，並通過上述機構具體指揮所屬軍兵種部隊和地方武裝部隊，構成中共聯合作戰指揮關係與結構。[18]（如圖 6-1）。

二、中共聯合作戰指揮機構

聯合戰役指揮機構是指聯合戰役軍團為遂行戰役指揮任務而設立的各種指揮組織。聯合戰役指揮機構是聯合戰役的組織基礎。對於中共實際而言，聯合作戰指揮機構的編成與編組，缺乏實際的經驗。因此，須學習借鑒外軍的經驗與現代科學管理理論基礎上，進行編組。[19]並按照聯合、精幹、高效的要求，實現集中統一指揮，實現對諸軍兵種作戰行動的有效協調與控制，實現各種指揮信息的快速傳遞與反饋，並在最有利的戰機形成實際指揮能力。[20]

---

[17] 張培高　主編，*聯合戰役指揮教程*，頁 29。

[18] 薛興林、郁樹勝，＜對建立我軍聯合作戰指揮關係的構想＞，國防大學主編，*高技術條件下聯合戰役與軍兵種作戰*（北京：國防大學，1997 年 1 月），頁 93-94。

[19] 張培高　主編，*聯合戰役指揮教程*，頁 32。

[20] 汪江淮、盧利華　主編，*聯合戰役作戰指揮*，頁 90-93。

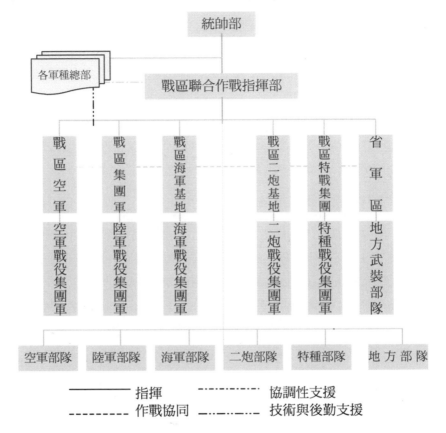

圖 6-1：中共聯合作戰指揮結構層次圖。
資料來源：郁樹勝，論聯合戰役（北京：國防大學，1997 年 6 月），頁
　　　　　103。

　　對於聯合作戰指揮機構的編成，依照共軍經驗而言，有四個
適應：「與作戰指揮任務相適應」，即打什麼仗建什麼指揮機構，
打多大的仗建多大的規模的指揮機構；「與指揮運動的內在規律
相適應」，即圍繞作戰指揮的基本順序與工作項目：「與部隊的作
戰編組相適應」，即以編成內各軍種部隊的編組為基本架構，確
定指揮機構設置和指揮自動化系統配置，形成上下左右互通兼容

的一體化的指揮體系；「與己有的指揮手段狀況相適應」即充分利用現有的裝備，著眼於傳統指揮手段與自動化系統的有機結合，以充分發揮現代化指揮方式的功用。同時，還應當遵循四項原則：

1. 與作戰體系相適應：即根據戰役編成和編組，確定指揮機構的種類、數量和結構，堅持「因事設人」，不搞「因人設事」。儘可能減少指揮層次。

2. 按需求設置機構：即打破平時「四大部」並行的模式，按照作戰指揮職能編組與指揮機構。

3. 根據需要確定部門及其職能：即根據戰役任務需要，確定各指揮所的內部構成，明確各業務部門的職責、權力和義務。

4. 諸軍兵種指揮與參謀人員混合編組：即指揮機構中的每一個職能部門，均應當由諸軍兵種參謀人員組成，部門領導的任用根據作戰任務的性質而定。[21]

　　從中共聯合作戰指揮機構原則與要求，並從實際的指揮需求出發，並按照諸軍種聯合、精幹、高效、有權威的要求確定其編組與編成。通常建立基本指揮所、預備指揮所及後方指揮所。基本指揮所是戰役的指揮核心，以上級指定的指揮員和指揮機關為主，與參戰各軍種指揮人員以及有關人員組成。[22]後方指揮所通常由一名戰役指揮員兼任指揮員，由參戰各軍種後勤、裝備部門以及地方支前機構有關人員組成。前進指揮所通常由基本指揮所臨時派出，其編組、人員依據任務需要而設。[23]

---

[21] 張培高　主編，*聯合戰役指揮教程*，頁 32-33。

[22] 王光宙　主編，*作戰指揮學*（北京：解放軍出版社，2003 年 5 月 3 版），頁 127。

[23] 薛興林　主編，*戰役理論學習指南*（北京：國防大學出版社，2002 年 1 月），頁 162。

　　基本指揮所，是中共聯合作戰指揮的核心。下設的指揮、情報、通信、信息對抗、防空作戰等 4 個中心。這 4 個中心是基本指揮所首長的參謀機構，負責就情報偵察、通信保障、信息作戰、防空火力運用等問題向首長提出意見和建議；同時又是聯合作戰軍團在情報偵察、通信偵察、信息對抗、防空火力運用方面的指揮機構，是有權按照聯合戰役軍團最高首長的意圖和決心， 統一組織指揮所屬部隊的情報偵察、通信保障、信息對抗、防空火力運用等。[24]依據聯合作戰指揮任務的需要，指揮中心設有 14 個部門：1.作戰計劃協調部門；2.火力計劃協調部門；3.作戰效能評估部門；4.信息安全部門；5.幹部組織部門；6.宣傳新聞管制部門；7.兵員計劃協調部門；8.作戰保障部門；9.指揮自動化系統計劃協調部門；10.戰爭法律部門；11.戰場管制部門；12.心理戰部門；13.聯絡小組；14.管理小組。[25]（附圖 6-2）

　　指揮機構是聯合作戰的靈魂與神經中樞，是確保部隊整體作戰效能得以有效發揮的主導因素。高技術局部戰爭中的作戰行動，強調以高技術武器裝備實施快節奏、全天候、全時程的連續攻擊，強調各種力量、各作戰方向、各軍種相互協調與互補，整體性和時效性特點十分突出。因此，精幹、合成、高效的編組指揮機構，靈活協調指揮方式，是取得聯合作戰「一錘定音」勝致的關鍵。[26]致勝的關鍵就是發展高技術局部戰爭的 C^4ISR——軍隊指揮自動化。

---

[24] 薛興林　主編，戰役理論學習指南，頁 163。
[25] 張培高　主編，聯合戰役指揮教程，頁 36-39。
[26] 劉雷波　主編，高技術條件下司令部工作簡論（北京：國防大學，1999年 7 月），頁 43。

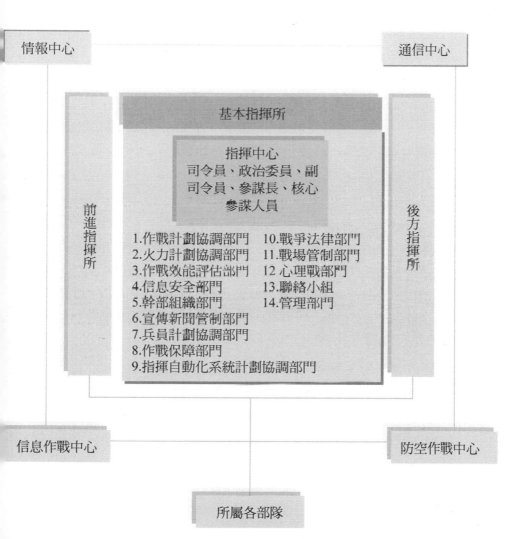

附圖 6-2：聯合作戰指揮軍團指揮機構編成、編組圖。
資料來源：張培高主編，聯合戰役指揮教程（北京：國防大學，2001 年
　　　　　5 月），頁 42。

三、聯合作戰指揮自動化系統

在科學技術相對落後的時代，指揮內容比較簡單，指揮手段比較單一，因而對指揮保障的要求並不突出。古代戰爭中，「白天信號旗，夜晚信號燈」的保障手段足以確保指揮的順暢，基本上能夠保障作戰指揮的進行。「技術決定戰術」。在高技術局部戰爭中，一方面大量高技術武器裝備應用於戰場，導致了戰爭規模的擴大，戰爭進程的加快，戰場信息量的劇增，高速運轉的現代信息化戰場要求作戰指揮必須實時、科學、高效、穩定，這在客觀上需要適時的信息、通信、技術和防衛等方面的保障；另一方面，C^3I 系統的應用給指揮手段的發展帶來了歷史性的變革。[27]

聯合作戰指揮自動化系統，是聯合作戰指揮不可缺少的物質基礎，也是確保指揮優勢的重要手段。[28]本節旨在說明中共聯合作戰指揮自動化系統的發展。因此，須先探討中共軍隊自動化的發展歷程，方能瞭解中共指揮自動化系統，進而探討聯合作戰指揮系統。[29]

指揮自動化與指揮自動化系統是研究中共指揮自動化的重要兩個基本概念。依據中共《中國軍事百科全書》的定義：軍隊指揮自動化是在軍隊指揮體系中，綜合運用以電子計算機技術為核心的現代科學技術與軍事科學，融合指揮、控制、通信、情報及電子對抗為一體，實現作戰信息採集、傳遞、處理自動化和決策方法科學化。在高技術局部戰爭中保障部隊實施高效指揮與控

---

[27] 劉雷波　主編，*高技術條件下司令部工作簡介*（北京：國防大學出版，1999 年 7 月），頁 4。

[28] 張培高　主編，*聯合戰役作戰指揮*，頁 44。

[29] 趙　捷　主編，*指揮自動化教程*（北京：軍事科學出版社，2001 年 10 月），頁 1。

制的一種主要手段。目的是提高軍隊指揮效能，最大限度地發揮部隊的戰鬥力。[30]

中共《指揮自動化條例》中的定義：是指在軍隊指揮體系中建立和運用指揮自動化系統，輔助指揮員與指揮機關實現科學、高效的指揮控制與管理活動。指揮自動化對於提高指揮效能，增強聯合作戰能力及信息作戰能力具有重要作用，是軍隊現代化建設的重要目標。[31]

（一）中共指揮自動化系統的發展

中共軍隊指揮自動化系統經幾十年的發展歷史，大體經歷了三個發展階段：

1. 單系統建設時期：在 20 世紀 50 年代末至 60 年代中，這一階段是指揮自動化系統建設的初創階段。例如美國最先建成使用的「賽其」半自動化防空指揮系統，是以應用計算機取代了人為作業，成為當時最先進的指揮自動化系統。這一階段相應時間 50 年代末至 70 年代末，是中共開始學習、摸索和試驗期。開始學習外國 C^3I 系統的概念、技術，摸索中國軍隊指揮自動化系統建設的方法、技術及途徑，試驗研制初級階段指揮自動化系統。[32]

2. 系統發展階段：20 世紀 60 年代末到 80 年代中，這段時期是指揮自動化系統全面發展的時期。主要表現在美國建成

---

[30] 劉桂芳、張健、陳鳳濱　主編，*高技術條件下的 C^4ISR──軍隊指揮自動化*（北京：國防大學出版社，2003 年 7 月），頁 2。

[31] 趙　捷　主編，*指揮自動化教程*（北京：軍事科學出版社，2001 年 10 月），頁 3。

[32] 劉桂芳、張健、陳鳳濱　主編，*高技術條件下的 C^4ISR──軍隊指揮自動化*（北京：國防大學出版社，2003 年 7 月），頁 5。

國家指揮級 C^3I 系統，各軍種也建立了諸軍種聯合及機動式的指揮自動化系統。如 E－3A 空中預警機、EC－130 戰場空中管制中心。進入 80 年代以後，則主要表現在系統性能和系統之間兼容性的提高。隨著以微電子技術與計算機為代表的信息技術的迅猛發展，及其在指揮控制、通信、情報等軍事領域的廣泛運用、作戰指揮自動化系統呈現了高技術的特點。[33]這一段時間，中共是以軍兵種獨立建設指揮自動化系統為特徵的階段。以雷達情報傳遞處理系統到具有指揮導引功能的戰術級指揮自動化系統，從辦公室自動化系統到指揮所作戰值班系統，從指揮所內部區域網路，建立了能在平時能擔負作戰值班任務的全軍指揮自動化系統。[34]

3. 系統成熟的階段：從 20 世紀 80 年代末到 90 年代出，為自動化成熟發展期。波灣戰爭後，高技術的特點與信息化為核心的指揮自動化系統建設，邁向一體化與太空化的發展，標誌著軍隊指揮自動化的內涵發生了革命性的變化。美國國防部於 1997 年，正式提出 C^4I 聯合指揮自動化體系的結構，將 C^4I 綜合了監視、偵察（ Surveillance, Reconnaissance）提出了 C^4ISR（指揮、管制、通信、情報、計算機、監視、偵察）。[35]這一時期，中共在自動化指揮系

---

[33] 劉桂芳、張健、陳鳳濱 主編，*高技術條件下的 C^4ISR——軍隊指揮自動化*，頁 5。1974 年，世界上第一台微型計算機問世，促進了戰術 C^3I 系統的發展。1977 年，美國國防部正式將指揮、控制、通信與情報，即 C^3 加上 Intelligence，稱為 C^3I。

[34] 趙 捷 主編，*指揮自動化教程*（北京：軍事科學出版社，2001 年 10 月），頁 18-19。

[35] 劉桂芳、張健、陳鳳濱 主編，*高技術條件下的 C^4ISR——軍隊指揮自*

統建設中，是以區域性軍兵種指揮自動化系統工程為標誌，軍隊指揮自動化系統建設逐步由單系統建設向「成線」、「成區域」的方向發展。已經建立或正在進行建設的代表性是陸軍集團軍，海、空軍區域性指揮化系統工程及機動式自動化指揮系統工程。[36]

　　1999 年 11 月，江澤民在全軍參謀長會議上指出：「我軍指動化建設起步較晚……我們必須大力發展指揮自動化系統，迎頭趕上世界先進水平」。從中共軍隊指揮自動化系統發展歷程而言及與西方的先進國家相比，可以說是仍有一段時代差的距離。因此，如何使指揮自動化系統能在以劣勝優裝備武器和總體技術地發展下急起直追，在最大限度裡發揮整體戰力，是中共打贏高技術局部戰爭，精進聯合作戰指揮體制，是亟須解決的重大問題。[37]

（二）中共指揮自動化系統分類與體系結構

　　指揮自動化系統是根據軍隊作戰任務、軍隊體制、作戰編成和指揮關係而組成的。自上而下，逐級開展，左右相互貫通，構成一個有機體。按軍種、指揮層次、用途和結構形式，中共指揮自動化系統有以下幾種不同的分類方法：

1. 按軍種分：指揮自動化系統按軍種可分為陸軍指揮自動化、海軍指揮自動化系統、空軍指揮自動化系統、二炮部

　　動化（北京：國防大學出版社，2003 年 7 月），頁 8。

[36] 趙　捷　主編，*指揮自動化教程*（北京：軍事科學出版社，2001 年 10 月），頁 19-20。

[37] 劉雷波　主編，*高技術條件下司令部工作簡介*（北京：國防大學出版，1999 年 7 月），頁 28-29。

隊指揮自動化。[38]

2. 按指揮層次分類：

(1) 戰略指揮自動化系統：戰略自動化系統是保障最高統帥部或各軍種遂行戰略指揮任務的指揮自動化系統，它包括國家軍事指揮中心、國防通信網、戰略情報系統等。

(2) 戰役指揮自動化系統：戰役自動化系統是保障遂行戰役指揮任務的指揮自動化系統，它包括戰區指揮自動化系統、陸、海、空軍戰役指揮自動化和戰略導彈部隊戰役指揮自動化系統等。

(3) 戰術指揮自動化系統：戰術指揮自動化是保障戰鬥指揮任務的指揮自動化系統，它包括陸軍師、旅（團）指揮自動化系統；海軍基地、艦艇支隊、海上編隊指揮自動化系統；空軍航空師（聯隊）、空降師（旅）指揮自動化系統。

(4) 作戰平台和單兵指揮自動化系統：作戰平台指揮自動化系統也稱武器控制系統，它不僅能夠控制戰車、戰機、艦艇戰役戰術武器，而且還能夠控制洲際飛彈，戰略轟炸機等單獨的戰略武器。[39]

3. 按用途分類：按用途可分為作戰指揮自動化系統、武器控制指揮自動化系統及後勤保障指揮自動化系統。（附圖 6-3）

4. 按結構形式分類：從系統結構而言，指揮自動化系統大體

---

[38] 曹建儒、趙捷主編，*信息時代軍隊指揮自動化*（北京：軍事科學出版，2002 年 7 月），頁 95。

[39] 曹建儒、趙捷 主編，*信息時代軍隊指揮自動化*（北京：軍事科學出版，2002 年 7 月），頁 96-97。

可分為兩類：一種是高度集中式的指揮自動化系統，如美國的「賽其」與日本的「巴其」系統等；另一種是分佈式指揮自動化系統。[40]

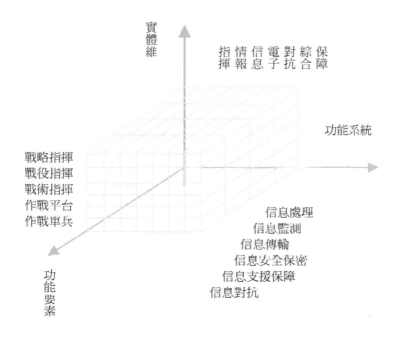

附圖 6-3：中共軍隊指揮自動化結構圖
資料來源：趙捷主編，指揮自動化教程（北京：軍事科學出版社，2001年 10 月），頁 36。

　　若干有關事務或概念互相聯系而構成一個整體稱之為體系；兩整體中各個組成部份的搭配和排列則稱之為結構。[41]指揮自動化系統是根據軍隊編制體制、作戰任務、作戰編成和指揮關

[40] 趙　捷　主編，*指揮自動化教程*（北京：軍事科學出版社，2001 年 10 月），頁 28-30。
[41] 曹建儒、趙捷　主編，*信息時代軍隊指揮自動化*，頁 102。

係構成的。這種結構能夠保障各級各類聯合作戰指揮和作戰協同，具有較好的整體性與較優的生存適應能力。從宏觀上看，各指揮自動化系統的有機結合是構成聯合作戰指揮重要條件。[42]

第二節　軍隊編制體系

一、精幹、合成、高效

作戰力量是進行聯合作戰最重要的物質基礎和制勝因素。近期幾場高技術局部戰爭的聯合作戰實踐表明，任何單一的軍種力量，都很難獨立達成作戰的總目的。必須依靠多軍種和其他各種武裝力量聯合作戰，優勢互補，發揮整體戰力制勝。[43]高技術局部戰爭中的C^4SIR系統具有在戰場空間獲取情報和實施聯合作戰指揮的能力，而聯合作戰力量是由多軍種或戰役集團軍構成的整體，且各軍種力量遂行作戰任務的空間不同，這就使得戰役戰場型態發生重大變化，戰場不在是「平面」、「綫式」和「單向縱深」的交戰地區的概念。[44]1991年波灣戰爭，電磁與網絡、太空戰場的登台，聯合作戰戰場空間的多維化趨勢，將突破傳統的陸海空三維的空間限制，朝向陸海空天電的多維空間戰場挺進。[45]

90年代以來，中共中央軍委明確提出：要把新時期軍事鬥爭

---

[42] 張培高　主編，*聯合戰役作戰指揮*，頁47。

[43] 郁樹勝　主編，*論聯合戰役*（北京：國防大學出版社，1997年6月），頁33。

[44] 王曉華、榮維良、曲順平，＜試析高技術局部戰爭聯合戰役戰場＞，國防大學，*高技術條件下戰役理論研究*（北京：國防大學出版社，1997年1月），頁140-144。

[45] 高宇飆　主編，*聯合戰役學教程*（北京：軍事科學出版社，2001年8月），頁54。

準備的基點，放在打贏現代高技術局部戰爭。[46]1987 年 8 月，中共總參頒發了《中國人民解放軍戰役學綱要》，提出陸海、陸空、海空和陸海空幾個軍種的聯合戰役概念。1997 年，國防大學編寫的《戰役學教程》將戰役區分為獨立戰役與聯合戰役兩大類，並對聯合戰役作了定性敘述。近年來，共軍聯合戰役理論的研究逐步轉向系統化，推出了理論與研究成果。[47]1999 年 1 月，中共軍委頒發《聯合作戰綱要》，首次以作戰法規的形式，統一中共聯合戰役的基本指導思想，即「整體作戰，重點打擊」。聯合作戰作為共軍未來戰役的主要型態。[48]

　　根據中共當前面臨的軍事鬥爭的形勢以及共軍未來可能面對的作戰任務，共軍未來聯合作戰的主要特點是：聯合作戰直接為戰爭全局目的和國家的政治、外交服務，具有鮮明的戰略性；戰役力量通常以諸軍種戰役軍團為主，與武裝警察部隊和民兵相配合，注重使用精銳；戰役戰場通常是陸海空天電一體多維空間戰場；集中使用高技術武器裝備，戰法多樣式；戰役行動以進攻為主，攻防結合緊密；戰役機動頻繁，不對稱作戰、信息作戰、反空襲作戰、特種作戰和遠距離火力戰貫穿戰役全過程；戰役消耗大，後勤保障任務艱巨。[49]建立聯合作戰指揮，統一指揮、靈活協調，將諸功能系統將作戰編制、陸海空天電作戰體系、信息作戰體系及聯合後勤體系有機地、巧妙地「聯合」起來。[50]

---

[46] 軍事科學院戰略科學研究部，*戰略學*（北京：軍事科學出版社，2001 年 10 月），頁 15。

[47] 薛興林　主編，*戰役理論學習指南*（北京：國防大學出版社，2001 年 11 月），頁 97-98。

[48] 高宇飈主編，*聯合戰役學教程*，頁 78-80。

[49] 高宇飈主編，*聯合戰役學教程*，頁 44-45。

[50] 郁樹勝　主編，*論聯合戰役*，頁 34-40。

凡兵，務精不務多。兵貴精，不貴多。[51]

軍隊編制體制是構成軍隊戰鬥力的基本要素之一，是軍隊編組和進行各種活動的組織基礎。[52]軍隊體制編制，包括體制和編制兩個方面的內容。軍隊體制是軍隊的基本組織結構，各級組織的職能劃分及其相互關係。軍隊編制是指軍隊各級各類建制單位的機構設置和人員、武器裝備編配的具體規定。現代軍隊通常由高級領導指揮機關和若干軍種、兵種組成，其整體結構按不同角度可區分為軍種結構，層次結構，和職能結構：[53]例如，陸海空二炮，總部、戰區、軍團，領導指揮系統、戰鬥部隊系統、後勤裝備保障系統等。但以領導指揮體制為軍隊體制編制的核心。[54]

中共總書紀江澤民在「十五大」政治報告中公開宣稱，今後三年軍隊將再裁減員額五十萬，並規劃「壓縮軍隊規模、理順編制體制」作法，提升聯合作戰指揮效能，以「精兵、合成、高效」為原則，改善部隊結構，強化質量建軍。[55]因此，未來中共軍事組織建設重點為：一、軍隊規模縮小，質量提高；二、聯合作戰指揮體制趨向精幹、高效的「扁平網絡化」結構；三、部隊編成趨向於一體化、多能化、小型化；四、軍隊後勤保障體制向軍民一體化、聯合保障；五、科技裝備管理體制向高度集中統一管理

[51] 中共中央毛澤東選集出版委員會，毛澤東選集第四卷（北京：人民出版社，1966年9月），頁1120

[52] 錢海皓 主編，軍隊組織編制學（北京：軍事科學出版社，2001年12月），頁125。

[53] 沈雪哉 主編，軍制學（北京：軍事科學出版社，2000年10月），頁298。

[54] 錢海皓 主編，軍隊組織編制學，頁142。

[55] 中共研究雜誌編委會 主編，1998年中共年報－第捌篇 跨世紀共軍現代化建設發展（台北：中共研究雜誌社，1998年7月），頁8-11。

體制發展。[56]

　　所謂「一體化」是指用一定的手段，使作戰單位橫向上結合得更加緊密，達到整體高度的協調，形成作戰合力。這要作到兩點：一是明確戰時關係：美國與其他西方國家採用「組合式」的方式，按不同的任務領域編組部隊。戰前就明確未來戰爭中遂行同種任務的不同軍、兵種的關係，平時各作戰單位按建制進行訓練和其他活動，而戰時按「編組預案」變成所需部隊。二是通過高技術手段使作戰力量融為一體，包括通信手段和武器裝備上制定統一的規格、標準，使其具備通用性。[57]

　　指揮體制趨向扁平網狀，指揮機構趨向精幹高效。改革指揮體制，力求將指揮體制由縱長型「樹狀」結構變為扁平「網狀」結構，減少指揮層次，簡化指揮環節，力求達到信息傳輸速度快，以適應高技術局部戰爭下信息戰的要求。隨著軍隊總體規模縮小、軍隊編制小型化和指揮方法的改進，必須達到：（一）減少層級指揮系統，減少指揮機構的數量，調整軍隊和機關的職能，撤併領領導機關指揮機構的數量；（二）精簡領導指揮機構：建立人機一體的指揮自動化系統，運用高技術的指揮手段取代部份機關工作人員，提高指揮效率，實現軍隊各級指揮機關精幹化。[58]

　　軍隊編制趨向一體化，多樣化和小型化，在於建立兵力結構高度合成的部隊，它與傳統合成軍隊相比，內部結構更緊密，整體作戰能力更強，且更便於實施統一指揮，其兵力結構將具有以

---

[56] 連玉明　主編，*學習型軍隊*（北京：中國時代經濟出版社，2004 年 1 月），頁 529。

[57] 高建亭　主編，*21 世紀數字化戰場建設*（北京：軍事誼文出版社，2000 年 5 月），頁 100。

[58] 連玉明　主編，*學習型軍隊*，頁 531。

下新特點：（一）強化了軍種合成。目前諸軍種自成一體的情況將有所改變，多軍種甚至全軍種混合編組的部隊正在籌劃。（二）軍種內部的合成向基層發展。陸軍合成到營以下單位，空軍到中隊，海軍到基層艦艇支隊，海軍陸戰隊到連以下分隊。其中，陸軍營以下單位在作戰中，將更多地混合編組機械化步兵、火炮、常規戰術導彈、攻擊直升機和運輸直升機以及其他分隊。（三）合成的方式更加靈活。靈活運用固定合成與彈性合成等方式，可根據任務隨時混編、改制，並可在遭受損失後「重組」。隨著武器效能和指揮領導的方式的改進，軍隊編制的多樣化、小型化的結構，具有反應快速、指揮靈便、作戰效率提高等特點，能執行多種作戰任務。實施軍隊編組多樣化、小型化的主要方法：一是全面裁編減員，在不降低作戰效能前提下，適度縮小軍隊總體規模；二是精簡各級部隊編制定額；三是簡化軍隊編制層次。[59]

2003 年 9 月 1 日，中共中央軍委主席江澤民出席國防科技大學建校五十週年時宣稱，共軍將在「九五」計畫期間裁減 50 萬員額的基礎上，於 2005 年在裁減 20 萬，集中戰略資源，推進軍事改革，達成「精兵、合成、高效」質量建軍目標。[60]

2003 年 9 月底至 10 月召開黨委會議，部署相關體制編制調整工作，策略是以「調整職能、精幹機構、明確職責、理順關係」及「減中理順、減中優化、減中建設」為重點，同時因應部隊合成、高效需求，改變傳統多層次樹狀結構之指揮體制，漸次減少指揮層次，朝向建立「扁平網絡式」指揮體制，以利集中統一指揮、管理保障，企求未來將結合軍兵種整編與武器發展，提升跨

---

[59] 連玉明　主編，*學習型軍隊*，頁 532-533。
[60] 牛力、邱桂金　主編，*國防與軍隊建設的科學指南*（北京：解放軍出版社，2004 年 1 月），頁 154

區協調、三軍聯合作戰及長距離奔襲機動作戰。[61]

一、此次裁減軍隊員額雖為 20 萬，惟裁撤軍官達 17 萬以
上，其中包括二百名將級軍官，佔裁軍員額八成以上，
與八五年裁軍百萬（軍官佔四成九、士官佔五成一）、
九七年裁軍五十萬（軍官佔四成、士兵佔六成）相較，
其比率超過近倍。

二、鑑於各軍區地緣政治差，作戰方式、武器裝備均已形成
獨具特點，七大軍區暫維持原建制，僅調整內部指揮機
構，精減首長指揮員和其他機關人員。

三、陸軍裁減三個集團軍，分別為「北京軍區」駐河北承德
24 集團軍、山西太原 63 集團軍，以及「瀋陽軍區」駐
哈爾濱 23 集團軍，另持續將師級部隊整編為旅。

四、海空軍精簡「軍級」建制，裁撤隸屬海軍第三艦隊的旅
順、葫蘆島、青島、舟山、福建、上海、廣州、湛江、
榆林等九個軍級海軍基地及空軍所屬空一軍（長春）、
空七軍（南寧）、空八軍（福州）、空九軍（烏魯木齊）、
空十軍（大同）等五個軍級領導機構，空降十五軍因作
戰特點及實戰需要將予保留，空降十六軍則緩建。海、
空軍「軍級」建制及基地裁撤後，已在原地設立指揮所，
屬正級單位。整編後，海軍艦隊直接指揮各水警區、支
隊、艦艇；各空軍師、旅和獨立團直接由軍區空軍聯繫，
以簡化指揮程序，並加強軍隊快速反應和機動能力。[62]

五、二炮部隊加速換裝及組建新的導彈旅，並原先四個研究

---

61 中共研究雜誌編委會 主編，*2001 年中共年報－第肆篇 軍事*（台北：
中共研究雜誌社，2001 年 6 月），頁 4-40。
62 中共研究雜誌編委會 主編，*2004 年中共年報－第肆篇 軍事*，頁 4-40。

所基礎上，於北京組建二炮裝備研究院，以整合相關研
究資源。空軍則整合二十多個師、團級科研機構，正式
組建空軍裝備研究院，以加速空軍武器裝備信息化發
展。海軍院校將於 2004 年進行調整。

六、總後勤部年度推動三軍聯勤制度，多數部隊就近保障，
並建立協調協作機制於聯合保障。各大軍醫院進行裁
併，第一軍醫大學和附屬南方醫院整體移交廣東省，位
於上海、重慶、西安的第二、三、四軍醫大學，則由軍
級降為師級；七大軍區，海、空、二炮各留下一所總醫
院，集團軍、師所屬的野戰醫院則合併。[63]

中共「解放軍報」報導，此次裁減員額係走中國特色的精兵
之路，是共軍建設的既定方針，亦是適應新軍事變革發展的趨
勢。當前隨著高技術的發展特別是信息化技術的發展，戰爭形態
正由機械化戰爭向信息化戰爭轉變；另中共軍科院亦表示，裁軍
將促成軍隊編制高度小型化、一體化和智能化，按系統集成及偵
察監視、指揮控制、精確打擊和支援保障四大作戰職能，建立「超
聯合」的一體化作戰部隊。[64]

二、聯合作戰力量編成

聯合作戰力量是參加聯合作戰力量各種作戰力量的總和，是
聯合作戰行動的主體。聯合作戰的力量編成，是指參戰各種作戰
力量的類型與規模。中共聯合作戰力量包括陸、海、空、第二炮

---

[63] 中共研究雜誌編委會　主編，*2004 年中共年報－第肆篇　軍事*，頁 4-41。
[64] 中共研究雜誌編委會　主編，*2004 年中共年報－第肆篇　軍事*，頁 4-41
～4-42。

兵及武警部隊和民兵力量。[65]

　　聯合作戰力量是一個大系統，其構成因素具有多樣性、複雜性與層次性。第一層次：人與武器既是構成聯合作戰力量的基本要素，又是孕含在聯合作戰力量內部最穩定的要素。人是作戰力量的首要要素，武器是作戰力量的重要要素。作戰力量是人與武器作用的統一，武器裝備通過人的作用轉化為戰鬥力。第二層次：從作戰力量的組織形式而言，作戰力量的外部形式體現在組織系統、兵員和武器裝備上。作戰力量正是人與武器優化組合而成的統一體，任何作戰力量均由組織系統、兵員和武器裝備構成。第三層次：從作戰力量的內在功能講，作戰力量是由情報能力、火力、機動力、突擊力各種作戰保障能力、後勤保障能力等眾多作戰能力的要素構成的。[66]

　　在研究聯合作戰力量編成，是尋求人與武器最佳組合形成強大戰鬥力。而戰役軍團是中共實施戰役的主要力量。因此，聯合作戰力量編成主要側重於戰役軍團的編組問題。[67]

一、中共聯合作戰力量以戰役軍團編成為主

　　從中共平時軍種部隊分和戰區的編成等實際出發，中共戰區聯合作戰的力量組成，基本上來源於戰區，部署在戰區的海、空及二炮部隊的作戰指揮屬該區，陸軍戰役集團由該戰區的建制內的合成集團軍組成。若該戰區的陸、海、空和第二炮兵力滿足不

---

[65] 高宇飆　主編，*聯合戰役學教程*（北京：軍事科學出版社，2001 年 8 月），頁 96。

[66] 展學習　主編，*戰役學研究*（北京：國防大學出版社，1997 年 6 月），頁 68。

[67] 郁樹勝　主編，*論聯合戰役*（北京：國防大學出版社，1997 年 6 月），頁 85。

了作戰需要，通常由統帥部從無戰事的戰區或隸屬於統帥部的部隊抽調力量，或由戰區向統帥部提出報告建議，由統帥部視情統籌解決。[68]戰區方向聯合作戰力量，通常由該戰區自行調整，若海、空軍和第二炮兵力量滿足不了作戰需要，可向統帥部提出報告建議，統帥部統一調整並命令有關部隊參戰。特殊條件下的方向級聯合作戰，如海空或海、空和第二炮兵聯合作戰，其指揮機構通常由有官軍種率領機關抽調人員組成，因此，方向級聯合作戰的力量構成，由聯合指揮機構向統帥部提出參加的軍種力量構成和來源的建議，統帥部根據情況決定各軍種參戰的部隊。[69]地方武裝和後勤力量的來源與構成，除戰區原建制內的除外，通常情況下由該戰區內的武裝警察部隊、預備役部隊、民兵組織、後勤單位、地方有關工廠和醫院等組成。後勤力量由戰區後勤統一組織，其餘力量由省軍區統一組織，包括動員組建與擴充。[70]

　　一般而言，無論是戰區聯合作戰或是戰區方向級聯合作戰，中共各軍種都可編成戰役軍團。通常情況下編為：陸軍戰役軍團、空軍戰役軍團、海軍戰役軍團、第二炮兵常規戰役軍團。除此應還編成組織地方武裝力量和後勤力量組織：

（一）陸軍戰役軍團：主要包括步兵、裝甲兵、炮兵、防空兵、陸軍航空兵、電子對抗兵、工程兵、通信兵、防化兵等兵種的兵團和分隊。每個合成集團軍可能編成步兵師（摩步師）3

---

[68] 薛興林　主編，戰役理論學習指南（北京：國防大學出版社，2002 年 2 月），頁 127。

[69] 薛興林　主編，戰役理論學習指南（北京：國防大學出版社，2002 年 2 月），頁 127。

[70] 郁樹勝　主編，論聯合戰役（北京：國防大學出版社，1997 年 6 月），頁 86-87。

～5 個、戰車師（旅）、炮兵師（旅）、防空旅、反坦克旅、工兵旅各 1～2 個，戰役戰術導彈旅、通信團、偵察營、電子對抗團、陸航大隊各 1 個，及各類保障部隊。[71]

（二）海軍戰役集團：一般包括潛艇部隊、水面艦艇部隊、海軍航空兵部隊、岸防部隊、海軍陸戰隊等兵團和專業部隊。通常按照海上作戰任務的需要靈活協調，涉及到兩個戰區的較大規模的聯合作戰的海軍戰役集團，將可能由兩個海軍艦隊力量為主組成。每個艦隊可轄海軍基地 2～3 個，艦隊航空兵和艦隊支隊 2～3 個，驅逐艦支隊、護衛艦支隊 1～2 個，1 個海軍陸戰隊和各種專業勤務部隊。[72]

（三）空軍戰役集團：一般包括航空兵、地空導彈部隊、高射炮兵、雷達兵、電子對抗兵、通信兵、空降兵等兵團和專業部隊。戰區聯合作戰的空軍戰役集團由戰區空軍和統帥部加強的空軍力量組合。可轄有 2～3 個空軍集團軍，也可能直轄若干航空師 2～4 個、殲擊轟炸航空兵、轟炸航空兵、強擊航空兵師各 1～2 個，運輸航空兵師、偵察航空兵團各 1 個，以及其他專業部隊和勤務保障部隊。

（四）第二炮兵常規戰役軍團：包括戰役戰術導彈兵、防空兵、通信兵、電子對抗兵、工程兵等兵種部位和專業部隊。戰區聯合作戰第二炮兵常規戰役軍團根據統帥部命令以 1～2 個導彈基地為主編成，通常 5～8 個導彈旅及其相適應的專業和技術保障部隊為主。[73]

（五）地方武裝力量：通常情況下由位於戰區（戰區方向）內的數

---

[71] 郁樹勝　主編，論聯合戰役，頁 88。

[72] 郁樹勝　主編，論聯合戰役，頁 88-89。

[73] 郁樹勝　主編，論聯合戰役，頁 89。

個省軍區（警備區、衛成區）武警統一編成。一般包括數個
海防師、預備役師、軍分區、武裝大隊以及民兵組織。預備
役師包括預備役步兵師、炮兵師和預備役高炮師。根據作戰
需要，有時預備役師經過擴充和臨戰訓練後編入陸軍戰役軍
團，實施正規作戰。[74]

（六）後勤力量：除各軍種戰役集團建制內的後勤力量外，戰區聯
合作戰的後勤力量還將包括戰區平時建制的 3～5 個後勤分
部、各 1～2 個後勤旅和後勤基地、1 個總醫院、地方支前力
量及其他分隊；戰區方向聯合作戰的後勤力量包括 2～3 個後
勤分部、後勤旅、後勤基地各 1 個，及地方支前力量和其他
部隊。[75]

二、聯合作戰軍種戰役軍團作戰主要任務

陸軍戰役軍團，是實施陸上作戰的主要力量，在聯合作戰中
可能擔負的主要任務是：在其他軍兵種的配合之下，組織實施陸
上各種類型的進攻和防禦戰役；驅逐、殲滅從海上、空中或陸地
入侵之敵；實施登陸作戰，消滅據守島嶼之敵；實施邊境地區陸
上攻防作戰；遂行空降作戰和特種作戰；支援配合海、空軍攻防
戰，協同其軍種奪取制空權、制海權和制信息權；協同第二炮兵
常規戰役軍團遂行導彈突擊作戰；組織實施陸上偵察、工程、通
信、防護、戰場管理等作戰保障和後勤保障及裝備保障。[76]

海軍戰役軍團，是聯合作戰中實施海上作戰的主要力量，其

---

[74] 薛興林　主編，*戰役理論學習指南*，頁 132。
[75] 郁樹勝　主編，*論聯合戰役*，頁 89。
[76] 陳勇、徐國成、耿衛東　主編，*高技術條件下陸軍戰役學*（北京：軍事
科學出版社，2003 年 3 月），36-38。

可能擔負的主要任務：實施海上偵察與反偵察；協同陸軍、空軍和第二炮兵常規戰役軍團進行反突襲、反封鎖和抗登陸作戰；單獨或在其他軍種的配合之下奪取局部制海權，組織實施海上戰役；實施海上運輸、輸送與保障；協同其他軍種奪取局部制空權、制信息權；支援配合陸、空軍在瀕海地區，以及對島嶼的攻防作戰；協同第二炮兵實施導彈突擊作戰。[77]

空軍戰役軍團，是實施空中和防空作戰的主要力量，在聯合作戰中所擔負的主要任務是：實施航空偵察、對空偵察與反偵察；單獨或在其他軍種和地方力量的支援配合之下，組織實施空中進攻作戰、防空作戰、奪取局部制空權；實施空降作戰和特種作戰；協同陸軍作戰軍團實施陸上（島上）攻防作戰；協同海軍戰役軍團奪取局部制海權，實施海上作戰和島嶼攻防作戰；協同第二炮兵常規戰役軍團實施導彈突擊作戰；與其他軍種協同奪取信息權。[78]

第二炮兵常規戰役軍團，是實施遠程火力突擊的主要力量，在聯合作戰中所擔負的任務是：單獨或在其軍種的支援配合之下，實施核反擊戰役和常規導彈突擊作戰任務；支援陸軍戰役軍團實施陸上戰役、登陸與反登陸作戰；參加奪取制海權作戰，支援海軍戰役軍團實施海上戰役；參加反空襲和爭奪制空權作戰，支援空軍戰役軍團實施空中進攻戰役和防空戰役；參加奪取制信

---

[77] 靳懷鵬、張玉坤，＜聯合戰役海軍作戰問題初探＞，國防大學，*高技術條件下聯合戰役與軍兵種作戰*（北京：國防大學出版社，1997 年 1 月），頁 153-158。

[78] 高守維，＜聯合戰役空軍作戰使用問題初探＞，國防大學，*高技術條件下聯合戰役與軍兵種作戰*（北京：國防大學出版社，1997 年 1 月），頁 180-184。

息權作戰，摧毀敵重要陸基和海上偵察監視平台。[79]

由於中共過去長期立足於國土防衛作戰，並受到海、空軍及二炮作戰能力的制約，戰區級或戰區方向級指揮機構還未形成高技術局部戰爭下聯合作戰指揮機構。而且，多年來，中共組織戰役行動，一直習慣於以陸軍為主進行協同，其他軍種指揮員往往處於為陸軍指揮員提供軍種使用建議的從屬地位。這種狀況顯然不能適應聯合作戰的需要，對於中共發展聯合作戰亦形成捉襟見肘的滯礙。

近期幾場高技術局部戰爭的實踐表明，任何單一的軍種力量都很難獨立達成戰役的目的，必須根據作戰任務、戰役企圖與需要，結合作戰樣式與戰役階段的變化，各軍種都可能擔綱「獨腳戲」的轉換。樹立以主要戰役軍團為重點，作戰力量的多元一體的聯合概念，並在聯合作戰指揮的統一指揮與靈活協調，方能將作戰能力與高技術武器裝備的整體作戰與重點打擊的作戰原則充分整合與發揮。這也是中共對未來聯合作戰的發展，必須從認識的「聯合」的必要性，提高為「聯合」的自覺性。[80]

第三節　武器裝備體系

鄧小平曾說：「過去也好，今天也好，將來也好，中國必須發展自己的高科技，在世界高科技領域占有一席之地。」[81]

軍事領域在當今世界的一個顯著特點，每當科學技術發生

---

[79] 薛興林　主編，戰役理論學習指南，頁 131。

[80] 連玉明　主編，學習型軍隊（北京：中國時代經濟出版社，2004 年 1 月），頁 524-526。

[81] 中共中央文獻研究室、軍事科學院　主編，鄧小平軍事文集（北京：新華社出版社，2004 年 1 月），頁 294。

「質的飛躍」，都必然推動人類社會發生變化，也會引發一場軍事變革。因此，技術革命是軍事變革的第一推動力。波灣戰爭被喻為「矽片打鋼鐵」，深刻揭示科技知識已成為戰爭勝負天平上的砝碼，也形象地說明以信息為技術核心的高技術在戰爭中發揮巨大效能。[82]

　　1993 年 1 月，中共中央軍委主席江澤民，在軍委擴大會議上強調，關於「新時期軍隊建設和軍事鬥爭準備，必須把國防科技發展和部隊武器裝備建設放在突出地位」。1995 年是中共依據新時期軍事戰略方針的要求，貫徹鄧小平新時期軍隊建設思想和江澤民」政治合格、軍事過硬、作風優良、紀律嚴明、保障有力」的總要求，全力抓好各項工作落實的一年，也是中共為落實十四屆四中全會完成三年訓改的重要一年，亦是「八五」計劃國防建設重點。[83]

　　1995 年 11 月，中共劉華清強調，今後五年是國防科技和武器裝備發展的關鍵時期，要實現國防科技大跨度發展，必須作到五個方面的工作：即瞄準世界高新技術，有針對性的開展國防科技預研、加強預研成果的推廣運用；使其盡快轉化成為實現生產力與戰鬥力，突破嚴重制約國防科技和武器裝備發展的關鍵技術；帶動國防科研整體水準的提高，加快重點實驗建設，做好工廠和科研院的技術改造，逐步形成一批研製高技術武器裝備的基地。其次，著眼於提升高技術局部戰爭的作戰能力，完成新一代訓練大綱、教材、標準的編寫論證，加強模擬訓練和基地訓練途徑，積極實現三年訓練改革目標，同時加強高新武器研發、採構

---

[82] 連玉明　主編，*學習型軍隊*，頁 511-512。

[83] 中共研究雜誌編委會　主編，*1996 年中共年報－第柒篇　中共國防現代化建設及其影響*（台北：中共研究雜誌社，1996 年 6 月），頁 7-24。

及預備部隊力量的增強，其重點可概述如下：

一、在部隊訓練改革方面：中共總參謀部於 1995 年軍事訓練目標，要求重點：加大訓練改革的力度與深度，以消腫為突破口，建立科學合理的編制體制，將人與武器有機的融為一體，為提高共軍打贏高技術局部戰爭能力奠定基礎。依據《軍事訓練大綱》積極進行陸、海、空「合同戰術演練」層次之訓練活動，並研編聯合作戰理論及實證探討。[84]

二、在增加國防預算及軍隊現代化武器裝備更新：1995 年中共第八屆「人大」二次會議通過財政部所提預決算編列之「國防費」預算為六百五十七億元人民幣，佔財政總預算百分之十點四三，較 1994 年大幅增長百分之二十點六，這也是中共連續兩年國防開支增長幅度超過百分之二十，顯示中共加強對軍隊現代化之決心。

三、中共在武器裝備更新方面：中共軍委主席江澤民於 1993 年 4 月 30 日視察共軍「軍事科學院」時，指出：「歷次局部戰爭特別是波灣戰爭已成高技術局部戰爭，是立體戰、電子戰、導彈戰，落後意味著挨打。共軍建設要走『科技強軍之路』。」強調高技術局部戰爭已改變作戰型態，因此提高共軍高科技軍備已成為重要的戰略任務，並針對各軍、兵種遂行高技術局部戰爭的作戰特點，逐步發展出相適應的武器裝備：

（一）陸軍方面：共軍於 1985 年「精簡整編」工作基本完成以後，

---

[84] 中共研究雜誌編委會　主編，*1996 年中共年報－第柒篇　中共國防現代化建設及其影響*（台北：中共研究雜誌社，1996 年 6 月），頁 7-2。

1993 年至 1995 年完成三年訓練改革，並以 2000 年為目標，提出陸軍發展重點，以提升野戰防空、機動突擊、地面火力交戰、戰鬥保障能力為重點，著眼於「小打有把握、中打有條件、大打有基礎」，定其上限：「以絕對優勢打勝小規模戰爭」；下限為：「以相對優勢或均勢遏止中等規模局部戰爭爆發」為原則，來改進及研發陸軍武器裝備，其建設重點：

1. 主戰戰車（MBT）：研製成「T－85II」式主力坦克，其性能達俄製「T－72 或 T－82」戰車的水平。同時中共亦自俄羅斯引進「T－82U」型戰車，該戰車可發射小型飛彈；另中共新研製成「T－90」、「T90－II」式戰車，配備有雷射測距儀、火炮穩定器及自動滅火　系統，並具有三防（防火、防毒、防核）能力。[85]

2. 野戰防空武器：1991 年，向俄羅斯購得 4 至 6 套 S-300PMU 防空飛彈系統（48 至 72 枚）；1994 年，再向俄羅斯添購 120 枚防空飛彈，部署在北京京畿地區與重要空軍基地。[86]另配合紅旗九型（HQ－9）防空飛彈、「FM－80」防空飛彈及「紅纓－5A」、「紅纓－6」型及「QW－1」等系列單兵防空飛彈所構成防空網。[87]

3. 火炮：火炮向來是中共解放軍的主要武器。兩種最新式的

[85] 中共研究雜誌編委會　主編，*1996 年中共年報－第柒篇　中共國防現代化建設及其影響*，頁 7-26。

[86] Richard D. Fisher, Jr, ＜中共外購武器裝備與解放軍現代化＞，　James R. Lilley and David Shambaugh, 國防部史政編譯局　譯印，*軍的未來 Chinas Military Faces the Future,*（台北：國防部史政編譯局，2000 年 8 月），頁 209-210。

[87] 中共研究雜誌編委會　主編，*1996 年中共年報－第柒篇　中共國防現代化建設及其影響*，頁 7-26。

火炮為 155 公釐和 203 公釐自走榴彈炮，以每分鐘 4 至 5
發的發射，可獲得相當準的射擊效果。[88]WS－1B 世界射程
最遠多管火箭炮，可配備高爆彈、燃燒彈、子母彈等，射
程可達 180-200 公里。[89]

（二）海軍方面：以「導彈化、電子化、指揮自動化」為建設要求。
中共海軍為因應「近海防禦」戰略與建立遠洋海軍兵力的政
策，著重研發建造具有中、遠洋作戰能力之新型艦艇、大型
後勤補給艦、核動力攻擊潛艦及核戰略導彈攻擊潛艇。如研
製成「052－II」旅滬級導彈驅逐艦、「051－GZ」旅大級導彈
驅逐艦；「053H－IIG」江衛級導彈護衛艦；「039」型傳統潛
艦、「09－IV」核動力彈導潛艇等。並更新反艦、反潛、防空
等武器系統性能，朝「導彈化、電子化、自動化、核能化」
方向發展，並陸續自俄羅斯引進新型「K 級」潛艇及其製造
技術，以增長其戰略嚇阻武力。[90]

（三）空軍方面：中共自 1960 年與前蘇聯交惡後，即開始自行仿製
俄式飛機。至 1965 年在航天、航空及光電與電算技術漸臻成
熟而開始設計製造「J－6」、「J－7」、「J－8」等戰機。1985
年 6 月共軍實施「精簡整編」政策，空軍在「國防現代化」
的指引下，逐漸朝向現代化、正規化的發展。[91]天安門事件後，

[88] David Shambaugh，"MODERNIZING CHINA'S MILITARY：Progress,
Problems, and Progress,"（University of California Press Berkeley and Los
Angeles,California,2004），pp.256.

[89] 中國軍事出版社，*中國周邊軍情*（北京：中國軍事出版社，2004 年 5 月），
頁 325。

[90] 中共研究雜誌編委會 主編，*1996 年中共年報－第柒篇 中共國防現代
化建設及其影響*，頁 7-27。

[91] 中共研究雜誌編委會 主編，*1996 年中共年報－第柒篇 中共國防現代*

美國格魯曼（Grumman）飛機公司取消了為中共提升殲八戰鬥機性能的計劃案，所以中共便轉向俄羅斯獲取所需要的先進戰鬥機技術。1991 年，向莫斯科購買了價值 10 億美元，共計 24 架 SU－27 側衛型（Flanker）戰鬥機；1995 年 5 月，中共又向俄羅斯購買了另外 22 架 SU－27 戰鬥機。1996 年初，又與俄羅斯訂約預計 15 年內組裝 200 架 SU－27 飛機。並與其簽訂為期三年的合作改良「J－7」、「J－8II」型機延壽及性能精進計畫。同時進行「J－9」、「J－10」等新機種之研發定型及「JH－7」、「super－7」等戰機的試飛任務。另外中共尚研發將「Y－8」、「IL－76」等大型運輸機改裝成空中預警機，及「H－6」、「Y－8」改裝為空中加油機。[92]

（四）戰略導彈：1984 年 2 月 26 日，航天工業部發布指令，對於新時期戰略導彈發展訂出四大基本改變：

1. 發展固態推進劑以取代液態推進器；

2. 發展戰術性導彈取代戰略性導彈；

3. 將第一代戰略性導彈改為第二代；

4. 發展新導彈試驗性任務改為實用衛星任務。

將原有的「DF－3」、「DF－4」、「DF－5」屬於第一代的液態推進戰略導彈，均保持現狀。將重點置於發展新一代的戰略性導彈：[93]

化建設及其影響，頁 7-27。

[92] Richard D. Fisher, Jr, ＜中共外購武器裝備與解放軍現代化＞， James R. Lilley and David Shambaugh, 編著，國防部史政編譯局　譯印，*共軍的未來 Chinas Military Faces the Future*（台北：國防部史政編譯局，2000 年 8 月），頁 127-136。

[93] 中共研究雜誌編委會　主編，*1996 年中共年報－第柒篇　中共國防現代化建設及其影響*，頁 7-28。

1. 「DF－31」洲際彈道飛彈：中共曾於 1992 年 2 月間，在四川綿陽「國防科工委」29 號基地，就「DF－31」長程導彈之彈頭彈道點進行測試。94 年 9 月間，中共曾對該型飛彈進行第一次試射，並於 29 日發射成功。「DF－31」型導彈係採用固體燃料，可分為「陸基型」及「潛射型」兩種，陸基型採機動屬可移動發射的新型導彈；潛射型即為「巨浪－II 型」潛射飛彈，因彈道直徑較「巨浪－I」型為大，無法裝在「夏級」潛艦上，將裝置於下一代「09－IV」型潛艦，研判將在公元 2000 年前完成部署。該兩型導彈最大射程為 8000 公里。

2. 「DF－41」洲際彈道飛彈，使用三節式固態推進器，並朝多彈頭彈頭小型化與輕量化方向發展，最大射程一萬二千公里，突襲力與生存力極佳，所載核彈頭威力相當於一百萬噸黃色炸藥，將作為 21 世紀主要戰略武器，以取代「DF－5」型戰略導彈。

3. 「DF－15」亦為「M－9」戰術導彈－射程 600 公里，單節固態推進器，道路機動垂直發射。據聞，中共正發展另一型射程更遠（1000-1200 公里）的「DF－15」增程型導彈。重返大氣層時的極高速度，將大幅降低陸基與海基型低層飛彈防禦系統的防禦範圍。[94]

4. 「DF－11」亦稱 M－11（CSS－7）型戰術地對地導彈－射程 300 公里，單節固體推進器，道路機動垂直發射。東風

---

[94] Mark A. Stokes, ＜全球飛彈防禦時代中共的彈道飛彈武力＞，施道安（Andrew Scobell）、伍爾澤（Larry M. Wortzel）編著，國防部史政編譯室譯印，中共軍力成長：*China's Growing Military Power：Perspectives on Security, Missiles, and Conventional Capabilities*, 頁 97-103。

11 型優於東風 15 型主要在於可攜帶體積較大的彈頭。據聞，可攜帶 800 公斤的彈頭，圓型公算誤算 150 公尺。射程 300 公里的東風 11 型導彈，飛行時間僅 3 分鐘，因此對主動飛彈防禦系統構成極大挑戰。因東風 11 的飛行彈道均保持在大氣層內，因此高層防禦系統將無法予以攔截。此外，射程增為 600 公里的東風 11 甲（CSS-7 Mod 2）據悉亦已開始進行部署。[95]

（五）重要武器發展：

1. 中子彈：1988 年 9 月，中共在新疆馬蘭核子試驗場成功地試驗第一枚中子彈，成為美、蘇、法後第四個擁有中子彈的國家。次年，中共曾以不具名方式發給某單位集體一等功，即在獎勵該新武器的研發成功，時至今日已歷 7 年，咸認已進入實用階段。[96]

2. 電磁脈衝戰術核彈（EMP）：核彈爆炸時除產生「爆震」、「光熱」及「輻射線」等效應外，更由於伽瑪射線與空氣分子的作用，產生強烈的電磁脈衝（Electromagnetic Pulse）其電場強度可達每米五萬伏特，而其脈衝上升時間小於十奈秒，脈衝寬度為數百秒，以百萬噸級核彈為例，其範為可達數千里之遙，電磁脈衝可使範圍內未經特別加固精密電子設備，如超大型積體電路（VLSIC）、超高速積體電路

---

[95] Mark A. Stokes, ＜全球飛彈防禦時代中共的彈道飛彈武力＞，施道安（Andrew Scobell）、伍爾澤（Larry M. Wortzel）編著，國防部史政編譯室譯印，*中共軍力成長：China's Growing Military Power：Perspectives on Security, Missiles, and Conventional Capabilities*, 頁 103。

[96] 中共研究雜誌編委會　主編，*1996 年中共年報－第柒篇　中共國防現代化建設及其影響*，頁 7-28。

（VHSIC）、毫米波積體電路（MIMIC）及半導體等電子元件瞬間超載而短路。目前中共在多次核試爆中，其當量均在 20KT 至 50KT 之間，在核彈小型化的研發目標下，核彈已可作為局部性戰術作戰使用，使 EMP 電磁波在 20 至 50 平方公里的範圍內，對通訊、電子及雷達等裝備形成毀滅性破壞。[97]

3. 油氣彈（FAE）：1990 年，中共北方公司曾研製成一種新型油氣彈，射程約 800 公尺，主要係藉其瞬間引爆瀰漫在廣大區域的油霧，產生摧毀性的震波，從而摧毀集結部隊人員與重要設施，配備於中共空降第 15 軍，亦可由 SU-27 戰機掛載 4 枚對地攻擊。[98]

4. 雷射制導末端導引炮彈：1992 年，中共自前蘇聯引進新型雷射制導末端導引炮彈，該炮彈於發射後至彈道中程為貫性導航至末端則利用雷射光束波導引至目標，射程二萬公尺，彈徑 152 厘米。據悉，中共已於 1994 年底試射成功。[99]

綜言之，共軍在 1991-1995「八五」國防建設發展主要立足於現有裝備及更新武器裝備為主，並著眼於提升高技術局部戰爭作戰能力奠基的重要時期，也是自 1993 年至 1995 年加強高技術局部戰爭，三年訓練改革的重要時期。尤以訓練及提升演習訓練層次，均以「合同演練」基礎上邁向「聯合作戰」能力的建設；

[97] 鍾堅 著，爆心零時－兩岸邁向核武歷程（台北：麥田出版社，2004 年 3 月），頁 185-201。

[98] 廖文中 主編，中共軍事研究論文集（台北：中共研究雜誌社，2001 年 1 月），頁 461。

[99] 中共研究雜誌編委會 主編，1996 年中共年報－第柒篇 中共國防現代化建設及其影響，頁 7-28。

更把部隊拉到近似實戰的境界，圍繞在高技術局部戰爭的基點
上，以新的聯合編制體制結構為基礎，開展平時訓練及戰時技術
的作戰保障為發展及建設軍隊現代化並圍繞打贏高技術局部戰
爭為重大課題。[100]

　　中共 1996 年公佈「九五計劃」及 1997 年 9 月「十五大」政
治報告中皆強調，面向 21 世紀軍隊建設「要堅持質量建軍、科
技強軍、從嚴治軍和勤儉建軍」，並提出在「跨世紀的征途」上，
要把國防和軍隊建設提高到一個新的水平。故中共軍隊未來現代
化建設，在以「科技強軍」「打贏高技術局部戰爭」為總體建設
的要求下，須對：

　　──軍隊建設與國家經濟建設協調一致；

　　──軍隊指揮系統精幹、合成、高效；

　　── 部隊編組結構合乎科學水準；

　　──提升諸軍兵種聯合作戰能力；

　　──提高快速反應能力和機動作戰能力。

　　等各方面有著更高標準的要求。[101]

一、在部隊訓練方面：

　　1997 年是共軍貫徹實施「九五」期間（1996 至 2000 年）軍
隊建設計劃綱要和按照新一代軍事訓練大綱的第二年。共軍總參
謀部制定「全軍幹部學習高科技知識三年規劃」於 97 年 2 月下
發部隊執行，要求全軍必須迅速學習現代科技，特別是高科技知

---

[100] 中共研究雜誌編委會　主編，*1996 年中共年報－第柒篇　中共國防現代
化建設及其影響*，頁 7-2～7-3。

[101] 中共研究雜誌編委會　主編，*1998 年中共年報－第捌篇　跨世紀共軍現
代化建設發展*（台北：中共研究雜誌社，1998 年 7 月），頁 8-4。

識。另外，中共國防大學經過數年研編的「聯合戰役教程」，於 96 年完成並於 97 全面實施，為中共解放軍深入開展的聯合作戰理論研究和演練提供論證的依據與標準。[102]

二、國防預算方面：

中共「國防費」預算在 1996 年人民幣 702.27 億元（83 億美元）佔年度財政 9.38％與 1995 年（636.77 億元）比較約增加 65.5 億元，成長率為 10.29％。1996 年，中共軍事科學院軍制部研究室主任吳方明於「國防雜誌」發表一篇文章表示：中共若要適切地發展軍事力量，國防經費佔國民生產毛額的比率應由 1994 年的 1.26％增至 2.2～2.5％。因此，中共為發展國防建設應會將增加國防經費隱藏於相關其他預算項目中。

三、陸軍方面：

（一）主戰坦克：研製成「85－Ⅲ」式主力坦克，性能達俄製「T－82」式戰車性能。[103]另研製成「90－Ⅱ」式坦克全重 48.08 噸，主要武器為一門配有自動裝填的 125 毫米滑膛炮。另研製第三代「98」式，亦稱為 WZ123 坦克，配備 125 毫米主炮，裝配有雷射測距儀、火炮穩定器及自動滅火系統，具有核生化條件下的作戰能力。[104]

（二）野戰防空武器：除向俄羅斯購買 S－300 系列防空飛彈，主要

---

[102] 中共研究雜誌編委會 主編，1998 年中共年報－第捌篇 跨世紀共軍現代化建設發展，頁 8-53～8-54。

[103] 中共研究雜誌編委會，1998 年中共年報－第捌篇 跨世紀共軍現代化建設發展，頁 8-53～8-54。

[104] 華盛，中共最新王牌武器（香港：夏菲爾國際出版公司，2000 年 10 月），頁 102。

負責重要地區的防空任務；研發成「紅旗2A」中、高空地對空導彈；「紅旗7」型防空導彈為主，係陸軍主要戰區或戰役的防空導彈，其性能仿自法進口「海響尾蛇」飛彈，屬低層的防空飛彈。[105]「LY－60」獵鷹60共軍研發新型導彈之一，採多聯裝式機動發射，主要用於執行攔截中、低空入侵目標。「KS-1」凱山一型屬中高空防空飛彈，此型飛彈將是中共建構飛彈防空網的防空武器之一，全天候、全方位為共軍主力防空武器。[106]

四、海軍方面：

中共海軍為因應「近海防禦」戰略與建立適應遠洋的軍力，積極研發建造具有中、遠洋作戰能力之新型作戰艦艇、大型後勤補給艦、核動力攻擊潛艦及核導彈攻擊潛艦等；如「052－II」旅滬級、「051－G」旅大級導彈驅逐艦；「092－G」、「093型」、「094」型核彈道飛彈潛艇；「072－II」型、「070－III」等新型登陸艇，並更新反艦、反潛、防空等武器系統性能，朝「導彈化、電子化、自動化、核能化」方向發展。1999年「十・一」中共展示海軍導彈中，包括「YJ－83」型反艦飛彈、「海鷹二型」岸基反艦導彈及「紅旗七」型艦對空導彈，均為新型武器。[107]

五、空軍方面：

中共空軍除向俄羅斯購買「SU－27」戰機外，並研發「殲

---

[105] 中共研究雜誌編委會主編，*2000年中共年報－第伍篇 軍事*（台北：中共研究雜誌社，2000年6月），頁5-171。

[106] 中共研究雜誌編委會主編，*1997年中共年報－第九篇 中共軍隊建設與發展*（台北：中共研究雜誌社，1997年6月），頁9-54。

[107] 中共研究雜誌編委會 主編，*2000年中共年報－第伍篇 軍事*，頁5-172。

10」、「殲轟7」等新型機。研發將「Y－8」、「IL－76」等型運輸機改裝成空中預警機；「H－6」、「Y－8」改裝為空中加油機，積極進行機載火控系統、空對空導彈、雷達電子之研改。[108]

六、第二炮兵：

中共持續研改「DF－5」、「DF－21」、「DF－31TS」、「巨浪二型」等戰略導彈，以及「DF－15」、「DF－11」等戰術飛彈。中共「十‧一」展示「DF－31TS」戰略導彈，其射程將達 8000 公里，固體燃料推進，可在公路、鐵路上機動佈置，隱匿性強，其彈頭可攜帶核子彈頭，並正在研發彈頭小型化後的多彈頭分擊技術。該導彈於 1999 年 8 月 2 日進行初射成功，射程可達美國西北部地區和大部份歐洲地區。[109]

七、引進俄製武器裝備：

SU－30MK 戰機是俄羅斯對中共的出口型，具有先進的結構與氣動力和一機多用的特點，其優先任務是奪取制空權，同時引導四架同型機或 SU－27 戰機作戰，集空中纏鬥、對地攻擊、空中指揮三種功能於一體，能在遠距離抗擊大規模空襲，亦可遠程攻擊各種地面和海上目標，為一多功能戰機。[110]

基洛級潛艇，共軍自俄羅斯引進的「基洛」級潛艇，係屬前蘇聯紅寶石設計局研製生產，首批兩艘 877 型已於 1995 年交付

---

[108] Kenneth W. Allen, ＜中共空軍的作戰能力與現代化＞， James R. Lilley and David shambaugh, 國防部史政編譯局 譯印, *共軍的未來 Chinas Military Faces the Future,*（台北：國防部史政編譯局，2000 年 8 月），頁 245-296。

[109] 中共研究雜誌編委會，*2000 年中共年報－第伍篇 軍事*，頁 5-172。

[110] 中共研究雜誌編委會，*2001 年中共年報－第伍篇 軍事*（台北：中共研究雜誌社，2001 年 6 月），頁 5-165～5-166。

共軍，後兩艘為較先進的 636 型，預計於 1998 年交貨。現代級驅逐艦，共軍引進現代級驅逐艦主要目的，旨在獲取其搭配「日炙」攻艦飛彈。該型飛彈屬中遠程超音速、超視距、超低空飛行性能，旨在對付美國航空母艦及裝有神盾級防禦系統和配備「標準 II」型艦對空導彈的水面戰艦。[111]

中共有意引進 20 架 IL－76 運輸機，配備第十五空降軍使用，使一次空投能力能達一百量坦克。另外，中共空軍意欲在 IL－76 的基礎上，將其改裝 IL－78D 空中加油機或直接向俄羅斯購買。另據聞，共軍積極洽談的 A－50 空中預警機也是 IL－76 運輸機的衍生型。由於該型機完成整合測試需三年的時間，因此俄羅斯可能以租借的方式提供 3 架基本型 A－50 給中共使用。除此之外，中共亦同時進行「十六號合同」（由電子科學院研製雷達電子系統，航空工業負責改裝 IL－76）的自製生產計劃，預計投入三億八千九百萬人民幣，分五年（2005）完成設計、生產、試飛的工作。[112]

綜上分析，1996－2000 年「九五」軍隊建設規劃，持續「八五」軍事建設，進行部隊體制編制調整，優先海空軍建設，購買具有威懾性與攻擊性「殺手鐧」武器，以創造精準「非對稱打擊能力」。[113]「仗要怎樣打，兵就要怎樣練」。據此，部隊訓練置重點於「如何打贏高技術局部戰爭」的要求上，按照「精兵、合成、

---

[111] 中共研究雜誌編委會，*2001 年中共年報－第伍篇 軍事*（台北：中共研究雜誌社，2001 年 6 月），頁 5-168～5-169。

[112] 中共研究雜誌編委會，*2001 年中共年報－第伍篇 軍事*，頁 5-180 至 5-181。

[113] 中共研究雜誌編委會，*1998 年中共年報－第捌篇 跨世紀共軍現代化建設發展*，頁 8-4。

高效」的原則，加強聯合作戰訓練。[114]

2000 年 10 月 11 日，中共十五屆五中全會通過「中共中央關於制定國民經濟與社會發展第十個五年計劃的建議」（2001－2005）即所謂的「十五」計畫。「十五」計畫的國防建設，因應經濟建設為中心任務需要，根據「積極防禦」軍事戰略，以「不變質、打得贏」為要求，堅持對黨的絕對領導，作好應付地區衝突和局部戰爭的準備。[115]

一、在部隊訓練方面：

（一）陸軍方面：展開新「三打三防」訓練，聯合作戰指揮、網上模擬訓練、偽裝能力訓練、電子戰訓練、直升機空地訓練、城市防空演練。

（二）海軍方面：重視新裝備訓練及混合編隊訓練，加強夜戰及電子戰訓練、潛艇訓練，伴隨後勤保障訓練、突出海軍航空兵訓練。

（三）空軍方面：加強新戰機訓練，實施多機種以及陸海空軍聯合作戰訓練，增強電子戰訓練，後勤保障訓練、空降兵機動演練，提高防空導彈機動與精準打擊能力，強化雷達部隊掌握空情能力。

（四）二炮方面：以模擬訓練為主，研發 GPS 導航能力，加強精準打擊能力，精簡編制體制並強化機動訓練，使部隊「旅團化」形成快速機動力與突擊力。[116]

---

[114] 中共研究雜誌編委會，*2001 年中共年報－第伍篇 軍事*，頁 5-27 至 5-29。

[115] 中共研究雜誌編委會，*2001 年中共年報－第壹篇 一年來中國大陸情勢總觀察*，頁 1-38。

[116] 中共研究雜誌編委會主編，*2001 年中共年報－第伍篇 軍事*，頁 5-3。

二、武器裝備發展：

（一）陸軍：著重裝甲突擊、火力壓制、野戰防空等方面發展。

    1. 主戰戰車（MBT）：較為先進者有「85III」、「85II M」、「90II」式，而在 1999 年十月一日閱兵行列中出現的「98 式」主戰坦克為中共最新型的坦克，亦裝備於部隊。此外，為強化登陸作戰中的搶灘任務，改良第一代「63 式」水陸兩棲坦克為「63A」式，加強渡海與火力打擊能力，已陸續配屬南京、廣州軍區。據悉，烏克蘭正協助共軍聯合生產「2000型」裝甲運兵車，以「90II」式基礎上進行改良，發動機換裝成烏克蘭的「6TD1200」發動機，並加裝共軍最新研製的熱成像系統，以提升夜戰能力。[117]

    2. 火炮：火炮發展強調殺傷力、機動力與射程，因此改變以往拖曳式、小口徑火炮，發展輪式、履帶式自行火炮與多管火箭。其中較為先進有：PLZ45 一五五毫米自走加榴炮，射程約 39 公里；90A 式一二二毫米多管火箭炮，最大射程 40 公里。另一射程較遠，反應速度快、精度高「WS－1B」多管火箭炮，最大射程可達 200 公里。[118]

    3. 防空導彈：除以購進俄製「S300PMU1」型防空飛彈，共軍亦向俄國引進「TOR－M1」道爾野戰防空飛彈。另部署「FM－90」型超低空飛彈、「KS－1」中程防空飛彈、「QW－1」前衛肩射防空飛彈，形成全空域、機動導彈防空網。此外，中共亦宣稱研製成「FT－2000」反幅射飛彈，射程可達 200

---

[117] 中共研究雜誌編委會，*2003 年中共年報－第肆篇 軍事*（台北：中共研究雜誌社，2003 年 6 月），頁 4-16。

[118] 中共研究雜誌編委會，*2001 年中共年報－第壹篇 一年來中國大陸情勢總觀察*，頁 1-72。

公里以上，主要用於攻擊敵方預警機、電子干擾機等空中
幅射電波目標。[119]

（二）海軍：朝導彈化、電子化、信息化建設發展，走出進海，邁
向遠洋。

1.水面艦艇：1997 年共軍向俄羅斯購買二艘「現代級」驅逐
艦，分別於 2000 年 2 月、2001 年 1 月編入東海艦隊。 共
軍認為「現代級」驅逐艦對於航母及神盾艦的強大威懾力，
於 2002 年元月 3 日再購進二艘「現代級」改良型驅逐艦，
預於 2005 年底交貨。其戰鬥系統將安裝改良的反艦、反潛、
防空系統，搭載 KA－27 直升機。在武器系統設計共有四
個方案：包括 8 枚改進行 3M80E 導彈；或 16 枚 3M24URAN
導彈；或 12 枚垂直發射 3M54E；或 12 枚垂直發射 3M55
－YAKHONT 反艦飛彈。在購入兩艘新改良「現代級」驅
逐艦後，中共保留追加訂購另外兩艘同型驅逐艦，預估 2008
年中共海軍將會擁有排水量在 6700 噸以上「現代級」驅逐
艦。[120]

2.新一代「旅海」級驅逐艦
中共海軍新一代主力艦「旅海級」於 1999 年下水，首艦編
號「167」稱為「深圳號」。2001 年同時建造四艘，艦體有
隱形設計，「詹式防衛週刊」報導四艘驅逐艦將具有 VLS
即飛彈垂直發射系統，或裝備先進俄羅斯海軍 SA－N－6
系統；使用配備 W 資料鏈的湯姆遜 CSF－TAVTAC 作戰系

---

[119] 中共研究雜誌編委會，*2002 年中共年報－第肆篇 軍事*（台北：中共研
究雜誌社，2002 年 7 月），頁 4-16 至 4-18。
[120] 中共研究雜誌編委會，*2003 年中共年報－第肆篇 軍事*（台北：中共研
究雜誌社，2003 年 6 月），頁 4-36。

統，具有類似美國神盾級的作戰能力。目前已完成兩艘，舷號分別為「168」、「169」。該艦排水量在 5000 至 6000 噸之間。

3. 基洛潛艇：中共至今從俄羅斯引進四艘「基洛級」常規攻擊潛艇，2001 年 7 月傳出共軍提出增購二艘需求。同時中共對該型潛艇進行修改，改善靜音及聲納探測設施及部份武器系統。據悉，該新型潛艇的靜音效果接近美國「洛杉磯」級潛艇，因此難以偵察。美國國防部也曾指出，該型艦艇有可能具備潛射巡弋飛彈的能力。[121]

4. 「093」型核潛艇：是以俄羅斯勝利級 3 型核攻擊潛艇為藍本，但前者威力大於後者。俄國勝利級 3 型核攻擊潛艇是前蘇聯設計用來攻擊美國導彈核潛艇，亦可對航艦和陸地進行攻擊。該型潛艦裝配 6 個 21 英吋魚雷發射管，能發射潛射巡弋飛彈，甚至配備類似美國的戰斧飛彈能作精準攻擊。當時外界估計首艘新型核潛艇可在 1999 年下水 2001 年服役，第二艘於 2003 年服役，預計 2012 年擁有 6 艘。

5. 「094」型核彈道潛艇：對此型潛艇，無正確資訊。據聞 094 型已於 2001 年底已經海試，為大型彈道導彈核潛艇，水下排水量 18000 噸，攜帶 24 枚「巨浪 II」洲際導彈，共軍預計建造 6 艘。[122]

（三）空軍：

1. 自製戰機方面：1998 年首次出現「FBC－1」飛豹戰機，具對地、對艦、對空全面作戰性能，現已裝備部使用包括海

---

[121] 中共研究雜誌編委會，*2002 年中共年報－第肆篇 軍事*，頁 4-33～4-35。
[122] 中共研究雜誌編委會，*2002 年中共年報－第肆篇 軍事*，頁 4-32。

軍航空兵。其次，與以色列合作改良「雄獅」(Lavi)戰機，中共空軍型號「殲10」已開始進入量產；並提升改良殲八 II 型性能。

2. 外購戰機：1992 年與 1995 年向俄羅斯購買 50 架「SU－27」戰機(殲 11)，並取得 200 架生產權。其次，俄羅斯出售「SU－30MKK」戰機 40 架與 5 架 A－50 空中預警機以及 100 枚 R-77 飛彈。[123]

(四) 二炮部隊：共軍將核武器視為軍事現代化的重要關鍵，正朝向建立陸基型的洲際戰略彈道飛彈、海基型的潛射洲際戰略彈道飛彈、空射型戰略戰術導彈「三位一體」的攻擊能力向前趨進。中共目前積極研發「DF－31」洲際彈道飛彈，已於 2000 年 11 月至 12 月進行二次試射。由於該型導彈採用固體燃料，射程 8000 至 10000 公里，可利用發射車運載，具機動力、射程遠、隱避佳之效能。[124]

聯合作戰指揮自動化是確保聯合作戰致勝的重要憑藉。將統帥部的意志、作戰計劃傳達戰區聯合作戰指揮部，經由指揮自動化系統，將戰區聯合作戰集團軍作戰力量、多種作戰樣式和作戰方法、高技術武器裝備及後勤支援保障系統的整合為一體化，發揮統一指揮、靈活協調、整體結合、重點作戰的聯合作戰體系，方能掌握戰場主動權，推動戰役全局有節奏地邁向勝利。[125]因

---

[123] Richard D. Fisher, Jr, ＜中共外購武器裝備與解放軍現代化＞， James R. Lilley and David Shambaugh, 編著，國防部史政編譯局 譯印，共軍的未來 Chinas Military Faces the Future（台北：國防部史政編譯局，2000 年 8 月），頁 214-244。

[124] 中共研究雜誌編委會，2001 年中共年報－第壹篇 一年來中國大陸情勢總觀察，頁 1-74。

[125] 薛興林 主編，戰役理論學習指南（北京：國防大學出版社，2002 年 2

此，綜觀本章共軍聯合作戰指揮發展較西方先進國家落後，指揮自動化系統建設尚有「代差」問題，戰區聯合作戰體制機構龐大、部門重疊，武器裝備新舊不齊等問題嚴重地制約和影響聯合作戰能力提高。如何理順「精幹、合成、高效」聯合作戰指揮體制，是中共建立聯合作戰一體化的重要關鍵與首要課題。[126]

第四節　聯合後勤體系

鄧小平指出：「打仗有多種手段，包括後勤，搞後勤也是為了打仗。」[127]現代戰爭的意義而言，就是打鋼鐵、打裝備、打後勤。

任何戰爭都是力量的對抗與較量，都要在一定的物質基礎上進行。而軍隊後勤則是把國家經濟力量轉化為軍事力量的紐帶和橋樑，其根本職能是通過後勤保障動員把國家和人民群眾提供的經濟力量與科技力量轉化為軍隊的戰鬥力。[128]

1990 年 12 月，江澤民在共軍軍事工作會議上提出了「政治合格、軍事過硬、作風優良、紀律嚴明、保障有力」的總要求。[129]其中，「保障有力」，就是以新時期軍事戰略方針統攬後勤工

月），頁 163-167。

[126] 郭武君　著，聯合作戰指揮體制（北京：國防大學出版社，2003 年 12月），頁 28。

[127] 中共中央文獻編輯委員會，鄧小平文選第二卷（北京：人民出版社，1994年 10 月 2 版），頁 264

[128] 張全啟　主編，江澤民國防和軍隊建設思想研究（北京：國防大學出版社，2003 年 6 月），頁 484。

[129] 潘湘陳　著，最高決策 1989 之後共和國重大方略下冊（北京：中共黨史出版社，2004 年 2 月），頁 737。1990 年 12 月，在總參召開的軍事工作會議上，江澤民首次提出新形勢下軍隊總要求，政治合格、軍事過硬、作風優良、紀律嚴明、保障有力" 的總要求；1991 年 1 月 25 日，在軍

作，充份作好軍事鬥爭後勤準備。尤以立足於未來打贏高技術局部戰爭，周密規劃、全面規劃、全面部署和深入展開後勤保障體制。軍隊要吃「皇糧」。[130]要建立和完善三軍一體、軍民兼容、平戰結合的聯勤保障體制。按照「精幹、合成、高效」的要求，理順關係、優化結構、改善運行機制，提高後勤保障的整體效能，把後勤保障能力蘊涵於國家和社會之中。[131]

聯合作戰後勤保障，是聯合作戰指揮機在籌劃和運用後勤保障力量對聯合作戰部隊從經費、物資、衛生、交通、運輸、基建營房等方面實施人力、物力、財力保障，以達到支持部隊保持持續作戰能力的動員活動。高技術局部戰爭參戰的各軍種多，各種高新技術裝備多，對抗激烈消耗巨大，前方對後方的依賴性大、要求高。因此，後勤保障對奪取戰役勝利有著十分重大的影響。[132]

一、聯合作戰後勤保障的特點：

（一）保障任務繁重，難度和強度憎大：高技術局部戰爭聯合作戰，交戰雙方集中諸軍兵種的精銳力量，投入大量的高技術武器裝備，在廣闊的立體戰場上激烈對抗、消耗、殺傷、破壞因素增多，作戰物資消耗巨大，傷員的分布，傷情的構成複雜，

委擴大會議上，又增加了"作風優良"這四個字。以兩句話概括："打得贏、不變質"。

[130] 張全啟　主編，*江澤民國防和軍隊建設思想研究*（北京：國防大學出版社，2003年6月），頁484。1993年11月，江澤民在全軍生產經營工作會議，共軍經商及搞生產經營活動，不搞訓練而影響到共軍的戰鬥力，提出"吃皇糧"就是軍隊一切的需要，主要依靠國家供應和國家保障。

[131] 黃宏、洪保秀　著，*世界新軍事變革中的中國國防和軍隊建設*（北京：人民出版社，2004年6月），頁113。

[132] 薛興林　主編，*戰役理論學習指南*（北京：國防大學出版社，2002年2月），頁75。

救援難度增大，運輸量大，這就使得後勤保障的任務十分重要。[133]

（二）保障方式立體多樣：由於聯合作戰空間的多維立體性，作戰行動樣式的多樣性，使得後勤保障的方式亦將更趨立體化：一、是以地面為主的平面保障方式將被立體式所取代；二是多環節的逐級保障方式與越級保障方式相結合；三是由向前的單向保障方式與安全方位的多向保障方式相結合；四是固定的基點保障方式與靈活機動保障方式相結合。[134]

（三）組織指揮更加複雜：具體表現為：一是現代戰役力量構成多元，保障關係複雜；二是保障力量構成多元指揮關係複雜；三是保障任務預計益然性大，組織計畫保障更加困難；四是保障與防護交織進行，後勤指揮更加密集；五是受電子干擾嚴重，後勤指揮難以順暢高效地實施。[135]

（四）生存面臨嚴重威脅：高技術局部戰爭下聯合作戰，敵對雙方把打擊破壞對方的後勤作為達成戰役的重要手段之一，且打擊破壞的手段多樣，準確性、廣泛性、破壞性大幅度地提高，後勤將受到全時空的嚴重威脅。具體而言，後勤部署的隱蔽偽裝更加困難，後勤將遭受到綜合火力的打擊破壞和敵縱深機動部隊的襲擊，後方與前方沒有界線，後勤交通運輸綫將受到嚴重的封鎖破壞。

　　如前所述，高技術局部戰爭下聯合作戰，由於不確定因素

---

[133] 郁樹勝　主編，*論聯合戰役*（北京：國防大學出版社，1997 年 6 月），頁 271。

[134] 周曉宇、彭希文、安衛平　著，*聯合作戰新論*（北京：國防大學出版社，2000 年 6 月 2 版），頁 278-279

[135] 薛興林　主編，*戰役理論學習指南*，頁 75。

多，局勢變化快，作戰類型與方式多樣，機動迅速，敵對雙方均以動制動、動中造勢、動中殲敵的原則，所以很難事先預設戰場。而且，聯合作戰規模難以確定，戰役持續時間本身無法掌控，因此對於物資耗量的預計，物資預置地點的選擇、運輸工具、路線等安排，均無較穩定的依據；再加上作戰期間對物資消耗、人員傷亡率、武器裝備損壞率等不確定因素，使得高技術局部戰爭下聯合作戰之後勤保障的指揮與運行更加複雜、協調更加困難。[136]

因此，對於高技術局部戰爭下聯合作戰的特點，共軍未來對聯合作戰後勤保障的原則主要有以下的指導內涵：[137]

（一）整體籌劃：立足於戰役全局，圍繞戰役決心，進行整體運籌和謀劃，綜合運用各種戰役後勤力量及各種保障方式、手段，形成整體保障合力，充分發揮整體保障效能，適應整體作戰需要。

（二）全面而有重點：全面兼顧各種保障對象、保障時間、保障空間和保障內容，注意突出保障重點。

（三）適時適地適量：在正確時間，地點為各種戰役力量及作戰行動提供適量的後勤保障，增強後勤保障時間、空間和數量的準確性，爭取最佳的保障效果。[138]

因應高技術局部戰爭的特點及指導原則，共軍針對聯合作戰後勤保障的需要，強化後勤與技術保障力量的建設，調整戰略物資儲備的結構和佈局，加大戰略物資儲備比重，搞好戰略後方基地建設，提升應急綜合保障能力，須逐步形成軍民兼容的後勤保

---

[136] 郁樹勝　主編，論聯合戰役，頁 276。
[137] 高宇飆　主編，聯合戰役學教程（北京：軍事科學出版社，2001 年 8 月），頁 93。
[138] 薛興林　主編，戰役理論學習指南，頁 76。

障體系，全面提高後勤保障能力：

（一）多邊合作、縱橫結合：軍隊是一個具有高度組織紀律的整體，
　　　具有控制網絡的權威性，強化計劃職能，搞好綜合平衡，堅
　　　持有效監督，三軍不同的供給需求，繁多的物資種類，多樣
　　　化的保障方式，都會在「矩陣」網絡中，順暢有效地運行。[139]

（二）適應高技術戰爭需要，建立三軍聯勤體制：建立三軍聯勤、
　　　軍民一體的保障體制，是未來共軍聯合作戰保障的客觀要
　　　求。未來信息化下的聯合作戰，必然要求聯合後勤保障，以
　　　充分發揮整體保障能力，提高聯勤保障的及時性與有效性。[140]
　　　三軍聯勤體制是在戰略、戰役範圍，按區域統一組織實施諸
　　　軍後勤全部或部分聯勤共同保障性工作。主要以通用物資供
　　　應、通用裝備修理、一般傷病救治等為主實行統一保障；聯
　　　勤亦分為全面聯勤與部分聯勤。全面聯勤，是指聯勤機構按
　　　區域全面組織實施各軍兵種後勤共同勤務的全部保障工作；
　　　部分聯勤，是指聯勤機構按區域部分組織實施保障工作。[141]

（三）推進三軍一體化保障進程，從 2004 年 7 月開始，在濟南軍區
　　　進行大聯勤改革試點。實行聯勤機關三軍一體。將目前的軍
　　　區聯勤部改稱軍區聯勤部，作為軍區三軍聯勤工作的領導機
　　　關，聯勤部機關的軍兵種幹部比例由原來的 12％增至 45％。
　　　實行保障力量三軍一體。將軍區內兵種領導管理的後方倉
　　　庫、醫院、物資、工程等後勤保障機構，全部劃分聯勤系統，
　　　進行統一整合、統管共用、統一建設。將目前對軍兵種部隊
　　　保障的多個渠道，調整合併為聯勤系統一個渠道，減少供應

---

[139] 張全啟　主編，*江澤民國防和軍隊建設思想研究*，頁 328。
[140] 黃宏、洪保秀　著，*世界新軍事變革中的中國國防和軍隊建設*，頁 113。
[141] 張全啟　主編，*江澤民國防和軍隊建設思想研究*，頁 329。

保障環節，提高效率，形成有效管理監督。[142]

戰場是作戰活動的舞台，戰場條件的好壞對戰役勝負關係甚大。善於選擇和創造，改善作戰環境，發揮戰場優勢，對共軍"揚長補短"更顯得需要。因此，因應新時期中共戰略環境的實際情況對共軍戰略指導者而言，選擇和創造有利戰場，作為戰役準備和軍事鬥爭的一項主要考量。首先，在戰略意圖發揮的戰略空間，統籌建立完善的聯合作戰戰場體系。[143]

在選擇和創造戰場的基礎上，必須建立陸海空天電一體的作戰體系。這是汲取以往的經驗以及對高技術局部戰爭聯合作戰特點和發展趨勢而提出的戰爭新型態，是實施聯合戰役的基礎和必然要求。聯合作戰體系主要包括信息作戰體系、陸海空二炮作戰體系，除此之外，還必須建立高效、靈活、穩定的指揮控制體系，以及建立全面而有重點，穩定可靠的聯合作戰後勤裝備保障體系。從而將陸上作戰、空中作戰、海上作戰、信息作戰、外層空間作戰體系融為一體構成陸海空天電以體的作戰型態。[144]

---

[142] http://www.chinamil.com.cn/site1/xwpdxw/2004-12/27/content_97691.htm.
中共國務院《2004 年中國的國防》白皮書，2004 年 12 月 27 日，頁 12。
[143] 郁樹勝　主編，論聯合戰役，頁 33。
[144] 薛興林　主編，戰役理論學習指南，頁 169。

第七章　聯合作戰訓練

　　「人才為政事之本，也是治軍之本」。高素質新型軍事人才是軍隊建設之根本。[1]進入 90 年代，尤其是面對打贏高技術局部戰爭的建軍目標，共軍對軍事院校教育的建設及發展，存以高度得重視。共軍認為軍事院校教育負有培訓高素質軍事人才的教育工作成敗的關鍵。因此，在準備邁向 21 世紀，為了要打贏為高技術局部戰爭，必須要將人才培育與武器裝備高度結合起來。[2]堅持把教育訓練擺在戰略地位，培養和造就現代化的軍事人才。軍隊現代化關鍵在人才。訓練與人員緊密結合，才能構成戰鬥力。[3]

　　軍事教育訓練，是武裝力量及其他受訓對象所進行的軍事理論教育、作戰技能教練和軍事演習等有組織的軍事準備活動。目的是熟練掌握軍事知識和技能，全面提高受訓對象的綜合素質與整體作戰能力。[4]聯合作戰訓練，是指揮根據完成作戰任務的需要，以聯合作戰指揮員及其指揮機構人員為主要對象，提高諸軍種聯合作戰能力為基本內容的軍事訓練。其任務，訓練有關戰區和戰役方向的作戰任務與作戰指導、檢驗作戰方案、論證編制、

---

[1]　張全啟　主編，*江澤民國防和軍隊建設思想研究*（北京：國防大學出版社，2003 年 6 月），頁 417。

[2]　「中共年報」編輯委員會，*1997 中共年報：第九篇－中共軍隊建設與發展*（台北：中共研究雜誌社，1997 年 6 月），頁 9-117。

[3]　連玉明　主編，*學習型軍隊*（北京：中國時代經濟出版社，2004 年 1 月），頁 521。

[4]　吳詮敘　主編，*軍事訓練學*（北京：軍事科學出版社，2003 年 1 月），頁 123。

豐富作戰理論和發展聯合作戰理論。[5]

　　聯合作戰訓練的方法，是施訓者與受訓者在聯合作戰訓練過程中，為了達成訓練目的與完成訓練任務所採取的訓練程序、訓練方式和訓練手段。共軍聯合作戰訓練通常採取聯合作戰部隊訓練、聯合作戰想定、聯合作戰演習三種主要形式進行。聯合作戰訓練的主要方法，有聯合作戰模擬訓練、基地化訓練和對抗性訓練。[6]

第一節　人員教育訓練

　　共軍自波灣戰爭後，懍於高科技及人才培訓對戰爭勝敗影響之大，將軍事院校視為具有戰略地位的軍隊建設中心工作，認為軍事院校教育建設的良窳直接關係到軍隊建設的成敗。1985 年 6 月，共軍中央召開「軍委擴大會議」，決定將軍隊建設指導思想做戰略性改變，並宣佈裁軍百萬對軍事院校的培訓體制教學方法及內容進行改革，及至目前共軍自稱其全軍具有大專程度以上程度的軍官已佔有軍官總數的 54%，經過十餘年的努力，全軍已擁有博士、碩士一萬三千名，對其培養所謂跨世紀軍隊建設人才培育有很大進展。[7]

　　1998 年繼續依據 1995 年所制定的「三個一」計劃展開工作。所謂「三個一」即到 2000 年前後，能做到：一、培養 10 名 50歲左右達到院士標準的學科帶領人；二、100 名 40 歲左右在主要

---

[5]　周曉宇、彭希文、安衛平，*聯合作戰新論*（北京：國防大學出版社，2000年 6 月 2 版），頁 318。

[6]　周曉宇、彭希文、安衛平，*聯合作戰新論*，頁 366-374。

[7]　「中共年報」編輯委員會，*1996 年中共年報：第柒篇－中國現代化建設及其影響*（台北：中共研究雜誌社，1996 年 6 月），頁 7-44。

學科專業建設中起核心作用的優秀學術與技術帶領人；三、1000
名 35 歲左右的青年拔尖人才。共軍認為，軍事院校培養的幹部，
大多要在軍隊建設中承擔跨世紀的領導責任，擔負打贏未來高技
術局部戰爭使命。未來戰爭無論是戰爭樣式、作戰方法、軍事理
論、武器裝備等方面，都將與現在有巨大差別。因此，院校教育
必須注重超前性，要著眼於 21 世紀軍事人才競爭，培養適應未
來軍事準備的跨世紀軍事人才。[8]

　　當前共軍軍事院校按照性質區分為指揮院校與專業技術學
院，指揮學院分為初級指揮學校、中級指揮學院、高級指揮學院，
培養初級、中級、高級軍官；專業技術院校分為中等、高等兩級，
分別培養中級和高級技術、醫務軍官和專業技術人才，並區分博
士、碩士、大學本科、大學專科和中等專科等五個培訓層次：

　　一、初級指揮學校：為培養各類初級指揮軍官的學校，其基
　　　　本任務是招收具有高中畢業程度的正副班長（部份專業
　　　　也招收優秀的士兵），以培養排級指揮軍官，並擔任初
　　　　級指揮軍官的輪訓任務。[9]共軍初級指揮院校包括有：
　　　　石家莊陸軍學院、濟南陸軍指揮學院、海軍大連艦艇學
　　　　院、張家口炮兵指揮學院、軍事經濟學院、西安政治學
　　　　院、空軍第一航空學院等，因職能的不同，主要任務均
　　　　培養初級指揮員。[10]

---

[8]　「中共年報」編輯委員會，*1999 年中共年報：第捌篇－共軍現代化建設
　　與發展*（台北：中共研究雜誌社，1999 年 6 月），頁 8-19。

[9]　「中共年報」編輯委員會，*2003 年中共年報：第捌篇－軍事*（台北：中
　　共研究雜誌社，1998 年 6 月），頁 4-142。

[10]　「中共年報」編輯委員會，1997 年中共年報：*第玖篇－中共軍隊建設與
　　發展*（台北：中共研究雜誌社，1997 年 6 月），頁 9-114～9-116。

二、中級指揮學院：是培養中級指揮軍官的院校，也稱培養
　　合同戰術指揮員的院校。包括陸海空軍指揮學院、後勤
　　學院、裝甲兵、炮兵學院等，實施進修專業教育。主要
　　任務招收經初級指揮院校以及專業技術學院培訓。培養
　　合同戰術指揮員，教學內容主要是軍官類型、職務、職
　　責直接關聯的知識。各軍兵種指揮學院除本軍種戰術相
　　應的合同戰術課程外，還要學習軍兵種戰役學的課程。
　　[11]例如空軍指揮學院的目的是培養新一代合成型的空
　　戰指揮官，也是共軍專門培養航空兵團職指揮軍官的院
　　校。1996 年曾經提出「四個轉變」：一、由研究一般條
　　件下空中作戰向研究高技術條件下的空中作戰轉變；
　　二、由注重防空作戰向空中進攻作戰轉變；三、由空軍
　　配合陸軍作戰向三軍聯合作戰背景下空中作戰轉變；
　　四、由單一兵種向多兵種合同作戰轉變，並將陸海軍二
　　炮知識、聯合作戰理論、空軍戰役、地空導彈部隊、空
　　軍高炮部隊作戰等納入「軍兵種和戰役知識」課程。[12]

三、高級指揮學院：以國防大學為主，是共軍指揮軍官培訓
　　最高體制層次。國防大學基本任務是招收師（旅）職級
　　指揮員，培養陸海空三軍集團軍以上的指揮員，大軍區
　　以上機關高級參謀人員、軍隊高級理論研究人員和地方
　　省級以上有關部門的領導幹部，從事有關軍事學術研
　　究，擔負高級指揮軍官的輪訓，以及軍事碩士、博士研

---

[11] 「中共年報」編輯委員會，1997 年中共年報：*第玖篇－中共軍隊建設與
　　發展*，頁 9-109。

[12] 「中共年報」編輯委員會，1997 年中共年報：*第玖篇－中共軍隊建設與
　　發展*，頁 9-113。

究生和軍隊部份中、高級指揮院校師資的培訓任務。[13]
國防大學已建構成以重點學科為骨幹，碩士與博士兩個
層次相銜接，軍事學、哲學、法學、經濟學四大學科門
類相配套，基礎學科與應用學科互補的學位授權體系與
研究生教育體系。此外，國防大學已全面向全軍開展在
職人員研究生畢業同等學歷申請碩士學位辦法，並於
1998 年招收全軍首批作戰部隊師、團職指揮幹部攻讀
碩士學位。國防大學自 1986 年間，以培養出 360 名博
士與碩士高學歷帶兵官，其中 46 人已走上師團級領導
層級。[14]

迎接世界軍事發展，加強軍事院校教育，培養大批跨世紀的
高素質軍事人才，是新時期共軍現代化建設的一項緊迫戰略任
務。由於世界各主要國家圍繞綜合國力所進行的競爭，就某一個
程度而言，是人才培養與競爭。人才素質優劣已成為未來高技術
局部戰爭勝負的決定性因素。同時，中共自承，由於武器裝備與
世界先進水準相比仍有相當差距，軍隊整體文化水準與外軍比較
亦顯低落，各級指揮員作戰指揮特別是高技術戰爭的指揮能力不
足。[15]改革開放以來，共軍的人才培訓，逐漸走上法制化與正規
化，但受到歷史因素制約，總體上軍事院校教育與西方仍有相當
的差距，致使當今中共軍事人才結構與打高技術局部戰爭的要求

---

[13] 「中共年報」編輯委員會，*2002 年中共年報：第肆篇－軍事*（台北：中共研究雜誌社，2002 年 7 月），頁 4-187。

[14] 「中共年報」編輯委員會，*1999 年中共年報：第捌篇－共軍現代化建設與發展*（台北：中共研究雜誌社，1999 年 7 月），頁 8-25。

[15] 「中共年報」編輯委員會，*2000 年中共年報：第伍篇－軍事*（台北：中共研究雜誌社，2000 年 7 月），頁 5-37。

不相適應。[16]

自 1994 年江澤民發表有關加強部隊人才建設的系列指示後，共軍各總部紛就人才教育政策及制度進行研究。2003 年 11 月，共軍四總部聯合下發「關於提高參謀隊伍素質若干問題的意見」，以人才戰略思想為指導，按軍隊人才戰略工程計劃，明確團級以上機關業務部門領導和參謀的素質條件，要點計有：

一、要求參謀人員應具備六種素質：堅定的理想信念，對黨忠誠，思想道德純潔；具較高的科學文化水準，專業基礎紮實，掌握軍事高科技知識，四十歲以下者應掌握一門外語；具較強的運籌謀劃能力，全局意識強，會調查研究能為領導決策提供正確的意見與建議；具熟練的業務技能，精通本職，掌握現代化指揮管理手段；有紮實的工作作風；有良好的身體、心理素質。

二、強化院校教育、在職學習、實踐鍛鍊等培育措施：完善參謀人員院校體制，增加培訓數量，每年按機關層次和專業分類選送一定數量參謀人員進入國防大學、中級指揮學院和其他院校培訓；拓寬參謀人員培訓渠道，提高培訓層次和學歷水準，選送機關參謀人員到軍兵種院校進行交叉培訓，及出國考察與留學。[17]

三、院校改革：1999 年 4 月軍委擴大會議及 6 月第 14 次全軍院校會議召開後，共軍展開新一輪的軍隊院校的改革。實施全軍院校體制編制調整改革方案，對軍隊院校規模、結構進行重大調整，組建新的國防科技大學、信

---

[16] 「中共年報」編輯委員會，*2002 年中共年報：第肆篇－軍事*，頁 4-172。

[17] 「中共年報」編輯委員會，*2004 年中共年報：第肆篇－軍事*，頁 4-49～4-52。

息工程大學、理工大學、海軍工程大學、空軍工程大學等五所橫跨多學科門類，培養多類人才的新綜合大學。

四、2003 年 9 月，中共教育部和共軍總政「幹部部」部署 2004 年「高層次人才強軍計劃」。該計劃於 2001 年開始實施，目前已選送約 3000 名軍隊幹部，29 所重點大學每年招生 60 名，以落實「關於進一步依托普通高等教育培養軍隊幹部，加速培養高層次軍事人才」計劃，提升幹部的整體素質。並且也將選送 1680 名軍隊幹部全北大、清華、復旦、山東大學等高等學校，攻讀碩士研究生，培訓作戰部隊專業技術幹部、軍隊院校及科研單位，從事理工科教研人員，尤以部隊新武器裝備較多的技術幹部為主。[18]

五、2001 年 5 月中旬，南京陸軍指揮學院、海軍指揮學院、空軍指揮學院和第二炮兵指揮學院，分別開辦「全軍師旅團指揮幹部交叉訓練班」，全軍陸海空二炮部隊的師旅團軍政主官和師參謀長，分別在非同軍兵種的中級指揮學院進行為期一個月的交叉培訓，學習軍兵種戰役、戰術基本理論，研究諸軍兵種在聯合作戰的運用和協同問題。該培訓班 2001 年起連續舉辦 4 期，而後將作為一種新的培訓模式。[19]

六、2004 年 10 月 13 日，國防科技大學自 1998 年開始承辦全軍高級幹部高科技知識培訓班，至今已舉辦 10 期。培訓內容以學習信息化技術為核心的軍事高科技知

---

[18] 「中共年報」編輯委員會，*2004 年中共年報：第肆篇－軍事*，頁 4-53。
[19] 「中共年報」編輯委員會，*2002 年中共年報：第肆篇－軍事*，頁 4-59。

識，重點研究信息化戰爭和共軍信息化建設的問題。另外，大軍區職領導幹部高科技知識培訓班亦同樣展開施訓。[20]

隨著世界新軍事變革，包括軍備發展、軍事理論、軍隊體制、作戰方式、指揮體系等發展趨勢，以資訊科技為核心的軍事技術引發軍事領域的革命性變化。軍隊體制由以往著重單一功能的集團軍型態，逐步走向規模小型化、軍種混合化、作戰多能化發展，促使軍隊規模與作戰效能呈現「精幹、合成、高效」的態勢。近年來共軍外購武器裝備質量均呈大幅增長趨勢，自製武備的科技含量亦逐步提升，尤以海、空軍及二炮部隊等高技術軍兵種為甚，復以共軍提出 2005 年前裁減部隊員額 20 萬人之目標，在人力精簡，科技含量日增，現代化聯合作戰需求及資訊化、信息化發展態勢下，致使共軍對掌握運用高科技武器裝備的高素質人才需求，是實施培養新型軍事人才戰略工程的必要選擇。[21]

第二節　聯合作戰訓練

聯合作戰訓練，是根據聯合作戰的需要將兩個以上不同軍兵種的部隊組織起來共同進行的聯合訓練。是軍隊戰役、戰術訓練的高級階段，是提高軍隊高技術局部戰爭下聯合作戰能力的基本形式。[22]中共認為，在實施聯合作戰中，必須要加強諸軍兵種的合同訓練。高技術局部戰爭即便規模不大，往往也都是諸軍兵種的聯合作戰，單憑哪一個軍兵種都將難以贏得戰爭的勝利。要形成

---

[20]　http：//www.chinamil.com.cn/site1/ztpd/2004-09/07/content-3541.htm
[21]　「中共年報」編輯委員會，*2004 年中共年報：第肆篇－軍事*，頁 4-53。
[22]　吳詮敘　主編，*軍事訓練學*（北京：軍事科學出版社，2003 年 1 月），頁 140。

整體作戰能力不僅要編制、編組的合成，最終要靠聯合訓練來達成。從注重單一軍兵種合同訓練轉變到注重軍兵種聯合訓練上；戰役訓練應由以陸軍和陸戰場為主的合同訓練，上升為陸海空二炮諸軍兵種聯合，在更廣闊的空間內作戰的聯合作戰訓練。[23]

　　共軍在著眼於提高現代化條件下特別是高技術條件下的作戰能力，共軍於 1995 年初召開軍委擴大會議，強調全年共軍軍事訓練方針以新時期軍事戰略方針為依據，圍繞深化訓練改革這條主線，把握戰法研練這個核心，加強院校教學和科研工作，完成新一代訓練大綱、教材、標準的編寫論證，探索模擬訓練和基地訓練途徑，積極實現三年訓改目標。

一、　在部隊訓練改革方面：1995 年 1 月，共軍總參謀部提出軍事訓練目標，要求 1995 年的軍事訓練要著重在：加大訓練改革的力度與深度，為提高打贏高技術局部戰爭能力奠定基礎；在訓練工作指導方面要著重解決重點、難點問題，加快深化訓練改革的進程；從戰法上演練出成果，從提高部隊實戰能力和訓練效益出發。

二、　在提升演訓層次方面：依據「軍事訓練條例」及陸海空「軍事訓練大綱」等法規，積極進行「合同戰術」層次之訓練活動，同時對於演訓提出在指導思想上，要切實把部隊放在適應高技術局部戰爭的作戰基點上，把部隊拉到近似實戰的地域（海空域），圍繞高技術局部戰爭，同時並以新的編制體制結構為基礎，開展平時如何訓練和戰時如何保障的理論研究。[24]

---

[23] 連玉明　主編，*學習型軍隊*，頁 524。

[24] 「中共年報」編輯委員會，1996 年中共年報：*第柒篇－中國國防現代化*

　　1997 年是共軍依據鄧小平新時期軍隊建設思想和江澤民「政治合格、軍事過硬、作風優良、紀律嚴明、保障有力」總要求下，持持續規劃軍隊建設與戰備整備，同時也是按照「九五」軍隊建設規劃，持續進行部隊編制調整、精簡及著眼「打贏高技術局部戰爭」，加速軍隊現代化的一年。共軍國防大學經過數年論證，在聯合作戰教學上，首批教材已研成，於 1997 年全面實訓，為共軍深入開展的聯合作戰理論研究和演練提供有利條件。另外，共軍總參謀部制定「全軍幹部學習高科技知識三年規劃」於 1997 年 2 月下發部隊執行，要求全軍必須迅速掀起一個廣泛深入且持久的學習熱潮，特別是高科技知識。[25]

　　共軍總參謀部為提升共軍適應高技術戰爭能力，除要求全軍訓練改革圍繞重點和難點問題，著重各軍種首長機關、重點部隊訓練並針對部隊以往訓練之缺失，提出部隊訓練改革作法：持續進行快速機動、電子戰、夜戰、海上封鎖、渡海登陸、空中封鎖等課題加強演練，並強化諸軍兵種聯合作戰訓練。[26]訓練設施建設之良窳，關係部隊訓練質量好壞，對於部隊戰力提升也有絕對影響：

一、陸軍方面：

（一）共軍陸軍航空兵已成為共軍重要突擊力量，陸航部按照打贏高技術局部戰爭的要求，利用現代體制培養空地勤專業人員和各級指揮員，舉辦各種高科技知識講座班，使各級指揮員

建設及其影響，頁 7-2。

[25] 「中共年報」編輯委員會，*1998 年中共年報：第捌篇－共軍現代化建設與發展*，頁 8-54。

[26] 「中共年報」編輯委員會，*1998 年中共年報：第捌篇－共軍現代化建設與發展*，頁 8-52。

及專業技術人員，都經過訓練和系統培養，飛行員中特級和一級飛行員佔一半以上，提高空地作戰能力。[27]

（二）在裝甲兵武器及訓練方面，目前裝甲兵部隊除裝備有各型主戰坦克外，還有適用於山地與水稻田地作戰的輕型坦克及特殊功能的坦克。由於共軍將高技術與電子技術廣泛應用於坦克，使現有坦克的火炮威力、火力精度、夜戰能力、防護能力都有新的進步。炮兵在快速反應訓練改革方案與實兵野戰化對抗演練，驗證出「五快一準」快速反應能力。[28]

二、　海軍方面：根據新的訓練計劃，突破原先單艇的訓練模式，開始嘗試聯合攻擊敵方大型艦艇編隊的科目：由驅逐艦和潛水艇組成的軍隊，開展至「廣闊」海域，演練聯合偵察、情報共享、聯合打擊等較以往單艇訓練所未操演的科目，同時並將多艦種海空立體作戰、海上立體綜合補給等難度科目列為重點。[29]

三、　空軍方面：中共空軍強調其訓練方法已進入電子模擬化領域，共軍為推進訓練手段的現代化，增強部隊戰鬥力，發揮部隊、院校、科研機構的集體力量，對主機種的激光、電子訓練模擬器材進行整體開發。如用於殲擊機和飛行員技術訓練的「球形全視景系統飛行模擬器」，配有計算機成像系統，

---

[27] 劉進軍、陳伯江　著，*陸空協同作戰概論*（北京：解放軍出版社，1996年8月），頁104-107。

[28] 曹淑信、朱法艦、王建剛　編著，*炮兵作戰理論新探*（北京：國防大學，2004年3月），頁18。「五快一準」即戰鬥組織快、兵力機動快、展開撤出快、戰鬥保障快、火力反應快及打得準。

[29] 靳懷鵬、張玉坤＜聯合戰役作戰問題初探＞，國防大學，*高技術條件下聯合作戰與軍兵種作戰*（北京：國防大學出版社，1997年1月），頁153-159。

能教為逼真地模擬空中環境，使飛行員在地面上就能體驗和進行物質動作和空戰攻擊動作的訓練。此外，在模擬訓練的範圍上，共軍強調已從機電模擬發展到電子計算機模擬，從技術模擬發展到戰術、戰役模擬，由航空兵部隊發展到雷達兵、空降兵、地空導彈、高射炮、通信、氣象等兵種和專業，形成多兵種、多機種的合成模擬，並在空戰、空對地轟炸、地對空射擊、空降作戰、戰術指揮等方面初步形成系統，在飛行學校與飛行部隊 90％以上的戰術、技術訓練科目中得到應用。[30]

共軍汲取現代戰爭經驗，針對「打贏高技術局部戰爭」要求，提出「科技強軍」、「科技興訓」口號。1998 年 9 月下旬，共軍總參謀部在瀋陽軍區某集團軍檢驗訓練成效。中共中央軍委 11 月 9 日轉發總參謀部根據該集團軍集訓結果所作的「關於全軍運用高技術知識，普及深化訓練改革成果集訓的情況」，指示全軍部隊進行「科技大練兵」。共軍發動科技練兵雖在科索沃戰爭之前，然北約在 1999 年 3 月 24 日至 5 月 20 日對南聯盟發動名為「聯軍行動」之空中攻擊，更堅定共軍發展科技練兵的決心。[31]1999年 3 月 24 日，以美國為首的北約聯盟對南聯盟發動了一場歷時78 天的大規模空襲戰。科索沃戰爭是波灣戰爭後發生的一高技術局部戰爭。[32]中共認為，科索沃戰爭具有全新的特點：

---

[30] 「中共年報」編輯委員會，*1998 年中共年報：第捌篇－跨世紀共軍現代化建設與發展*，頁 8-55。

[31] 「中共年報」編輯委員會，*2000 年中共年報：第伍篇－軍事*，頁 5-58至 5-59。

[32] 軍事科學院外國軍事研究部，*科索沃戰爭（上）*（北京：軍事科學出版社，2000 年 10 月），頁 1。

一、　聯合作戰呈現新特點：北約聯盟 1997 年完成的 2010 年規劃
　　　曾提出的遠程精確打擊、海空聯合作戰、空軍遠程作戰、海
　　　軍網絡中心戰、航空母艦攻擊等新作戰觀念。北約「聯盟力
　　　量」行動參加國家多達 13 國，參戰飛機逾 30 種，綿密複雜
　　　的作戰指揮依靠衛星、機載電子設備等組成的高效信息保障
　　　系統，已實現信息化、網絡化和一體化的有機聯合作戰。其
　　　兵力聯合到火力聯合的轉變，及自集中兵力向集中效能轉變
　　　的二個特徵，使聯合作戰的遂行，自重視部署「兵力」轉至
　　　追求「效益」。[33]

二、　是一場典型的高技術對中低技術的不對稱戰爭：美國和北約
　　　使用了除核武器以外的所有現代化武器系統，南聯盟則以中
　　　低技術武器相對抗。一方是零戰鬥傷亡，另一方損失慘重。

二、　是一場以遠程和高空打擊為主的非接觸性戰爭：美國和北約
　　　使用巡航導彈和大量的防區外發射的彈藥實施遠距離打擊，
　　　甚至使用 B－2 轟炸機從美國本土直接飛來打擊，北約聯軍的
　　　戰機由於害怕南聯盟的防空武器，也多從高空投彈。戰爭進
　　　行 78 天，但雙方地面部隊未進行面對面的直接交火。[34]

　　　共軍觀察科索沃戰爭，導彈攻擊成為空襲作戰重要成份，巡
航導彈為首輪空襲主要手段，信息戰成為「非對稱作戰」的主要
內容，電子對抗貫穿戰役全程，戰場一體化與多維化已然成為未
來聯合作戰的趨勢。[35]共軍對科索沃總結認為：

一、　科技興訓：北約「聯盟力量」行動說明發達國家的軍隊在精

---

[33] 「中共年報」編輯委員會，*2000 年中共年報：第伍篇－軍事*，頁 5-103。
[34] 軍事科學院外國軍事研究部，*科索沃戰爭（上）*，頁 1。
[35] 章偉、管有勛　主編，15 場空中戰爭－20 世紀中葉以來典型空中作戰評
　　介（北京：解放軍出版社，2004 年 1 月），頁 337-342。

確制導技術、衛星通訊和偵察技術、電子對抗技術、夜視技術、計算機技術等方面已取得優勢。科索沃戰爭顯示「墨守成規、按部就班」的訓練走不進高技術戰場,「米數、秒數、環數」的技能打不贏高技術戰爭。從形勢、任務和對手來看,堅持科技練兵走科技興訓是唯一出路,堅定執行科技強軍戰略。

二、 立足現有裝備練兵:南聯以舊武器(俄羅斯 SAM－6 型防空飛彈)擊毀一架美國最先進的 F－117 隱型戰機,創造以劣勝優的戰例,證明再先進的武器仍有致命傷,舊裝備使用得當亦有所長。立足先進現有裝備,增強訓練中的科技含量,就能彌補武器裝備的不足。[36]

三、 開展非對稱作戰理論研究:知識化戰爭時代的非對稱作戰,將成為一把「雙刃劍」。即使有明顯技術優勢的一方,也可能面對非對稱作戰的威脅。處於劣勢的一方可使用特殊手段進行核、生、化打擊,或破壞敵發達的信息網絡,或以現代游擊戰等非常規戰或恐怖戰活動進行襲擊。因此,發展非對稱作戰理論,研究高技術局部戰爭下的新的不對稱戰法,是重要的選項。

四、 聯合作戰指揮為練兵重點:未來作戰,以劣對強是共軍面對的事實,各級指揮員必須提高指揮員聯合作戰在戰略、戰役、戰鬥上指揮的能力。聯合作戰指揮須保持集中統一、分層授權強化指揮職能和配備使用高素質指揮人員的原則,靈活採取集中與分散指揮並用,適時使用越級、平行指揮、指導式指揮及網絡指揮等多種方式,最大限度地使用現代化指揮工

---

[36] 「中共年報」編輯委員會,*2000 年中共年報:第伍篇－軍事*,頁 5-110。

具與手段，切忌「一條路走到底」的呆板方式。[37]

2000 年共軍訓練目標立足於打贏未來可能發生的「高技術局部戰爭」，因受外部環境及內部因素影響頗具針對性。外部環境：一是科索沃戰爭的啟示，研究高科技戰爭的心得；二是美國發展戰區飛彈防禦系統，欲將日、韓、台納入其中，須因應將來可能發生區域衝突的挑戰。內部因素：為適應部隊體制編制重大調整，包括裁減軍隊 50 萬員額，部隊實施「旅團化」；改革後勤保障，實施聯合後勤體制。據此，圍繞「仗要怎樣打，兵就要怎樣練」原則開展科技練兵。在訓練內容上開展「新三打三防」。[38]

共軍總參謀部部署，共軍部隊訓練置重點於「如何打贏高技術局部戰爭」上，按照「精兵、合成、高效」的原則，深化「科技練兵」，展開以「新三打三防」為訓練內容，注重機動作戰、信息作戰、反空襲作戰、聯合作戰訓練，以提高部隊快速反應能力、信息對抗、聯合作戰及綜合保障能力。[39]

新「三打三防」是高技術局部戰爭以信息為核心需求牽引的結果。老「三打三防」是圍繞消耗敵有生力量，保存共軍有生力量，奪取兵力、火力、機動力優勢。新「三打三防」則是圍繞信息獲取、信息傳輸、信息處理、信息防護等方面，以奪取信息權為目標。論點有三：一、隱形飛機、巡弋飛彈、武裝直升機，是敵對共軍指揮、通信、預警等組成的信息系統進行「硬摧毀」的核心武器，新「打」是以積極攻勢手段反制敵摧毀，保障信息系統穩定。二、新「防」防精確打擊、防電子干擾、防偵察監視，

---

[37] 「中共年報」編輯委員會，*2000 年中共年報：第伍篇－軍事*，頁 5-111。

[38] 「中共年報」編輯委員會，*2001 年中共年報：第伍篇－軍事*（台北：中共研究雜誌社，2001 年 6 月），頁 5-28。

[39] 「中共年報」編輯委員會，*2001 年中共年報：第伍篇－軍事*，頁 5-29。

是以被動手段，封閉本身信息流，阻敵獲取信息，防敵毀傷信息中樞，保證共軍獲取和傳遞信息。三、新「三打三防」關鍵是獲取和封閉目標信息，使敵「透明」。因此，「打」的關鍵是儘早獲取目標信息，「防」的關鍵是採取多種方法封閉、減弱目標向外幅射的信息或使敵獲取錯誤的信息。[40]

　　共軍訓練依據「仗要怎樣打，兵就要怎麼練」的要求，對陸海空二炮的聯合作戰訓練強化，主要針對「高技術局部戰爭」進行攻防訓練，並展開新「三打三防」為內容之訓練，提高「打贏」公算：

（一）陸軍：

1.　強化新「三打三防」訓練：主要以北方重裝集團在平原丘陵地，進行聯合作戰攻防訓練為重點。

2.　加強聯合作戰登陸演練：主要以南方輕裝集團軍之三軍渡海演練為重點，注重遠程機動作戰，包括破除障礙搶灘登陸、武裝泅渡、登艦裝載、抗敵打擊等戰法。

3.　加強網上模擬訓練：利用「遠程分布式戰役模擬系統」、「合同戰術訓練模擬系統」等進行網上訓練。其可顯示戰場態勢、戰鬥過程及作戰結果，以鍛練指揮員指揮與協同能力。

4.　強化後勤保障能力：突出應急保障、機動保障、立體保障訓練，並研成「後勤輔助決策系統」，提高後勤保障資訊處理能力。

5.　注重電子戰訓練：將電子戰列為全軍訓練的重點，在各軍區組建電子對抗團、電子對抗營，積極進行電子戰演練，

---

[40]　季廣智、趙中岐、宋海濱、劉保權、徐國成，*新三打三防研究*（北京：軍事科學出版社，2000 年 4 月），頁 9-30。

驗證理論研究與裝備作戰能力。[41]

（二）海軍：

1. 加強新裝備訓練：加強對新型潛艦、護衛艦和驅逐艦武器裝備及性能掌握，其中由於「現代級」驅逐艦係針對美國航母所設計，因此加速評估該艦參與各項演練，使其儘快形成戰鬥力。

2. 進行跨區遠程機動訓練：組合各型作戰艦、綜合補給艦進行跨艦隊、跨海域進行協同機動演練，提高跨出第一島鏈能力。

3. 混合編隊訓練：小艇大艦混合編隊，突出各艦協同能力，對敵大型編隊實施協同導彈攻擊、進行海上補給、防空抗導與救援受損艦等訓練。

4. 特種潛艇訓練：發揮潛艇隱蔽、威懾特性，強化海島封鎖、多艦協同，與直升機、水面艦協同搜索攻擊等訓練。設置夜戰及電子戰訓練，三大艦隊所屬艦隊加強夜間電戰攻防及導彈射擊訓練。[42]

（三）空軍：

1. 加強新戰機訓練：頒布《新型戰機試訓大綱》，針對第三代戰機，改變訓練方式，以掌握戰機性能與戰法。進行超氣象、超極限飛行，組織師、團大機群、大編隊跨晝夜、跨戰區複雜條件的遠端機動訓練，並完成高速公路、草地跑道起降訓練。

2. 多機種以及陸海軍聯合作戰訓練：實施殲擊機、轟炸機、

---

[41] 「中共年報」編輯委員會，*2001 年中共年報：第伍篇－軍事*，頁 5-39。
[42] 「中共年報」編輯委員會，*2001 年中共年報：第伍篇－軍事*，頁 5-40。

運輸機、空中加油機等多機種並配合地面部隊、海面艦艇，進行聯合作戰。積極組織空降兵機動演練：為提高快速機動作戰能力，組織特種分隊和新型傘兵突擊車進行同機空降、空投作戰訓練。

3. 提高防空導彈機動與精準打擊能力：將導彈部隊開赴陌生地域、戈壁地帶，利用不同氣候地理環境和戰術背景鍛鍊部隊。

4. 強化雷達部隊掌握空情能力：組織雷達部隊進行快速進行展開架設、搶修和撤出，在緊急情況下訓練快速移動、準確而不間斷的發現和處理空情。[43]

（四）二炮：

1. 解決「人裝結合」問題為突破口，在新型號導彈部隊進行「追蹤設計訓練」，即讓官兵提前參與武器研製、試驗、定型、生產全過程，使訓練與科研同步，與生產並行，與實驗互動，超前培養使用新型導彈武器的操作主體。按傳統訓法，每一種新型導彈裝備部隊後，操作手要經過多個環節的反覆訓練，熟練成度及掌握裝備要 2 至 3 年時間，規定新訓法實施，可大幅提高戰鬥力的生成速度。

2. 加強精準打擊和機動訓練，針對各式導彈部隊深入各種崎嶇地形，開展快速架速、精準打擊訓練並積極與海空協同訓練。[44]

中共科技練兵強調「創新」作為，圍繞此氛圍在軍事理論、訓練方法和手段上，跳脫土法煉鋼的窠臼，將部隊訓練更貼近現

---

[43] 「中共年報」編輯委員會，*2001 年中共年報：第伍篇－軍事*，頁 5-41。

[44] 「中共年報」編輯委員會，*2001 年中共年報：第伍篇－軍事*，頁 5-38。

代戰爭的需求，達到「打得贏」的標準。2000 年 10 月中旬的「科技大練兵」，中共宣稱係自 1964 年「大比武」以來，演練規模最大、層次最高、範圍最廣、技術最新的科技練兵行動，有相當程度質的提升。共軍曾在 11 月初美國參謀首長聯席會議主席薛爾頓訪問期間，試射第二枚「東風 31 型」洲際彈道飛彈，並邀請參觀南京軍區某部隊演習，顯見共軍對其部隊訓練成效頗具信心，可與當今軍事武力最強的美國相比較，其自豪之處應是科技的進步，而且能在短時間獲得「跨越式」效果，當推訓練的成效所致。[45]

　　2002 年 11 月 8 日，中共總書記江澤民在「十六大」以「全面建設小康社會，開創中國特色社會主義事業新局面」為題的政治報告中，關於國防和軍隊建設：貫徹積極防禦的軍事戰略方針，提升高技術局部戰爭的作戰能力，實施科技強軍戰略，加強軍隊質量建設，深入開展科技練兵，加強軍隊院校建設，完成機械化和信息化建設的雙重歷史任務，實踐現代化的跨越式發展。[46]

　　總結三年「科技練兵」的成效，共軍於 2001 年 7 月頒布新一代《軍事訓練與考核大綱》，作為今後共軍部隊訓練依據。2002 年是共軍按《軍事訓練與考核大綱》施訓首年，主要訓練工作核心，深化科技練兵，落實單兵、分隊、師、旅團各層次訓練於按新大綱規定運行。在訓練重點上，強調基地化訓練須突出部隊使命問題，模擬化訓練注重新裝備，網絡化訓練注重戰役、戰法演練和院校重點課目教學。落實以新「三打三防」為重點的戰術、

---

[45] 「中共年報」編輯委員會，*2001 年中共年報：第伍篇－軍事*，頁 5-27～5-44。

[46] 中共研究專輯編委會，*中共「十六大」評析專輯*（台北：中共研究雜誌社，2002 年 2 月），頁 7-11。

技術基礎訓練，讓主戰裝備與保障裝備、武器系統與指揮系統間有機結合；在聯合作戰上，要推向普及和提高的新階段，各軍種、兵種應強化聯合作戰意識，戰役、戰術演習合專業協同演練均須於聯合作戰背景下實施，突出聯合作戰演習之對抗性和檢驗性，提高各級機關對聯合作戰的組織指揮能力及部隊聯合作戰能力。[47]

2003 年，共軍演訓主要是 8 月下旬東南沿海三軍聯合作戰演練，分別於東山、平潭、舟山群島、汕頭、湛江等海域進行：

（一）南京軍區東海艦隊互派師團職指揮員代職，為提高聯合作戰指揮幹部的能力。2002 年起，東海艦隊與南京軍區組織師團職軍事幹部雙向代職。3 月初東海艦隊 5 名團職幹部派赴南京軍區某步師、炮兵師、裝甲團等部隊代職，為期半年，以熟悉主戰裝備、軍事訓練、作戰指揮、部隊管理等情況；南京軍區亦有 5 名師團職幹部到東海艦隊艦艇部隊代職，將隨艦出海訓練，進行多種訓練，熟悉海軍部隊裝備的作戰性能、戰法與作戰樣式。[48]

（二）香港文匯報 8 月 20 日報導共軍分別在東山、平潭島、舟山群島、汕頭、湛江等海域進行三軍聯合作戰演練。演訓特點：沿海部隊皆圍繞搶灘登陸進行，南京、北京、瀋陽、廣州、濟南等軍區建立跨區協同作戰預案，各軍區機動部隊重點途奔襲，地方民兵演訓科目不限後勤保障、海上救護，直接參與搶灘登陸作戰演練。[49]

---

[47] 「中共年報」編輯委員會，*2003 年中共年報：第肆篇－軍事*（台北：中共研究雜誌社，2001 年 5 月），頁 4-43。

[48] 「中共年報」編輯委員會，*2003 年中共年報：第肆篇－軍事*，頁 4-7。

[49] 「中共年報」編輯委員會，*2003 年中共年報：第肆篇－軍事*，頁 4-8。

（三）2002 年廣州軍區以渡海登島聯合作戰為課題，採「海訓打基
礎、轉場練機動、網上練指揮、實兵演戰法」的訓練模式。
廣州軍區為驗證「渡海登陸作戰重點難點問題試驗規劃」，在
8 月下旬於新建成的軍區某合同戰術訓練基地舉行高技術條
件下聯合作戰登陸作戰實兵實彈演習。主要圍繞敵軍各種戰
法，擬定方案設置情況，通過訓練基地的組織指導調度，確
保參與演練部隊熟練掌握陣前破障、奪佔灘頭、陣前攻堅、
超越打擊、打敵逆襲、縱深戰鬥、阻擊增援、攻防轉換等戰
法。[50]

（四）中共「國防報」4 月 16 日報導，空降某特種部隊 4 月在鄂北
進行四天的野戰生存訓練與夜間空降突擊演練：1.野戰生存
訓練每名戰士負重 30 公斤、米 200 克，空降著陸後即冒雨急
行軍 90 公里，演練 17 個戰術科目；2.夜間空降突擊演練，
以「多路並舉、越點攻擊」方式，突破「藍軍」機動增援分
隊遙測、夜視器材和巡邏裝甲車防線，對敵指揮所、通信樞
紐進行打擊，演練過程約 25 分鐘；3.該部隊近年先後完成武
裝「橫渡長江、陸海空換乘、孤島生存」等多個「高原、海
島、寒區、叢林」空降試訓科目，以研究多種機型、傘型空
降課目訓法與應急機動偵察作戰能力。[51]

共軍未來軍事訓練工作，將依「十六大」完成機械化與信息
化雙重歷史任務要求，以信息化帶動機械化訓練，其中可能涉及
陸軍集團軍體制編制、武器裝備、戰術戰法、作戰觀念的改變。
共軍總參謀部規劃年度軍事訓練工作時，提出展開針對性訓練、

---

[50] 「中共年報」編輯委員會，*2003 年中共年報：第肆篇－軍事*，頁 4-10。
[51] 「中共年報」編輯委員會，*2003 年中共年報：第肆篇－軍事*，頁 4-22。

深化科技練兵、提高人才培訓、創新軍事理論和作戰思想等四個
重點，預計中共陸海空二炮部隊，會突出各自聯合作戰戰役任務
與特性展開針對性訓練。並會加強信息戰、非接觸及特種作戰的
要求與訓練。非接觸作戰突出集團軍以地對地戰役導彈、集束多
管火箭對敵指揮所、重要目標進行視距外打擊。另將在數字化部
隊試點基礎上，進行部隊體制編制、指揮控制及作戰觀念的更
新。[52]

美國學者沈大偉在《現代化中共軍力》（MODERNING
CHINA'S MILITARY Progress, problem, and prospects）著作中，
關於準則與訓練：準則理論是一回事，但作戰訓練與現代戰鬥經
驗卻是另一回事。「人民解放軍」研究現代作戰的技術，但其所
學到的教訓若不能納入兵力架構中並應用於戰場上，則將毫無意
義。我們可以從解放軍訓練看出，軍事科學院及其他研究機構創
新作為遠多於地面部隊。對任何軍隊而言，要吸收及實際運用準
則上的構想，需要相當長的時間，尤其是在此種新構想將造成原
有戰術與實務的大幅改變時，更是一種嚴酷考驗。[53]

訓練方式的標準化也是一項問題。同樣地，隨著共軍意圖依
據打贏高技術局部戰爭準則同時進行多項改革，使得此一項問題
益形嚴重。1990 年，總參謀部發布新的軍事訓練大綱，此後隨著
演訓逐年加以更新及修訂，直到 1995 年底又發布了另一套軍事
訓練大綱。

---

[52] 「中共年報」編輯委員會，*2003 年中共年報：第肆篇－軍事*，頁 4-29～
4-30。
[53] David Shambaugh, "*MODERNIZING CHINA'S MILITARY : Progress,
Problems, and Progress*," （University of California Press Berkeley and Los
Angeles,California,2004）,p.94.

　　1999 年元月，總參再度對此大綱修訂後重新發布。這部被共軍認為是自 1987 年來所發布的第四套「全面體系」，其內容在於強調聯合作戰而非聯兵作戰（協同作戰）。這部最新的軍事訓練大綱發布後，隨即由總參謀部於各軍區的組織向下級單位轉達，再由軍區賦予某些集團軍、師及旅執行特定的模擬、實兵及實彈演訓任務。儘管共軍將新的訓練大綱發至下級單位，但是能否落實訓練規定與要求，有著不同程度地落差。[54]

　　2000 年在北京近郊所舉行的「科技大練兵」，共軍中央對這兩年以來科技練兵的成果感到滿意，但是根據共軍自行披露其中的缺失：為數眾多的指揮員對學習電腦缺乏興趣，縱使一再強調電腦模擬訓練或數字化戰場的重要性，其觀念仍停留在火藥戰爭；再者，聯合作戰的觀念仍然老舊，認為聯合作戰只是陸海空「走過場」的形式主義；武器裝備新式的「防紅外線隱形衣」根本不能隱形；「強光干擾彈」非但不能達到干擾的目的，反而自暴行蹤，成為敵人空襲的目標；新式裝備的「炮兵射擊諸元顯示儀」，因抗震性能差，經不起野戰機動的強烈震動而紛紛失靈；共軍購進俄製現代級導彈驅逐艦「杭州號」，當正式打靶時，發生射控雷達無法鎖定目標的情況。共軍坦承，科技練兵中有許多「誤區」亟待解決與改進。[55]

---

[54] David Shambaugh, "*MODERNIZING CHINA'S MILITARY：Progress, Problems, and Progress*"（University of California Press Berkeley and Los Angeles,California,2004）,p.136-137.

[55] 「中共年報」編輯委員會，*2003 年中共年報：第伍篇－ 軍事*，頁 5-43～5-44。

第三節　聯合作戰模擬演練

　　作戰模擬，從概念上而言，包括軍事（有時還包括政治）對抗局勢的推演，對戰場上作戰過程的預測（或再出現）以及對作戰裝備和參戰人員在戰鬥的過程中的操作和感知的模擬。從作戰模擬的發展史可以分為五個階段：最先出現的是指揮官對軍事對抗局勢從邏輯上和幾何上進行的智力推演；接著出現的是野戰演習；其後出現的兵棋進行的對抗作業；再往後出現了精益求精的作戰模擬；最後是以計算機技術與網絡技術為基礎的分布交互式作戰模擬系統（Distributed interactive simulation）。[56]

　　聯合作戰模擬系統（JSIMS）是面向 21 世紀的聯合作戰而建立的訓練的模擬系統。目的是提供高級司令官、及其部屬、及其它聯合組織，為聯合作戰訓練演習的實施提供易於使用的、可操作的在合成環境中為高級司令官訓練下屬的作戰司令官，開發作戰條令，制定和評估作戰計劃，實施任務演練，確定作戰要求提供現實環境，以及建構過程提供作戰環境（operational input）。JSIMS 不僅為交互服務的可操作性提供改進能力，並通過所有類型的軍事行動的所有階段，提供現實的聯合作戰訓練來支持作戰部隊的訓練與教育，為聯合作戰司令官增強聯合做戰參謀訓練能力。[57]

　　聯合作戰訓練的方法，是施訓者與受訓者在聯合作戰訓練過程中，為了達成訓練目的與完成訓練任務所採取的訓練程序、訓練方式和訓練手段。共軍聯合作戰訓練通常採取聯合作戰集訓、

---

[56] 徐學文、王壽云　著，*現代作戰模擬*（北京：中國科學出版社，2004 年 1 月 3 版），頁 3。
[57] 徐學文、王壽云　著，*現代作戰模擬*，頁 324。

聯合作戰想定、聯合作戰演習三種主要形式進行。聯合作戰訓練
的主要方法，有聯合作戰模擬訓練、基地化訓練和對抗性訓練：[58]

一、　基地訓練：即建立專用的綜合訓練中心或大型訓練基地訓練
　　　部隊。基地不僅訓練設施齊全，而有假想敵部隊，可使訓練
　　　收到更好的效果。例如，美軍建立了比較完善的基地綜合訓
　　　練體系，包括戰術空軍作戰訓練中心、作戰模擬訓練中心等。
　　　[59]

二、　作戰模擬訓練：通過廣泛使用模擬系統，不僅可以對部隊進
　　　行針對性的演練，而且可以用來檢驗新的作戰理論和武器裝
　　　備的效能，還能節省大量的訓練經費。[60]作戰模擬系統具有經
　　　濟性、安全性，且不受天候場地限制，已成為世界各國進行
　　　軍事演習、聯合訓練與武器系統研制一種很好的方法。[61]

三、　對抗模擬（war gaming）：一般而言，對抗模擬由一系列局中
　　　人的決策構成，這些決策的後果，通過某種判定過程來評估，
　　　這個過程可以用對抗模擬開始前預先設計好的模型或信息庫
　　　來決定其結果，可以通過局中人之間的討論來決定結果，也
　　　可以結合前兩者來進行判定，以便得到正確的分析結論。就
　　　研究範圍和內容而言，可以分為戰術訓練、技術對抗模擬和
　　　政治－軍事對抗模擬。技術對抗模擬著重於研究新技術在武
　　　器裝備建設合發展中的應用，探討下一代武器系統的發展方

---

[58] 周曉宇、彭西文、安衛平　著，*聯合作戰新論*，頁 366-374。

[59] 李輝光　主編，*外國軍事演習概覽*（北京：軍事學科出版社，2004 年 1
　　 月），頁 13。

[60] 李輝光　主編，*外國軍事演習概覽*，頁 13-14。

[61] 郭齊勝、張偉、楊立功　編著，分布交互仿真及其軍事應用（北京：國
　　 防工業出版社，2003 年 9 月），頁 1。

向和重點。政治－軍事對抗模擬著重處理可能的衝突事件，潛在的危險問題和國家國防發展戰略。[62]

共軍總參謀部 2001 年初，向共軍部隊及院校發出深化科技練兵要求，加強聯合作戰訓練，強調火力戰、資訊戰一體化的演練，以及電磁環境下聯合作戰的指揮方法，深化新「三打三防」訓練。在訓練方法上，要形成基地化、類比化、網路化體系訓練，要求共軍部隊針對對手作戰思想、武器裝備、體制編制和作戰樣式的發展變化，探索對策；利用基地進行實戰化訓練，推廣類比訓練器材、訓練軟體、電教教材以及參謀「六會」訓練系統，展開網上作戰指揮訓練：[63]

一、 現階段中共作戰模擬訓練，主要有虛擬實境和分布交互模擬訓練，如大連艦艇學院研發出類比訓練系統，可根據訓練需要設置「敵情」、「特情」，使訓練更加符合實戰要求；東海艦隊研製成「某型裝備對海戰鬥力估算」決策軟體，可結合雙方軍力進行「敵對我」、「我對敵」雙方各種攻擊方案可行性，並對戰況做出快速而正確的估算。共軍電子工程學院研製「對抗作戰指揮模擬系統」、「分布交互式作戰指揮訓練模擬系統」，可採多種方式對任何聯合作戰行動進行模擬演練，既可對所規定的戰役地幅（地域、戰區）的戰爭進行推演，可達到諸軍兵種聯合作戰訓練和對抗訓練。[64]

二、 1998 年 7 月，共軍總參謀部研發成功「分布交互式作戰指揮

---

[62] 中國人民解放軍總裝備部軍事訓練教材編輯工作委員會 編，國防系統分析方法（北京：國防工業出版社，2003 年 2 月）頁 29-31。

[63] 「中共年報」編輯委員會，2002 年中共年報：第肆篇－軍事，頁 4-35～4-36。

[64] 「中共年報」編輯委員會，2002 年中共年報：第肆篇－軍事，頁 4-41。

模擬系統」，該模擬系統使共軍首次實現多節點、遠程、模擬實體的指揮所自動化作業系統，構建現代化智能作戰訓練信息庫系統。9 月下旬，該系統舉行對國軍的機動防禦網上戰術作業演練，近百名軍事參謀人員首次利用該系統進行一場高技術戰爭下的實戰較量。

四、　中共「軍隊信息高速公路」已在北京軍區聯合作戰訓練中首次開通，1998 年 10 月下旬起，北京軍區首次利用該系統組織所屬集團軍和省軍區、衛戍區、警備區、軍區空軍，進行六大的異地同步戰役演練獲得成功。此套系統由數字信道、撥號信道、指揮網信道、機要網信道等四個信道組成。「軍隊信息高速公路」為共軍首次把圖形、文字、聲音信息的綜合處理和快速傳輸，把網絡技術、電腦圖形處理技術運用到戰役訓練、作戰指揮領域，改變軍隊傳統的戰役訓練和作戰指揮方式。[65]

五、　南京軍區建設完成「合同戰術訓練基地」，營建一個近似實戰的模擬戰爭環境，提供逼真的模擬交戰對手，為受訓部隊在模擬戰爭中學習戰爭創造條件。南京軍區合同戰術訓練基地運用現代科技手段，完成五大系統建設包含：導調系統、模擬敵軍系統、戰場仿真系統、監控評估系統和綜合保障系統。這五大系統建立，共軍自稱可以體現出高技術局部戰爭的特點，可提高和保障部隊訓練。[66]

六、　國防大學完成戰役訓練模擬系統，共軍軍委副主席張萬年強調要加快共軍作戰指揮訓練、模擬化的步伐，提高各級首長

---

[65]　「中共年報」編輯委員會，*2000 年中共年報：第伍篇－軍事*，頁 5-67。

[66]　「中共年報」編輯委員會，*1998 年中共年報：第捌篇－共軍現代化建設與發展*，頁 8-54。

機關 組織指揮現代化技術,特別是高技術局部戰爭能力。」該系統所進行的演練,可使紅藍雙方運用這套系統在百萬公里的戰役地圖上調度軍隊,並能運用各種高科技手段實現諸軍種聯合作戰,作戰指揮的模擬對抗演練。[67]

七、 共軍後勤指揮學院 1998 年 12 月中旬,完成一項可模擬現代後勤保障的軟體系統「戰術後勤指揮模擬訓練系統」,使共軍後勤訓練由實地演練邁向模擬化演練。目前北京軍區、瀋陽軍區、南京軍區等部隊已先後採用這一系統,進行後勤保障訓練或演習。該系統涵蓋現代戰爭中,軍需、衛生、油料、運輸等各項後勤專業,從發出命令到實施保障全過程,參演人員可採用聲、光、圖、影等效果,模擬出高技術戰爭的戰場環境,在近似實戰條件下實施各種後勤保障演練。[68]

八、 2000 年 10 月 13 日至 16 日,舉行「三打三防」為主的「科技大演兵」,首先以聯合作戰模擬訓練系統舉行網絡上演兵。中共陸海空二炮和武警部隊分別北平、南京、武漢三地同時展開網上參謀「六會」(讀、記、算、寫、畫、傳)作業競賽,並從網絡中判讀衛星照片、計算兵力、標寫作戰決心與判斷。國防大學、國防科技大學、共軍理工大學以及後勤、通信指揮學院、軍械、電子工程學院、濟南陸軍學院等參與演練。[69]

九、 2001 年 10 月下旬,石家莊陸軍學院、陸軍航空兵學院與陸軍導彈學院等三所院校,舉行一場聯合作戰戰術、戰役「紅

---

[67] 「中共年報」編輯委員會,*1998 年中共年報:第捌篇－共軍現代化建設與發展*,頁 8-55。

[68] 「中共年報」編輯委員會,*2000 年中共年報:第伍篇－軍事*,頁 5-67。

[69] 「中共年報」編輯委員會,*2001 年中共年報:第伍篇－軍事*,頁 5-42～5-43。

軍」、「藍軍」網上對抗模擬演練。演練內容涉及陸軍合成部隊、航空兵部隊和導彈部隊以及步、裝、炮、工、通、化、電子、信息等專業，是一次跨區域院校聯合作戰模擬演練。[70]

綜前所述，共軍認為目前隨著高技術武器的發展，武器裝備費用也隨之增加，大型武器系統的高額費用已成為當今各國武器發展的一個致關重要的制約因素。根據資料顯示，美國每 10 年各主要武器系統平均成本大約增長四倍，扣除通貨膨脹的因素，平均每年增長仍高達 9%-10%，即每 20 年增長 5 倍～6 倍。因此以某種有效的經濟方式進行軍事演習、訓練與武器系統研制就成為各國擺脫困境的途徑，因此發展模擬系統技術是一種很好的方法。美軍一名的坦克炮長一年可以打 100 發炮彈，共軍一名坦克炮長一年僅可以打 4 發炮彈；就彈藥而言，　發 88 式坦克炮彈價值 1 萬元人民幣；一發紅箭 8 型炮射導彈價值超過 20 萬人民幣。如此昂貴的彈藥，如何進行訓練？因此，建立模擬系統具有經濟性的考量，以及具有安全性與不受天候場地限制，同時可建成模擬真實戰場環境，貼近實戰訓練，達到訓練成效。[71]

再者，共軍認為聯合作戰模擬訓練，再方法有三項：一是須從合同戰術基地訓練突破。合同戰術訓練是提高部隊整體作戰能力的關鍵，是實施聯合作戰的基礎。[72]基地訓練應以大單位為主，按統一規劃和要求，既要現代化要野戰化，建構與模擬作戰對手相同標準的基地模擬設施，重點建設導調監控、戰場模擬、輔助

---

[70] 石家莊陸軍學院「網上對抗演習」轉引自
http：//www.chinamil.com.cn/site1/ztpd/2004-09/07/content-3547.htm
[71] 郭齊勝、張偉、楊立功　編著，分布交互仿真及其軍事應用，頁 1。
[72] 高宇飆　主編，聯合戰役學教程（北京：軍事科學出版社，2001 年 8 月），
頁 86。

評估、綜合保障和基地管理五大系統。[73]二是從聯合作戰指揮訓練著手，走模擬訓練方式：作戰指揮訓練是部隊訓練核心，也是模擬訓練重點。廣泛運用模擬、虛擬實境等技術，造成逼真的戰場環境，能最大限度地降低訓練消耗，實現「練為戰」的實戰化訓練；三是從信息建設投入，走網路訓練方式：研究世界軍事訓練領域的重大變革，運用現代信息技術，開展網絡模擬訓練，加速「軍事訓練信息高速公路」建設，發展信息技術，重視信息戰訓練，提高部隊信息對抗能力。[74]

第四節 聯合作戰演習

軍事演習是在想定情況指導下進行的作戰指揮和行動的演練，是部隊訓練的高級階段，通常部隊完成軍事理論學習及技術戰術訓練的基礎上實施，具有近似實戰特性。演習目的在於提高指揮官及其參謀人員和指揮機構的組織的指揮能力和部隊整體作戰能力，檢驗武器裝備的性能妥善率以及作戰條令與條例的實施，最後檢討、探索與實踐新的作戰與訓練方法。[75]

聯合作戰演習，是共軍總參謀部、軍區根據訓練任務和作戰任務在特定的戰役方向和選擇作戰環境上，按照聯合作戰的發展進程，在想定設計與誘導情況下所進行的演練活動。其主要特點是能夠最大限度地貼近實戰，具有很強的驗證性與實踐性。[76]

林宗達在《中共與美國飛彈攻防之軍備建構》書中，對共軍

---

[73] 「中共年報」編輯委員會，*2001 年中共年報：第伍篇－軍事*，頁 5-29。
[74] 「中共年報」編輯委員會，*2001 年中共年報：第伍篇－軍事*，頁 5-30。
[75] 李輝光 主編，*外國軍事演習概覽*（北京：軍事科學出版社，2004 年 1月），頁 1。
[76] 周曉宇、彭西文、安衛平 著，*聯合作戰新論*，頁 372。

1990－1996 年間軍事演習所作的研究與統計。演習類型以單一型式作戰演練和多軍種聯合作戰演習，演習區域則分七大軍區和五大地區，進行演習類型與區域統計，推估共軍意圖及轉變在四個面向：一、單一型式作戰演習從專注地面部隊聯合作戰之攻守態勢，轉移至以攻佔為主的兩棲登陸；二、多軍種聯合作戰演習則由原以陸上為主陸空聯合作戰，改變為向海外擴張的陸海空三軍聯合作戰演習；三、在軍區演習中，以瀋陽和北京兩大軍區轉向至南京軍區；四、地區演習重點從華北地區移至華東地區。台灣在 1994 年以後已成為共軍意圖最大之標的。[77]

本書探討中共高技術局部戰爭能力，以聯合作戰發展為例，亦將自 1997 至 2003 年統計共軍聯合作戰演習、聯合作戰模擬演練，並將列為能力評估項目。[78]

部隊演訓的程及演習方式內涵常被視為戰力是否提升的一個指標，自 1993 年以來，共軍頻繁進行三次大規模演習。[79]日本平松茂雄指出：1994 年以來，共軍集團軍規模以上的大演習，幾乎以每月一次的頻率展開，與 50 至 70 年代相較，90 年代起主要特徵：目的多樣化、火力合成程度高、指揮、通訊系統大有改善等，重要訓練著重在諸軍兵種合同演習，包括陸空聯訓、反登陸、海軍艦種合成訓練、反電子干擾、夜戰等，旨在測驗部隊及武器裝備、後勤支援與各軍種協同作戰能力。[80]

---

[77] 林宗達，*中共與美國飛彈攻防之軍備建構*（台北：晶典文化，2003 年 7 月），頁 69-70。

[78] 林宗達，*中共與美國飛彈攻防之軍備建構*，頁 70-72。

[79] 「中共年報」編輯委員會，*1998 年中共年報：第捌篇－跨世紀共軍現代化建設發展*，頁 8-13。

[80] 平松茂雄　原著，楊鴻儒　編譯，＜江澤民與中國軍＞，（台北：凱侖出版社，1999 年 8 月），頁 92-110。

一、1997 年演習概況：

　　1997 年，共軍總參謀總部為提升共軍適應高技術局部戰爭能力，制頒「全軍幹部學習高科技知識三年規劃」，並持續進行以遠程快速機動、海上訓練、渡海登陸、空中威懾、空中封鎖等課題加以演練，並強化諸軍兵種演練：

（一）1997 年 1 月 15 日，共軍地空導彈部隊在華北地區進行實彈演習，期間發射各類型地空導彈，完成作戰預案。據稱，演習表明，共軍地對空導彈部隊已具備有攔截導彈能力。

（二）1997 年 2 月 20 日至 5 月 28 日，解放軍廣州軍區副司令員兼南海艦隊司令員王永固中將，率領哈爾濱旅滬級 112 導彈驅逐艦及珠海級 166 驅逐艦以及南運 953 號綜合補給艦組成的聯合艦隊，從湛江出發訪問美國、墨西哥、秘魯、智利等四國，歷時 98 天。總航程達兩萬四千多浬，聯合艦隊在美、墨附近東太平洋上進行了防空與反潛演練。[81]

（三）1997 年 2 月 27 日至 3 月 30 日，南京軍區副司令員楊玉書，率領青島級 113 號導彈驅逐和 542 號銅陵護衛艦所組成聯合艦隊，由上海出發父訪問泰國、馬來西亞與菲律賓三國訪問，途中進行多項海上編隊演練、防空與反潛演練。

（四）1997 年 10 月 7 日，共軍在內蒙戈壁大漠的某空軍基地，試射一枚新型地對空導彈，這種新型導彈具有遠距離、大速度與抗干擾之特點。據報導，試射的地對空導彈是「紅旗」飛彈的改良型。

（五）1997 年 10 月 23 日，北京軍區組織中高級指揮員系統，學習

---

[81] 「中共年報」編輯委員會，*1998 年中共年報：第捌篇－跨世紀共軍現代化建設發展*，頁 8-61。

精兵種知識與高技術兵種知識，並舉行了一系列演習，提高
中高級指揮員多兵種聯合作戰能力。[82]

二、1998 年演習概況

1998 年 1 月，共軍總參謀部訂定全軍新年度軍事訓練任務時
強調，全軍要提高打贏高技術局部戰爭能力，須將高科技知識理
論與訓練及武器裝備結合起來，提高聯合作戰演練的質量與效
益：

（一）1998 年 10 月，南京軍區某師於展開海上裝卸載訓練，提高
　　　登陸作戰能力。該師在某海域以高技術局部戰爭為背景，組
　　　織陸軍、海軍、裝甲、炮兵、工程兵等軍兵種，進行數項課
　　　題演練。以步兵師利用制式登工具，在多種複雜氣候碼頭、
　　　沙灘下及電子對抗、遠程武器火力打擊等高技術戰場環境
　　　下，連續裝載、海上編隊，步坦協同等多次演練。

（二）1998 年 10 月間，南京空軍軍以上機關運用遠程分布式網絡
　　　進行戰略演習，在 110 台計算機組成的網路系統上，進行空
　　　戰役對抗演練，實現從「圖上談兵」到「網上演兵」的跨越；
　　　該系統能快速擬製各類作戰文書、標繪決心圖、推演圖，實
　　　施高效率的聯合作戰指揮。[83]

（三）1998 年 2 月期間，東海艦隊展開年度演練計劃，在閩、蘇、
　　　浙省附近海域實施演訓，重點在實彈水面射擊、獵潛艦配合
　　　潛艇實施反潛作戰演練。南海艦隊所屬護衛艦、獵潛艦、導

---

[82] 「中共年報」編輯委員會，*1998 年中共年報：第捌篇－跨世紀共軍現代
　　化建設發展*，頁 8-61～8-62。

[83] 「中共年報」編輯委員會，*1999 年中共年報：第捌篇－跨世紀共軍現代
　　化建設發展*，頁 8-163～8-164。

彈快艇於 6 月上旬與海航轟炸機、殲七、殲八戰機,在南海海域實施海空紅藍對抗。[84]

三、1999 年演習概況:

共軍汲取現代戰爭經驗,針對打贏高技術局部戰爭要求,提出「科軍強軍」、「科技興訓」口號,於 1998 年 9 月下旬,共軍總參謀部在瀋陽某集團軍檢驗訓練成效。1999 年元月,更加大「科技大練兵」演訓,全面提升聯合作戰能力。[85]

(一)1999 年 9 月上旬,南京戰區舉行陸海空二炮及民兵預備役諸軍兵種聯合登陸作戰演習,演習地點為浙東沿海。中央軍委副主席張萬年親臨校閱。南京軍區組織近千艘登陸艦及民船運送數萬精兵,在海軍艦隊、空軍作戰機群的火力掩護之下向守軍發起攻擊。面對堅固設防之守軍,空軍戰機、海軍艦炮施予立體打擊守軍海岸防禦與縱深目標;登陸部隊採用多種方式卸載火炮與戰車,與泛水上陸的兩棲裝甲作戰群、機降部隊合成突擊力量,對守軍實施立體突破,分割圍殲。[86]

(二)1999 年 9 月上旬,廣州軍區舉行陸海空諸軍種聯合渡海登陸作戰實兵演習,演習地點為廣東沿海。演習分兩個方向同時進行;由陸軍與海軍陸戰隊組成左翼,在二炮戰術導彈、空軍戰機、陸軍武裝直升機、海軍艦載火力支援下,向守軍發起攻擊;電子干擾機和船載電子干擾群密切配合,對守軍實施電磁制壓;掃雷艦艇和登陸運用多種手段破障,開闢水際

---

[84] 「中共年報」編輯委員會,*1999 年中共年報:第捌篇-跨世紀共軍現代化建設發展*頁 8-164~8-166。

[85] 「中共年報」編輯委員會,*2000 年中共年報:第伍篇-軍事*,頁 5-58。

[86] 「中共年報」編輯委員會,*2000 年中共年報:第伍篇-軍事*,頁 5-69。

灘頭通路，迅速打開突破口，建立登陸場。由陸軍和特種作戰部隊組成右翼，則迅速展開佔奪港口戰鬥，對守軍之港區指揮所實施精準打擊。[87]

四、2000年共軍演習概況：

（一）2000年7月及10月，共軍在南北各進行一次大型聯合作戰演習：

2000年4月初，各大軍區調動精銳部隊至福建沿海進行「輪戰」演訓，為即將實施的大型軍事演習作先前準備。南京軍區與廣州軍區陸軍部隊分期分批至海軍部隊接受半年以跨海作戰為內容的先置訓練。將坦克、裝甲車及重型武器裝載上大型滾裝船，進行陸軍重裝武器在艦艇上射擊以及破障搶灘演練。5月下旬至7月上旬，裝甲及火炮部隊在福建晉江將軍山靶場及對外海域實施大規模實彈演習，期間空軍及海軍部隊亦在東南沿海進行海空聯訓。[88]7月中旬，南京軍區集結11萬部隊，北起將蘇連雲港，南至福建詔安的東海、黃海沿岸與海域，展開海上練兵活動。以渡海登陸作戰為重點，進行越海偵察、重裝備裝卸載，水際灘頭綜合破障、諸兵種協同作戰、海上封鎖、後勤技術保障等演練。[89]

（二）北部京畿近郊舉行以「新三打三防」為主的「科技大練兵」：

2000年10月13日至16日，舉行自稱1964年「大比武」以來，演練規模最大、層次最高、涉及範圍最廣、運用技術最新的科技練兵活動。演習地點位於北平燕山的演兵場，參演

---

[87] 「中共年報」編輯委員會，*2000年中共年報：第伍篇－軍事*，頁5-71。

[88] 「中共年報」編輯委員會，*2001年中共年報：第伍篇－軍事*，頁5-42。

[89] 「中共年報」編輯委員會，*2001年中共年報：第伍篇－軍事*，頁5-43。

單位包括各大軍區、各軍種、兵種和總部直屬部隊、陸軍集團軍、海軍、空軍、第二炮兵部隊，另包括快反部隊、兩棲裝甲、數字化炮兵、特種作戰部隊、海軍陸戰隊以及預備部隊等。

演習內容分為兩階段：1.網上練兵：首先以聯合作戰模擬訓練系統舉行網絡上演兵。中共陸海空二炮和武警部隊分別北平、南京、武漢三地同時展開網上參謀「六會」（讀、記、算、寫、畫、傳）作業競賽，並從網絡中判讀衛星照片、計算兵力、標寫作戰決心與判斷。國防大學、國防科技大學、共軍理工大學以及後勤、通信指揮學院、軍械、電子工程學院、濟南陸軍學院等參與演練。各大軍區通過「全軍軍事信息網」進行同步教學，為共軍首次舉行遠程教學；2.實兵操演部份：北平燕山附近進行兩棲裝甲與空降部隊進行突擊演練，項目包括登陸與反登陸、衝擊與反衝擊、空降與反空降、電子干擾與反干擾；內蒙赤峰進行地對空導彈部隊進行防空與攔截導彈演練；渤海海域以北海艦隊進行「艦隊空」、「艦對艦」作戰演練；東北密林進行二炮部隊發射兩枚中程地對地導彈。

綜觀南北兩次大演習而言，演習兵力涵蓋共軍各大軍區、軍兵種與高技術武器裝備，演練科目也包含陸海空軍二炮部隊聯合演練，不僅是驗證自 1998 年來實施「科技興軍」政策的實際成果，更檢視共軍自 1999 年頒布《中國人民解放軍聯合戰役綱要》以來，對聯合作戰能力一次重要的試練。[90]

---

90 「中共年報」編輯委員會，*2001 年中共年報：第伍篇－軍事*，頁 5-42～5-43。

五、2001 年共軍演習概況：

　　2001 年元月，中共國防大學「軍事科技與裝備教研室」主任張召忠撰文指出，加速國防和軍隊改革步伐，重點是減少數量、提高質量、調整指揮體制，提高聯合作戰整體效能，以建設一支能夠打得贏高技術局部戰爭的精兵勁旅，並發揮「軍民結合、平戰結合、寓軍於民、以民養軍」目標。[91]

（一）2001 年 8 月 10 日，南京軍區展開「東海六號」演習，演習區域在福建詔安大埕灣一帶，參演部隊分別來自福建、浙江、廣東等各地，以兩棲機械化部隊渡海登陸三軍聯合演習。部隊 4 月底於福建東山海域進行適應性訓練，分兵種分科目訓練和綜合三軍登陸協同訓練，5 月下旬正式展開演練，期間徵用民船、大型集裝船參加渡海與火炮發射演練，並首次動用軍事衛星，運「12」預警機進行偵察監控台海 350 浬範圍。8 月 21 日正式在東山、詔安進行三軍聯合作戰演習。演習特點為同時「開闢兩個主戰場，速戰速決，首戰即決戰。」[92]

（二）2001 年 4 月，廣州軍區首次舉行核事故應急救援演習，強調運用軍民結合、平戰結合、三軍聯合指揮救援體系，處理核意外事故。某師 5 月下旬，針對以往單一兵種、單一軍種保障不符合聯合作戰要求等問題，在廣西地區舉行實兵演練，通過作戰指揮自動化，結合多軍兵種火力配合演練，實施立體打擊保障，形成多軍兵種快速機動綜合保障能力。[93]

---

[91] 「中共年報」編輯委員會，*2002 年中共年報：第肆篇－軍事*，頁 4-8。

[92] 「中共年報」編輯委員會，*2002 年中共年報：第肆篇－軍事*，頁 4-22。

[93] 「中共年報」編輯委員會，*2002 年中共年報：第肆篇－軍事*，頁 4-22～4-23。

六、2002 年共軍演習概況：

2002 年，共軍演訓主要是 8 月下旬東南沿海三軍聯合作戰演練，分別於東山、平潭、舟山群島、汕頭、湛江等海域進行。特點為沿海部隊皆圍繞搶灘登陸進行，南京、北京、瀋陽、濟南等軍區建立跨區域聯合作戰機制，重點快速部隊機動長途奔襲作戰演練。[94]

（一）南京軍區某特種大隊進行水上傘降訓練及增加突擊方式，特種部隊演練立體滲透作戰能力，經過晝夜奔襲、水上汛渡、空中跳傘等立體機動後，於生疏複雜地域完成敵後縱深滲透、潛伏、偵察與打擊之特種作戰能力。「海峽之聲」11 月 9 日報導，一支由步兵、坦克兵、炮兵協同的南京軍區某裝甲機械化部隊在皖東某山區進行夜間山地進攻戰鬥演習。全員額、全裝備、全時程，實現由陸上夜戰向打高技術的渡海登陸夜戰跨越，提升部隊夜戰能力。[95]

（二）2002 年初，濟南軍區為加強聯合作戰要求，集團軍建立跨軍兵種聯合作戰協作機制。軍區集團軍 6 月下旬在大別山進行指揮所實地演練，項目包括：摩托化遠程機動、防空襲、山地進攻及指揮所指揮演練。宣稱演練過程以資訊技術為載體，改進組織指揮方式手段，立足複雜條件，快速組織摩托化遠程機動，演練出以機動「多點強擊」、「奪點控道」等山地特戰戰法。11 月中旬，軍區某師進行聯合作戰對抗演練，內容有電子干擾、網絡駭客攻擊等信息作戰，步戰車、坦克、

---

[94] 「中共年報」編輯委員會，*2003 年中共年報：第肆篇－軍事*，頁 4-7。

[95] 「中共年報」編輯委員會，*2003 年中共年報：第肆篇－軍事*，頁 4-8～4-9。

武裝直升機火力突襲的機械化攻擊。以資訊化牽引機械化提高部隊的火力、防護力、精確打擊、快速反應與機動能力。[96]

七、2003 年共軍演習概況：

（一）「上海合作組織」成員國 2003 年 8 月 6 日至 12 日首次舉行代號「聯合－2003」反恐聯合演習。第一階段 6 日至 8 日於哈薩克烏恰拉爾市進行，第二階段於 10 日至 12 日在新疆與哈薩克邊境實施，計有中共、哈薩克、吉爾吉斯、俄羅斯、塔吉克 5 國參加，烏茲別克則未參與。演習科目主要是反劫機、襲擊恐怖份子營地及搶救人質。目的為加強成員各國在軍事領域的互信及合作，維護地區安全穩定，提高聯合反恐作戰指揮協調能力，實現情報共享、聯合指揮、共同行動，以及熟悉彼此的指揮體系、指揮方式、指揮手段。[97]

聯合作戰訓練是根據聯合作戰的需要將兩個以上不同軍兵種的部隊組織起來共同進行的聯合訓練。是軍隊戰役、戰術訓練的高級階段，是提高軍隊高技術局部戰爭下聯合作戰能力的基本形式。[98]從注重單一軍兵種合同訓練轉變到注重軍兵種聯合訓練上；戰役訓練應由以陸軍和陸戰場為主的合同訓練，上升為陸海空二炮諸軍兵種聯合，在更廣闊的空間內作戰的聯合作戰訓練。[99]因此，在統計方面將以此為標準（附表 7-1、7-2）。

---

[96] 「中共年報」編輯委員會，*2003 年中共年報：第肆篇－軍事*，頁 4-11～4-12。

[97] 「中共年報」編輯委員會，*2004 年中共年報：第肆篇－軍事*，頁 4-4。

[98] 吳詮敘　主編，*軍事訓練學*，頁 140。

[99] 連玉明　主編，*學習型軍隊*，頁 524。

表 7-1：中共 **1997-2004** 七大軍區聯合作戰演習統計表

年代 軍區	1997	1998	1999	2000	2001	2002	2003	合計
瀋陽軍區	0	0	1	2	3	3	0	9
北京軍區	1	2	1	3	2	2	0	11
濟南軍區	0	1	1	2	2	2	0	8
南京軍區	1	1	1	3	2	3	1	12
廣州軍區	0	1	2	2	2	1	0	8
蘭州軍區	0	1	2	1	1	2	1	8
成都軍區	1	1	1	1	3	2	0	9
合　計	3	7	9	14	15	15	2	65

資料來源： 1997－2004 中共年報（台北：中共研究雜誌社）

表 7-2：中共 1997-2004 七大軍區聯合作戰模擬演習統計表

年代 軍區	1997	1998	1999	2000	2001	2002	2003	合計
瀋陽軍區	0	0	0	1	2	0	1	4
北京軍區	0	0	3	2	2	1	1	9
濟南軍區	0	0	1	1	0	1	1	4
南京軍區	1	1	1	2	1	1	1	8

廣州軍區	0	0	1	1	0	1	1	4
蘭州軍區	0	0	1	1	0	0	1	3
成都軍區	0	0	1	1	0	0	1	3
合計	1	1	8	9	5	4	7	35

資料來源：1997－2004 中共年報（台北：中共研究雜誌社）。

　　林宗達在《中共與美國飛彈攻防之軍備建構》書中，對共軍1990－1996 年間軍事演習所作的研究與統計，多軍種聯合作戰演習次數為 41 次。[100]本書自 1997－2003 年統計共軍聯合作戰演習次數為 65 次、聯合作戰模擬演練為 35 次。

　　1987 年 8 月，中共總參頒發了《中國人民解放軍戰役學綱要》，揭出陸海、陸空、海空和陸海空軍種的聯合戰役概念。國防大學編寫的《戰役學教程》將戰役區分為獨立戰役與聯合戰役兩大類，並對聯合戰役作了定性敘述。[101]1999 年 1 月 8 日正式頒布《中國人民解放軍聯合戰役綱要》以作戰法規的形式，對共軍聯合作戰的基本指導作了統一，聯合作戰為共軍未來作戰的主要型態。[102]由於科索沃戰爭影響，共軍更深化加強從單一軍種內多兵種戰鬥合同演練，提升至兩軍種合同戰術演練，擴大舉行三軍聯合作戰演練，由弱到強，從簡至繁，逐漸掌握聯合作戰要領。

---

[100] 林宗達，中共與美國飛彈攻防之軍備建構（台北：晶典文化，2003 年 7月），頁 71。

[101] 展學習　主編，戰役學研究（北京：國防大學出版社，1997 年 6 月），頁 51。

[102] 薛興林　主編，戰役理論學習指南（北京：國防大學出版社，2001 年 11月），頁 97-98。

[103]共軍增強聯合作戰演練主要是提升部隊「打贏高技術局部戰爭」能力。中共已體認高技術戰爭將以「聯合作戰」形式為主，運用各種高技術作戰方式特別是運用遠程精確打擊與聯合火力突襲相結合的方式，速戰速決以達成高技術局部戰爭目的。惟「聯合作戰」對共軍而言是一個新的觀念，並無實戰經驗，故需經過逐步改進聯合作戰概念、人員訓練與指揮型態、部隊編制變革相結合，短期變化與長期目標相配合的訓練進程，這一切有待聯合作戰制度化與人力素質的提升，而這也是共軍目前在發展聯合作戰所欠缺與制約者。[104]

---

[103]「中共年報」編輯委員會，*2001 年中共年報：第伍篇－軍事*，頁 5-45。
[104]「中共年報」編輯委員會，*2004 年中共年報：第肆篇－軍事*，頁 4-127。

第八章　中共的高技術局部戰爭能力評估

　　就任何類型的高技術局部戰爭，都不是紙上談兵，而是力量與力量的對抗與競賽，是以一定的力量為基礎。我們把所有可用以戰爭活動的力量稱為戰爭力量，簡稱為戰爭力或戰力。它是由多種因素綜合構成的，主要包括政治、經濟、軍事、文化、歷史傳統、地理環境、主觀指導方面言之。戰力從類型上可分為物質力量和精神力量，客觀力量與主觀力量，作戰力量和非作戰力量。從存在狀態上講，包括潛在的戰力（潛力），可能的戰力和現實的戰力。[1]

　　軍事力量乃綜合國力中所不可或缺的因素，假如一國的軍力不夠強，是不可能有強大的綜合國力。一般而言，一國軍事支出的多寡，反映其軍事力量的強弱，而且也是其經濟繁榮與否的指標。換言之，一國軍事能力的強化，乃為其將擁有強大綜合國力的明確指標。[2]如本書在緒論中的研究限制所論述的，針對本書主題不論及綜合國力範疇，而以軍事力量為主要，且以中共的高技術局部戰爭的實際戰力為主要評估。

　　高技術局部戰爭能力的評估，指涉對高技術局部戰爭運籌、

---

[1]　梁必駁、趙魯杰　著，*高技術戰爭哲理*（北京：解放軍出版社，1997 年 9 月 3 版），頁 97。

[2]　Michael Pillsbury，＜China Debates the Future Security Environment＞，國防部史政編譯局　譯印，*中共對未來安全環境的辯論*（台北：國防部史政編譯局，2001 年 1 月），頁 265。

準備及行動所產生的有利作用進行的評估。高技術局部戰爭能力評估包括兩層含義:一是「評」即評價與鑑定,指的是對高技術局部戰爭作戰能力作出評價,得出結論;二是「估」即估計與預測,指的是針對作戰思想、作戰計劃、以及作戰行動的可行性和預期進行論證與預測。而評估的目的,針對中共的高技術局部戰爭能力,以聯合作戰發展與行動作出客觀的、正確地評價共軍高技術局部戰爭能力虛與實。[3]

實際戰力具體表現在戰場上,就是軍隊的作戰力,亦稱為軍隊戰鬥力,主要包括火力、防護力、機動力、突擊力、偵察能力、快速反應能力、後勤保障能力與聯合作戰能力等方面。作戰力由四個基本要素構成:一是戰鬥人員的狀況;二是武器裝備狀況;三是編制訓練狀況;四是組織指揮狀況。這些構成要素,並不是雜亂無章地堆砌或拼湊一起的,它們之間互相聯繫、互相作用,緊密地結合成一個整體,形成了敵我雙方各自的作戰力。[4]

武器是戰爭的重要因素,但不是決定的因素,決定因素的是人不是物。[5]人員是構成作戰力的主體,尤以物質因素與精神因素相結合,具有能主觀動性的戰鬥人員,而表現在體力、意志、軍事素質與戰鬥技能的軍事戰鬥人員。武器裝備是構成作戰力的基礎,是人員戰鬥意志與力量的物質承擔者,沒有武器裝備就無法有效地保護自己和打擊敵人。編制訓練是構成作戰力的組合途徑,既要把戰鬥人員和武器裝備按一定比例、順序與層次有機結

---

[3] 王光宙　主編,*作戰指揮學*(北京:解放軍出版社,2003 年 5 月 3 版),頁 292-293

[4] 梁必駿、趙魯杰　著,*高技術戰爭哲理*,頁 110。

[5] 岳嵐　主編,*高技術戰爭與現代化軍事哲學*,(北京:解放軍出版社,2000年 10 月),頁 350。

合起來，又要使之能熟悉組合規則、行動方式、做好戰鬥教育訓
練，從而產生整體作戰能力。組織指揮是構成作戰力的整體發
揮，是把作戰力轉變為實際戰力的關鍵一環。人員、武器、訓練
與編制所形成的力量，僅僅是一種可用性力量，只有通過決策、
組織、指揮，方能變成有效地用於作戰的實際戰力。[6]

　　高技術局部戰爭的實際戰力的系統構成比較複雜。從系統組
成要素而言，包括高素質戰鬥人員，以高技術兵器為主的武器裝
備體系，精幹的編制體制以及高標準的嚴格訓練，靈活出色的
C^4ISR 系統，充足的後備力量與高效的後勤補給體系等；從系統
存在狀態看，有高技術局部戰爭下的軍事物質、軍事能量、軍事
信息等幾大部份；從系統力量結構而言，有空中力量、海上力量、
陸地力量、空間力量、電磁力量等。一切戰爭都是交戰雙方以一
定物質條件為基礎，在一定時空內的武力系統對抗，而一切作戰
運動又都表現為物質、能量的交流和釋放，及表現為信息的占奪
和對抗。[7]因此，體現在高技術局部戰爭的實際戰力，始終是圍繞
貫穿於三種「流」的運動；一是作戰人員和武器裝備構成的物質
流；二是由物質流產生的作戰能量流；三是各種信息形成的軍事
信息流。其中信息流制約著物質流與能量流。[8]

　　本書探討中共的高技術局部戰爭能力，是以聯合作戰發展作
為評估。共軍聯合作戰思想主要表現於「周密籌劃、充分準備」、
「統一指揮、密切協調」、「攻防一體、整體作戰」、「集中精銳、
重點用兵」、「著眼全局、打敵要害」、「整體保障、統分結合」基

---

[6]　梁必駸、趙魯杰　著，*高技術戰爭哲理*，頁 111。
[7]　梁必駸、趙魯杰　著，*高技術戰爭哲理*，頁 114。
[8]　梁必駸、趙魯杰　著，*高技術戰爭哲理*，頁 115。

本指導原則。[9]對聯合作戰目的則表現是陸海空天電一體化作戰。[10]高技術局部戰爭，特別是未來的信息化戰爭，已不再是單一軍兵種之間的對稱作戰，也不是某幾種武器的綫性對抗，而是諸軍兵種整體實際戰力與全部武器系統互補效應的較量。[11]因此，達到高技術局部戰爭的特點與能力，必須端賴聯合作戰思想、計畫、行動的一致整合，而達到指揮自動化、體制精幹化、武器裝備高效化、後勤補給聯合化的聯合作戰體系。[12]鑑此，對中共高技術局部戰爭之能力評估，是以人員訓練、指揮體制、武器裝備及聯合作戰演習作為評估要項。[13]

作戰能力評估是一個複雜的系統工程，評估的方法還有待於在實踐中不斷摸索與發展。大體而言，可概分為定性評估法、定量評估法與定性及定量相結合的綜合評估法。定性評估法是指從事物質的定性方面，對事物進行評介與估計的方法。常用的定性評估方法有三種：一是回溯法；二是綜合意見法；三是主觀概率法。定量評估法是指運用數學理論，通過建構聯合作戰能力評估模型，借助諸如計算機工具，對衡量聯合作戰的指標進行效能分析，從而獲得對聯合作戰能力的科學認識，形成評估結論的方法。綜合評估方法是指運用定性與定量以及其他多種評估的方法

[9] 薛興林　主編，戰役理論學習指南（北京：國防大學出版社，2002 年 2月），頁 103-106

[10] 岳嵐　主編，高技術戰爭與現代化軍事哲學，頁 10-11。

[11] 高宇飆　主編，聯合戰役學教程（北京：軍事科學出版社，2001 年 8 月），頁 52

[12] 熊光楷　主編，國際戰略與新軍事變革 "International Strategy and Revolution in Military Affairs"（北京：清華大學出版社，2003 年 10 月），頁 39-41。

[13] 梁必駿、趙魯杰　著，高技術戰爭哲理，頁 110。

進行作戰效能評估的一種評估方法。[14]

　　本書以聯合作戰作為評估窗口與內容，以綜合評估方法將定性與定量評估方法有機結合：在定性方面是以人員訓練、編制體制、武器裝備及聯合作戰演習分析探討，藉由質性的分析，建立博采眾長優劣並容的看法；在定量分析是以聯合作戰為評估總指標，建立人員訓練、編制體制、武器裝備及聯合作戰演習的指標體系及設計指標體系模型，來達成評估中共高技術局部戰爭能力之客觀與完善。[15]唯本文是以質性研究，因此在綜合評估是以定性評估為主，定量評估是擷取其概念與方法，以作為輔助。

第一節　人員訓練

一、軍事院校教育

　　共軍新型軍事人才隊伍建設，主要是打贏未來高技術局部戰爭為著眼，隨著高技術武器裝備的快速發展及軍事事務革新的演進，為適應高技術局部戰爭需求，未來軍隊建設將朝向「科技精兵」之路發展，以降低部隊員額比重、壓縮軍隊規模、提高人員素質，培育高素質人才成為當前刻不容緩的挑戰。[16]

　　共軍自波灣戰爭後，鑑於高新科技人才培育對高技術局部戰爭勝敗影響之大，衝擊之廣，警惕出院校教育對於其軍隊建設之「正規化、現代化」占有絕對關鍵因素。因此，積極實現軍事院校三級培訓體制，其基本構成是按隸屬關係分為：軍委（總部）直屬院校、軍區直屬院校、軍兵種直屬院校；按院校性質分為指

---

[14] 王光宙　主編，作戰指揮學，頁 297-299

[15] 王光宙　主編，作戰指揮學，頁 302-304。

[16] 「中共年報」編輯委員會，2004 年中共年報：第肆篇－軍事（台北：中共研究雜誌社，2004 年 6 月），頁 4-57。

揮院校和專業技術院校；指揮院校又分為軍事、政治、後勤三類，和初級、中級、高級院校等三個層次；各專業技術院校則分為中級與高級等兩種，形成一個多種類、多層級的院校組合訓練體系。同時共軍亦全軍作出「不經院校培訓不得提幹」的規定，以加強幹部培訓工作。以三級培訓體制，逐漸形成一個從單兵到分隊戰術訓練，合同戰術訓練與聯合戰役訓練各個不同訓練體系。[17]

1997 年對共軍軍隊建設發展而言，在加強院校教育與部隊訓練培養跨世紀人才方面，具有相當積極的意涵。根據軍隊「九五」建設綱要計劃及「質量建軍」的要求，全面增強院校素質及部隊戰鬥力。此期間中共國防大學完成「聯合戰役學教程」，為共軍深入開展聯合作戰理論研究和演練提供有利條件。1997 年 2 月下旬，制定「全軍幹部學習高科技知識三年規劃」，要求全軍院校部隊廣泛持續高科技知識。因此，在院校教育改革上：在教學體制上，增加高科技與戰役有關之專業學科，以強化院校培訓實際效能；在教學工作上，依頒發新教材，完成增訂及修編教學計劃二千餘種，教學內容更新達百分之四十以上；在招生工作上，擴大初級指揮招收本科生名額，建立部隊考生甩篩選制度。[18]共軍認為，隨著高科技成果在軍事領域的廣泛運用，必須招收地方本科生培養學者型指揮人員，以院校培訓來銜接部隊訓練，培育出又懂指揮又專業技術的「複合型」人才。[19]

---

[17] 「中共年報」編輯委員會，*1996 年中共年報：第柒篇－中共國防現代化建設及其影響*（台北：中共研究雜誌社，1996 年 6 月），頁 7-45。

[18] 「中共年報」編輯委員會，*1998 年中共年報：第捌篇－跨世紀共軍現代化建設發展*（台北：中共研究雜誌社，1998 年 7 月），頁 8-56。

[19] 「中共年報」編輯委員會，*1998 年中共年報：第捌篇－跨世紀共軍現代化建設發展*，頁 8-57。

　　1998 年繼續依據 1995 年所制定的「三個一」計劃展開工作。所謂「三個一」即到 2000 年前後，能做到：一、培養 10 名 50 歲左右達到院士標準的學科帶領人；二、100 名 40 歲左右在主要學科專業建設中起核心作用的優秀學術與技術帶領人；三、1000 名 35 歲左右的青年拔尖人才。共軍認為，軍事院校培養的幹部，大多要在軍隊建設中承擔跨世紀的領導責任，擔負打贏未來高技術局部戰爭使命。未來戰爭無論是戰爭樣式、作戰方法、軍事理論、武器裝備等方面，都將與現在有巨大差別。因此，院校教育必須注重超前性，要著眼於 21 世紀軍事人才競爭，培養適應未來軍事準備的跨世紀軍事人才。[20]

　　共軍鑒於當前各級幹部普遍存有「指揮高技術戰爭能力不夠及部隊打贏高技術戰爭的能力不夠」。因此，今後全軍院校教育造就的跨世紀人才標準為：「既懂政治又懂軍事，既懂指揮管理又懂專業技術的複合型人才」。因此，在發展方向：建立以高等教育為發展基礎的軍事專業教育和職業教育；建立以提高學員整體素質為目的的軍校教育；建立為促進幹部持續發展的銜接教育；建立以國民教育為依托的開放型教育；建立面向資訊化發展教育。據此，建立五個發展面向而言，將院校教育體制深化推廣至民間地方專業及地方大學，旨在將軍事教育體系作完整的聯結，以培養未來戰爭需要的高素質複合型人才。[21]

　　共軍自承其武器裝備與世界先進國家水準有相當差距，軍隊整體文化水準與外軍比較亦顯低落，各級指揮員指揮現代戰爭特

---

[20] 「中共年報」編輯委員會，*1999 年中共年報：第捌篇－共軍現代化建設與發展*（台北：中共研究雜誌社，1999 年 7 月），頁 8-19。

[21] 「中共年報」編輯委員會，*1999 年中共年報：第捌篇－共軍現代化建設與發展*，頁 8-25。

別是高技術戰爭的能力不足。因此，1999 年 6 月 21 日，中央軍委發佈命令要求對全軍院校體制編制進行調整改革。首先完成三個突破：軍事院校結構體系的突破，解決「院校數量偏多、單一規模小、教育資源分散、人才培訓層次低」等難題，採取「共建、調整、合作、合併」方案，以求規模、結構、質量、效益的統一；突破培訓定額的不足：解決上級賦於院校培訓少、效益低，而造成院校培育出的幹部少、層次低、素質差的幹部；突破教育經費投入不足：鑑於美、法、俄、印等國家軍隊院校教育經費在其國防經費中所占之比例最低為百分之六，最高達百分之三十。因此，必須把教育擺在優先發展的戰略地位，使院校教育經費列入國防費用保障重點，使之與國防經費同步增長。[22]

是故，在改革作法：一是組建新型軍事院校：自 1999 年 5 月起，組建新「國防科技大學」、「石家莊陸軍指揮學院」、「共軍理工大學」、「炮兵學院」、「海軍工程大學」、「空軍工程大學」、「陸軍航空兵學院」（如附表 8-1）。培育出「既懂指揮管理又懂專業技術的複合型人才」高素質人才；其次，形成學科較齊全的學位授權體系：實行學位管理體制，碩士學位授權以複合型、應用型為主，博士學位授權以培養教育科研人才為主；最後，加強依托普通高等教育培養軍隊幹部：教育部、財政部、人事部及總參謀部聯合提出「關於在普通高校開展選拔培養軍隊幹部試點通知」，以各軍區、各軍兵種、總參謀部、總政治部、總後勤部、總裝備部、武裝警察部隊各選擇一至兩所辦學條件好，軍隊所需專業較多的理工類或綜合類的普通高校，設置培訓機構，以改變

---

22 「中共年報」編輯委員會，*2002 年中共年報：第伍篇－軍事*（台北：中共研究雜誌社，2002 年 7 月），頁 5-39。

過去軍隊基層軍官大部份由軍事院校培養的局面。[23]

　　共軍認為，院校為軍隊培育人才的重要基地。從近期幾場高技術局部戰爭，沒有一場形式相同，新武器、新理論、新戰法不斷翻新，為培育出高技術人才，必須積極發展與重視院校教育。[24]

附表 8-1：1999 年以來中共重要軍事院校調整情況

新院校名稱	校　址	調整情況
國防科技大學	長　沙	合併原長沙國防科技大學和炮兵學院、工程兵學院、政治學院而組建
理工人學	南　京	由原通信工程學院、工程兵學院、空軍氣象學院、總參 63 研究所而組建
信息工程大學	鄭　州	合併原訊息工程學院、電子技術學院和測繪學院
海軍工程大學	武　漢	以原海軍工程學院為主，併入海軍電子工程學院
空軍工程大學	西　安	合併空軍工程學院、導彈學院與電訊工程學院
軍需大學	長　春	由農牧大學更名
南京陸軍指揮學院	南　京	由原來陸軍指揮學院更名
石家莊陸軍學院	石家莊	由陸軍參謀學院、裝甲兵指揮學院合併組建
鄭州防空兵學院	鄭　州	由鄭州防空兵學校更名
裝備指揮技術學院	懷　柔	由國防科工委指揮技術學院更名
裝甲兵技術學院	長　春	裝甲兵技術學校更名
大連艦艇學院	大　連	海軍政治學院併入

資料來源：「中共年報」編輯委員會，2002 年中共年報：第肆篇－軍事（台北：中共研究雜誌社，2003 年 7 月），頁 4-177。

---

[23] 「中共年報」編輯委員會，*2002 年中共年報：第伍篇－軍事*，頁 5-44～5-46。

[24] 「中共年報」編輯委員會，*2003 年中共年報：第肆篇－軍事*（台北：中共研究雜誌社，2003 年 7 月），頁 4-140～4-141。。

　　2002 年 6 月 15 日，共軍總參於南京理工大學召開「全軍院校教學改革會議」，提出改革目標與具體作法：建立結構合理的新型院校體系與人才培訓管理體制，造就適應為來作戰需要的複合型指揮、智囊型參謀和專家型科技人才；共軍更於 8 月在北京成立「軍事碩士專業學位教育委員會」，由國防大學等 14 所院校為首批教育試點學校。共軍總參謀長傅全有指出，軍事碩士專業學位教育的開展，旨在培養「政治立場堅定、軍事理論紮實、科技知識豐富、創新能力很強、帶兵打仗過硬的高技術、高素質軍事指揮人才」。[25]

　　2003 年起，為因應軍隊信息化建設，以信息化帶動機械化，達到軍隊現代化跨越式發展之目標，全面實施加速培養高素質新型作戰指揮、參謀諮詢、科技創新、技術保障與裝備操作等五類人才的「五支隊伍」建設。共軍總參謀部實行年度軍事訓練工作時表示，院校教育將進行兩個轉移：一是全面實施現代化教學，提高人才培養質量；二是高層次軍事指揮人才培養重點向應用型人才方向轉移。基層人才依全軍院校教學改革會議成果，提高指揮員「指揮作戰、組織訓練、管理部屬」能力，突出「戰法、訓法、管法」及「教、學、練」訓練方式。另外，為加強對高技術武器裝備發展趨勢及未來戰爭全縱深作戰等高技術局部戰爭下聯合作戰樣式運用，強化對聯合作戰理論和指揮自動化建設的認識，共軍國防大學於 2003 年 5 月起展開聯合作戰指揮人才培養計畫，將院校培育聯合作戰指揮人才規模提升至戰略層級。[26]

　　打贏高技術局部戰爭，是現階段共軍軍事準備的目標，其加

---

[25] 「中共年報」編輯委員會，*2003 年中共年報：第肆篇－軍事*，頁 4-144。

[26] 「中共年報」編輯委員會，*2004 年中共年報：第肆篇－軍事*（台北：中共研究雜誌社，2004 年 7 月），頁 4-54～4-56。

速高素質軍事人才的培養，則是達到其所謂「打得贏」目標關鍵。
雖然共軍軍事院校人才培訓，逐漸走上法制化和正規化，但是受
到主客觀的影響，總體上軍事院校教育與西方相比仍有相當大的
差距，延宕高素質軍事人才的培養，致使當今共軍人才結構與打
贏高技術局部戰爭的要求不相適應：[27]

（一）總體文化與高科技素質偏低：解放軍自建軍後，基本上是以
　　　農出身的將領和官兵所組成的軍隊。毛澤東主政時代一直強
　　　調共軍是無產階級專政的柱石，因而從士兵中提拔基層軍官
　　　幾乎是一條定則，這是後來導致解放軍基層以至高層師級軍
　　　官年齡偏大、知識偏低、思想偏狹、指揮素質不高的主要原
　　　因。鄧小平「文革」復出掌權後，經過 1979 年「懲越」戰爭
　　　的考驗，深感解放軍素質低劣及「腫、散、驕、奢、惰」的
　　　弊端。因此，共軍致力於提升官兵素質，強調要將教育訓練
　　　擺在戰略地位，努力辦好各類軍事院校教育，培養適應現代
　　　戰爭需要的指揮、管理和技術軍官以及優秀專業人才。[28]2001
　　　年 10 月 1 日，新華社報導 52 年來軍在國防現代化及人才
　　　建設的發展。指出 1951 年軍全軍文盲達 67.4％；今天全軍已
　　　擁有二萬六千名博士、碩士。作戰部隊軍、師、團領導具有
　　　大專以上程度的比例分別為 88％、90％、75％；具有大專以
　　　上學歷的軍官達到 71.8％。海軍一線艦長 100％畢業於專業
　　　學院；空軍航空兵師長、軍長都是能飛四種氣象的特級飛行
　　　員；戰略導彈部隊專業技術軍官都是學士與碩士。[29]

---

[27] 劉志輝　主編，*軍隊院校教育改革與發展問題研究*（北京：國防大學出
　　版社，2004 年 1 月），頁 6-7。

[28] 「中共年報」編輯委員會，*2002 年中共年報：第肆篇－軍事*，頁 4-172。

[29] 「中共年報」編輯委員會，*2002 年中共年報：第肆篇－軍事*，頁 4-172。

但是也不諱言，共軍與世界一些先進國家軍隊相比，共軍在院校教育水準上仍落後先進國家甚多。例如，美軍軍官98％以上受過大學以上本科教育，其中三分之一獲得碩士以上學位，具博士學位的佔 7.7％。共軍雖然個別軍種受過大學本科教育者不低，如海軍軍官已達 80％，但總體受過大學本科教育只占 21.4％，具碩士學位以上僅占2％，即使算上電大、函授大學的學歷，共軍具有大學學歷的軍官仍不足半數。[30]（如附表 8-2）

附表 8-2：中共與美、俄、印軍官士兵學歷比較表

國家　　區分	中國大陸	美國	俄羅斯	印度
大學學歷軍官	30％	98％	100％	90％
高中以上學歷士　　兵	20％	100％	100％	
備　　考	仍有近40％的幹部學歷在大專以下	軍官40％具有碩士學位	校官以上全部具有大學本科學歷	要求少校以上軍官具備碩士學位

資料來源：「中共年報」編輯委員會，2002 年中共年報：第肆篇：軍事（台北：中共研究雜誌社，2004 年 7 月），頁 4-173。

（二）學歷層次不夠高：從總體上而言，共軍幹部隊伍學歷層次有了某程度的提升，但與高技術戰爭的要求相比較仍有一定的差距。在獲得大專以上文憑的幹部中，有相當一部份是通過成人教育、函授等方式獲得。獲得的學歷以文科居多、理工科偏少，致使幹部在今後的銜接教育及學習高科技知識中，缺乏科學的基礎。與美國軍官 100％是大學以上的程度，碩、博士研究生佔 38.4％，空軍研究生的比例達到 51％；俄羅斯

---

[30] 「中共年報」編輯委員會，2002 年中共年報：第肆篇－軍事，頁 4-173。

有 98％以上的軍官受過高等教育；日本軍官全部達到大學以上程度；以色列軍隊要求軍官在任命後的服役期間必須達到大學畢業程度。顯然，共軍在院校教育與外軍相比，還存在著較大的人才結構上的知識差、素質差、科技差。[31]

（三）合格師資隊伍不足影響教學質量：教師是院校教育的主體，建設一支熱心教學工作、素質優秀、結構合理、環境穩定的教師隊伍，是共軍實現教學內容和課程體系改革及保證教學品質的重要關鍵。但是共軍今天面臨師資最大的問題，是師資隊伍的老化與青黃不接，再加上高教經費缺乏、大學教師社會地位不高、生活待遇及工作條件不好所致。[32]

（四）訓練與課程安排不足以因應高技術局部戰爭：院校和部隊教育與訓練課程內容，能否形成與高技術戰爭相適應的知識體系，將直接影響與決定共軍人才能否因應未來戰爭需要。共軍自承目前共軍院校和部隊教育訓練與訓練課程內容跟不上世界軍事發展趨勢的問題比較嚴重。例如，共軍教育政策，研究生教育的專業配置應以戰爭所設計軍事學科，以及和高新技術發展關係密切的工程技術學科為主。但實際上共軍的博士點中，醫學類占 74％、工程技術類占 16％、軍事學類僅占 10％；碩士點中，醫學類占 44％、工程技術類占 34％、軍事學類僅占 22％，與共軍規劃方向有所抵觸。教育與訓練課程內容無法與世界軍事發展同步，而專業配置又忽略軍事學類和工程技術類，勢必影響軍事人才的培養，從而使共軍

---

[31] 連玉明　主編，*學習型軍隊*（北京：中國時代經濟出版社，2004 年 1 月），頁 554。

[32] 「中共年報」編輯委員會，*2001 年中共年報：第伍篇－軍事*，頁 5-253。

難以因應未來高技術戰爭的挑戰。[33]

（五）共軍師資缺乏、管理不完善，尤其是院校教育受人為干擾，
而共黨的控制及研究風氣不佳，亦為院校教育改革的制約因
素。[34]另外，領導作風偏差。共軍總參謀部強調「要把教育訓
練提高到戰略地位」，但官僚作風，使得教育訓練的戰略位置
被戲謔為「略佔位置」或「不佔位置」導致訓練無法落實。[35]

　　共軍自 1997 年 7 月進行軍事院校改革，裁併 50 所軍事院校。
此項改革重點在因應當前人才培養模式已由「純軍事、單一專業」
向「軍地聯合、複合型」轉變的需要。裁　100 多所院校，合理
確定院校數量規模，並把院校劃分為培養生長幹部與在職幹部，
置重點於加速培養高素質能駕馭高技術戰爭的人才，力爭 2010
年全軍官兵達到 60％學士學歷及院校教官碩、博士學位。[36]軍事
院校教育體制改革採取「調整、合併、改制、聯合」等多種方式，
從總體上優化全軍院校的結構，同時理順學科專業設置培訓任務
分工，實行軍政合訓、指技合訓、大學本科文化基礎合訓、專業
分流等措施。[37]以避免發生培訓內容「單打一」、培訓形式「一刀
切」、培訓對象「一鍋煮」等與學習脫節情事發生。[38]

（二）部隊訓練：

　　軍事教育訓練，是武裝力量及其他受訓對象所進行的軍事理

[33] 「中共年報」編輯委員會，*2002 年中共年報：第肆篇－軍事*，頁 4-175。

[34] 「中共年報」編輯委員會，*2003 年中共年報：第肆篇－軍事*，頁 4-151。

[35] 「中共年報」編輯委員會，*1999 年中共年報：第捌篇－共軍現代化建設
與發展*，頁 8-58。

[36] 「中共年報」編輯委員會，*2002 年中共年報：第肆篇－軍事*，頁 4-176
～4-177。

[37] 「中共年報」編輯委員會，*2000 年中共年報：第肆篇－軍事*，頁 5-47。

[38] 「中共年報」編輯委員會，*2004 年中共年報：第肆篇－軍事*，頁 4-57。

論教育、作戰技能教練和軍事演習等有組織的軍事準備活動。目的是熟練掌握軍事知識和技能，全面提高受訓對象的綜合素質與整體作戰能力。[39]聯合作戰訓練，是指揮根據完成作戰任務的需要，以聯合作戰指揮員及其指揮機構人員為主要對象，提高諸軍種聯合作戰能力為基本內容的軍事訓練。其任務，訓練有關戰區和戰役方向的作戰任務與作戰指導、檢驗作戰方案、論證編制、豐富作戰理論和發展聯合作戰理論。[40]

近年來共軍院校、部隊紛紛進行聯合作戰原則問題研究和探討。認為未來高技術局部戰爭下，聯合作戰為其作戰樣式。因此，要求部隊立足高技術下加強聯合作戰訓練，以現有武器裝備與敵作戰，故對部隊聯合作訓練採取幾項要則：

（一）研究學習聯合作戰理論：1.著眼於聯合作戰本質特徵：學習聯合作戰理論和軍兵種知識、聯合作戰訓練基本理論和思想，正確把握聯合作戰特點和規律。2.著眼於打贏高技術局部戰爭，廣泛學習現代高科技知識，深入探討近年來幾場高技術局部戰爭，旨在借鑑以弱擊強不對稱的作法，俾供指導訓練。3.著眼實現「三個搞透」：1.分析作戰對手的作戰思想、編制裝備、作戰樣式和基本手段的發展變化，搞透敵人強點與弱點。2.正確分析共軍的作戰指導、編制裝備、戰區力量等因素，搞透自身的優點與不足。3.認真分析未來作戰地區戰場環境和人文社會環境情況，搞透敵對雙方作戰行動的利

---

[39] 吳詮敘　主編，*軍事訓練學*（北京：軍事科學出版社，2003 年 1 月），頁 123。

[40] 周曉宇、彭希文、安衛平，*聯合作戰新論*（北京：國防大學出版社，2000 年 6 月 2 版），頁 318。

弊影響，為戰法研究奠定現實基礎。[41]

（二）立足戰區建立聯訓機構：1.建立戰區聯訓領導小組，主要職責是根據戰區聯合作戰的指導思想、原則、任務、標準和要求，結合戰區實際籌畫設計聯訓的主體框架與內容體系，確保聯合作戰訓練機構的正常運作，實施檢查與督導，考核與解決聯合作戰訓練實施過程中的重大問題。2.戰區聯合訓練辦公室：由軍區作戰部門抽調各參訓軍種人員合署辦公，主要負責聯訓工作的組織計劃和具體實施。3.戰區聯導聯演機構：由軍區領導、軍種領導及有關部門人員，組成聯訓導演部，負責聯合作戰訓練安排、組織實施、協調連絡、成果整理等事項。[42]

（三）緊貼作戰任務構設演練內容：1.精心確定戰役課題：設置信息作戰、登島作戰、邊境作戰、防空作戰、戰役機動、導彈突擊、空中進攻、陸上反擊、特種作戰、維穩平暴、聯勤保障等作戰行動，力求體現聯合作戰全過程。2.準確把握戰役重點，按照「戰略樞鈕部署戰役，抓住戰役樞鈕部署戰鬥」原則，考慮兵力部署敵我強弱、武器裝備敵優我劣、戰場條件敵好我差、作戰保障敵易我難等客觀條件，設置真偽並存、隱晦曲折、複雜多變的情況，引導戰役指揮員重點分析判斷形勢、預測戰役發展，奪取戰役主動等問題，從戰略、戰役全局思考問題。[43]

（四）注重效益，改進方法手段：1.研究性與檢驗性相結合：通過

---

[41] 「中共年報」編輯委員會，*2000 年中共年報：第肆篇－軍事*，頁 5-83～5-84。

[42] 「中共年報」編輯委員會，*2000 年中共年報：第肆篇－軍事*，頁 5-84。

[43] 「中共年報」編輯委員會，*2000 年中共年報：第肆篇－軍事*，頁 5-85。

研究性演練，探索和深化高技術局部戰爭下聯合作戰的戰法與訓法。通過檢驗性演練進一步論證、完善和轉化戰法與訓法成果。2.軍種分練與軍種合練相結合：採取異地同步、先分後聯，以聯帶分、以分促聯的方法，首先實施聯合作戰提示，統一任務、內容、要求、時間，接著各軍兵種結合實際組合分練，逐級合成、逐步聯合，最後實施聯合作戰軍種層次上的聯合演訓的共同演練。3.模擬演練與實兵演練相結合：條件具備時組織實兵演練，條件不足時進行室內演習，利用多媒體網路系統，按戰時編制體制模擬實兵演練，採用「分布式戰役訓練系統」，組織作戰、通信、自動化工作站、作戰指揮數據庫等部隊及單位聯合相配，建立符合聯合訓練要求的自動化指揮系統，解決各軍種、各單位的遠程對抗訓練問題，實現聯合作戰演練網絡化。[44]

共軍稱已具備聯合作戰條件。共軍認為能否實施聯合作戰，不僅要具備條件，亦要具備進行聯合作戰的能力。過去共軍把以陸軍為主的合同作戰為主要樣式，是因海空軍尚不具備獨立遂行大規模作戰能力。然經過數十年的軍隊建設，當前共軍作戰力量結構已有重大變化：

在海軍方面：已發展成為由水面艦艇部隊、潛艇部隊、海軍航空兵、海軍陸戰隊等戰鬥兵種以及各種後勤支援部隊組成的海上作戰力量，具備在水面、水下、空中、岸上實施攻防作戰能力；空軍方面：已發展成由殲擊機、殲轟機、高射炮兵種、地空導彈兵、空降軍等戰鬥兵種，並配合雷達兵、通信兵等專業兵種和部

---

[44] 「中共年報」編輯委員會，*2000 年中共年報：第肆篇－軍事*，頁 5-85～5-86。

隊所組成的空中力量，既能協同其他軍種作戰，又可遂行空軍任務；[45]陸軍方面：陸軍集團軍全面推行「師改旅」編制改革，力求增強部隊快速反應的機動性，組建可組合使用的「模塊化」部隊，提高聯合作戰能力；另計畫籌建類似美軍「精銳101空中突擊師」，快速實施聯合作戰下空降作戰與特種作戰；[46]二炮部隊方面：也發展成由近程、中程、遠程和洲際導彈部隊，以及工程、情報、偵察、測量、計算、氣象、通信、防化、偽裝等作戰保障、技術保障和後勤保障部隊組成的作戰力量，既能與其他軍種遂行地對地常規導彈突擊任務，同時又可擔負戰略核反擊任務；指揮作戰方面：各軍種都已建立起比較完善的指揮體制，配備較為先進的指揮系統；在訓練與理論研究方面：各軍種已可達到實戰要求，有自己完整的作戰理論體系。共軍認為海空軍和二炮部隊已發展成諸軍兵種齊全的戰略軍種，聯合作戰能力相較以前有很大的提升，各軍種既能支援其他軍種作戰，亦能遂行獨立作戰任務，在未來的高技術局部戰爭中，不但需要實施聯合作戰，也相對具備實施聯合作戰的條件與能力。[47]共軍發展「聯合作戰」，隨著高技術在局部戰爭中的廣泛運用，其在作戰概念、作戰指揮、作戰協同、武器裝備、後勤與技術支援等方面，受諸多客觀條件的限制：

1. 人員素質不能滿足聯合作戰需要：共軍人員文化素質和軍事素質與實施聯合作戰要求有較大差距：其中文化素質受國家人口整體文化素質偏低影響，與發達國家軍官的素質結構相比差距甚大；軍事素質方面，受軍官院校培養制度尚欠完整及軍事院

---

[45] 「中共年報」編輯委員會，*2004年中共年報：第肆篇－軍事*，頁4-131。

[46] 「中共年報」編輯委員會，*2002年中共年報：第肆篇－軍事*，頁4-10。

[47] 「中共年報」編輯委員會，*2004年中共年報：第肆篇－軍事*，頁4-132。

校教學內容以地面作戰為主的思想束縛，未能培養出各級鍛練的聯合作戰的指揮官。[48]

2. 軍種發展不平衡：聯合作戰要求各軍均衡發展，軍種特性充份發揮各自優勢在聯合作戰中互補。共軍受陸軍思想及武器裝備等因素影響，諸軍種發展不平衡，無法與高技術局部戰爭要求相結合，各軍種高技術武器裝備研製落後，未能獨自地有效地遂行聯合作戰任務，與聯合作戰對各軍種訓練的要求相差甚大。[49]

3. 聯合作戰訓練不確實：共軍國防大學經過數年研究，聯合戰役學教程於 1996 年完成並於 1997 年令頒全軍。此外，總參謀部制定「全軍幹部學習高知識三年」以力求在高技術局部戰爭下，實行聯合作戰的要求，但是在 1998 年部署的訓練人綱開展「科技大練兵」。雖然強調以聯合作戰為作戰演習樣式，但無法將聯合作戰理論與「科技大練兵」結合，故在訓練上無法落實聯合作戰的要求。[50]

第二節　編制體制

軍隊體制編制，是指軍隊的組織系統、機構設置、建制、領導和指揮關係、人員和裝備編配的具體規定，以及各級組織的職能統稱。聯合作戰指揮體制，則是關於軍隊聯合作戰 "指揮組織體系、機構設置、職能劃分、關係確定及法規制度的統稱。建立高技術局部戰爭要求的聯合作戰指揮體制，是部隊體制進行結構

---

[48] 「中共年報」編輯委員會，*2000 年中共年報：第肆篇－軍事*，頁 5-82。

[49] 「中共年報」編輯委員會，*2000 年中共年報：第肆篇－軍事*，頁 5-83。

[50] 「中共年報」編輯委員會，*1998 年中共年報：第捌篇－跨世紀共軍現代化建設發展*，頁 8-57。

性調整改革的突破口。[51]

一、指揮體制

軍隊領導指揮體制，是領導、指揮和管理軍隊的組織系統及相應制度的統稱。包括軍隊領導指揮機構的設置、職權劃分、相互關係以及其他相應的制度，是軍隊組織體制的重要組成部份。其基本功能是保證國家治理或政治集團集中行使軍權，平時對軍隊建設實行有效領導，戰時對軍隊作戰實施統一指揮。[52]共軍體制編制，是由總部指揮體制、軍種指揮體制、軍區指揮體制所組成：

（一）總部指揮體制：共軍總部指揮體制，是中共中央軍委會領導下的總參謀部、總政治部、總後勤部及總裝備部構成。總參謀部是武裝力量軍事工作領導機關；總政治部是全軍政治工作的領導機關；總後勤部是領導全軍後勤建設與後勤支援工作；總裝備部是領導全軍有關武器裝備建設的工作。[53]

（二）戰區指揮體制：戰區亦稱戰略區是指執行戰略作戰任務而劃分的區域和設立的軍隊一級聯合作戰指揮機構。戰區指揮體制包括戰區本部、各軍種指揮機關、特種作戰指揮機關與地區指揮機關。戰區指揮體制　分為兩種類型：一是常設型；二是臨時型。[54]例如，美軍太平洋總部下設陸軍司令部、空軍

---

[51] 郭武君　著，*聯合作戰指揮體制研究*（北京：國防大學出版社，2003年12月），頁 27-28。

[52] 錢海皓　主編，*軍隊組織編制學*（北京：軍事科學出版社，2001 年 12 月），頁 142。

[53] 「中共年報」編輯委員會，*2000 年中共年報：第伍篇－軍事*，頁 5-9。

[54] 錢海皓　主編，*軍隊組織編制學*，頁 159。

司令部、艦隊司令部、特種作戰司令部及駐韓美軍司令部。[55]

（三）軍區指揮體制：是指關於軍區領導指揮機構設置、職權劃分及其相互關係。軍區指揮領導體制的基本結構與軍種基本相同，包括軍區領導指揮機關和負責軍區某一方面工作的專業部門，有的還設有軍種或兵種指揮領導機關。軍區指揮體制按職能可分為「合一型」、「指揮型」、「行政型」。[56]

中共最高國家軍事機關為兩個完全相同的中央軍事委員會。一為中國共產黨的機構，另一個名義上隸屬全國人民代表大會。有關部署共軍武裝力量之指揮權責及所有決策權，均由中央軍事委員會行使。根據共軍內部某一權威消息來源表示，「事實上，有關戰爭、武裝力量及國防建設方面的重大問題是由中央政治局決定。因此，中央政治局才是最高層級的決策機構」。[57]（如圖 8-1）

共軍領導體制是受到 1950 年代的蘇聯軍隊組織模式的重大影響。雖然，共軍近年來因軍事事務革命（RMA）對其組織架構予以精簡、改革，甚至認真地考慮過採用各種美式的組織型態，如聯合作戰參謀制度或戰區制度，但就文獻資料探討仍未見有相關具體的措施。共軍想要轉型成為一個有能力遂行高技術局部戰爭的兵力架構，勢必進行組織體系的改革。[58]

---

[55] 美國防大學陸軍　謀學院　編寫，"The Joint of Officer Guide"，劉衛國、阮擁軍、王建華、馬力等譯，*美軍聯合參謀軍官指南*（北京：解放軍出版社，2003 年 1 月），頁 45。

[56] 沈雪哉　主編，*軍制學*（北京：軍事科學出版社，2000 年 1 月），頁 313-314。

[57] David Shambaugh，"*MODERNIZING CHINA'S MILITARY：Progress, Problems, and Progress*"（University of California Press Berkeley and Los Angeles,California,2004），p.111-112.

[58] Ibid, pp.253-254。

精兵合成高效

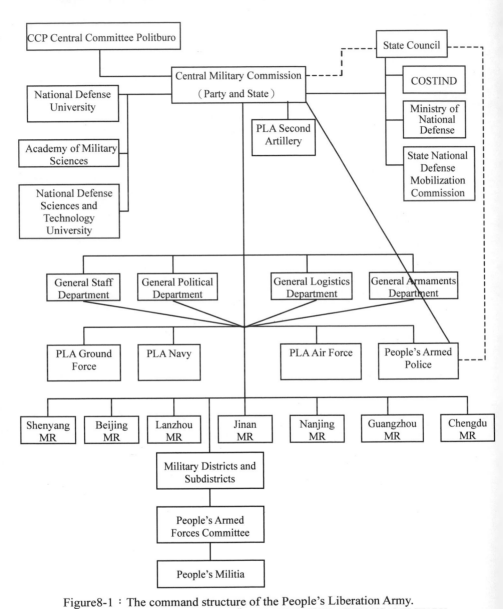

Figure8-1：The command structure of the People's Liberation Army.
Sources： David Shambaugh, "*MODERNIZING CHINA'S MILITARY；
Progress, Problems, and Progress*" （University of California
Press Berkeley and Los Angeles,California,2004）, p.111.
（附圖 8-1：中共領導指揮體系圖）

共軍現行指揮體制，是在長期革命戰爭與和平時期軍隊建設實踐中逐步建立和發展起來的。總體而言，這一體制體現了「黨指揮槍」的傳統，保證了共產黨對軍隊領導和中央軍委集權指揮。但是，隨著作戰思想、戰爭形態和作戰樣式的重大變化，這種指揮體制已不能適應高技術局部戰爭需要，特別是不能滿足聯合作戰指揮需要。目前就現行指揮體制，機構臃腫、職能交叉、關係不順、效率不高等問題，仍然存在於共軍各級指揮機關。面對高技術局部戰爭所帶來體制改革，共軍必須面對在軍隊編制體制結構性調整的大方向上，籌劃建立聯合作戰指揮體制，以聯合作戰指揮體制的建立，趨動整個軍隊體制編制的改革，方能落實聯合作戰能力。[59]

一、聯合作戰指揮體制

聯合作戰指揮，是指聯合作戰指揮員及其指揮機關，為達成聯合作戰目的，對各種參戰力量的作戰準備與實施進行的一系列組織領導活動。換言之，聯合作戰指揮的指揮體是聯合作戰指揮員及其指揮機關；聯合作戰的被指揮體，包括參戰的陸軍、海軍、空軍、第二炮兵諸軍兵種和武裝警察部隊及民兵。聯合作戰指揮是一種有目的指揮行為，而根本的目的是有效地指揮所屬部隊來達成聯合作戰任務。聯合作戰指揮主要任務是建立聯合作戰指揮機構的編成與編組，以及聯合作戰自動化指揮系統。[60]

根據中共未來可能的作戰任務與戰略環境而言，中共聯合作

---

[59] 郭武君，*聯合作戰指揮體制研究*（北京：國防大學出版社，2003 年 12 月），頁 28。

[60] 郭武君　著，*聯合作戰指揮體制研究*（北京：國防大學出版社，2003 年 12 月），頁 37-39。

戰指揮體系大體可分為以下三種情況：一是大型（戰區）聯合作戰指揮體系，由三級作戰指揮機構組成，即聯合作戰指揮機構、軍種高級戰役軍團指揮機構或者戰役方向（區域）聯合作戰指揮機構——軍種基本戰役指揮機構；二是中型（戰區方向）聯合作戰指揮體系，由兩級作戰指揮機構組成，即聯合戰役指揮機構——軍種基本戰役軍團指揮機構；三是小型（集團軍級）聯合戰役體系，只建立一級聯合戰役指揮機構，直接指揮各軍種戰術兵團。[61]。

依中共國防法規定：「中國人民解放軍總參謀部是中央軍委的軍事工作機關，是全國武裝力量軍事工作的領導機關。其基本任務是在中央軍委領導下，組織領導全國武裝力量的軍事建設，指揮全國武裝力量的軍事行動」[62]。這一規定表明，中共總參謀部既是中央軍委的參謀機構，又是全國武裝力量軍事工作的領導機關與指揮機關，是陸海空二炮的「總司令部」。因此，它對聯合戰役軍團具有按照統帥部（中央軍委與總參謀部的總稱）意圖實施指揮的權力。聯合戰役軍團指揮員及其指揮機關必須貫徹執行總參謀部的命令、指示及適時向總參謀部報告提出建議。[63]因此，戰區聯合作戰指揮部在統帥部的指揮下，在軍兵種率領機關的協調性支援之下，直接指揮戰區空軍、戰區海軍及第二炮兵部隊和方面軍或集團軍，並通過上述機構具體指揮所屬軍兵種部隊和地方武裝部隊，構成中共聯合作戰指揮關係與結構。[64]（參考

[61] 張培高　主編，*聯合戰役作戰指揮*（北京；軍事科學出版社，2001 年 5 月），頁 22-23。

[62] 「中共年報」編輯委員會，*2001 年中共年報上冊－第五篇　軍事*，頁 5-9。

[63] 張培高　主編，*聯合戰役作戰指揮*，頁 29。

[64] 薛興林、郁樹勝，＜對建立我軍聯合作戰指揮關係的構想＞，國防大學

本書第六章圖 5-1：中共聯合作戰指揮結構層次圖，頁 166）。

　　作戰指揮機構是聯合作戰的靈魂與神經中樞，是確保部隊整體作戰效能得以有效發揮的主導因素。高技術局部戰爭中的作戰行動，強調以高技術武器裝備實施快節奏、全天候、全時程的連續攻擊，強調各種力量、各作戰方向、各軍種相互協調與互補，整體性和時效性特點十分突出。因此，精幹、合成、高效的編組指揮機構，靈活協調指揮方式，是取得聯合作戰「一錘定音」勝致的關鍵。[65]致勝的關鍵就是發展高技術局部戰爭的 C^4ISR——指揮自動化系統。

　　作為戰鬥力的重要組成部份，指揮自動化與自動化指揮系統良窳，是衡量一個國家軍事實力與作戰能力的重要指標之一。共軍認為，指揮自動化系統是打贏高技術局部戰爭的必要手段，亦是實施信息戰並與強敵對抗的重要武器系統。[66]2000 年共軍頒發「指揮自動化建設綱要」，為共軍第一部專門規範指導指揮自動化建設的法規性文件。藉由信息技術在軍事領域廣泛運用，加強指揮手段與提高軍隊高技術局部戰爭作戰能力，規範指揮自動化系統實現指揮控制、情報偵察、預警探測、通信、電子對抗與其他作戰信息支援系統一體，各單兵種指揮自動化系統一體，戰略、戰役、戰術指揮自動化系統一體，以及指揮自動化與主要作戰武器系統一體。[67]

主編，高技術條件下聯合戰役與軍兵種作戰（北京：國防大學，1997 年 1 月），頁 93-94。

[65] 劉雷波　主編，高技術條件下司令部工作簡論（北京：國防大學，1999 年 7 月），頁 43。

[66] 趙　捷　主編，指揮自動化教程（北京：軍事科學出版社，2001 年 10 月），頁 1

[67] 「中共年報」編輯委員會，2001 年中共年報上冊－第伍篇　軍事，頁 5-144

共軍對 C⁴ISR—指揮自動化系統建置上的努力，是相當重視的。1990 年代初期建立的西山指揮所是目前最具規模的全國性 C⁴ISR 之中樞。透過「六縱六橫」封閉式指揮網路，西山指揮所與各軍區及二炮部隊通聯，並形成指管一體。[68]由共軍總參一部（作戰部）所屬指揮自動化局所負責構建「全軍自動化指揮系統」。組建此系統目的是達成戰情即時化、人力精簡化、通信保密化、情資大量化：其建構目標是規格化、系列化和網路化。由上而下的「全軍自動化指揮系統」包括：（一）整合全軍電算機網絡（二）軍區與集團軍系統聯網（三）岸基台與艦艇指揮控制系統網（四）防空指揮管制系統自動化（四）二炮部隊作戰指揮網自動化（六）後勤指揮系統聯網。[69]

除了指揮控制信息戰戰鬥序列的軍用通信衛星與導航人造衛星外，中共對地面接受信號的投資亦不遺餘力。[70]經過十餘年來的努力，陸軍在立體偵察化、指揮自動化系統等方面與聯合作戰的配套已有相當程度上的進步；立體偵察化系統：包括先進的紅外線系統、雷達系統、電子偵察系統、聲光偵察系統、地面傳感系統都已在部隊裝配使用。而載體方面也包括各種偵察直升機、無人駕駛真載具、輕型預警觀測機等，基本上使陸軍地面偵察由面而體進入三維偵察系統；指揮自動化：陸軍各部隊開始配備電腦數據、數字通信、雷達預警等新裝備，以處理信息收集、

～5-145。

[68] 「中共年報」編輯委員會，*2003 年中共年報上冊－第肆篇 軍事*，頁 4-191。

[69] 「中共年報」編輯委員會，*2002 年中共年報－第肆篇 軍事*，頁 4-249 ～4-250。

[70] 「中共年報」編輯委員會，*2002 年中共年報－第肆篇 軍事*，頁 4-250。

通信處理等方面的自動化，運用至聯合作戰演習、訓練、考核及
支援保障中。今後戰場將朝透過衛星與指揮部聯網、局部向全軍
聯網方向發展新的裝備。[71]

　　海軍海上戰鬥指揮控制能量，共軍近年來亦有長足進步。海
上戰鬥指揮，是海軍各級指揮員及其岸基司令部對所屬兵力在海
面、空域、水下指揮並控制出航、航渡、展開、攻擊和反制、撤
收。水面艦艇的戰情系統，較諸以往亦有明顯的改善，國產的艦
載「海神四號」指揮系統，可整合單艦的戰鬥系統和導航系統，
唯在岸、艦通聯之衛星通信、衛星導航及衛星定位尚未全面普及。
不過，中共「中國電子工業總公司」（原國務院第四機械工業部）
研製了「長河二號」岸基差分基準台，可供在航艦在距岸 150 浬
內可精確標定船位與目標（誤差在 10 公尺以內）。[72]共軍 2002 年
軍事演習，海軍艦艇就越過宮古海峽到達台灣東部海域。[73]

　　近期共軍更取得由以色列、俄羅斯的空中預警系統整合戰區
指管通情系統；其次是中共 2000 年 1 月所發射的最新型軍事衛
星（中星－22 號），及配合所研發的「戰術情報系統」均將納入
C⁴ISR 系統內，預料可迅速提升陸海空三軍聯合作戰能力。共軍
積極洽談的 A－50 空中預警機也是 IL－76 運輸機的衍生型。由
於該型機完成整合測試需三年的時間，因此俄羅斯可能以租借的
方式提供 3 架基本型 A－50 給中共使用。此外，中共亦同時進行
「十六號合同」（由電子科學院研製雷達電子系統，航空工業負
責改裝 IL－76）的自製生產計劃，預計投入三億八千九百萬人民

---

[71]　「中共年報」編輯委員會，*2003 年中共年報－第肆篇　軍事*，頁 4-133。

[72]　「中共年報」編輯委員會，*2002 年中共年報－第肆篇　軍事*，頁 4-251。

[73]　「中共年報」編輯委員會，*2003 年中共年報－第肆篇　軍事*，頁 4-134。

幣，分五年（2005）完成設計、生產、試飛的工作。[74]

　　共軍認為以電子技術核心的通信系統，已成為現代戰場 C⁴ISR 的神經中樞，是高技術局部戰爭的物質基礎。換言之，沒有自動化的 C⁴ISR 系統，就等於沒有武裝部隊。1987 年起共軍著手籌建「全軍自動化系統」建設工程，迄今已完成「野戰自動化系統」、「野戰自動化指揮車」、「炮兵自動化指揮系統」、「長河二號」、「艦艇遠程導航系統」、「雷情二號」空防管制系統，並展開全面部署。根據外電報導，1995 年初夏期間，美太平洋艦隊曾出動電戰機，對中共華南地區 C⁴I 系統進行大範圍、高強度的干擾，以致南京軍區、濟南軍區對總參謀部的 C⁴I 系統，被干擾的無法正常運作。中共高層對此大為震驚，並決心加速 C⁴I 系統的現代化建設。「九五」計畫的建軍要求，斥資三千六百億人民幣建立一套戰略通信網路。該網路以太空通信為主，地面通信為輔，建構軍事自動化指揮系統，大幅提升共軍的情報蒐集、訊息傳遞、定位導航、精準打擊、海洋監視、戰場控制及聯合作戰指揮能力。[75]

　　1999 年 11 月，江澤民在全軍參謀長會議上指出：「我軍指動化建設起步較晚‧‧‧‧‧我們必須大力發展指揮自動化系統，迎頭趕上世界先進水平」。從中共軍隊指揮自動化系統發展歷程而言及與西方的先進國家相比，可以說是仍有一段時代差的距離。因此，如何使指揮自動化系統能在以劣勝優裝備武器和總體技術地發展下急起直追，在最大限度裡發揮整體戰力，是中共打贏高技術局部戰爭，精進聯合作戰指揮體制，是亟須解決的重大

---

[74] 中共研究雜誌編委會，*2001 年中共年報－第伍篇 軍事*，頁 5-180～5-181。
[75] 中共研究雜誌編委會，*2002 年中共年報－第伍篇 軍事*，頁 4-121～4-122。

問題。[76]共軍的資訊戰略的 C[4]ISR 系統，由目前軍事工業、軍事科技與國防資訊基礎建設檢驗，其自動化指揮系統能量有限及系統尚待全面整合。[77]

三、軍隊體制編制

軍隊編制體制是構成軍隊戰鬥力的基本要素之一，是軍隊編組和進行各種活動的組織基礎。[78]軍隊體制編制，包括體制和編制兩個方面的內容。軍隊體制是軍隊的基本組織結構，各級組織的職能劃分及其相互關係。軍隊編制是指軍隊各級各類建制單位的機構設置和人員、武器裝備編配的具體規定。現代軍隊通常由高級領導指揮機關和若干軍種、兵種組成，其整體結構按不同角度可區分為軍種結構，層次結構，和職能結構：[79]例如，陸海空二炮，總部、戰區、軍團，領導指揮系統、戰鬥部隊系統、後勤裝備保障系統等。但以領導指揮體制為軍隊體制編制的核心。[80]

2003 年 9 月 1 日，中共中央軍委主席江澤民出席國防科技大學建校五十週年時宣稱，共軍將在「九五」計畫期間裁減 50 萬員額的基礎上，於 2005 年在裁減 20 萬，集中戰略資源，推進軍事改革，達成「精幹、合成、高效」質量建軍目標。[81]

2003 年 9 月底至 10 月召開黨委會議，部署相關體制編制調

---

[76] 劉雷波　主編，*高技術條件下司令部工作簡介*（北京：國防大學出版，1999 年 7 月），頁 28-29。

[77] 中共研究雜誌編委會，*2003 年中共年報－第伍篇 軍事*，頁 4-192。

[78] 錢海皓　主編，*軍隊組織編制學*（北京：軍事科學出版社，2001 年 12 月），頁 125。

[79] 沈雪哉　主編，*軍制學*（北京：軍事科學出版社，2000 年 10 月），頁 298。

[80] 錢海皓　主編，*軍隊組織編制*，頁 142。

[81] 牛力、邱桂金　主編，*國防與軍隊建設的科學指南*（北京：解放軍出版社，2004 年 1 月），頁 154

整工作，策略是以「調整職能、精幹機構、明確職責、理順關係」及「減中理順、減中優化、減中建設」為重點，同時因應部隊合成、高效需求，改變傳統多層次樹狀結構之指揮體制，漸次減少指揮層次，朝向建立「扁平網絡式」指揮體制，以利集中統一指揮、管理保障，企求未來將結合軍兵種整編與武器發展，提升跨區協調、三軍聯合作戰及長距離奔襲機動作戰。[82]

軍隊編制趨向一體化，多樣化和小型化，在於建立兵力結構高度合成的部隊，它與傳統合成軍隊相比，內部結構更緊密，整體作戰能力更強，且更便於實施統一指揮，其兵力結構將具有以下新特點：（一）強化了軍種合成。目前諸軍種自成一體的情況將有所改變，多軍種甚至全軍種混合編組的部隊正在籌劃。（二）軍種內部的合成向基層發展。陸軍合成到營以下單位，空軍到中隊，海軍到基層艦艇支隊，海軍陸戰隊到連以下分隊。其中，陸軍營以下單位在作戰中，將更多地混合編組機械化步兵、火炮、常規戰術導彈、攻擊直升機和運輸直升機以及其他分隊。（三）合成的方式更加靈活。靈活運用固定合成與彈性合成等方式，可根據任務隨時混編、改制，並可在遭受損失後「重組」。隨著武器效能和指揮領導的方式的改進，軍隊編制的多樣化、小型化的結構，具有反應快速、指揮靈活、作戰效率提高等特點，能執行多種作戰任務。實施軍隊編組多樣化、小型化的主要方法：一是全面裁編減員，在不降低作戰效能前提下，適度縮小軍隊總體規模；二是精簡各級部隊編制定額；三是簡化軍隊編制層次。[83]

聯合作戰力量是參加聯合作戰力量各種作戰力量的總和，是

---

[82] 中共研究雜誌編委會，*2004 年中共年報－第肆篇 軍事*（台北：中共研究雜誌社，2004 年 6 月），頁 4-40。
[83] 連玉明 主編，*學習型軍隊*，頁 532-533。

聯合作戰行動的主體。聯合作戰的力量編成，是指參戰各種作戰力量的類型與規模。中共聯合作戰力量包括陸、海、空、第二炮兵及武警部隊和民兵力量。[84]

聯合作戰力量是一個大系統，其構成因素具有多樣性、複雜性與層次性。第一層次：人與武器既是構成聯合作戰力量的基本要素，又是孕含在聯合作戰力量內部最穩定的要素。人是作戰力量的首要要素，武器是作戰力量的重要要素。作戰力量是人與武器作用的統一，武器裝備通過人的作用轉化為戰鬥力。第二層次：從作戰力量的組織形式而言，作戰力量的外部形式體現在組織系統、兵員和武器裝備上。作戰力量正是人與武器優化組合而成的統一體，任何作戰力量均由組織系統、兵員和武器裝備構成。第三層次：從作戰力量的內在功能講，作戰力量是由情報能力、火力、機動力、突擊力各種作戰保障能力、後勤保障能力等眾多作戰能力的要素構成的。[85]

在研究聯合作戰力量編成，是尋求人與武器最佳組合形成強大戰鬥力。而戰役軍團是中共實施戰役的主要力量。因此，聯合作戰力量編成主要側重於戰役軍團的編組問題。[86]

一般而言，無論是戰區聯合作戰或是戰區方向級聯合作戰，中共各軍種都可編成戰役軍團。通常情況下編為：陸軍戰役軍團、空軍戰役軍團、海軍戰役軍團、第二炮兵常規戰役軍團。除

---

[84] 高宇飆　主編，聯合戰役學教程（北京：軍事科學出版社，2001 年 8 月），頁 96。

[85] 展學習　主編，戰役學研究（北京：國防大學出版社，1997 年 6 月），頁 68。

[86] 郁樹勝　主編，論聯合戰役（北京：國防大學出版社，1997 年 6 月），頁 85。

此應還編成組織地方武裝力量和後勤力量組織：

（一）陸軍戰役軍團：主要包括步兵、裝甲兵、炮兵、防空兵、陸軍航空兵、電子對抗兵、工程兵、通信兵、防化兵等兵種的兵團和分隊。每個合成集團軍可能編成步兵師（摩步師）3～5個、戰車師（旅）、炮兵師（旅）、防空旅、反坦克旅、工兵旅各1～2個，戰役戰術導彈旅、通信團、偵察營、電子對抗團、陸航大隊各1個，及各類保障部隊。[87]

（二）海軍戰役集團：包括潛艇部隊、水面艦艇部隊、海軍航空兵部隊、岸防部隊、海軍陸戰隊等兵團和專業部隊。通常按照海上作戰任務的需要靈活協調，涉及到兩個戰區的較大規模的聯合作戰的海軍戰役集團，將可能由兩個海軍艦隊力量為主組成。每個艦隊可轄海軍基地2～3個，艦隊航空兵和艦隊支隊2～3個，驅逐艦支隊、護衛艦支隊1～2個，1個海軍陸戰隊和各種專業勤務部隊。[88]

（三）空軍戰役集團：包括航空兵、地空導彈部隊、高射炮兵、雷達兵、電子對抗兵、通信兵、空降兵等兵團和專業部隊。戰區聯合作戰的空軍戰役集團由戰區空軍和統帥部加強的空軍力量組合。可轄有2～3個空軍集團軍，也可能直轄若干航空師2～4個、殲擊轟炸航空兵、轟炸航空兵、強擊航空兵師各1～2個，運輸航空兵師、偵察航空兵團各1個，以及其他專業部隊和勤務保障部隊。

（四）二炮常規戰役軍團：戰役戰術導彈兵、防空兵、通信兵、電子對抗兵、工程兵等兵種和專業部隊。戰區聯合作戰二炮常

---

[87] 郁樹勝　主編，*論聯合戰役*，頁88。

[88] 郁樹勝　主編，*論聯合戰役*，頁88-89。

規戰役軍團根據統帥部命令以 1～2 個導彈基地為主編成，通常 5～8 個導彈旅及其相適應的專業和技術保障部隊為主。[89]

（五）地方武裝力量：通常情況下由位於戰區（戰區方向）內的數個省軍區（警備區、衛戍區）武警統一編成。一般包括數個海防師、預備役師、軍分區、武裝大隊以及民兵組織。預備役師包括預備役步兵師、炮兵師和預備役高炮師。根據作戰需要，有時預備役師經過擴充和臨戰訓練後編入陸軍戰役軍團，實施正規作戰。[90]

（六）後勤力量：除各軍種戰役集團建制內的後勤力量外，戰區聯合作戰的後勤力量還將包括戰區平時建制的 3～5 個後勤分部、各 1～2 個後勤旅和後勤基地、1 個總醫院、地方支前力量及其他分隊；戰區方向聯合作戰的後勤力量包括 2～3 個後勤分部、後勤旅、後勤基地各 1 個，及地方支前力量和其他部隊。[91]

共軍軍隊體制雖然經多次的員額裁減及優化結構，在「精幹、合成、高效」的要求下，取得了長足進步。但是，共軍現行體制編制仍不夠適應高技術局部戰爭下部隊量少質精、高速機動的特點。主要是規模仍然龐大，機構重疊臃腫，領導指揮體制和後勤保障體制不順，部隊編組仍不夠合理。此外，政策制度也不夠配套完善。因此，軍隊編制結構存在的種種的問題與軍事變革背景下共軍現代化建設仍有差距。[92]

---

[89] 郁樹勝　主編，*論聯合戰役*，頁 89。

[90] 薛興林　主編，*戰役理論學習指南*，頁 132。

[91] 郁樹勝　主編，*論聯合戰役*，頁 89。

[92] 連玉明　主編，*學習型軍隊*（北京：中國時代經濟出版社，2004 年 1 月）頁 596。

第三節　武器裝備

　　軍事對抗從來就是一種作戰系統對抗。信息技術出現大量使用於軍事領域以前，軍事對抗的系統性是低水準的。波灣戰爭以後美軍採取的軍事行動，使人們發現信息技術的發展，正把高技術作戰體系各個部份，快速、便捷、高效地連成一個整體，為大量採用高技術武器創造了基本條件。作戰體系呈現出一種由戰場信息網絡連接在一起的高度整體化的特點。[93]

　　武器裝備系統與軍事人才是形成戰鬥力的主要因素，是決定戰爭勝負主要力量。[94]武器裝備系統是由多種武器裝備構成的有機體。從武器裝備的功能而言，武器系統主要由三大子系統：一是突擊毀傷子系統：包括硬打擊裝備和軟殺傷裝備；二是支援保障子系統：包括情報支援裝備、後勤保障裝備、工程保障裝備和防化保障裝備；三是指揮控制子系統，包括指揮裝備和通信裝備。[95]從近期的幾場的高技術局部戰爭，是陸海空天電五維一體的戰爭，是體系對體係之間的對抗。[96]

　　先進高技術的出現，必然導致武器系統裝備的革命性的變化。以軍事信息技術為核心的軍事高技術群，正在或必將使武器裝備的發展由熱兵器和熱核武器階段進入信息化武器階段，而高技術局部戰以信息為核心的武器裝備主要表現在作戰平台、電子

---

[93] 郭梅初　主編，高技術局部戰爭論（北京：軍事科學出版社，2003 年 6 月 2 版），頁 66。

[94] 劉志輝　主編，軍隊院校教育改革與發展問題研究（北京：國防大學，2004 年 1 月），頁 3。

[95] 張建昌　著，走向信息化軍隊（北京：軍事科學出版社，2004 年 3 月），頁 176。

[96] 梁必駸、趙魯杰　著，高技術戰爭哲理（北京：解放軍出版社，1997 年 9 月 3 版），頁 17。

戰系統、精準制導武器、C^4ISR、單兵數字化裝備系統、夜視器材廣泛普及：[97]

一、　高技術作戰平台：高技術作戰平台是指採用軍事高技術製造或改造殺傷性武器的載體，主要包括新一代作戰飛機與武裝直升機、戰車或人員戰鬥車、火炮、作戰艦、潛艇等。[98]作戰平台的集成，就是在作戰平台上大量採用軍用光電子技術、新材料技術、新能源技術等多項高新技術成果，以軍用電子設備為核心，廣泛運用綜合傳感器、計算機、高性能彈藥、隱形材料、紅外探測儀器等設備，使作戰平台成為軍事高技術的密集結合體，使之具有較強的探測、識別、打擊、機動、定位、突防、隱身等能力，最大限度地促進其向信息化、智能化和小型化方向的發展，並預留接口。為便於武器系統的集成，作戰平台還盡可能地提高標準化、系列化、規格化與通用化水準。[99]

二、　電子戰系統：亦稱電子對抗，是運用電子對抗手段進行的作戰是削弱、破壞敵方電子系統的效能，保護己方電子系統正常發揮效能而採取的各種措施和行動的統稱。電子偵察與反偵察，電子干擾與反干擾和電子摧毀與反摧毀是電子戰的三大作戰基本方式。[100]目前，電子戰裝備和電子摧毀武器相配套的系統，已從自衛和監視功能發展到直接可破壞與摧毀各

---

[97]　王成俊、劉曉達、王稚　主編，*新武器技術發展概論*（北京：軍事科學出版社，2002 年 5 月），頁 3。

[98]　連玉明　主編，*學習型軍隊*，頁 514。

[99]　張建昌　著，*走向信息化軍隊*（北京：軍事科學出版社，2004 年 3 月），頁 176。

[100]　沈偉光　主編，*21 世紀軍事科技*（北京：新華出版社，2002 年 1 月），頁 191-192。

種電子系統，具有較高自動化程度、快速反應能力和「軟」、「硬」殺傷能力。[101]

三、 精準制導武器：直接命中率高於 50% 的導彈、導引炸彈和導引炮彈，統稱為精確導引武器。精確導引武器依靠自身動力裝置推進，由導引系統控制其飛行路線和彈道，並準確攻擊目標。精確導引武器可以從戰機、軍艦和車輛上，甚至由單兵發射，在多次戰爭和衝突中發揮了重要作用。[102]隨著軍事高技術的不斷發展，導引武器所採用的導引技術也多樣。按所用技術物理的性質，可分為無綫電導引、紅外線導引、雷射導引和電視導引等；按控制導引的方式又分為自主式導引、尋標式導引、指令式導引、波束式導引、圖像匹配式導引和複合式導引。[103]

四、 指揮自動化系統：一般認為，軍隊指揮自動化系統，是指在軍事指揮體系中採用以計算機為核心的信息技術設備和軟件，輔助指揮員及其指揮機關對所屬部隊和武器實施指揮控制與控制的人－機系統。[104]

五、 夜視器材廣泛普及：夜視器材是指在夜暗環境中能幫助人增強視覺的專用器材。常用的夜視器材是主要有微光夜視儀、微光電視、熱成像儀、紅外綫夜視儀、雷射光成像雷達和微波成像雷達。它主要採用光電技術研製而成。目前各種飛行

---

[101] 連玉明　主編，*學習型軍隊*，頁 515。

[102] 王成俊、劉曉達、王稚　主編，*新武器技術發展概論*，頁 429。

[103] 沈偉光　主編，*21 世紀軍事科技*（北京：新華出版社，2002 年 1 月），頁 230。

[104] 沈偉光　主編，*21 世紀作戰指揮*（北京：新華出版社，2002 年 1 月），頁 191。

器和武器平台基本上都裝設有夜視器材，使武器以及指揮、控制系統在夜間或低照度條件下能更有效地發揮瞄準、火控、導引、或監視功能。[105]

六、　單兵數字化裝備系統：單兵數字化裝備是從頭到腳，從攻擊、防護到觀察、通信、定位，能實時地偵察和傳遞信息，具有人機一體化，多功能等特點的 21 世紀士兵，在數字化戰場使用的個人裝備。為研製單兵數字化裝備，美軍制定了 21 世紀「地面勇士」計劃，主要有五個系統：（一）一體化的頭盔分系統（二）單兵計算機和無線電分系統（三）武器接口分系統（四）防護分系統（五）微氣候冷卻分系統。[106]

自 1990 年波灣戰爭以降，為打贏下一場高技術局部戰爭，因應新時期戰略環境，中共從以下幾個方面加強了陸軍武器裝備的研製與生產：以主坦克和步兵戰車為主體的機動突擊力量；以遠程火炮、自行火炮和火箭炮為主的地面火力壓制力量；以反坦克導彈、反坦克炮與反坦克地雷，火箭筒為主體的反坦克武器；在海空軍武器裝備方面，共軍陸續研製生產了導彈驅逐艦、護衛艦、核導彈潛艇、超音速纖擊機、轟炸機、武裝直升機等；在研製升級的過程時，同時也選擇引進了一些國外的先進技術與武器，使中共已成為一支諸軍兵種齊全，整體合成、具現代化的武裝力量的部隊。[107]

（一）陸軍：著重裝甲突擊、火力壓制、野戰防空等方面發展。

　　1.主戰戰車（MBT）：較為先進者有「85III」、「85II M」、「90II」

[105] 連玉明　主編，*學習型軍隊*，頁 517。

[106] 高建亭　主編，*21 世紀數字化戰場建設*（北京：軍事誼文出版社，2000 年 5 月），頁 134-135。

[107] 連玉明　主編，*學習型軍隊*，頁 518。

式，而在 1999 年十月一日閱兵行列中出現的「98 式」主戰坦克為中共最新型的坦克，亦裝備於部隊。此外，為強化登陸作戰中的搶灘任務，改良第一代「63 式」水陸兩棲坦克為「63A」式，加強渡海與火力打擊能力，已陸續配屬南京、廣州軍區。據悉，烏克蘭正協助共軍聯合生產「2000型」裝甲運兵車，以「90II」式基礎上進行改良，發動機換裝成烏克蘭的「6TD1200」發動機，並加裝共軍最新研製的熱成像系統，以提升夜戰能力。[108]

2. 火炮：火炮發展強調殺傷力、機動力與射程，因此改變以往拖曳式、小口徑火炮，發展輪式、履帶式自行火炮與多管火箭。其中較為先進有：PLZ45 一五五毫米自走加榴炮，射程約 39 公里；90A 式一二二毫米多管火箭炮，最大射程40 公里。另一射程較遠，反應速度快、精度高「WS－1B」多管火箭炮，最大射程可達 200 公里。[109]

3. 防空導彈：除以購進俄製「S300PMU1」型防空飛彈，共軍亦向俄國引進「TOR－M1」道爾野戰防空飛彈。另部署「FM－90」型超低空飛彈、「KS－1」中程防空飛彈、「QW－1」前衛肩射防空飛彈，形成全空域、機動導彈防空網。此外，中共亦宣稱研製成「FT－2000」反幅射飛彈，射程可達 200公里以上，主要用於攻擊敵方預警機、電子干擾機等空中幅射電波目標。[110]

---

[108] 中共研究雜誌編委會，*2003 年中共年報－第肆篇 軍事*（台北：中共研究雜誌社，2003 年 6 月），頁 4-16。

[109] 中共研究雜誌編委會，*2001 年中共年報－第壹篇 一年來中國大陸情勢總觀察*，頁 1-72。

[110] 中共研究雜誌編委會，*2002 年中共年報－第肆篇軍事*（台北：中共研

（二）海軍：朝導彈化、電子化、信息化建設發展

1. 水面艦艇：1997 年共軍向俄羅斯購買二艘「現代級」驅逐艦，
   分別於 2000 年 2 月、2001 年 1 月編入東海艦隊。 共軍認為
   「現代級」驅逐艦對於航母及神盾艦的強大威懾力，於 2002
   年元月 3 日再購進二艘「現代級」改良型驅逐艦，預於 2005
   年底交貨。其戰鬥系統將安裝改良的反艦、反潛、防空系統，
   搭載 KA－27 直升機。在武器系統設計共有四個方案：包括
   8 枚改進行 3M80E 導彈；或 16 枚 3M24URAN 導彈；或 12
   枚垂直發射 3M54E；或 12 枚垂直發射 3M55－YAKHONT
   反艦飛彈。在購入兩艘新改良「現代級」驅逐艦後，中共保
   留追加訂購另外兩艘同型驅逐艦，預估 2008 年中共海軍將
   會擁有排水量在 6700 噸以上「現代級」驅逐艦。[111]

2. 新一代「旅海」級驅逐艦
   中共海軍新一代主力艦「旅海級」於 1999 年下水，首艦編
   號「167」稱為「深圳號」。2001 年同時建造四艘，艦體有
   隱形設計，「詹式防衛週刊」報導四艘驅逐艦將具有 VLS
   即飛彈垂直發射系統，或裝備先進俄羅斯海軍 SA－N－6
   系統；使用配備 W 資料鏈的湯姆遜 CSF－TAVTAC 作戰系
   統，具有類似美國神盾級的作戰能力。目前已完成兩艘，
   舷號分別為「168」、「169」。該艦排水量在 5000 至 6000 噸
   之間。

3. 潛艇：中共至今從俄羅斯引進四艘「基洛級」常規攻擊潛
   艇，2001 年 7 月傳出共軍提出增購二艘需求。同時中共對

雜誌社，2002 年 7 月），頁 4-16～4-18。
[111] 中共研究雜誌編委會，*2003 年中共年報－第肆篇 軍事*（台北：中共研究雜誌社，2003 年 6 月），頁 4-36。

該型潛艇進行修改，改善靜音及聲納探測設施及部份武器系統。據悉，該新型潛艇的靜音效果接近美國「洛杉磯」級潛艇，因此難以偵察。美國國防部也曾指出，該型艦艇有可能具備潛射巡弋飛彈的能力。[112]

4. 「093」型核潛艇：是以俄羅斯勝利級 3 型核攻擊潛艇為藍本，但前者威力大於後者。俄國勝利級 3 型核攻擊潛艇是前蘇聯設計用來攻擊美國導彈核潛艇，亦可對航艦和陸地進行攻擊。該型潛艦裝配 6 個 21 英吋魚雷發射管，能發射潛射巡弋飛彈，甚至配備類似美國的戰斧飛彈能作精準攻擊。當時外界估計首艘新型核潛艇可在 1999 年下水 2001 年服役，第二艘於 2003 年服役，預計 2012 年擁有 6 艘。

5. 「094」型核彈道潛艇：此型潛艇，據聞 094 型已於 2001 年底已經海試，為大型彈道導彈核潛艇，水下排水量 18000 噸，攜帶 24 枚「巨浪 II」洲際彈導飛彈，共軍預計建造 6 艘。[113]

（三）空軍：

1. 自製戰機方面：1998 年首次出現「FBC－1」飛豹戰機，具對地、對艦、對空全面作戰性能，現已裝備部使用包括海軍航空兵。其次，與以色列合作改良「雄獅」（Lavi）戰機，中共空軍型號「殲 10」已開始進入量產；並提升改良殲八 II 型性能。

2. 外購戰機：1992 年與 1995 年向俄羅斯購買 50 架「SU－27」戰機（殲 11），並取得 200 架生產權。其次，俄羅斯出售「SU

---

[112] 中共研究雜誌編委會，*2002 年中共年報－第肆篇 軍事*，頁 4-33 至 4-35。
[113] 中共研究雜誌編委會，*2002 年中共年報－第肆篇 軍事*，頁 4-32。

－30MKK」戰機 40 架與 5 架 A－50 空中預警機以及 100
枚 R-77 飛彈。[114]

（四）二炮部隊：

共軍將核武器視為軍事現代化的重要關鍵，正朝向建立陸基
型的洲際戰略彈道飛彈、海基型的潛射洲際戰略彈道飛彈、
空射型戰略戰術導彈「三位一體」的攻擊能力向前趨進。中
共目前積極研發「DF－31」洲際彈道飛彈，已於 2000 年 11
月至 12 月進行一次試射。由於該型導彈採用固體燃料，射程
8000 至 10000 公里，可利用發射車運載，具機動力、射程遠、
隱避佳之效能。[115]

　　儘管中共明確宣示其國防科技工業朝打贏高技術局部戰爭目
標發展，此期間經歷「八五」、「九五」軍隊建設計劃多年努力，
但是共軍仍警覺其現行國防工業體系迄今仍無法適應高技術武器
裝備現代化與戰爭型態變化之趨勢。例如，自俄羅斯購進的 SU－
27 戰機，在維修後勤制度無法與自身體系相配合，以致造成妥善
率不足及電子裝備失靈；共軍購進俄製現代級導彈驅逐艦「杭州
號」，當正式打靶時，發生射控雷達無法鎖定目標的情況。共軍坦
承，武器裝備的總體能力、技術水準與目標需求仍存有極大差距，
主要武器裝備與世界先進國家相差一至二代的「技術差」。[116]

---

[114] Richard D. Fisher, Jr, ＜中共外購武器裝備與解放軍現代化＞， James R.
Lilley and David Shambaugh, 編著,國防部史政編譯局　譯印,*共軍的未
來 Chinas Military Faces the Future*（台北：國防部史政編譯局，2000 年
8 月），頁 214-244。

[115] 中共研究雜誌編委會，*2000 年中共年報－第伍篇　軍事*，頁 5-130。

[116] 中共研究雜誌編委會，*2002 年中共年報－第肆篇　軍事*，頁 4-206。

第四節　聯合作戰演習

　　部隊演訓的程序及演習方式內涵常被視為戰力是否提升的一個指標，自 1993 年以來，共軍頻繁進行三次大規模演習。[117]日本平松茂雄指出：1994 年以來，共軍集團軍規模以上的大演習，幾乎以每月一次的頻率展開，與 50 至 70 年代相較，90 年代起主要特徵：目的多樣化、火力合成程度高、指揮、通訊系統大有改善等，重要訓練著重在諸軍兵種合同演習，包括陸空聯訓、反登陸、海軍艦種合成訓練、反電子干擾、夜戰等，旨在測驗部隊及武器裝備、後勤支援與各軍種協同作戰能力。[118]

　　共軍在革命化、現代化、正規化的方針指引下，掀起過四次大的群眾性練兵熱潮進行了三次軍事大演練：

一、　第一次練兵熱潮發生在 50 年代，以全軍開展正規化訓練為標誌。本質特徵從戰爭年的以戰教戰轉變為系統的以訓備戰；從戰爭年代的分散游擊戰，轉變為統一集中的正規化作戰與訓練；從「小米加步槍」單一兵種訓練轉變為諸軍兵種合同作戰的現代化建設與訓練。

二、　第二次練兵熱潮發生在 60 年，以郭福興教學法在全軍的迅速推廣為標誌。這次練兵熱潮的本質特徵在 1954 年全軍訓練會議總結時，被定性為「教育思想和方法的革命」。在 1958 年反教條主義鬥爭後，共軍確立了「以我為主」的軍事訓練指導思想。[119]

---

[117] 「中共年報」編輯委員會，*1998 年中共年報：第捌篇－跨世紀共軍現代化建設發展*，頁 8-13。

[118] 平松茂雄　原著，楊鴻儒　編譯，＜江澤民與中國軍＞，（台北：凱侖出版社，1999 年 8 月），頁 92-110。

[119] 李德生　主編，*從郭福興教學法到科技大練兵*（北京：國防大學出版社，

三、　第三次練兵熱潮發生在 70～80 年代，是以全軍性的合同戰役戰術訓練改革為標誌。從 70 年代葉劍英提出大辦教導隊展開「三打三防訓練」、「讓打坦克之風吹遍全軍」，到 80 年代以合同戰役戰術為中心的訓練改革。大抓諸軍兵種合同作戰訓練，形成了單兵、分隊、合同戰術和戰役訓練 4 個層次銜接完整訓練體系。[120]

第四次練兵熱潮發生在 20 與 21 世紀之交：

一、　1996 年 3 月，在台海舉行「聯合九六」作戰演習，首戰即為「二炮」導彈突擊。

二、　1998 年 8 月，蘭州軍區在甘肅舉行「西部九九」聯合作戰演習。二炮部隊實施遠程火力打擊。

三、　1999 年 9 月，共軍「南京戰區」、「廣州戰區」共同在浙東、粵南沿海舉行「成功八號」聯合渡海演習，二炮戰役戰術導彈支援登陸部隊向敵陣地發起攻擊。[121]

四、　2000 年 7 月及 10 月，共軍南北各進行一次大型聯合作戰演習：

（一）2000 年 4 月初，各大軍區調動精銳部隊至福建沿海進行「輪戰」演訓，為即將實施的大型軍事演習作先前準備。南京軍區與廣州軍區陸軍部隊分期分批至海軍部隊接受半年以跨海作戰為內容的先置訓練。將坦克、裝甲車及重型武器裝載上大型滾裝船，進行陸軍重裝武器在艦艇上射擊以及破障搶灘演練。5 月下旬至 7 月上旬，裝甲及火炮部隊在福建晉江將

2001 年 12 月），頁 2

[120] 李德生　主編，*從郭福興教學法到科技大練兵*（北京：國防大學出版社，2001 年 12 月），頁 3。

[121] 「中共年報」編輯委員會，*2000 年中共年報－第伍篇－軍事*，頁 5-147。

軍山靶場及對外海域實施大規模實彈演習，期間空軍及海軍部隊亦在東南沿海進行海空聯訓。[122]7 月中旬，南京軍區集結 11 萬部隊，北起將蘇連雲港，南至福建詔安的東海、黃海沿岸與海域，展開海上練兵活動。以渡海登陸作戰為重點，進行越海偵察、重裝備裝卸載，水際灘頭綜合破障、諸兵種協同作戰、海上封鎖、後勤技術保障等演練。[123]

（二）北部京畿近郊舉行以「新三打三防」為主的「科技大練兵」：2000 年 10 月 13 日至 16 日，舉行自稱 1964 年「大比武」以來，演練規模最大、層次最高、涉及範圍最廣、運用技術最新的科技練兵活動。演習地點位於北平燕山的演兵場，參演單位包括各大軍區、各軍種、兵種和總部直屬部隊、陸軍集團軍、海軍、空軍、第二炮兵部隊，另包括快反部隊、兩棲裝甲、數字化炮兵、特種作戰部隊、海軍陸戰隊以及預備部隊等。

演習內容分為兩階段：1.網上練兵：首先以聯合作戰模擬訓練系統舉行網絡上演兵。中共陸海空二炮和武警部隊分別北平、南京、武漢三地同時展開網上參謀「六會」（讀、記、算、寫、畫、傳）作業競賽，並從網絡中判讀衛星照片、計算兵力、標寫作戰決心與判斷。國防大學、國防科技大學、共軍理工大學以及後勤、通信指揮學院、軍械、電子工程學院、濟南陸軍學院等參與演練。各大軍區通過「全軍軍事信息網」進行同步教學，為共軍首次舉行遠程教學；2.實兵操演部份：北平燕山附近進行兩棲裝甲與空降部隊進行突擊演練，項目包括登陸與反登陸、打擊與反打擊、空降與反空降、電子干

---

[122] 「中共年報」編輯委員會，*2001 年中共年報：第伍篇－軍事*，頁 5-42。
[123] 「中共年報」編輯委員會，*2001 年中共年報：第伍篇－軍事*，頁 5-43。

擾與反干擾；內蒙赤峰進行地對空導彈部隊進行防空與攔截
導彈演練；渤海海域以北海艦隊進行「艦隊空」、「艦對艦」
作戰演練；東北密林進行二炮部隊發射兩枚中程地對地導彈。

綜合前述，共軍自建軍以來，1952 年中共人民志願軍在朝鮮
西海岸進行了陸海空三軍聯合抗登陸戰役備戰，該聯合戰役以空
軍為主的防空戰役和以陸軍為主、海軍配合的海岸防禦戰役組
成。1955 年 1 月，共軍在浙東的一江山島，進行了由陸海空三軍
聯合實施的對近海敵占島嶼的登陸戰役。[124]1981 年 8 月至 9 月，
共軍調集北京軍區部隊、空軍及其他兵種部隊，在華北張家口地
區舉行了一次大規模合同作戰演習。[125]1987 年 8 月，共軍在《中
國人民解放軍戰役學綱要》中正式使用「聯合作戰」概念。1996
年 3 月進行的「聯合 96」演習，共軍自稱累積了高技術條件下聯
合戰役及聯合作戰指揮的經驗。[126]1999 年 1 月 8 日中共中央軍委
會頒發了第一代《聯合戰役綱要》。該綱要對聯合作戰問題作了
全面、系統的規範，確定了中共解放軍作戰基本指導思想，提出
了聯合作戰基本原則，明確未來聯合作戰的主要樣式、基本戰法
與聯合戰役保障的任務、措施，規範了聯合作戰體系，指揮所編
組和各軍種戰役軍團的任務與運用，以及信息作戰等問題。中央
軍委同時還頒發了《陸軍戰役綱要》、《海軍戰役綱要》、《空軍戰
役綱要》、《第二炮兵戰役綱要》和《戰役後勤保障綱要》等戰役

---

[124] 高宇飆　主編，*聯合戰役學教程*（北京：軍事科學出版社，2001 年 8 月），
頁 10-11。
[125] 林長盛　編，*解放軍的現狀與未來*（台北：桂冠圖書公司，1993 年 5 月），
頁 10。
[126] 張培高　主編，*聯合戰役指揮教程*（北京：軍事科學出版社，2001 年 5
月），頁 10。

法規。這些作戰法規和理論專著的完成將使共軍聯合戰役學發展到新的階段。[127]

2000 年 7 月及 10 月,「科技大練兵」南北兩次大演習而言,演習兵力涵蓋共軍各大軍區、軍兵種與高技術武器裝備,演練科目也包含陸海空軍二炮部隊聯合演練, 2002 年,共軍演訓主要是 8 月下旬東南沿海三軍聯合作戰演練,分別於東山、平潭、舟山群島、汕頭、湛江等海域進行。特點為沿海部隊皆圍繞搶灘登陸進行,南京、北京、瀋陽、濟南等軍區建立跨區域聯合作戰機制,重點快速部隊機動長途奔襲作戰演練。[128]「上海合作組織」成員國 2003 年 8 月 6 日至 12 日首次舉行代號「聯合－2003」反恐聯合演習。[129]2004 年 8 月,「鐵拳 2004」機械化聯合打擊演習。[130]綜觀演習歷程,不僅是驗證自 1998 年來實施「科技興軍」政策的實際成果,更檢視共軍自 1999 年頒布《中國人民解放軍聯合戰役綱要》以來對聯合作戰能力的重要試練。[131]

第五節　中共的高技術局部戰爭能力定性與定量評估

一、定性評估

我國學者曾復生在其著作《中美台戰略趨勢備忘錄第二輯》論述,2003 年 12 月下旬,美軍太平洋總部的智庫「亞太安全研

---

[127] 高宇飆　主編,《聯合戰役學教程》(北京:軍事科學出版社,2001 年 8 月)頁 12-13。

[128] 「中共年報」編輯委員會,《2003 年中共年報:第肆篇－軍事》,頁 4-7。

[129] 「中共年報」編輯委員會,《2004 年中共年報:第肆篇－軍事》,頁 4-4。

[130] http://www.chinamil.com.cn/site1/ztpd/2004-09/07/content-3529.htm./2004/11/8.

[131] 「中共年報」編輯委員會,《2001 年中共年報:第伍篇－軍事》,頁 5-42～5-43。

究中心」(Asia-Pacific Center for Security Studies),曾經發表一份探討亞洲國家對中共發展看法的研究報告「Asia's China Debate」,文中特別針對美國智庫界評估中共軍力虛實的討論,以「A Paper Tiger No More？The US Debate over China's Military Modernization」為題,提出深入的看法:

(一)基本上,大多數研究中國問題的觀察家都認為,共軍已經下定決心,集中資源以加強發展「高技術局部戰爭」的作戰能力。在這項戰略思維的指導下,共軍強調「首戰即決戰」的概念,積極發展「以弱擊強、以小搏大」的不對稱作戰方式,並體會「聯合作戰」價值與精髓作為現階段軍事現代化的階段性發展目標。[132]

(二)最近十年以來,中共軍方積極的從俄羅斯引進多項先進的軍事技術與武器裝備,其目的不僅在於更換老舊的設備與武器,同時共軍亦著眼於發展不對稱作戰能力,以期能夠在嚇阻美軍行動時,發揮真正的效果。目前共軍所擁有的戰略武器數量和戰力,都明顯落後於美軍,但是以共軍近兩年以來所展現的軍力評估,到 2010 年,共軍將至少有 60 枚以上的多彈頭、固態燃料推進投射的洲際彈導飛彈,可以直接威脅美國本土安全。另外,共軍積極試射核動力潛艦發射的潛射洲際彈導飛彈,亦展現出相當驚人的進步,甚至迫使美軍認真評估共軍對太平洋美軍的安全威脅。至於空軍方面,共軍已先後自俄羅斯引進約 270 架 SU-27 和 80 架 SU-30 戰機。另共軍自行研發製造的殲十戰機亦開始量產。此項空中武力

---

[132] 曾復生　著,中美台戰略趨勢備忘錄第二輯(台北:秀威資訊科技,2004年 11 月),頁 199。

的發展，勢必對中共空軍戰力提升而壓縮台海制空權。[133]

（三）共軍經歷美軍先後發動兩次波灣戰爭的震撼後，深刻瞭解資訊戰、衛星武器，以及特種部隊作戰的強勢攻擊效果。因此，共軍在近兩年以來，即加速進行影像衛星和電偵衛星的發展。同時亦針對攻擊航空母艦的能力和反制敵國衛星武器的能力，進行技術的引進與研發。不過，共軍在軍力現代化的發展過程中，仍然有許多發展限制因素有待克服，其中包括：1.把民用技術轉移成軍事技術的研發能力不足；2.資源重複配置產能過剩，造成軍事資源的浪費；3.軍隊的系統整合及管理能力仍然不足；4.國有企業不肯進行創新的研發，導致技術能力的瓶頸無法克服。[134]

我國學者翁明賢在《2010 年中共軍力評估》書中論述，共軍目前處於建軍史上的轉捩點，在第一次波灣戰爭的衝擊後，共軍重新檢討了長期以來的戰略指導思想，並積極引進西方的軍事思想以求能使中共軍隊的戰力趕上西方。[135]目前相關的外國重要軍事思想中，最令中共軍感到興趣有資訊作戰、縱深作戰及聯合作戰等。其中聯合作戰強調軍種協同的聯合作戰，由於現代戰爭技術的進步及未來戰爭的特性需求，聯合作戰的重要性愈為提高，凝聚各軍種的作戰構想獲致全面的優勢，是中共在未來戰爭獲勝的基本條件。[136]

---

[133] 曾復生 著，中美台戰略趨勢備忘錄第二輯（台北：秀威資訊科技，2004年 11 月），頁 199-200。

[134] 曾復生 著，中美台戰略趨勢備忘錄第二輯（台北：秀威資訊科技，2004年 11 月），頁 200。

[135] 張建邦 總策劃、林中斌 審校、翁明賢 執行編輯，2010 年中共軍力評估（台北：參田出版，2000 年 6 月三版），頁 116。

[136] 張建邦 總策劃、林中斌 審校、翁明賢 執行編輯，2010 年中共軍力

　　在評估 2010 年中共軍力認為 1978 年後中共開始進行國防現代化，10 餘年來在武器更新與科技研發均獲進展。第一次波灣戰爭後，中共實行「質量建軍」方針，以「打贏高技術條件下的局部戰爭」為目標。因此，除在核武與航太等尖端科技上，力謀與西方並駕齊驅，在機艦火炮等傳統武器亦藉引進西方技術以圖拉進兩者間差距。總體而論，中共已由以往偏重戰略性武器研發，逐漸轉變成戰術性武器發展，因此在戰力上遠較昔日為強，對中華民國國家安全也形成了更為嚴重的威脅。[137]

　　我國學者王高成在 92 年 11 月 28 日，「國防戰略與台海安全」學術研討會，發表《中共不對稱作戰戰略與台灣安全》論文認為，中共自 1999 年科索沃戰爭後，注重並積極探討不對稱作戰的概念，而其內涵包括了「以強擊弱」及「以弱擊強」兩部份。所謂的「打贏高技術條件下的局部戰爭」，即是為了不對稱作戰做準備。因此，在此軍事指導下，中共主張要「認真貫徹科技強軍、質量建軍、加速武器裝備發展，努力提高武器裝備現代化水準」。[138]在具體的作戰層次上，中共採取「速戰速決、首戰決勝」的作戰方式，積極運用遠程精準的打擊火力，以及資訊戰與電子戰，對敵人施以致命打擊迅速取得勝利的戰果。中共發展不對稱作戰的軍事準備與發展，已對台灣與及亞太國家構成威脅。[139]

評估，頁 121-122。

[137] 張建邦　總策劃、林中斌　審校、翁明賢　執行編輯，*2010 年中共軍力評估*，頁 162-163。

[138] 王高成，＜中共不對稱作戰軍事戰略與台海安全＞，國立中興大學全球和平與戰略研究中心，「*國防戰略與台海安全*」學術研討會（台中：中興大學，2003 年 11 月），頁 7。

[139] 王高成，＜中共不對稱作戰軍事戰略與台海安全＞，國立中興大學全球和平與戰略研究中心，「*國防戰略與台海安全*」學術研討會，頁 8-12。

美國國防部於 5 月 28 日公佈的 "2004 年中共軍力報告書"
「FY04 REPORT TO CONGRESS ON PRC MILITARY
POWER」：

聯合作戰：共軍戰略家、計畫人員認為，未來戰役將會於海上、陸上、空中、太空及整體電磁環境下同時進行。因此，中共正在進行聯合作戰能力提升，藉由發展整合性 C⁴ISR 網路，建構新指揮架構與聯合後勤系統；中共亦加強跨軍種合作，以利發展與整合聯合作戰能力。共軍對聯合作戰發展，可回溯到 90 年代美國及聯盟國家的聯合作戰經驗。儘管中共在 1990 年代起開始致力於聯合作戰準則定性概念，然其概念並不重視各層級跨軍種整合，反而重視戰役層級合作。1999 年共軍出版一系列教育性刊物及整合課程，包括沙漠風暴、科索沃戰爭及其它美軍作戰經驗。作戰單位漸將這些準則進行整合，但目前其聯戰準則發展尚不成熟。共軍尚不具備西方國家聯合作戰能力，惟其已經執行部份跨軍種演練活動，具部份聯戰特性與聯合指揮管制機制。雖然中共大力發展聯合作戰能力，其主要缺點仍在於缺乏聯合作戰經驗與跨軍種合作經驗，未來聯合作戰建立可能著重在跨軍種交互作戰能力。[140]

美國沈大偉在其著作《MODERNIZING CHINA'S MILITARY Progress, Problems, and Prospects》認為，近年來「人民解放軍」的作戰準則、戰略、戰術及訓練方式歷經了大幅度的演變及徹底

---

[140] http : //www. defense link. mil / pubs/ d2004528 PRC pdf.　FY04 REPORT TO CONGERSS ON PRC MILITARY POWER. Pursuant to the FY2004 National Defense Authorization Act. ANNUAL REPORT ON THE MILITARY POWER OF THE PEOPLE'S REPUBLIC OF CHINA.pp.20.-21.

的修正，更顯示中共的軍事分析家對於當代的軍事事務有相當深入的瞭解。共軍正將作戰構想，尤以聯合作戰、聯兵作戰、電子戰、自動化指管及較低程度之資訊戰構想，落實於演習中。共軍正歷經重大改變，不只是理論領域中的改變，也是實際訓練中的改變。

共軍意圖有效運用高技術局部戰爭準則時，仍然為本身許多缺點及所面對的諸多障礙所制約：

- 整體組織指揮架構與部隊部署方式不適合遂行聯合作戰。
- 軍種之間欠缺相容性，此點亦對聯合作戰構成阻礙。
- 相當欠缺海、空運能力；兩棲戰力有限。
- 有能力於深海水域執行任務的水面艦與潛艇的數量太少。
- 電子戰反制的能力不足，遂行攻擊性電子戰的能力極其有限。
- 後勤補給體系運作不良。
- 吸收運用新技術與裝備的能力不足。[141]

現代戰爭極其複雜，需要有訓練精良的士兵來操作非常精密的武器裝備；必須能善用情報與作戰評估；還需要具彈性兵力的架構，俾使準則能在各種地理作戰環境中發揮效用。軍事事務革命的驅動新軍事改革的速度，遠較共軍對前一個世代的技術、武器與管理方法做出調適與加以吸收的速度要來得快。因此，共軍打贏高技術局部戰爭新準則所包含的理論及所意圖達成的目標，和其遂行此戰爭的實際能力之間，仍存在著很大的落差。是故，表面上看起來，共軍正在縮小與現代軍隊之間的差距，但實

---

[141] David Shambaugh, "*MODERNIZING CHINA'S MILITARY : Progress, Problems, and Progress*" （University of California Press Berkeley and Los Angeles,California,2004）,pp.105.

際的情形卻相反。[142]

施道安（Andrew Scobell）、伍爾澤（Larry M. Wortzel）所合編的《中共軍力成長：China's Growing Military Power：Perspectives on Security, Missiles, and Conventional Capabilities》，本書係 2001 年 9 月於美國陸軍戰爭學院，所舉行中共人民解放軍研討會的論文集。

本書中由浦淑蘭（Susan M. Puska）所撰論的《粗略可用之兵力投射：解放軍近期訓練評估》論文中，論述中共聯合作戰：發展中的作為。認為中共解放軍聯合作戰能力依然在緩慢發展中，雖然目前尚無完全發揮聯戰潛力，但已獲得大幅進展，特別是在軍區的作戰層級。為了加強解放軍內部對聯戰的瞭解，各級指揮官與軍事學者與 2000、2001 年發表了許多以聯戰為題的論文與專書。例如在 2000 年底，總參謀部軍務部長楊志琦敦促軍隊儘速從聯兵指揮系統轉型為聯戰指揮系統，此乃實現聯合作戰的重要環節。2000 年 12 月，北京舉行一場名為「二十一世紀初期戰爭型態與戰爭理論」的學術研討會。此乃解放軍最高層級戰略研究部門與戰區司令部之間的首度合作，其目的在於將軍事戰略研究轉化為部隊戰力，而聯合作戰的發展趨勢正是共軍訓練與軍力成長的討論重點。[143]

以 2000 年的「三打三防」原則為基礎，中共人民解放軍 2001

---

[142] Ibid, pp.106-107.

[143] 浦淑蘭（Susan M. Puska），＜粗略可用之兵力投射：解放軍近期訓練評估＞，施道安（Andrew Scobell）、伍爾澤（Larry M. Wortzel）編著，"China's Growing Military Power：Perspectives on Security, Missiles, and Conventional Capabilities," 國防部史政編譯室譯印，中共軍力成長（台北：國防部史政編譯室，2004 年 1 月）頁 223-224。

年的訓練與作戰置重點於快速機動作戰，包含直升機的戰鬥用途、緊急後勤支援、海上登陸與渡海作戰、海上阻絕作戰（反潛與封鎖）、空中戰鬥與支援、機動導彈作戰、特種作戰，以及電子戰與反制措施。總參謀部的 2001 年訓練計畫特別要求解放軍部隊加強科技練兵，其重點包括：快速提升戰力、密集研究敵對勢力之作戰理念、裝備、武器系統，並發展反制方式、實行仿真（模擬）、實戰訓練及積極加強聯合作戰訓練。而其成效，在「漸次動員回應」（graduated mobilization response, GMR）　系統的評估形容各軍種在 2000 年之前參與演訓的關係為協商下的「友誼支援」或「客串演出」。直至 2000 年，廣州軍區、南京軍區的三軍演習則被評估為更具聯戰精神，並從單兵訓練向上延伸到技術、戰術、作戰甚至整合訓練。[144]

　　高德溫（Paul Goldwin）在一份研究報告中指出：共軍揚棄過去二十年來奉行的大陸縱深型防禦轉而採行周邊防禦與兵力投射為主的戰略構想。換言之，中共的戰略構想由陸軍為主的地面作戰轉變為多軍種的聯合作戰。就戰場概念化而言共軍已由地面戰鬥的二維戰場轉為多維的戰鬥空間，太空與網絡的重要性將等同於傳統的空中－陸地－海洋戰場。共軍面對的主要挑戰在於缺乏穩定的環境以完成組織訓練及後勤改革進而用以實踐修正過的戰略構想與作戰準則。[145]

---

[144] 浦淑蘭（Susan M. Puska），＜粗略可用之兵力投射：解放軍近期訓練評估＞，施道安（Andrew Scobell）、伍爾澤（Larry M. Wortzel）編著，"China's Growing Military Power : Perspectives on Security, Missiles, and Conventional Capabilities"，國防部史政編譯室譯印，中共軍力成長： 頁 220-221。

[145] 艾倫（Kenneth W. Allen），＜中國空軍的作戰與現代化＞，蒲淑蘭，（Susan M. Puska）編李憲榮、陳國雄譯，未來的中國人民解放軍（台北：玉山

　　雖然共軍在武器科技裝備上的落後是個事實，但共軍的領導
階層也承認科技並非是共軍唯一落後的因素。軍方領導人常常表
示在過去的 20 年共軍已經調整組織來應付現代戰爭，並且也強
化部隊軍官幹部之專業軍事教育、強化指管能力、改進後勤補給
系統、發展新的作戰觀念、增強嚴格及實際的訓練，這些都是共
軍在提升作戰訓練所做的改進措施與方法。但是軍事科技持續且
快速的變化也使得共軍領導人面臨相當困難的課題，這些變化使
得共軍仍有很大的空間做更大的改變，俾能適應 21 世紀的高技
術戰爭。[146]

　　我國防大學於 2003 年所出版《2003 台海戰略環境評估：2003
STRATEGIC ASSESSMENT ACROSS THE TAIWAN STRAIT》，在
共軍國防現代化議題《中共聯合作戰發展近況》論文認為，波灣
戰爭後，高技術局部戰爭和武裝衝突的戰爭型態，鑒於高技術戰
爭對戰略決策、戰爭準備、作戰行動與樣式、聯合作戰與指揮與
戰爭理論等產生深遠影響。1993 年始，共軍調整「新時期戰略方
針」，強調「質量建軍」、「科技建軍」、軍隊建設的「兩個轉變」，
加強聯合作戰與作戰指揮理論學習和「訓器」結合訓練與演習。[147]

　　由共軍近期聯合軍演觀察，在聯合軍兵種作戰能力實際上仍

出版，2001 年 10 月）頁 198。

[146] Paul H. B. Godwin，＜21 世紀的解放軍：科技、準則、戰略與作戰＞,James
R. Lilley、David Shambaugh, eds "China's Military Faces the Future"，國
防部史政編譯局譯，共軍的未來（台北：國防部史政編譯局，2000 年 8
月）頁 43-44。

[147] 王嫡祥、謝亦旭，＜中共聯合作戰發展近況＞，曾章瑞　主編、吳東林　編
輯，2003 年台海戰略環境評估 "2003 STRATEGIC ASSESSMENT ACROSS
THE TAIWAN STRAIT"（台北：國防大學戰略研究中心，2003 年 1 月），
頁 281。

處於初始探研階段，且因既有觀念、裝備待舊換新，致使仍存在著遠航距航渡兩棲制式輸具不足、船艦載防空火力薄弱、軍兵種間協調能力不足及部隊編組複雜、指揮管制不易等問題，導致共軍聯合作戰能力目前仍處戰術階層。若要進入戰役、戰略階層實需各軍兵種訓練整合，積極培養聯合作戰指揮人才，及強化聯合作戰指揮經驗。此外，因科技與武器裝備的整體水準低落、共軍人員教育程度及軍事專業素養偏低、受大陸軍軍種思想發展不平衡及建立後勤支援系統受國家經濟力與軍事實力限制，致使目前聯合作戰尚屬以低技術武器裝備為主的『初級聯合作戰』。[148]

中華民國 91 年《國防報告書》對中共軍事發展指陳，波灣戰爭以後，中共面臨軍事事務革命的挑戰，經各方參證後，歸納出「現代戰爭必須集中力量，對敵以空、天（太空）、地、海、電（電戰）五位一體的多維打擊」、「運用遠程精準打擊火力，對敵縱深發動不接觸、非線性的縱深打擊」及「制信息（資訊）權，必須發展信息防護與對抗手段」等新世紀軍力發展的理論基礎。並據以積極推動組織精簡、訓練改革與發展軍事高技術。目前共軍編裝雖已遠超越過去「小米加步槍」的落伍型態與水準。然資訊科技與先進國家相較仍有大幅差距，且未結合有效的經營管理手段，故在資訊化改革上，仍需克服技術瓶頸、人力素質等「過渡」階段的難題，才能提升聯合作戰指管效能與電子對抗能力。[149]

共軍為因應全球軍事發展，在「打贏高技術局部戰爭」戰略

---

[148] 王嫡祥、謝亦旭，＜中共聯合作戰發展近況＞，曾章瑞　主編、吳東林　編輯，*2003 年台海戰略環境評估 "2003 STRATEGIC ASSESSMENT ACROSS THE TAIWAN STRAIT"*，頁 290-291。

[149] 國防部「國防報告書」編纂委員會，*中華民國九十一年國防報告書*（台北：國防部，民國 91 年 7 月），頁 49。

方針及「攻防兼備」作戰思想指導下，強化訓練方法，擴大訓練成效並置重點於「新三打三防」戰術戰法、應急機動作戰、渡海登陸作戰、後勤保障支援及三軍聯合作能力等演練，藉由演訓提高聯合指揮效能及整體作戰能力。近二年來，共軍演訓除南京、廣州軍區所實施的三軍聯合兩棲登陸演習較具針對性，餘軍屬年度計畫性演訓活動；從其演訓種類分析，則著重在動員演習、快速反應、網絡戰、信息戰及空降作戰等方面，其軍兵種協同作戰能力，日益精進，對我威脅已逐年增強，不容忽視。[150]

中華民國 93 年《國防報告書》中有關中共國防政策與軍事動向指出，中共在連續高經濟成長下，國防經費不斷擴增，軍力大幅提升，逐漸顯現為區域軍事強權。在貫徹打贏高技術局部戰爭的軍事戰略方針，共軍正依裁軍政策指導，持續精簡整編工作。2004 年 1 月，更提出以「信息化（資訊）條件下作戰及訓練改革」為重點，並積極發展海空軍及強化聯合作戰能力。[151]

近年共軍軍事演訓有逐年增加趨勢，「南京」、「廣州」兩軍區實施的三軍聯合登陸演習較具針對性。訓練重點在落實「高新技術、武器裝備、作戰任務、戰場環境」要求標準，並強化三軍聯合演習：

（一）二炮：置重點於各型短、中程、洲際彈道飛彈檢測、試射與熟悉操作訓練，其中 2003 年短程彈道飛彈射數量，較 2000 年增家 15％，2004 年更持續進行各型飛彈試射，顯示共軍對強化戰術飛彈攻擊不遺餘力。

（二）陸軍部隊：沿海軍區地面部隊著重於渡海登陸作戰訓練，並

---

[150] 國防部「國防報告書」編纂委員會，中華民國九十一年國防報告書，頁 49。
[151] 國防部「國防報告書」編纂委員會，中華民國九十三年國防報告書（台北：國防部，民國 93 年 12 月），頁 25。

針對台灣地區特性成立兩棲機械化部隊。近年東南沿海地區聯合登陸作戰演習著重於強化指揮程序、上岸及陸上作戰戰法，以提升聯合登陸作戰能力。

（三）海軍：置重點於軍兵種合同演練，縮短戰力形成時間，演習重點以聯合登陸作戰、飛彈射擊、實兵對抗演練為主，並配合新式武器裝備測試，以提升制海作戰能力。

（四）空軍：以參與各軍種聯合演習為首要任務，各軍區持續長途跨區機動轉場、不同基地駐訓、夜航訓練、不同機種攔截以及配合其他兵種進行空地對抗等戰術戰法演練，並積極磨鍊飛行員臨戰經驗，強化聯訓對抗、檢驗地面後勤補保等能力，使具備「全天候作戰」迅速支援能力。[152]

（五）太空發展：太空科技是中共邁向太空發展的重點，現行衛星計有通信、氣象、定位、導航、遙感探測、海洋觀測及偵察等 10 餘枚。2004 年持續發射約 10 枚包含遙感探測、通信及氣象衛星，使其具備涵蓋全球、不中斷的監視功能。未來將部署多枚「資源」系列遙感偵照衛星、「中星」系列通信衛星、「風雲」系列氣象衛星、電子偵察衛星、遠程紅外線戰略飛彈預警衛星及「北斗」系列導航定位衛星等，組成太空軍事資訊系統，可形成涵蓋陸、海、空、天、電五維空間的指、管、通、情、偵、監、網絡指揮自動化系統，大幅提升其早期預警、聯合作戰及遙攻、直攻武器的精準導引能力。[153]

中共目前軍事現代化進程遭遇官兵素質低、人員訓練不足、

---

[152] 國防部「國防報告書」編纂委員會，*中華民國九十三年國防報告書*（台北：國防部，民國 93 年 12 月），頁 33。

[153] 國防部「國防報告書」編纂委員會，*中華民國九十三年國防報告書*，頁 35-36。

武器載台整合困難，三軍聯戰基礎薄弱等問題。根據美國國防部「2004 年中共軍力報告書」顯示，中共國防預算實際較其所公開者為多，推估應為公布預算 3 至 5 倍。以如此龐大經費，不斷研發、採購新型武器裝備，並提升現有武器裝備性能、加強人員訓練及整合部隊戰力，其軍力以大幅提升。加以共軍訓練日益重視科技，並注重聯合作戰方式，整體建軍朝「速戰速決、首戰決勝」目標前進，對我威脅已由數量優勢轉為質量競爭。對台海威脅殊值警惕與關切。[154]

綜合評估，本書以聯合作戰作為評估窗口與內容，以綜合評估方法將質性與量化評估方法有機結合：在質性方面是以人員訓練、編制體制、武器裝備及聯合作戰演習分析探討，藉由質性的分析，建立博采眾長優劣並容的看法。然舉證研究共軍軍力現代化之國內外學者專家及智庫機構，均認為共軍現代化軍力成長與進展速度，是不容忽視而必須加以重視的。以本書議題，中共的高技術局部戰爭能力，以聯合作戰發展評估，學者專家認為共軍軍事與作戰準則無法結合、軍隊體制臃腫龐大、人員文化素質與軍事專業偏低、作戰思想仍不脫人民戰爭的思維、科技水準低落及後勤制度尚無法完整建立，咸認共軍的高技術局部戰爭的能力不足；而共軍的聯合作戰能力，亦因作戰指揮的經驗不足、高技術武器裝備落後、聯合作戰概念無法落實，是故共軍聯合作戰能力亦屬初期發展階段，聯合作戰能力尚不足與西方先進國家相比。

本書探討中共的高技術局部戰爭能力，以聯合作戰評估其能

---

[154] 國防部「國防報告書」編纂委員會，*中華民國九十三年國防報告書*（台北：國防部，民國 93 年 12 月），頁 39-40。

力虛與實，是以中共高技術局部戰爭現況發展，將高技術局部戰爭的特點與聯合作戰的特點結合。中共新時期的軍事戰略是以國家綜合實力為基礎，以積極防禦思想為指導，以打贏高技術條件下局部戰爭為基點，以聯合作戰為戰役樣式。因此，以聯合作戰理論，聯合作戰的作戰思想與指導原則，聯合作戰指揮機制、指揮自動化系統建成、聯合作戰力量編成、高技術武器裝備發展、聯合作戰訓練、人員教育訓練、聯合作戰模擬演練、聯合作戰演習、聯合後勤演練、聯合後勤系統等層面，進行總體探討與評估。因此，本文論證共軍已具備聯合作戰能力，是故共軍亦具備了高技術局部戰爭的能力。

二、定量評估

如前所述，在定量分析是以中共高技術局部戰爭為評估總指標，建立人員訓練、編制體制、武器裝備及聯合作戰演習的指標體系及設計指標體系模型，來達成評估中共高技術局部戰爭能力之客觀與完善。[155]本書是以質性研究，因此在綜合評估是以定性評估為主，定量評估是擷取概念與方法，以為輔助。

評估中共高技術局部戰爭能力之指標體系，指涉的是衡量高技術局部戰爭實際戰力發揮程度的一系列相關指標相互聯繫而形成的有機整體。正確地確定中共高技術局部戰爭實際戰力的各項指標和指標體系，是準確地評估高技術局部戰爭實際戰力的必要的前提條件。高技術局部戰爭能力指標又分為質量指標、時效指標和效益指標。高技術局部戰爭能力指標可以用數值來表示，

---

[155] 王光宙　主編，*作戰指揮學*（北京：解放軍出版社，2003 年 5 月第 3 版），頁 302-304。

如 1、2、3……或 0.1、0.2、0.3……等；也可用分數值來表示 3 分、4 分、5 分……或 60、70、80、90 分……等；亦可用反映狀態文字來表示，如合格、進步、良好、優良……等。換言之，沒有一個客觀、科學的、合理的指標或指標體系，就無法進行高技術局部戰爭能力評估。建立指標體系的大體步驟如下：[156]

（一）設計指標體系模型

設計指標體系模型的過程實際上是對目標進行分解的過程。由於指標與目標（評估目的）具有一致性，因而可以採用逐層分解目標的方法來建立指標體系的結構。即以總目標（評估目的）為「根」分別列出一級指標，再根據每一個級指標的內涵逐項分列二級指標，依次類推，逐漸細化，最後一個層次就是具體的效能指標。通過在目標與指標之間設置若干中間過渡環節，逐層分解就能分解形成層次分明「樹」型評估指標體系（附圖 8-2）。

（二）確定指標權重

指標權重，就是指標在指標體系中的重要程度。權重的大小可以用數值來表示。給評估指標賦於權重時應遵循以下規定：一是每一個指標的權重必須是一個小於 1 的正數；二是下屬指標的權重值之和必須等於 1。

---

[156] 王光宙　主編，作戰指揮學，頁 303。

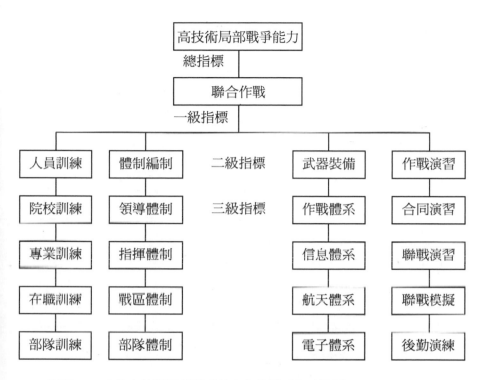

附圖 8-2：中共高技術局部戰爭能力指標體系設計模型。
資料來源：王光宙主編，作戰指揮學（北京：解放軍出版社，2003 年 5
月），頁 304。本文參考作戰指揮效能模型概念與方法，以高
技術局部戰爭能力為指標體系，而設計指標體系模型。

（三）評估資訊賦值

　　獲取評估資訊是建立評估指標體系的基礎工程，要求得到評
估結果，還必須對相關的評估資訊進行賦值。換言之，也就是對
評估資訊進行量化，也就是確定評估資訊相應的高技術局部戰爭
能力指標值。本文以前述質性分析作為賦於指標值基礎，並依前
述 0.1～0.4 來代表落後、合格、進步、良好；以一～三級來代表

優等、中等、差等描述評價等級指標值。[157]（附表 8-3）

附表 8-3：中共的高技術局部戰爭能力評估表

總指標	一級指標	二級指標	評價等級		
			優（90）	中（70）	差（50）
高技術局部戰爭能力	人員訓練（0.2）	院校訓練(0.2)		●	
		專業訓練(0.2)			●
		合同訓練(0.3)	●		
		聯戰訓練(0.3)		●	
	指揮體制（0.2）	領導體制(0.3)	●		
		聯戰體制(0.3)		●	
		軍區體制(0.2)		●	
		部隊體制(0.2)			●
	武器裝備（0.3）	作戰武器(0.3)	●		
		信息武器(0.2)			●
		電戰武器(0.2)			●
		太空武器(0.3)		●	
	作戰演習（0.3）	合同演習(0.3)	●		
		聯戰演習(0.3)		●	
		模擬演習(0.2)		●	
		後勤演習(0.2)			●
總評	70.8				

資料來源：王光宙主編，作戰指揮學（北京：解放軍出版社，2003 年 5月），頁 304。本文參考作戰指揮狀況評估表，自行設計。

計算公式：$S = \sum_{i=1}^{n} X_i W_i$（i＝1.2,3--------n）

根據「加權求和法」計算公式，可進行如下運算：

---

[157] 王光宙　主編，*作戰指揮學*，頁 307。

人員訓練：（0.2×70＋0.2×50＋0.3×90＋0.3×70）＝72

指揮體制：（0.3×90＋0.3×70＋0.2×70＋0.2×50）＝72

武器裝備：（0.3×90＋0.2×50＋0.2×50＋0.3×70）＝68

作戰演習：（0.3×90＋0.3×70＋0.2×70＋0.2×50）＝72

高技術局部戰爭能力總評：人員訓練×0.2＋指揮體制×0.2＋武器裝備×0.3＋作戰演習×0.3＝72×0.2＋72×0.2＋68×0.3＋0.3×72＝70.8

由此可以得出：高技術局部戰爭能力的評價總值為 70.8，參照等級標準，評估結果為共軍具備高技術局部戰能力為中等程度。[158]

美國國防大學戰略研究所（Institute for National Strategic Studies, INSS）的「1999 年戰略評估」報告分析指出，預期到了 2010 年，中共的海空軍可能在南海超過「東南亞國家協會」（Association of Southeast Asian Nations ）成員國，甚至可能超越台灣。根據澳大利亞前國防部長迪布（Paul Dibb），針對亞太各國的經濟實力、科技實力，從事發展軍事革命的潛力所作評估；共軍被評為第二級國家與新加坡、台灣同級，並排於澳大利亞、日本之後。[159]（附表 8-4）

---

[158] 王光宙　主編，*作戰指揮學*（北京：解放軍出版社，2003 年 5 月第 3 版），頁 307-309。

[159] 林湧偉，＜中共「新軍事革命」的評估＞，台灣綜合院戰略與國際研究所，*戰略與國際研究第三卷第二期*（台北：台灣綜合院戰略與國際研究所，2001 年 4 月），頁 125

附表 8-4：亞太地區具有推動軍事革命潛力國家一覽表

層級	國家	備註
第一級	澳大利亞、日本	美國堅實盟友、科技條件足夠的國家
第二級	中共、台灣、新加坡	受威脅或科技限制等條件中等國家
第三級	印度、印尼、馬來西亞、巴基斯坦	目前無條件
第四級	高棉、孟加拉、斯里蘭卡	幾乎無力推行軍事革命

資料來源：林湧偉，＜中共「新軍事革命」的評估＞，台灣綜合戰略與國際研究所，*戰略與國際研究*第三卷第二期（台北：台灣綜合院戰略與國際研究所，2001 年 4 月），頁 127。

　　本書在文獻評析論述中指出，研究中共軍事現代化的部份著書與論文，就中共軍力評估僅以現代化軍力作為主要論述，且均以共軍現代化武器裝備為主要評估項目，對其作戰理論、人員訓練、指揮體制、聯合作戰演習、後勤保障等軍事變革所帶來「打什麼樣的仗、建什麼樣的體制」及「仗要怎樣打，兵就怎樣訓」的戰略構想、戰略計畫與戰略行動的深刻內涵與轉變，無法層層剝析深入探討。因此，在評估中共軍力益顯得粗略與不客觀。是故，研究中共的高技術局部戰爭能力，以聯合作戰發展為例，始終圍繞著中共高技術局部戰爭與聯合作戰的特點所揭櫫的作戰理論、人員教育訓練、部隊聯合訓練、指揮體制與指揮自動化、聯合作戰力量編成、高新技術武器裝備、聯合作戰演習與模擬演習及聯合後勤保障等主要項目作一脈絡連貫的探討。在耙梳與整理評估工作中，為避免淪入主觀質性評估與無科學依據的量化評估，採用有信譽學者的論點及擷取聯合作戰指揮的量化概念與方法，力求綜合評估能達到客觀與務實的要求，勾勒出中共的高技

術局部戰爭能力的虛與實。

　　總結質性評析與量化評估，論證中共在發展聯合作戰指導與實踐過程中，師法美軍聯合作戰理論為思想基礎，進行作戰的指導計畫與作戰行動運用的聯合作戰力量建設，中共已建構出聯合作戰能力。作為高技術局部戰爭的法定戰役樣式的聯合作戰並結合高技術局部戰爭特點，中共具備了中等程度的高技術局部戰爭能力。

　　誠如，2003 年的 5 月 23 日，美國智庫「外交關係學會」（Council on Foreign Relations）即發表一份由該協會組成的獨立團隊，並由前任國防部長布朗（Harold Brown）和前任美軍太平洋總部司令普魯赫（Joseph Prueher）共同領軍，針對中共軍力實況研究所撰研的分析報告中指出：中國大陸是一個逐漸崛起成長的亞太區域強權，從客觀角度分析，中國大陸與美國在亞太地區的軍力對比，仍然存在相當程度的差距。其中包括海軍、空軍以及科技層面的軍事能力方面，美軍明顯地擁有 20 年左右的領先優勢。對於中共軍力發展評估，美國必須以客觀的態度，隨時掌握中共軍力變化的動向以及其實力消長趨勢，一旦美國及其亞太盟國低估共軍的能力，在面臨中共軍力威脅時，出現措手不及的窘境，而必須付出重大的代價。[160]

---

[160] 曾復生　著，*中美台戰略趨勢備忘錄【第二輯】*（台北：秀威資訊，2004年 11 月），頁 51-52。

第九章　結論

第一節　中共高技術局部戰爭與聯合作戰能力

　　中共建國後，毛澤東根據國家安全利益的需要，從國際形勢和國情的具體情況出發，確立了中共的國防戰略、國防建設的目標和分針。1964年，「準備早打、大打、打核戰」的「積極防禦」戰略方針，並強調提出「大辦民兵師」、「全民皆兵」和「深挖洞、廣積糧、不稱霸」的戰略思想。1956年，毛澤東批准了中央軍委提出的陣地戰結合運動戰的「積極防禦，防敵突襲」的戰略方針。

　　從60年代中期，由於國際情勢和中共周邊安全環境惡化，中共積極防禦的戰略方針就完全轉到準備早打、大打、打核戰的基點上，準備應付最困難的戰略情況，準備「帝、修、反」一齊進攻，立足於兩面以至多面作戰。但也沒有完全排除發生局部戰爭的可能性。進入70年代，蘇聯逐漸成為中共國家安全的最主要威脅，中共軍事戰略的重點是解決防禦蘇聯入侵的問題。中共當時估計蘇聯可能發動三種類型的戰爭：全面戰爭、肢解性戰爭和抓一把就走，在這三種可能中，中共的立足點是全面戰爭。

　　1977年12月28日，中央軍委全體會議上，鄧小平提出了可以延緩大戰爆發和防備「一些偶然的、局部的情況」的思想。1985年6月的擴大軍委會議，依據鄧小平提出：「在較長時間內不發生大規模的世界戰爭是有可能的戰略判斷」，實現了軍隊建設指導思想的戰略性轉變，即由時刻準備早打、大打、打核戰的臨戰狀態真正轉入和平時期現代化建設的軌道上；把共軍建設成為平時可以應付局部情況。旋即中央軍委又指出由於戰爭的危險依然

存在，特別是局部戰爭持續不斷，新時期的戰備工作要著重於做好應付局部情況的準備，強調戰略指導要從主要立足隨時準備應付敵人大規模入侵轉變為著重對付可能發生的局部戰爭和軍事衝突。

1989 年 11 月初，以江澤民為核心的新一屆中央軍委組成的時候，正值世界局勢醞釀劇變之際。此後，東歐巨變，蘇聯解體，世界兩大軍事集團之一的華沙組織宣告瓦解。1993 年 1 月初，作為第三代集體領導核心的江澤民，在中央軍委會議制定了新時期積極防禦的軍事戰略方針，在戰略指導上實行重大調整，把軍事鬥爭準備的基點由應付一般條件下的局部戰爭轉為打贏現代技術特別是高技術的局部戰爭上。

中共聯合作戰，產生於 20 世紀 50 年代共軍所進行的聯合作戰。1955 年 1 月，共軍在浙江東部沿海一江山進行的登陸戰役，首次由陸軍、海軍、空軍部隊共同實施聯合作戰任務。1955 年 11 月共軍在遼東半島舉行了大規模的聯合抗登陸演習，這是共軍第一次大規模聯合戰役演習。1958 年 3 月，葉劍英在軍事科學院成立大會上，號召軍事科學研究人員要系統地研究諸軍兵種聯合戰役與聯合戰役指揮問題。1987 年 8 月，共軍在《中國人民解放軍戰役學綱要》中正式使用「聯合戰役」概念。1996 年 3 月進行的「聯合 96」演習，共軍自稱累積了高技術局部戰爭聯合作戰與聯合作戰指揮的經驗。

1999 年 1 月 8 日中共中央軍委會頒發了第一代《聯合戰役綱要》。該綱要對聯合作戰問題作了全面、系統的規範確定了中共戰役基本指導思想，及提出了聯合戰役基本原則，明確未來聯合作戰的主要樣式、基本戰法和聯合作戰保障的任務、措施，規範了聯合作戰體系，指揮所編組和各軍種戰役軍團的任務與運用以

及信息作戰等問題。中央軍委同時還頒發了《陸軍戰役綱要》、《海軍戰役綱要》、《空軍戰役綱要》、《第二炮兵戰役綱要》和《戰役後勤保障綱要》等戰役法規。這些作戰法規和理論專著的完成將使共軍「聯合作戰役學」發展到新的階段。

中共因應國際戰略格局轉變與國情發展，由全面戰爭轉變為高技術局部戰爭，而作為戰役主要樣式以陸軍為主的合同作戰，也轉變為諸軍兵種的聯合作戰，此一歷史性的戰略轉變，正提供本書，檢視中共的高技術部戰爭以聯合作戰發展探討，並評估其高技術局部戰爭能力虛與實，一個鮮明的研究途徑的時代背景。

本書探討中共的高技術局部戰爭能力，以聯合作戰發展為「視窗」，是軍事研究領域以戰略研究為主要途徑。研究中共軍事戰略首先須清楚戰爭、戰略與戰略學基本概念以及戰略－戰役－戰術的作戰鏈之間指導與制約的關係，進而瞭解中共國家戰略－軍事戰略－軍種戰略的層級結構。是故，以戰略研究途徑，方能剖析中共戰略基礎理論的概念與內涵與戰略應用理論的指導原則與規律。中共戰略應用理論是研究戰略指導規律，包括戰略制定和戰略實施指導規律的基理論。包涵了戰略判斷、戰略決策、戰略計劃、軍事力量的建設及軍事力量的運用指導規律。

中共建國後，其戰略方針始終是積極防禦。中共積極防禦戰略方針的發展，經歷了立足於全面戰爭和立足於局部戰爭兩大階段；積極防禦戰略方針僅管在主要作戰對象、主要防禦方向以及作戰型式等問題上時有調整和變化，但重點始終是準備應付一場全面的侵略戰爭。然而在實踐上，卻進行了多場局部戰爭，如在東南沿海軍事鬥爭中，在中印邊境、珍寶島、西沙群島、中越邊境等自衛反擊作戰與援越戰爭中，局部性質的戰爭，都表現的十分明顯。進入 90 年代以後，冷戰結束後，世界政治、軍事形勢

轉變，1991 年波灣戰爭，雖然不是世界大戰，但是一場高技術的大規模局部戰爭。從國際形勢觀察，和平與發展仍是當今世界的主題。世界形勢「總體和平、局部戰爭、總體緩和、局部緊張、總體穩定、局部動盪」。不同樣式的局部戰爭和武裝衝突將是當今世界主要戰爭形態。因此，較之以往的國內革命戰爭和民族解放戰爭的全面性戰爭，在內容和形式上都發生了重大變化。進入 90 年代，中共中央軍委又明確提出立足打贏一場可能發生的現代技術特別是高技術局部戰爭，並由此出發對戰略目標和戰略指導、軍隊建設和武器裝備的發展等作了具體的規定，中共人民解放軍就形成了較為系統完整的、適應現代戰爭特點的和具有中共特色的局部戰爭理論。

1986 年 3 月 3 日，王大珩、王淦昌、楊家墀、陳芳允等四位科學家，上書黨中央，提出《關於跟蹤研究外國戰略性高技術發展的建議》，3 月 5 日鄧小平即批示：「這個建議十分重要，並強調指出：此事宜速決斷，不可拖延」。中共國務院迅速組織 200 多名專家學者全面論證和反覆修改，11 月 18 日，中共中央、國務院正式批准實施《高技術研究發展綱要計劃》，即「863 計劃」。「863 計畫」內容，主要有：生物技術、航天技術、信息技術、激光技術、自動化技術、能源技術和新材料技術等 7 個技術領域，從第九個五年計劃，即「九五計劃」起又補充了海洋技術。「863計劃」實進展順利，帶動高技術及其產業自 80 年代以來一直保持著強勁發展勢頭，尤以信息技術是高新技術群中最為突出的一例。

1988 年，中共又制定了發展高技術產業的「火炬計劃」。主要宗旨：使高技術成果商品化，高技術商品產業化、高技術產業國際化。要求高技術成果一定要具有科學上的可行性、工藝技術

上的可行性、經驗上的可行性。與此同時，自 1986 年至 1989 年，
中共中央軍委主導下，國防工委組織《2000 年的中國國防科學技
術》的研究工作，提出了 2000 年的國防科技發展重要戰略決定、
發展重點和政策措施。其中列為發展重點的前三項軍事高技術
是：精確制導技術、電子對抗技術及 C³I 技術。1995 年，全國科
技會議所提出「科教興國」戰略；1997 年開始實施的計劃到 2010
的「技術創新計劃」，形成「科教興國」、「科技強軍」的高技術
發展戰略的關鍵。

　　中共「十四大」以後，中央軍委根據國際戰略格局的變化，
制定了新時期軍事戰略方針，強調把軍事鬥爭準備的基點，從一
般條件下的常規戰爭轉到打贏現代技術特別是高技術局部戰爭
上來；隨後明確提出在軍隊建設上，要逐步實現由數量規模型向
質量效能型，由人力密集型向科技密集型轉變。實現「兩個根本
性轉變」，核心是必須走科技強軍之路。2002 年，中共「十六大」
報告中，江澤民進一步強調，共軍要要適應世界軍事變革的趨
勢，實施科技強軍、加強質量建軍、創新和發展軍事理論。努力
完成機械化和信息化建設的雙重歷史任務，實現現代化的跨越式
發展。2003 年 3 月 10 日「兩會」期間，江澤民在十屆人大共軍
代表團更明確提出：「要積極地推進中國特色的軍事變革，適應
當代科學技術和新軍事變革加速發展的趨勢」。江澤民主要強調
了五點，即：信息化是新軍事變革的本質核心；要積極推進中國
特色的軍事變革；要完成機械化、信息化的建設的雙重歷史任
務；重視發揮軍事理論的先導作用；培養高素質新型軍事人才是
推進中國特色軍事變革的重要保證。必須堅持解放思想、實事求
是、與時俱進，力爭本世紀中葉完成信息化建設的戰略任務。

　　高技術戰爭，是隨著世界新軍事變革的發生而問世，隨著軍

隊信息化建設的推進而發展的型態。從工業時代的機械化戰爭到信息時代的信息化戰爭，不能一蹴而就，要經過一個戰爭型態從量變到質變，從部份質變到整體質變的漫長過程。在過程中的戰爭型態一部份是機械化戰爭，另一部份是信息化戰爭。隨著時間的推移，機械化的戰爭的成份越來越小，信息化戰爭的成份越來越大。對這種兩者兼而有之的混合型戰爭型態，稱為高技術戰爭。而高技術戰爭的核心，就是以信息為主要高新技術，貫穿於戰爭行動整個過程。高技術戰爭不是信息化戰爭，亦不同於現代化戰爭。

當前人類社會處於由工業時代向信息時代過渡階段，軍事領域正發生一場深刻的軍事變革聯合作戰作為高技術條件下局部戰爭的基本型態，其理論與實踐的變革是新軍事革命的重要組成部份。聯合作戰是現代戰爭的產物。在第二次世界大戰以後的世界局部戰爭中，特別是進入 20 世紀 80 年代以後的英阿福島戰爭，以及 90 年代初海灣戰爭，聯合作戰得到了進一步的發展。在高技術條件下，未來戰爭將以聯合作戰為主要作戰形態。

1999 年 1 月，中共軍委頒發《聯合作戰綱要》，首次以作戰法規的形式，對中共戰役的基本指導思想作了統一，即「整體作戰，重點打擊」。聯合作戰為共軍未來戰役的主要型態。軍隊體制編制必須適應高技術局部戰爭，以聯合作戰為樣式的編制體制。因此，體制編制的改革，朝著規模適度、結構合理、指揮靈活的方向努力，並體現於「精兵、合成、高效」的原則，以滿足作戰任務要求。為此，要改革作戰部隊體制編制、調整改革聯合作戰指揮體制，深化院校體制編制改革，推進後勤保障體制改革，都是中共在新時期國防建設與軍隊現代化改革的重要關鍵。

聯合作戰，是聯合作戰所依據的基本準則，是聯合作戰規律

的反映。聯合作戰原則，是中共實施聯合作戰必須遵循的基本原則，其實質是以聯合作戰規律為依據，以聯合戰役指導思想為基礎，並體現於幾個重點：

（一）周密籌劃，充份準備。

（二）統一指揮，密切協調。

（三）整體作戰，重點打擊。

（四）陸海空天電一體化作戰體系。

（五）戰法運用，揚長避短。

（六）整體保障，統分結合。

結合高技術局部戰爭與聯合作戰的特點：

（一）聯合戰役的突出性。

（二）高技術武器的廣泛運用。

（三）作戰編組趨向小型多態。

（四）作戰指揮的高度集中。

（五）戰役行動轉換迅速。

（六）戰役保障任務艱巨繁重。

中共未來聯合作戰是貫徹與具體實現在「整體作戰，重點打擊」的基本指導思想上，以「知彼知己」指導與符合客觀實際的「消滅敵人，保存自己」等作戰一般原則。確立合力制勝、整體制勝觀念，在戰場的全空間建立陸海空天電一體的作戰體系，集中精銳力量於戰役的主要方向，綜和運用各種作戰方法和手段，對作戰體系中起支撐作用的要害目標實施重點打擊，破壞敵之整體結構，奪取戰役勝利。

中共聯合作戰主要體現於聯合進攻作戰與聯合防禦作戰。聯合進攻作戰，是諸軍種軍團為實現同一戰略或戰役目的，在聯合指揮機構統一計劃和指揮之下，在多維空間協調進行的以進攻行

動為主的一體化戰役。共軍在聯合進攻作戰指導基本要求：整體作戰，合力制敵；充分準備，主動造勢；癱殲結合，先癱後殲；立體突破，全縱深打擊。聯合進攻作戰戰役樣式有：島嶼進攻作戰、海空封鎖作戰、瀕海地區聯合進攻作戰、邊境地區反擊作戰。在作戰方式：奪取戰役電磁權、奪取戰役制空權、奪取戰役制海權、火力癱瘓作戰、聯合立體突破、聯合進攻作戰的合圍行動。

從戰爭全體而言，聯合進攻作戰是奪取戰爭勝利的主要戰役類型，聯合防禦作戰是奪取戰役勝利的輔助作戰類型。高技術局部戰爭下，進攻與防禦兩種作戰類型將結合的更為緊密，而攻防亦將因作戰情勢發展迅速轉換。

聯合防禦作戰，是諸軍種軍團為達成同一戰略或戰役目的，在統一計劃和指揮下，在多維空間進行的以防禦行動為主與攻勢行動緊密結合的一體化作戰。聯合防禦作戰的基本性質是消耗戰，基本要持久穩定，其目的是堅決守住指定的地區，大量消耗敵人保存自己，挫敗敵人的進攻，並為己方的反攻或進攻爭取時間和創造有利條件。共軍聯合防禦作戰有反空襲作戰、反敵登陸作戰、邊境反擊作戰及反空降作戰等。

作戰保障體制，是保障體制、保障機制、保障制度的統稱。高技術局部戰爭下聯合作戰保障體制，是聯合作戰體制的重要組成部份，是為聯合作戰及其保障活動服務的。因此，應保持與作戰體制相適應，有利於保障活動的快速靈活、整體組織、密切協調、合成高效的原則建立。在高技術局部戰爭，由於聯合作戰樣式多樣與靈活，攻與防轉變迅速，所以建立後勤保障、物資保障、裝備保障不同類型的聯合保障體制，是打贏高技術局部戰爭所不可或缺的。

作為聯合作戰體制的重要組成部份，是為聯合作戰及其保障

行動服務後勤保障系統，在高技術局部戰爭裡，面臨著高消耗、高技術和敵人縱深打擊的多種複雜局面。因此，只有建構整體系統的聯勤保障，才能適應未來聯合作戰陸海空天電的保障需求。

軍事教育訓練，是武裝力量及其他受訓對象所進行的軍事理論教育、作戰技能教練和軍事演習等有組織的軍事準備活動。目的是熟練掌握軍事知識和技能，全面提高受訓對象的綜合素質與整體作戰能力。聯合作戰訓練，是指揮根據完成作戰任務的需要，以聯合作戰指揮員及其指揮機構人員為主要對象，提高諸軍種聯合作戰能力為基本內容的軍事訓練。

作戰準則與訓練，準則理論是一回事，但作戰訓練與現代戰鬥經驗卻是另一回事。共軍研究現代作戰的技術，但其所學到的教訓若不能納入兵力架構中並應用於戰場上，則將毫無意義。我們可以從共軍訓練看出，軍事科學院及其他研究機構創新作為遠多於地面部隊。對任何軍隊而言，要吸收及實際運用準則上的構想，需要相當長的時間，尤其是在此種新構想將造成原有戰術與實務的大幅改變時，更是一種嚴酷考驗。訓練方式的標準化也是一項問題。同樣地，隨著共軍意圖依據打贏高技術局部戰爭準則同時進行多項改革，使得此一項問題益形嚴重。1990 年，總參謀部發布新的軍事訓練大綱，此後隨著演訓逐年加以更新及修訂，直到 1995 年底又發布了另一套軍事訓練大綱。

1999 年元月，總參再度對此大綱修訂後重新發布。這部被共軍認為是自 1987 年來所發布的第四套「全面體系」，其內容在於強調聯合作戰而非聯兵作戰（協同作戰）。這部最新的軍事訓練大綱發布後，隨即由總參謀部於各軍區的組織向下級單位轉達，再由軍區賦予某些集團軍、師及旅執行特定的模擬、實兵及實彈演訓任務。儘管共軍將新的訓練大綱發至下級單位，但是能否落

實訓練規定與要求，有著不同程度地落差。

聯合作戰演習，2000 年在北京近郊所舉行的「科技大練兵」，共軍中央對這兩年以來科技練兵的成果感到滿意，但是根據共軍自行披露其中的缺失：為數眾多的指揮員對學習電腦缺乏興趣，縱使一再強調電腦模擬訓練或數字化戰場的重要性，其觀念仍停留在火藥戰爭；再者，聯合作戰的觀念仍然老舊，認為聯合作戰只是陸海空「走過場」的形式主義；武器裝備新式的「防紅外線隱形衣」根本不能隱形；「強光干擾彈」非但不能達到干擾的目的，反而自暴行蹤，成為敵人空襲的目標；新式裝備的「炮兵射擊諸元顯示儀」，因抗震性能差，經不起野戰機動的強烈震動而紛紛失靈；共軍購進俄製現代級導彈驅逐艦「杭州號」，當正式打靶時，發生射控雷達無法鎖定目標的情況。共軍坦承，科技練兵中有許多「誤區」亟待解決與改進。

在武器裝備，儘管中共明確宣示其國防科技工業，以打贏高技術局部戰爭目標發展，此期間經歷「八五」、「九五」軍隊建設計劃多年努力，但是共軍仍警覺其現行國防工業體系迄今仍無法適應高技術武器裝備現代化與戰爭型態變化之趨勢。例如，自俄羅斯購進的 SU－27 戰機，在維修後勤制度無法與自身體系相配合，以致造成妥善率不足及電子裝備失靈；共軍購進俄製現代級導彈驅逐艦「杭州號」，當正式打靶時，發生射控雷達無法鎖定目標的情況。共軍坦承，武器裝備的總體能力、技術水準與目標需求仍存有極大差距，主要武器裝備與世界先進國家相差一至二代的「技術差」。

在指揮體制，共軍領導體制是受到 1950 年代的蘇聯軍隊組織模式的重大影響。雖然，共軍近年來因軍事事務革命（RMA）對其組織架構予以精簡、改革，甚至認真地考慮過採用各種美式

的組織型態，如聯合作戰參謀制度或戰區制度，但就文獻資料探討仍未見有相關具體的措施。共軍想要轉型成為一個有能力遂行高技術局部戰爭的兵力架構，勢必進行組織體系的改革。

　　共軍現行指揮體制，是在長期革命戰爭與和平時期軍隊建設實踐中逐步建立和發展起來的。總體而言，這一體制體現了「黨指揮槍」的傳統，保證了共產黨對軍隊領導和中央軍委集權指揮。但是，隨著作戰思想、戰爭形態和作戰樣式的重大變化，這種指揮體制已不能適應高技術局部戰爭需要，特別是不能滿足聯合作戰指揮需要。目前就現行指揮體制，機構臃腫、職能交叉、關係不順、效率不高等問題，仍然存在於共軍各級指揮機關。而對高技術局部戰爭所帶來體制改革，共軍必須面對在軍隊編制體制結構性調整的大方向上，籌劃建立聯合作戰指揮體制，以聯合作戰指揮體制的建立，趨動整個軍隊體制編制的改革，方能落實聯合作戰能力。

　　本議題以聯合作戰作為評估窗口與內容，以綜合評估方法將質性與量化評估方法有機結合：在質性方面是以人員訓練、編制體制、武器裝備及聯合作戰演習分析探討，藉由質性的分析，建立博采眾長優劣並容的看法。然舉證研究共軍軍力現代化之國內外學者專家及智庫機構，均認為共軍現代化軍力成長與進展速度，是不容忽視而必須加以重視的。中共的高技術局部戰爭能力，以聯合作戰發展評估，學者專家認為共軍軍事與作戰準則無法結合、軍隊體制臃腫龐大、人員文化素質與軍事專業偏低、作戰思想仍不脫人民戰爭的思維、科技水準低落及後勤制度尚無法完整建立，咸認共軍的高技術局部戰爭的能力不足；而共軍的聯合作戰能力，亦因作戰指揮的經驗不足、高技術武器裝備落後、聯合作戰概念無法落實，是故共軍聯合作戰能力亦屬初期發展階

段，聯合作戰能力尚不足與「西方先進國家」相比。

　　量化評估，高技術局部戰爭能力的評價總值為 70.8，參照等級標準，評估結果為共軍具備高技術局部戰能力為中等程度。美國國防大學戰略研究所（Institute for National Strategic Studies, INSS）的「1999 年戰略評估」報告分析指出，預期到了 2010 年，中共的海空軍可能在南海超過「東南亞國家協會」（Association of Southeast Asian Nations ）成員國，甚至可能超越台灣。根據澳大利亞前國防部長迪布（Paul Dibb），針對亞太各國的經濟實力、科技實力，從事發展軍事革命的潛力所作評估；共軍被評為第二級國家與新加坡、台灣同級，並排於澳大利亞、日本之後。

　　本書在文獻評析論述中指出，研究中共軍事現代化的部份著書與論文，就中共軍力評估僅以現代化軍力作為主要論述，且均以共軍現代化武器裝備為主要評估項目，對其作戰理論、人員訓練、指揮體制、聯合作戰演習、後勤保障等軍事變革所帶來「打什麼樣的仗、建什麼樣的體制」及「仗要怎樣打，兵就怎樣訓」的戰略構想、戰略計畫與戰略行動的深刻內涵與轉變，無法層層剝析深入探討。因此，在評估中共軍力益顯得粗略與不客觀。是故，本書中共的高技術局部戰爭能力，以聯合作戰發展為例，始終圍繞著中共高技術局部戰爭與聯合作戰的特點所揭櫫的作戰理論、人員教育訓練、部隊聯合訓練、指揮體制與指揮自動化、聯合作戰力量編成、高新技術武器裝備、聯合作戰演習與模擬演習及聯合後勤保障等主要項目作一脈絡連貫的探討。在耙梳與整理評估工作中，為避免淪入主觀質性評估與無科學依據的量化評估，採用有信譽學者的論點及擷取聯合作戰指揮的量化概念與方法，力求綜合評估能達到客觀與務實的要求，勾勒出中共的高技術局部戰爭能力的虛與實。

　　總結質性評析與量化評估，論證中共在發展聯合作戰指導與實踐過程中，師法美軍聯合作戰理論為思想基礎，進行作戰的指導計畫與作戰行動運用的聯合作戰力量建設，中共已建構出聯合作戰能力。作為高技術局部戰爭的法定戰役樣式的聯合作戰並結合高技術局部戰爭特點，是故，中共具備了的高技術局部戰爭能力。

第二節　中共的高技術局部戰爭與聯合作戰發展趨向

　　型態，原本指事物的形狀與神態，是關於事物形狀和運動狀態的展現形式。所謂戰爭形態，是指涉戰爭這一事物有的外在形式或其內存的、本質的必然聯繫的外在表現。

　　首先，軍事系統是人類社會大系統中的一個子系統。軍事形態根本取決於人類社會的技術形態，而戰爭形態則取決於軍事形態。軍事系統的整體狀態要產生質的飛躍，必須以軍事系統諸要素的質變為基礎，進而達到軍事系統結構與功能的根本性變革。只有當作戰者概念、作戰工具、作戰時空、軍隊編成、作戰方法與軍事理論等方面出現了質的變化，才可能使軍事效能獲得質的躍升，從而導致新軍事形態的真正確立。

　　其次，從科學角度而言，高技術局部戰爭形態的出現，是軍事系統一種湧現（emergence），是高技術局部戰爭以信息為核心所產生軍隊戰鬥力系統的相變結果。當軍事系統的組成要素類型及其結構發生改變時，系統就會出現新的整體湧現。整體湧現主要是由它的組成成分按照系統結構方式相互補充、相互制約而激發出來的。如高技術局部戰爭是一種系統性的對抗，各個空間、各個層次的打擊行動都將具有陸海空天電（磁）一體的統一性與聯合性的作戰打擊的一體化。因此，就必須陸海空天電的作戰理

論、作戰方式與軍隊作戰力量建設與編成，這就是所謂新的整體性。毫無疑問，高技術局部戰爭形態的產生，是軍事系統組成要素與結構演變的過程，它取決於各軍事主體的軍事變革乃至軍事革命的完成。[1]

最後，戰爭形態是戰爭的形式與狀態的總稱，是戰鬥力要素在戰爭空間運動的方式。戰爭形態不同於戰爭形式。戰爭形式是表現在戰爭內容的形式。從 1871 年美國獨立戰爭中的約克敦戰役開始到第一次世界大戰結束，是陸軍與海軍「平面聯合作戰」時期，主要作戰是以「刺刀拼搏」的陣地戰、運動戰；從第一次世界大戰結束到第二次世界大戰結束陸軍、海軍、空軍立體聯合作戰時期。是陸、海、空軍「三維立體聯合作戰」。主要是以陸軍為主導，海空軍配合的縱深作戰。從第二次世界大戰結束至第一次波灣戰爭，陸海空天電「多維聯合作戰」時期。隨著軍事技術的迅猛發展及其在軍事領域的廣泛運用，是高技術局部戰爭成熟階段，也促成聯合作戰內涵發生極大變化。2003 年 3 月 20 日，美國對伊拉克發動了後冷戰時期又一場高技術局部戰爭。與冷戰後 1991 年波灣戰爭、1999 年科索沃戰爭及 2001 年阿富汗戰爭相比，美國發動的這場技術含量更高、信息化特徵更為明顯，反應了軍事事務革命加速發展的新驗證與戰爭新型態的湧現。

今天是昨天的延續，明天是今天的發展。當今世界的戰爭形態是高技術戰爭，而高技術戰爭之前是工業時代的機械化戰爭，其後將是信息時代的信息化戰爭。為了更精準預測和認識戰爭，必須認真研究從機械化戰爭經過高技術戰爭階段到信息化戰爭

---

[1] 董子峰 著，*信息化戰爭形態論*（北京：解放軍出版社，2004 年 10 月），頁 8-9。本書是以高技術局部戰爭，信息為核心的戰爭型態，而引用型態概念。

的發展軌跡。事實證明，高技術局部戰爭已將過去傳統的坦克集群對決、空中戰鬥機群鎖定纏鬥、海上艦炮的直接對抗、空對地攻擊的臨空轟炸掃射等交戰方式成為歷史；遠戰武器的超視距精準打擊，取代千軍萬馬「短兵相接拼搏廝殺」等傳統作戰方式；「近戰敵殲」將可能是作戰行動的尾聲，地面接觸性作戰也只是「打掃戰場」奪取勝利的宣言。1991 年及 2003 年兩次的波灣戰爭，證明高技術局部戰爭，高技術武器裝備與作戰樣式的陸海空天電的聯合作戰，一舉擊潰海珊所建立戰爭之母地面交戰－「拼刺刀的海珊防線」。軍事家、戰略家不可留戀於昨日的戰爭，而是必須面對明日的戰爭。

　　構建面向 21 世紀軍事理論發展的基本框架，必須站在高技術局部戰爭發展的前沿，認真學習和研究高技術局部戰爭的規律與特點。尤以，2003 年 3 月 20 日至 5 月 1 日，以信息為核心所主導的第二次波灣戰爭，投入大量的高新技術武器，運用了新的作戰樣式與作戰手段，形成了陸、海、空、天、電五位一體的聯合作戰，成為高技術局部戰爭最經典的戰例。21 世紀的高技術局部戰爭將以信息優勢為基礎，採用主導布勢、精確打擊、全維防護和聚焦後勤的多維一體聯合作戰樣式來敲擊明日戰爭的鐘響。

　　2003 年 3 月 20 日，美國對伊拉克發動了後冷戰時期又一場高技術條件下的局部戰爭。與冷戰後 1991 年波灣戰爭、1999 年科索沃戰爭及 2001 年阿富汗戰爭相比，美國發動的這場技術含量更高、信息化特徵更為明顯，反應了軍事事務革命加速發展的新驗證。伊拉克戰爭是美軍軍事事務革命成果的一次廣泛驗證。通過這場戰爭可以看出，武器裝備智能化的發展帶來精準的打擊效果，更加精簡的編制體制，使部隊機動力大大提高，作戰行動在陸、海、空、天、電（磁）等多維空間的開展使作戰樣式呈現

聯合體系化。高技術戰爭是系統與系統之間的對抗，諸軍兵種的協同作戰已發展到諸軍兵種的聯合作戰。在機械化戰爭階段有陸、海、空的協同作戰，但它只是協同。隨著信息化為核心的高技術局部戰爭的逐步登場，「空－地一體戰」、「陸海空天電一體戰」便向著真正的體系對體系的聯合作戰（Joint Warfare）發展。是故，隨著軍事變革未來高技術局部戰爭下的聯合作戰，主要具有五個特徵：

（一）指揮自動化：自 20 世紀 60 至 70 年代起，為使指揮控制即實高效，世界主要國家軍隊紛紛著手發展 C^3I 系統（Command, Control, Communication, Intelligence），把情報系統獲得的信息通過通信系統這條生命綫用於指揮部隊和控制武器裝備。20 世紀 80 年代以後，隨著計算機的廣泛使用，C^3I 系統加上了計算機（Computer）變成了 C^4I。90 年代以後又進一步發展成為 C^4ISR 系統，增加了監視（Surveillance）和（Reconnaissance）。目前這一系統有發展成為 C^4kISR，增加了殺傷（Kill）。指揮控制自動化之所以能發展軟殺傷、硬打擊綜合效能，得益於信息數據鏈的發展，是整個聯合作戰指揮自動化的神經中樞。

（二）編制體制精幹化：提高質量減少數量已成為當今世界各國軍隊建設的重要指標。根據倫敦國際戰略所統計，1985 年全球兵力總額為 2794.66 萬，1999 年降為 2187.59 萬，減少 607.07 萬，減幅達到 22％。藉由裁減數量、調整體制編制、優化軍種結構等改革，軍隊規模，特別是陸軍規模，通過體制編制整編，不斷提高部隊機動能力。第一波灣戰爭後，美軍現役軍隊總兵力從 1991 年的 198.5 萬人壓縮到目前約 139.8 萬。其中，以陸軍的減幅最大，從 71 萬人減至 48.1 萬人，減少

46.3％；海軍從 57 萬人減至 38.2 萬人；空軍從 51.1 萬人減
至 36.2 萬人；海軍陸戰隊從 19.4 萬人減至 17.3 萬人。除總
員精簡外，陸軍將作為基本戰術單位的現役諸兵種合成師減
至目前約 10 個師：在維持裝甲師、機械化步兵師等重裝備作
戰部隊同時，加強空中突擊師、空降師和輕步兵師等輕裝部
隊的構建。此外，將第四機械化步兵師改建成世界上第一個
數位化師。[2]

（三）武器裝備智能化：重要的指標是各類精確制導武器逐步成為
戰逞的主角。以美軍為例，在歷時 14 年的越南戰爭，美軍使
用的精確導引彈只佔使用總量彈藥的 0.2％，主要武器是準確
精度較高的精靈炸彈（Smart Bomb）。1991 波灣戰爭，美軍
使用精準導引彈佔使用彈藥總量比例增至 8％，主要是「戰
斧」（Tomahawk）巡弋飛彈。然而此一比例在 1999 年科索沃
戰爭與 2001 年阿富汗戰爭期間更分別上升到 35％及 60％。
2003 年伊拉克戰爭中，美軍共發射巡弋飛彈約 800 枚，總投
彈量約 2 萬多枚，其中準確導引彈藥約占總彈藥量 70％，遠
超過前三場戰爭。戰爭中美軍除大量使用「戰斧」巡弋飛彈、
「聯合直接攻擊彈藥」（JDAM）外，並使用「高效能微波炸
彈」（HPM, High Power Munitions） 和「聯合防區外武器」
（JSOW, Joint Standoff Weapon）等精準導引武器。隨著信息
化程度提高而智能化的武器裝備也躍登戰場的舞台。

（四）作戰空間多維化：隨著科學技術在軍事領域廣泛運用，作戰
領域正逐步由傳統的陸海空三維空間向陸海空天電五維空間

---

[2] 「中共年報」編輯委員會，*2004 年中共年報：第肆篇－軍事*（台北：中
共研究雜誌社，2004 年 7 月），頁 4-11～4-12。

擴展。太空領域的發展與制天權的爭奪，天軍的出現將標誌著聯合太空戰的出現。第一次波灣戰爭與科索沃戰爭表明，擁有制信息權就能掌握高技術戰爭的戰略主動權。而制信息權又離不開制天權。據統計，美國在第一次波灣戰爭中共動用軍事衛星 33 顆；科索沃與阿富汗戰爭則動用 50 餘顆軍事衛星。2003 年波灣戰爭中，美軍動用軍事衛星，更多達 90 多顆，為作戰提供不間斷情報支援，為聯合作戰指揮，特別是精確打擊發揮至關重要的效能與作用。[3]

（五）作戰樣式體系化：近期幾場高技術局部戰爭體現，高技術戰爭是系統與系統之間的對抗，諸軍兵種協同作戰已發展陸海空天電一體化多維的聯合作戰。在機械化戰爭階段有陸海空三維空間的協同作戰。隨著高技術局部戰爭，信息化程度不斷地貫穿，「空地一體作戰」便向體系對體系的「陸海空天電」的聯合作戰挺進。其中關鍵是信息技術的發展成為諸軍兵種間形成完整體系的「黏合濟」。伊拉克戰爭中，美英聯軍以「先發制人」軍事戰略與「震懾（Shock and Awe）」作戰理論的要求，體現出陸海空天電五維一體的聯合作戰思想，力求在戰場上形成「信息優勢、制敵機動、精確作戰、全維防護、聚焦後勤、全譜優勢」的快速主宰。[4]

歸納中共的高技術局部戰爭能力探討，以聯合作戰為戰役樣式的重點建設與發展：

1. 必須堅持共產黨的領導：「政治合格、軍事過硬、作風優良、紀律嚴明、保障有力」是革命化、正規化、現代化重要內

---

[3] 「中共年報」編輯委員會，*2004 年中共年報：第肆篇－軍事*，頁 4-12～4-13。

[4] 「中共年報」編輯委員會，*2004 年中共年報：第肆篇－軍事*，頁 4-13。

涵。亦就是「打得贏、不變質」具體表現。

2. 必須貫徹積極防禦軍事戰略：「攻守兼備，以攻為主」。「戰略上攻擊，戰役攻守結合」。表現在高技術局部戰爭以信息為核心的聯合進攻與防禦作戰。

3. 國防建設以現代化為中心：以機械化為基礎、信息化為主導走跨越式道路。推動信息流、帶動物質流與能量流協調發展。以海空軍及二炮部隊建設為主。提高威懾與實戰能力。

4. 貫徹科技強軍的軍隊建設：擺脫以往偏重數量和規模的發展模式，朝向實現由數量規模型向質量效能、由人力密集型向科技密集型。

5. 加強軍隊組織體制創新：朝著規模適度、結構合理、指揮靈活的方向努力，並體現於「精兵、合成、高效」的原則，以滿足作戰任務要求。

6. 作戰力量編成構建創新：隨著科技進步與武器裝備發展，除加強陸海空二炮建設，也提供了航天部隊建設的基礎，力爭於 21 世紀制天權的主動。

7. 堅持把教育訓練擺到戰略地位：軍事院校體制趨向規模化、綜合化和社會化，部隊訓練趨向基地化；加大依托國民教育體系培養軍事人才的力度。「寧可人才等裝備，不讓裝備等人才」。

8. 強化諸軍兵種聯合作戰訓練：深化聯合作戰理論思想，以基地化、模擬化、網絡化的聯合模擬訓練與配合聯合作戰演習訓練，推動陸海空二炮部隊聯合作戰能力向上提升。

9. 建立聯合後勤制度：統一籌劃控制、多方聚集力量、有機合成要素、集約使用資源「聚合支援」的聯合後勤體系。

2004 年 12 月 27 日，中共國務院公布《2004 年中國的國防》白皮書，為適應國際戰略形勢和國家安全環境的變化，迎接世界新軍事變革發展的趨勢，堅持積極防禦的軍事戰略方針，加速推進中國特色的軍事變革：走複合式、跨越式發展道路：以機械化為基礎，以信息化為主導；實施科技強軍：加強高新技術武器裝備發展，改造現役武器裝備，形成系統配套的武器裝備體系；深化軍隊改革：按精兵、合成、高效的原則，建立規模適度、結構合理、機構精幹、指揮靈活的體制編制；深化聯合作戰訓練：加強作戰理論、訓練法規和網絡系統的基本建設，以提高各級指揮員組織指揮聯合作戰能力，立足打贏信息化條件下的局部戰爭。[5]對於中共國防報告書首次所揭露打贏信息條件下的局部戰爭戰略意圖，殊值重視與研究的重要課題。

第三節　對中華民國聯合作戰機制的建議

聯合作戰力量是參加聯合作戰力量各種作戰力量的總和，是聯合作戰行動的主體。聯合作戰的力量編成，是指參戰各種作戰力量的類型與規模。中共聯合作戰力量包括陸、海、空、飛彈及聯勤保障和全民整合力量。

聯合作戰力量是一個大系統，其構成因素具有多樣性、複雜性與層次性。第一層次：人與武器既是構成聯合作戰力量的基本要素，又是孕含在聯合作戰力量內部最穩定的要素。人是作戰力量的首要要素，武器是作戰力量的重要要素。作戰力量是人與武器作用的統一，武器裝備通過人的作用轉化為戰鬥力。第二層

5　中共國務院《2004 年中國的國防》白皮書，2004 年 12 月 27 日，頁 12-19。
　http://www.chinamil.com.cn/site1/xwpdxw/2004-12/27/content_97691.htm.

次：從作戰力量的組織形式而言，作戰力量的外部形式體現在組織系統、兵員和武器裝備上。作戰力量正是人與武器優化組合而成的統一體，任何作戰力量均由組織系統、兵員和武器裝備構成。第三層次：從作戰力量的內在功能講，作戰力量是由情報能力、火力、機動力、突擊力各種作戰保障能力、後勤保障能力等眾多作戰能力的要素構成的。

中華民國 93 年《國防報告書》中指陳，為有效提升國軍聯合作戰效能，適應未來戰爭需要，國軍將持續檢討、精進三軍聯合作戰演訓課目及實施方式，排除無效訓練項目，靈活運用訓練方法。另為因應「精進案」戰力組建及「常、後分立」兵力部署，將通盤檢討訓練場地運用現況，前瞻規劃部隊訓練與場地設施重點。除提供部隊基礎訓練場地與特種作戰訓練需求，集中運用有限預算整建「通用化、現代化、標準化、制式化」三軍通用的大型綜合訓練場外，並持續增購訓練模擬器，以達基層訓練需求，引用網路及多媒體輔助教學，虛擬戰場景況，結合實兵演練驗證戰術訓練，增加訓練頻次密度，累積戰場經驗，以有效推展三軍聯合作戰訓練。[6]

一個完整的軍事戰略應涵蓋戰略構想、戰略計畫與戰略行動三個部份。戰略構想為戰略行動提供了理論基礎，戰略行動又是戰略構想的實踐，而作為兩者橋樑的戰略計畫，則緊密地將兩者結合。因此，在論述軍事戰略建構時應從三個面向切入，所得推論更為周詳，亦較具可信度。換言之，這是符合將來需要何種兵力；應如何建立此種兵力；如何運用兵力「打、裝、編、訓」的

---

[6]　「國防報告書」編纂委員會，九十三年國防報告書（台北：國防部，民國 93 年 12 月），頁 69。

建軍備戰的思維理則。

（一）以高技術局部戰爭為準備，發展聯合作戰：針對我國綜合實力結合海島型作戰地理環境與戰略文化，應是『攻守兼備』。戰略上實行「專伺防衛」、戰役戰術上實行「有效嚇阻」。「攻」是制敵先機、重點打擊；「防」是三打三防、聯合防禦。「攻」是針對我危害最嚴重的戰略戰役性目標，以削弱敵有生戰力，遲滯敵行動而爭取主動權而替「防」造勢。「防」是防禦敵殺手　武器對我造成最大的損傷，極大限度地保存決戰兵力，這也是「能戰才能和」的最高要求。是故，聯合進攻作戰的作戰性質是殲滅戰，其目的是殲滅敵人的有生力量，對中共實施的島嶼封鎖戰役、島嶼進攻戰役、空襲戰役、空降戰役，作早期重點打擊。聯合防禦作戰基本性質是消耗戰，基本要持久穩定，其目的是堅決防衛海峽屏障區，大量消耗敵人保存自己，挫敗敵人的進攻，並為己方的反攻或進攻爭取時間和創造有利條件。

（二）結合高低技術武器裝備：我國經由新一代兵力整建，也建立了部份高新技術武器裝備。但是，不可諱言地，由於受限於國際情勢與科技研發的能力，因此仍使用部份舊型的武器裝備。但是科索沃戰爭證明，舊型防空裝備仍然發揮其作戰效能將美國隱形戰機擊落一例。因此，提升舊有裝備性能與高技術武器裝備形成高低搭配，同樣地能發揮作戰效能。其次，必須加速提升與研發科技能力。高技術局部戰爭是以高新技術武器系統的對抗，擁有幾件高技術武器裝備是無法掌握戰場的主動權。武器裝備系統與軍事人才是形成戰鬥力的主要因素，是決定戰爭勝負主要力量。而高技術局部戰以信息為核心的武器裝備主要表現在作戰平台、電子戰系統、精準制

導武器、C^{4}ISR、單兵數字化裝備系統、夜視器材廣泛使用。為此，我國必須以科技力量來研發創新高技術武器與提升、改造舊有裝備的性能。

（三）聯合作戰指揮機制：作戰指揮機構是聯合作戰的靈魂與神經中樞，是確保部隊整體作戰效能得以有效發揮的主導因素。作戰指揮機構是聯合作戰的靈魂與神經中樞，是確保部隊整體作戰效能得以有效發揮的主導因素。高技術局部戰爭中的聯合作戰行動，強調以高技術武器裝備實施快節奏、全天候、全時程的連續攻擊，強調各種力量、各作戰方向、各軍種相互協調與互補，整體性和時效性特點十分突出。因此，「精幹、合成、高效」的編組指揮機構，靈活協調指揮方式，是取得聯合作戰致勝的關鍵。致勝的關鍵就是發展高技術局部戰爭的 C^{4}ISR──指揮自動化系統。

依據 93 年《國防報告書》我國防部組織體系，是依據 92 年 1 月 8 日修正公布的「國防法」及 91 年 2 月 6 日修正公布的「國防部組織法」。而我國聯合作戰指揮機構是掛在於國防部組織體系裡是屬於行政組織的編組，這是對聯戰體制的混淆不清。軍隊領導指揮體制，是領導、指揮和管理軍隊的組織系統及相應制度的統稱。包括軍隊領導指揮機構的設置、職權劃分、相互關係以及其他相應的制度，是軍隊組織體制的重要組成部份。其基本功能是保證國家治理或政治集團集中行使軍權，平時對軍隊建設實行有效領導，戰時對軍隊作戰實施統一指揮。

聯合作戰指揮，是指聯合作戰指揮員及其指揮機關，為達成聯合作戰目的，對各種參戰力量的作戰準備與實施進行的一系列組織領導活動。換言之，聯合作戰指揮的指揮體是聯合

作戰指揮員及其指揮機關；聯合作戰的被指揮體，包括參戰的陸軍、海軍、空軍、後勤及後備動員等諸單位。聯合作戰指揮是一種有目的指揮行為，而根本的目的是有效地指揮所屬部隊來達成聯合作戰任務。聯合作戰指揮主要任務是建立聯合作戰指揮機構的編成與編組，以及聯合作戰自動化指揮系統。因此，成立聯合作戰指揮機制必須考慮有幾項原則，一是指揮與被指揮的關係；二是指導與被指導的關係；三是支援與被支援的關係；四是控制與被控制的關係。因此聯合作戰指揮體系應不同於行政編組體系。必須把握「指揮」、「指導」、「控制」、「支援」四種權力履行職責。同時，還應當遵循四項原則：

1. 與作戰體系相適應：即根據戰役編成和編組，確定指揮機構的種類、數量和結構，堅持「因事設人」，不搞「因人設事」。盡可能減少指揮層次。

2. 按需求設置機構：即打破平時「陸、海、空、聯勤」並行的模式，按照作戰指揮職能編組與指揮機構。

3. 根據需要確定部門及其職能：即根據戰役任務需要，確定各指揮所的內部構成，明確各業務部門的職責、權力和義務。

4. 諸軍兵種指揮與參謀人員混合編組：即指揮機構中的每一個職能部門，均應當由諸軍兵種參謀人員組成，部門領導的任用根據作戰任務的性質而定。

軍隊編制：高技術局部戰爭軍隊編制趨向一體化，多樣化和小型化，在於建立兵力結構高度合成的部隊，它與傳統合成軍隊相比，內部結構更緊密，整體作戰能力更強，且更便於實施統一指揮，兵力結構將具有以下新特點：（一）

強化了軍種合成。目前諸軍種自成一體的情況將有所改變，多軍種甚至全軍種混合編組的部隊。（二）軍種內部的合成向基層發展。陸軍合成到營以下單位，空軍到中隊，海軍到基層艦艇支隊，海軍陸戰隊到連以下分隊。其中，陸軍營以下單位在作戰中，將更多地混合編組機械化步兵、坦克、火炮、小型防空飛彈、攻擊直升機和運輸直升機以及其他分隊。（三）合成的方式更加靈活。靈活運用固定合成與彈性合成等方式，可根據任務隨時混編、改制，並可在遭受損失後「重組」。因此，隨著武器效能和指揮領導的方式的改進，軍隊編制的多樣化、小型化的結構，具有反應快速、指揮靈活、作戰效率提高等特點，能執行多種作戰任務。實施軍隊編組多樣化、小型化的主要方法：一是裁編減員，在不降低作戰效能前提下，適度縮小軍隊總體規模；二是精簡各級部隊編制定額；三是簡化軍隊編制層次。以達「量精質優、快速機動、多功能化、模塊組合化」的高效能軍隊。

（四）聯合作戰訓練：軍事教育訓練，是武裝力量及其他受訓對象所進行的軍事理論教育、作戰技能教練和軍事演習等有組織的軍事準備活動。目的是熟練掌握軍事知識和技能，全面提高受訓對象的綜合素質與整體作戰能力。聯合作戰訓練，是指揮根據完成作戰任務的需要，以聯合作戰指揮員及其指揮機構人員為主要對象，提高諸軍種聯合作戰能力為基本內容的軍事訓練。其任務，訓練有關戰區和戰役方向的作戰任務與作戰指導、檢驗作戰方案、論證編制、豐富作戰理論和發展聯合作戰理論。

聯合作戰訓練的方法，是施訓者與受訓者在聯合作戰訓練過程中，為了達成訓練目的與完成訓練任務所採取的訓練程序、訓練方式和訓練手段。聯合作戰訓練通常採取聯合作戰部隊訓練、聯合作戰想定、聯合作戰演習三種主要形式進行。聯合作戰訓練的主要方法，有聯合作戰模擬訓練、基地化訓練和對抗性訓練。訓練是戰力的泉源。以高技術局部戰爭與聯合作戰為訓練重點。以國防大學為教育主幹培育優良師資，並結合民間戰略研究所及智庫，進行學術交流培訓，向下紮根擴及三軍院校及整合部隊訓練課程，以練為戰將院校教育與部隊教育結合。是故，對聯合作戰應採取幾項原則：1.研究學習高技術局部戰爭與聯合作戰理論，並開闊 21 世紀信息化戰爭的視野；2.建立聯合作戰督考機構；3.就敵情作戰任務設計演練內容；4.注重效益演練網絡化； 模擬演練與實兵演練相結合，條件具備時組織實兵演練，條件不足時進行室內演習，利用多媒體網路系統，按戰時編制體制模擬實兵演練，採用「聯合作戰訓練系統」，組織作戰、通信、後勤、自動化工作站、作戰指揮數據庫等部隊及單位聯合相配，建立符合聯合訓練要求的自動化指揮系統，解決各軍種、各單位的遠程對抗訓練問題，實現聯合作戰演練網絡化。

戰場是作戰活動的舞台，戰場條件的好壞對戰役勝負關係甚大。善於選擇和創造，改善作戰環境，發揮戰場優勢，對我國軍「精實兵力」更顯得需要與重要。因此，因應新時期中共戰略轉變的實際情況；及對國軍戰略指導者而言，選擇和創造有利戰場，作為戰爭準備和軍事建設的一項主要考量。是故，在戰略意志發揮的戰略空間，必須統籌建立完善的聯合作戰戰場體系。

在選擇和創造戰場的基礎上，必須建立陸海空天電一體化作戰體系。這是汲取機械化戰爭的經驗，以及對高技術局部戰爭聯

合作戰特點和發展趨勢而提出的戰爭新型態,是實施聯合作戰的
基礎和必然要求。聯合作戰體系主要包括信息作戰體系、陸海空
飛彈作戰體系,除此之外,還必須建立高效、靈活、穩定的指揮
控制體系,以及建立全面而有重點,穩定可靠的聯合作戰後勤裝
備維護體系。從而將陸上作戰、空中作戰、海上作戰、信息作戰
及聯合後勤體系融合為一體構成陸海空天電一體化的作戰型態。

第四節　信息化戰爭下聯合作戰未來發展趨勢

　　作戰力量是進行聯合作戰最重要的物質基礎和制勝因素。近
期幾場高技術局部戰爭的聯合作戰實踐表明,任何單一的軍種力
量,都很難獨立達成作戰的總目的。必須依靠多軍種和其他各種
武裝力量聯合作戰,優勢互補,發揮整體戰力制勝。[7]高技術局部
戰爭中的C[4]SIR系統具有在戰場空間獲取情報和實施聯合作戰指
揮的能力,而聯合作戰力量是由多軍種或戰役集團軍構成的整
體,且各軍種力量遂行作戰任務的空間不同,這就使得戰役戰場
型態發生重大變化,戰場不在是「平面」、「綫式」和「單向縱深」
的交戰地區的概念。[8]1991 年波灣戰爭,電磁與網絡、太空戰場
的登台,聯合作戰戰場空間的多維化趨勢,將突破傳統的陸海空
三維的空間限制,朝向陸海空天電的多維空間戰場挺進。[9]

　　技術優勢已成為綜合國力和國家安全的關鍵組成部份,是發

---

[7]　郁樹勝　主編,論聯合戰役(北京:國防大學出版社,1997 年 6 月),
　　頁 33。
[8]　王曉華、榮維良、曲順平,<試析高技術局部戰爭聯合戰役戰場>,國
　　防大學,高技術條件下戰役理論研究(北京:國防大學出版社,1997 年
　　1 月),頁 140-144。
[9]　高宇飆　主編,聯合戰役學教程(北京:軍事科學出版社,2001 年 8 月),
　　頁 54。

展武器裝備系統的基礎。武器裝備是作戰體系對抗的基本工具，是軍隊現代化水準的主要標誌，軍事領域的革命性變化，通常始於武器裝備的飛躍性進展。因此，更新武器裝備是當前軍事領域深刻變革的首要內容，是實現全面變革的基本前提。新武器系統的發展，對國家安全和確保打贏明天的戰爭，有著「一錘定音」重要關鍵。[10]

1976 年美國軍事理論家湯姆‧羅那在一份題為「武器系統與信息戰爭」的報告中，首次提出了「信息戰爭」的概念，並指出信息戰爭是「決策系統之間的對抗」。[11]進入 80 年代，美軍專家陸續提出「信息戰鬥」、「電子戰和信息戰」等術語。20 世紀 80 年代末，提出「計算機病毒對抗」理論。以波灣戰爭為標誌，美國軍方認為，這場戰爭既是現代化工業技術力量之間較量，又是以信息技術為基礎的信息時代的戰爭。波灣戰爭結束不久，美國防部指揮控制政策局長艾倫‧坎彭就出版了《第一場信息戰爭》一書，並認第一次波灣戰爭為人類歷史上第一次的信息戰爭。[12]

20 世紀 80 年代以來的幾場高技術局部戰爭，之所以讓人感到戰爭形態的變化，其中共同的原因在於戰爭中都使用了大量的電子戰武器系統與精確導引武器。這些武器系統和彈藥的使用，使得戰場信息與火力、機動、防護等要素一樣，是構成部隊戰鬥力的一個重要的因素。具有戰場信息處理能力的武器系統，不僅

---

[10] 王成俊、劉曉達、王稚主編，*新武器技術發展概論*，（北京：軍事科學出版社，2002 年 5 月），頁 1。

[11] 李耐國　著，*信息戰新論*（北京：軍事科學出版社，2004 年 1 月），頁 13。

[12] 李輝光　主編，*美軍信息作戰與信息化建設*（北京：軍事科學出版社，2004 年 1 月），頁 45-46。

極大地提高了自身的的作戰效能，直接左右和影響著戰爭進程，使得戰爭更具有可控制性，同時也帶來了戰爭較量的新領域——電子信息領域。武器系統技術構成的信息化、智能化是引起戰爭形態發生變化的一個根本原因。換言之，武器系統中由於採用了機械動力系統，出現了坦克、裝甲車輛等機械化武器裝備，相對應地帶來了機械化戰爭，那麼，當前武器系統技術構成上的信息化、智能化，帶來的將是信息化戰爭的新型態。[13]

信息化戰爭是以信息和知識為核心資源，以大量運用信息技術而形成的一體化信息系統和信息化武器裝備為基礎，以信息化戰場為依托，以信息化軍隊為主體，以爭奪制信息權為基本目標，以信息戰為基本作戰型式的新戰爭型態。這概念主要包括幾個要點：[14]

一、信息化戰爭是信息時代的產物，是繼機械化戰爭之後出現的人類戰爭的又一新型態；二、進行戰爭的力量以信息化軍隊為主體；三、作戰運用的主要工具是信息、信息系統和信息化裝備武器；四、作戰行動的空間是由信息系統和信息網絡連接的信息化戰場；五、基本的作戰形式是以爭奪制信息權為基本目標的信息戰。由此可見，信息化戰爭與人類戰爭歷史上曾經出現過的以物質和能量為核心資源的冷兵器、熱兵器戰爭和機械化戰爭有著本質的區別。[15]

信息戰是為奪取和保持信息優勢而進行的鬥爭。由於信息鬥爭的領域不同，信息領域有廣義與狹義之分。從廣義而言，信息

---

[13] 沈偉光　主編，*信息化戰爭－前所未有的較量*（北京：新華出版社，2003年8月），頁70。

[14] 徐小岩　主編，*信息作戰學*（北京：解放軍出版社，2002年9月），頁2。

[15] 徐小岩　主編，*信息作戰學*，頁2-3。

戰是指敵對雙方為實現各自的國家戰略目標，為爭奪在政治、經濟、軍事、科技、文化等各領域的信息優勢，運用信息和信息技術手段而展開的對抗；從狹義而言，信息戰通常是指軍事領域裡的信息鬥爭，它是敵對雙方為爭奪信息的獲取權、控制權及使用權，通過利用、保護己方和利用、破壞敵方的信息、信息系統而展開的一系列作戰行動。1999 年版《中國人民解放軍聯合戰役綱要》對「聯合信息作戰」理論（附圖 9-1）的定義為：『為奪取和保持戰役制信息權而以電子對抗為主進行的一系列的作戰行動』。信息作戰是戰場上敵對雙方為爭奪制信息權，通過利用，破壞敵方和利用，保護己方的信息、信息系統而進行的戰役。信息作戰是一種綜合性的作戰方式，包括一切能對敵信息和信息系統實施攻擊和對己方信息與信息系統所進行防護的行動。[16]信息作戰體系使用的武器系統裝備主要由以下幾個方面組成：

一、 信息化作戰平台：主要包括有先進電子設備的坦克裝甲車、火炮與導彈發射裝置、固定翼飛機和直升機，各類艦艇等。信息化作戰平台是在機械化作戰平台的基礎上發展而來的，其特點是機體內裝備有大量的電子信息處理設備，不僅能自動探測戰場目標，實施精準的火力打擊和其他作戰行動，還能與戰場 C^4ISR 系統聯網，成為其中的一個節點，實施一體化的作戰行動。[17]

二、 信息化智能彈藥：主要包括各類導引炸彈、炮彈、地雷，以及遠程巡弋飛彈、防空飛彈、反幅射飛彈。信息化智能彈藥

---

[16] 王智遠、崔衍松、梅華峰、侯新予 主編，聯合信息作戰（北京：軍事誼文出版社，1999 年 11 月），頁 154。

[17] 沈偉光 主編，信息化戰爭－前所未有的較量（北京：新華出版社，2003 年 8 月），頁 71。

的特點是能夠自動獲取戰場目標信息，不斷地修正自己的飛行彈道，以極高的精度精確地命中目標。[18]由於遙控導引、地形匹配導引及複合導引等導引技術大量用於各種導彈、炮彈和炸彈等武器系統上，使精確導引武器的命中精度提高，為非接觸作戰提供了遠距離打擊的戰法，即所謂的精確「點穴」。[19]

三、　數字化單兵作戰系統：主要有頭盔、單兵武器、通信裝備、和軍服等分系統。隨著現代高技術的日新月異和在軍事領域的廣泛應用，特別是當前世界各國軍隊在單兵作戰系統研製方面更是激烈競爭。在未來信息化戰爭更是要求，單兵作戰系統具有比以往更強的攻防能力、更好的隱藏性，並且更加機動靈活，能獨立應付各種突發事件，並將單兵納入覆蓋全部戰場空間的 C[4]ISR 系統的網絡中，真正建立起　個能夠實施整體作戰的現代化作戰體系。[20]

四、　綜合軍事信息系統（C[4]ISR）：即指揮、控制、通信、計算機、情報、監視和偵察系統，是信息化戰場上軍隊行動的「大腦和中樞神經。」　這是聯結所有單件信息化武器系統，使之形成整體合力的關鍵。C[4]ISR 系統作為信息化戰爭多維空間力量的「粘合劑」和「倍增器」發揮了「一錘定音」的作戰效能。[21]

[18] 沈偉光　主編，*21 世紀武器裝備*（北京：新華出版社，2002 年 1 月），頁 214。

[19] 李耐國　主編，*信息戰新論*（北京：軍事科學出版社，2004 年 1 月），頁 130-131。

[20] 沈偉光　主編，*21 世紀士兵*（北京：新華出版社，2002 年 1 月），頁 281-282。

[21] 沈偉光　主編，*信息化戰爭－前所未有的較量*（北京：新華出版社，2003

未來信息一體化 C⁴ISR 基礎設施由五大部份組成：

—— 由各種探測裝置組成的探測裝置網路，為各級部隊指揮員提供戰鬥空間的態勢；

—— 先進的戰場管理能力，能夠比潛在敵人更快、更靈活地向全方位部署部隊；

—— 有足夠容量、靈活和網絡管理能力的聯合通信網絡，以支持指揮員和部隊間的通信要求；

—— 具有信息作戰能力，即能破壞、削弱或阻止敵人掌握戰鬥空間態勢，或制止敵人自由調動部隊的能力。

—— 信息防禦系統，保護分布於全球的通信和信息處理網絡，不受敵方干擾或被敵利用。[22]

C⁴ISR 一體化，是實現聯合作戰一體化指揮的平台，亦是奪取信息優勢實現信息壓制的軟殺傷系統。[23]整體而言，共軍在發展聯合作戰能力的過程中，其如何結合信息一體化 C⁴ISR 基礎設施，以強化未來實行「信息條件下的局部戰爭」戰略決策，[24]勢必將成為今後吾人持續關注與研究的重要課題。

年 8 月），頁 72。

[22] 王成俊、劉曉達、王稚 主編，新武器技術發展概論，頁 239。

[23] 李德毅、曾占平 主編，發展中的指揮自動化（北京：解放軍出版社，2004 年 11 月），頁 34-35。

[24] 中共國務院《2004 年中國的國防》白皮書，2004 年 12 月 27 日，頁 11。http://www.chinamil.com.cn/site1/xwpdxw/2004-12/27/content_97691.htm.

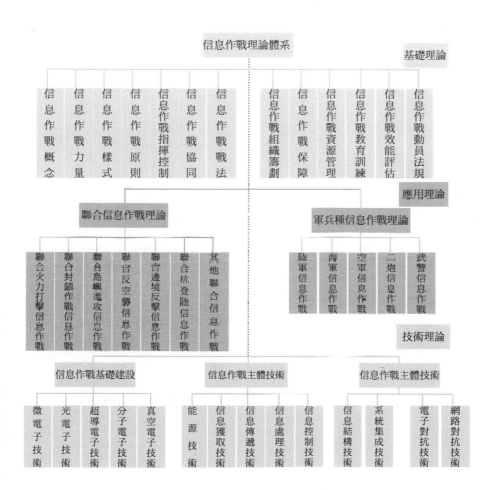

圖 9-1：中共信息作戰學理論體系結構圖。
資料來源：徐小岩　主編，信息作戰學（北京：解放軍出版社，2002 年
　　　　　9 月），頁 27。

精 兵合成高效

446

參考書目

一、英文書目

Allen, Kenneth W. & Eric Mcvadon, eds. *China's Foreign Military Relations*. The Henry L. Stimson Center, Washington D.C., October, 1999.

Allen, Kenneth W. & Glenn Krumel and Jonathan D. Pollack, eds. *China's Air Force Enter the 21st Century*. Santa Monica C.A. : RAND, 1995.

Allen, Kenneth W. PLA Air Force Logistics and Maintenance : *What Has Changed ? The People's Liberation Army in the Information Age*. Santa Monica C.A. : RAND, 1999

Allen Kenneth W. *China's Aviation Capabilitie*. The Center for the Study of Chinese Military Affairs National Defense University, October 26-27, 2000.

Alexander, Chieh-Cheng Huang. *Transformation and Refinement of Chinese Military Doctrine*. RAND, Feb 2001.

Bitzinger, Richard A. and Bates Gill, eds. *Gearing up for High-Tech Warfare : Chinese and Taiwan Defense Modernization and Implications for Military Confrontation across the Taiwan Strait, 1995-2005*. Washington D.C. : Center for Strategic and Budgetary Assessment, 1996.

Brown, Michael E. Owen R. Cote, Jr., Sean M. Lynn-Jones, Steven E. Miller, eds. *The Rise of China*. The MIT , 2000.

Burles, Marks & Abram N. Shulsky. *Pattern in China's Use of force : Evidence from History and Doctrinal Writings*. Santa Monica C.A. : RAND, 2000.

精 兵合成高效

Bates Gill, *"Hearing on Chinese Military Power"*, *House Armed Services Director*, Center for Northeast Asian Policy Studies *Committee*.

Bateman, Robert L. *Digital War : A View from the front Lines*. New York : Presidio Press, 1999.

Bitzinger, Richard A. A Lot of Explaining to Do: *Assessing Chinese Defense Expenditures* . INSS, October 2001.

Cole, Bernard D. *The People's Liberation Army-Navy and "Active Defense": Coastal or Blue Water Operations?* A paper prepared for the Institute for Strategic Studies Conference on the People's Liberation Army, 30-31 October 2001.

Corbett, Jr John F. and Edward C.O'Dowd, *PLA ORGANIZATION AND MANAGEMENT. CHINESE MILITARY STUDIES:* A CONFERENCE ON THE STATE OF THE FIELD26 – 27 OCTOBER 2000 FORT MCNAIR, WASHINGTON, DC .

DOD. FY04 REPORT TO CONGERSS ON PRC MILITARY POWER. Pursuant to the FY2004 National Defense Authorization Act. ANNUAL REPORT ON THE MILITARY POWER OF THE PEOPLE'S REPUBLIC OF CHINA. http : //www. defense link. mil / pubs/ d2004528 PRC pdf.

DOD. *Quadrennial Defense Review Report. Washington* D.C. : DOD, 1997
http : //www. defense link. mil / pubs/qdr

DOD. *Quadrennial Defense Review Report. Washington* D.C. : DOD, 2001
http : //www. defense link. mil / pubs/qdr

Dougherty, James E & Pfaltzgraff, Robert L. Jr. Contending Theories of International Relations : A Comprehensive Survey, 4th ed. U.S. : Addison-Wesley Educational Publisher Inc, 1997.

Eikenberry, Karl W. Does China Threaten Asia-Pacific Regional Stability? http://carlisle-www.army.mil/usawc/parameters/1995/eiken.htm.

Flanagan Stephen J. Michael E. Marti. *The People's Liberation Army and China Transition.* National Defense University, Aug 2003.

Godwin, Paul H.B. PLA Doctrine and Strategy:Mutual Apprehension in Sino-American Military PlanningConsultant on East Asian Security Affairs Chico, California, October, 2001.

Godwin, Paul H.B. *Compensating for Deficiencies : Doctrinal Evolution in the Chinese People's Liberation Army.* RAND, Feb 2001

Lane, C. Dennison Mark Weisenbloom, Dimon Liu, eds. *Chinese Military Modernization* U.K. London : Kegan Paul Limited, 1996.

Lilley, James R. & David Shambaugh, eds. *China's Military Faces the Future.* Washington D.C. : American Enterprise Institute for Public Policy Research, 1999.

Mulvenon James, THE CHINESE PEOPLE'S LIBERATION ARMY'S ARMY: THE STRUGGLE FOR IDENTITY, RAND, October,2001.

Pendley, William T. ASSESSING CHINESE MILITARY DEVELOPMENT: WHAT ARE THE MOST IMPORTANT QUESTIONS? A CRITERIA OF RELEVANCE . 26 October 2000.

Puska, Susan M. ed. *People's Liberation Army after Next.* Strategic Studies Institution, U.S. Army War College, 2000.

Pillsbury, Michael. *China Debates the Future Security Environment.* Washington, DC : National Defense University, 2000.

Pillsbury Michael, ed. *Chinese View of Future Warfare.* Washington D.C. : National Defense University Press,1997.

Shambaugh, David. ed. *MODERNING CHINA'S MILITARY : Progress,*

Problems, and Prospect. Berkeley and Los Angeles, California：University of California Press, 2004.

Shambaugh, David ed. *PLA Strategy & Doctrine:* Recommendations for a Future Research Agenda By Professor of Political Science & International Affairs Director, China Policy Program Elliott School of International Affairs George Washington University Non-Resident Senior Fellow Foreign Policy Studies Program The Brookings Institution, Washington, D.C. October, 2001.

Swaine, Michael D. & Tellis, Ashley J. *Interpreting China's Grand Strategy：Past, Present, and Future.* U.S.：RAND, 2000.
Sutter, Robert G.. U.S. Policy Toward China：*An Introduction to the Role of Interest Groups.*Maryland：Rowman & Littlefield Publishers, Inc,1998.
Swaine, Michael D. *The Role of the Chinese Military in National Security Policymaking.* U.S.：RAND , 2000.

Sloss, Leon. *Ballistic Missile Defense Rveisited.* Washington, D.C.：The Atlantic Council of the United States,1999.

Snyder, Craig A., ed. *Contemporary Security and Strategy.* U.K.：Macmillan Press Ltd, 1999.

Stokes, Mark A. SPACE, THEATER MISSILES, AND ELECTRONIC WARFARE: EMERGING FORCE MULTIPLERS FOR THE PLA AEROSPACE CAMPAIGN CHINESE MILITARY AFFAIRS: A CONFERENCE ON THE STATE OF THE FIELD 26-27 OCTOBER 2000 FORT MCNAIR, WASHINGTON DC, AEROSPACE I PANEL.

Scobell, Andrew. *CHINESE ARMY BUILDING IN THE ERA OF JIANG ZEMIN.* U.S. Army War College, Jul 2000.

Scobell Andrew & Wortzel Larry M. *CHINA'S GROWING MILITARY POWER：Perspectives on Security, Ballistic Missile, and Conventional Capabilities.* U.S. Army War College, Sep 2002.

Stokes, Marks. *China's Strategic Modernization.* Strategic Studies Institution, U.S. Army War College, 1999.

Tangredi, Sham J. All Possible War? *Toward a Consensus View of the Future Security Environment ,2001-2025*.Washington, D.C. : Institute for National Strategic Studies, National Defense University, 2000.

The United States and a Rising China. RAND, 1999
http : //www.rand.org/publications/MR/MR/1082

The United Stated and Cross-Strait Rivalry. Strategy Partnership and Strategy Ambiguity. Washington, D.C. : The Council of the United States,1999.

Wong, Ming-Hsien, ed. *Security in the Taiwan Straits*. Taipei : Graduate Institute of International Affairs and Strategic Studies,1998.

Wang, Kao-Cheng. " Clintons China's and its Impact on the Cross-Strait Relations," in Wong, Ming-Hsien, ed. *Security in the Taiwan Straits*. Taipei : Graduate Institute of International Affairs and Strategic Studies,1998.

Wortzel, Larry M. ed, *The Chinese Armed Forces in the 21st Century*. Strategic Studies Institution, U.S. Army War College, 1999.

二、中文書目

Alberts, David S. ed. 國防部史政編譯室譯。*理解資訊時代的作戰*。台北：國防部史政編譯室，2003 年。

Brown, Micheal E. ed. 國防部史政編譯室譯。中共崛起。台北：國防部史政編譯室，2002 年。

Baylis, John etc,ed. 國防部史政編譯局譯。*當代戰略（上下冊）*。台北：國防部史政編譯局，1991 年。

Burles, Mark. etc,ed. 國防部史政編譯局譯。*中共動武方式*。台北：全球防衛雜誌社出版，2001 年。

Babbie, Earl. Ed. 李美華等譯。社會科學研究方法（上、下）。台北：時英出版社，1998 年。

Binnendijk, Hans. ed. 國防部史政編譯室譯。*美國的軍事轉型*。台北：國防部史政編譯室，2004 年。

Burkitt, Laurie. Etc, ed. 國防部史政編譯室譯。*解放軍七十五周年之歷史教訓*。台北：國防部史政編譯室，2004 年。

C. Dennison Lane, etc, ed. 國防部史政編譯局譯。*中共軍事現代化*。台北：國防部史政編譯局，1998 年。

Cerami, Joseph R. ed. 國防部史政編譯局譯。*美國陸軍戰爭學院－戰略指南*。台北：國防部史政編譯局，2001 年。

Clark, Wesley K. ed. 國防部史政編譯室譯。*進行現代戰爭*。台北：國防部史政編譯室，2002 年。

Chava Frankfort-Nachmias. ed. 潘明宏等譯。*社會科學研究方法*。台北：韋伯文化事業出版社，2001 年。

Dougherty, James E. etc, ed. 閻學通等譯。*爭論中的國際關係理論*。

北京：世界知識出版社，2003 年。

Duk-ki kim. Ed. 國防部史政編譯室譯。*東北亞海軍戰略*。台北：國防部史政編譯室，2004 年。

Ellings, Richard J. eds. 國防部史政編譯室譯。*2001-02 戰略亞洲：權力與目的*。台北：國防部史政編譯室，2002 年。

Flournoy, Michele A. ed. 國防部史政編譯局譯。*2001 美國四年期國防總檢重大議題*。台北：國防部史政編譯局，2002 年。

Huntington, Samuel P. ed. 黃裕美譯。*文明衝突與世界秩序的重建*。台北：聯經，1997 年。

Hughes, Barry B. 歐信宏等譯。*國際政治新論*。台北：韋伯文化事業出版社，1999 年。

Hombarger, Christopher E. ed.國防部史政編譯室譯。*變遷世界中的國家戰略與能力*。台北：國防部史政編譯室，2002 年。

Khalilzad, Zahmay M., eds. 國防部史政編譯局譯。*美國與崛起中的中共戰略與軍事意涵*。台北：國防部史政編譯局，2000 年。

Knox, Macgregor ed. 國防部史政編譯室譯。*1300-2050 之軍事革命變遷*。台北：國防部史政編譯室，2003 年。

Keaney, Thomas A. ed. 國防部史政編譯局譯。*波灣空戰掀起戰爭革命*。台北：國防部史政編譯局，2002 年。

Lilley, James R. and David Shambaugh, etc, ed. 國防部史政編譯局譯。*共軍的未來*。台北：國防部史政編譯局，2000 年。

Lawrence F. Locke, etc, ed. 項靖等譯。*論文計劃與研究方法*。台北：韋伯文化事業出版社，2002 年。

Lambeth, Benjamin S. ed. 國防部史政編譯室譯。*科索沃空戰*。台北：國防部史政編譯室，2003 年。

Neuman, W. Lanwrence. ed. 王佳皇等合譯。*當代社會研究法－質化與量化途徑*。台北：學富文化事業有限公司，2002 年。

Owens, Bill. Etc, ed.。曾祥穎譯。*軍事事務革命－移除戰爭之霧*。台北：麥田出版，2002 年。

O'hanlon, Michael. 王振西 譯。*高科技與新軍事革命*。北京：新華出版社，2001 年。

Offler, Alvin T . 傅凌譯。*新戰爭論*。台北：時報文化，1994 年。

Puska, Susan M. ed. 國防部史政編譯局譯。*下下一代的共軍*。台北：國防部史政編譯局，2001 年。

Pillsbury Michael ed. 國防部史政編譯局譯。*中共對未來安全環境的辯論*。台北：國防部史政編譯局，2001 年。

Pumphrey, Carolyn W. ed. 國防部史政編譯室譯。*中共在亞洲崛起之安全意涵*。台北：國防部史政編譯室，2003 年。

Romberg , Alan D. ed. 國防部史政編譯室譯。*中共與飛彈－美中戰略關係*。台北：國防部史政編譯室，2003 年。

Stoke, Mark A. ed. 國防部史政編譯局譯。*中共戰略現代化*。台北：國防部史政編譯局，2000 年。

Tow, Willlam T. ed. 國防部史政編譯室譯。*亞太戰略關係尋求整合安全*。台北：國防部史政編譯室，2003 年。

Tangredi, Sam J. ed.國防部史政編譯室譯。*未來可能發生的戰爭*。台北：國防部史政編譯室，2002 年。

Thucydides. ed.謝德風譯。*伯羅奔尼撒戰爭史*。台北：台灣商務印書館，2000 年。

Holsti, K. J. ed. 李偉成等譯。*國際政治分析架構*。台北：幼獅文化事

業公司，1996 年。

丁樹範　主編。*胡錦濤時代的挑戰*。台北：新新聞化，2002 年。

于化庭　主編。*高技術戰爭與軍隊質量建設*。北京：國防大學出版社，1995 年。

中共中央毛澤東選集出版委員會。*毛澤東選集 1-5 卷*。北京：人民出版社，1966 年。

中共軍事科學院。*毛澤東軍事文集 1-6 卷*。北京：軍事科學出版社，1993 年。

中共中央文獻編輯委員會。*鄧小平文選 1-3 卷*。北京：人民出版社，2002 年。

中共軍事科學院。*鄧小平戰略思想教程*。北京：軍事科學出版社，2000 年。

中國人民解放軍第四野戰軍戰史編寫組。*中國人民解放軍第四野戰軍戰史*。北京：解放軍出版社，1998 年。

「中共年報」編輯委員會編輯。*1996 年中共年報*。台北：中共研究雜誌社，1996 年。

「中共年報」編輯委員會編輯。*1997 年中共年報*。台北：中共研究雜誌社，1997 年。

「中共年報」編輯委員會編輯。*1998 年中共年報*。台北：中共研究雜誌社，1998 年。

「中共年報」編輯委員會編輯。*1999 年中共年報*（上下冊）。台北：中共研究雜誌社，1999 年。

「中共年報」編輯委員會編輯。*2000 年中共年報*（上下冊）。台北：中共研究雜誌社，2000 年。

「中共年報」編輯委員會編輯。*2001 年中共年報*（上下冊）。台北：中共研究雜誌社，2001 年。

「中共年報」編輯委員會編輯。*2002 年中共年報*。台北：中共研究雜誌社，2002 年。

「中共年報」編輯委員會編輯。*2003 年中共年報*。台北：中共研究雜誌社，2003 年。

「中共年報」編輯委員會編輯。*2004 年中共年報*。台北：中共研究雜誌社，2004 年。

中共研究雜誌社。*中共十六大評析專輯*。台北：中共研究雜誌社，2002 年。

中共研究雜誌社。*2002 年大陸情勢總觀察*。台北：中共研究雜誌社，2003 年。

中國大陸問題研究所　主編。*中共建政五十年*。台北：正中書局，2000 年。

王法安　著。*馬克思主義軍制思想教程*。北京：軍事科學出版社。2001 年。

王曾才　編著。*西洋近代史*。台北：正中書局，2001 年。

王厚卿　著。*軍事思想與現代戰役研究*。北京：解放軍出版社，2004 年。

王厚卿主編。*戰役發展史*。北京：國防大學出版社，2001 年。

王厚卿主編。*中國軍事思想史論綱*。北京：國防大學出版社，2000 年。

王成俊等主編。*新武器技術發展概論*。北京：軍事科學出版社，2002 年。

王東　著。*中華騰飛論──毛澤東、鄧小平、江澤民三代領導集體的理論創新*。北京：中國人民大學出版社，2002 年。

王智遠等主編。*聯合信息作戰*。北京：軍事誼文出版社，1999 年。

王保存　主編。*世界新軍事變革新論*。北京：解放軍出版社，2003 年。

王普豐　著。*明天戰爭與戰法*。北京：軍事科學出版社，2001 年。

王生榮　主編。*金黃與蔚藍的支點：中國地緣戰略論*。北京：國防大學出版社，2001 年。

王　越　主編。*國防科技與軍事教程－國防科技『十五』重點教材*。哈爾濱：哈爾濱大學出版社，2002 年。

王信領　著。*當代高新科技－知識幹部讀本*。北京：中國發展出版社，2003 年。

王國強　著。*美國有限戰爭理論與實踐*。北京：國防大學出版社，1996 年。

王逸舟　著。*全球政治和中國外交*。北京：世界知識出版社，2003 年。

王永剛等編著。*軍事衛星及應用概論*。北京：國防工業出版社，2003 年。

牛力　主編。*國防與軍隊建設的科學指南——毛澤東、鄧小平、江澤民軍事思想研究*。北京：解放軍出版社，2003 年。

牛俊法　主編。*世界軍事史概要*。北京：解放軍出版社，2002 年。

朱建新　主編。*軍事高科技知識教程*。北京：軍事科學出版社，2000 年。

朱浤源　主編。*撰寫博碩士論文實戰手冊*。台北：正中書局，2002 年。

支紹曾　著。*戰后世界局部戰爭戰爭史教程*。北京：軍事科學出版社，2000 年。

方連慶等主編。*戰后國際關係史（上下兩冊）*。北京：北京大學出版社，1999 年。

白德華等合著。*中國第四代領導人——胡錦濤*。台北：商周文化，2002 年。

余起芬　著。*戰后局部戰爭戰略指導教程*。北京：軍事科學出版社，1999 年。

司來儀等著。*信息化戰爭中的防禦與防護*。北京：解放軍出版社。2004 年。

伍仁和　著。*信息化戰爭論*。北京：軍事科學出版社，2004 年。

安德烈平可夫　著。*世紀之交的台海危機－中日美大對決*。台北：全球防衛雜誌社，2001 年。

行政院大陸委員會。*中國大陸研究基本手冊（上下冊）*。台北：行政院大陸委員會，2002 年。

李德哈特　著。鈕先鍾譯。*第二次世界大戰戰史*。台北：軍事譯粹社，1971 年。

李德哈特　著。鈕先鍾譯。*戰略論：間接路線*。台北：麥田出版，2001 年。

李雲漢　著。*中國近代史*。台北：三民書局，1995 年。

李際均　著。*軍事戰略思維增訂版*。北京：軍事科學出版社，1998 年。

李際均　著。*論戰略*。北京：解放軍出版社，2001 年。

李巨泰　主編。*中國核武器試驗追蹤*。北京：長征出版社，2000 年。

李輝光　主編。*美軍信息化作戰與信息化建設*。北京：軍事科學出版社，2004 年。

李　文　著。*美軍聯合空中作戰研究*。北京：國防大學出版社，2003 年。

李榮常等編著。*空天一體信息作戰*。北京：軍事科學出版社，2003

年。李德生主編。*從郭福興教學法到科技大練兵*。北京：國防大學出版社，2001 年。

李耐國　著。*信息戰新論*。北京：軍事科學出版社，2004 年。

李恒劭等編著。*戰場信息系統*。北京：國防工業出版社，2004 年。

李志忠等著。*高技術條件下非對稱作戰研究*。北京：國防大學出版社，2000 年。

李德毅等主編。*發展中的指揮自動化*。北京：解放軍出版社，2004 年。

左賽春　著。*中國航天員飛天紀實*。北京：人民出版社，2003 年。

沈偉光　主編。*論中國軍事變革*。北京：新華出版社，2003 年。

沈偉光　主編。*21 世紀戰場*。北京：新華社出版，2002 年。

沈偉光　主編。*21 世紀士兵*。北京：新華社出版，2002 年。

沈偉光　主編。*21 世紀軍兵種*。北京：新華社出版，2002 年。

沈偉光　主編。*21 世紀軍事科技*。北京：新華社出版，2002 年。

沈偉光　主編。*21 世紀武器裝備*。北京：新華社出版，2002 年。

沈偉光　主編。*21 世紀作戰指揮*。北京：新華社出版，2002 年。

沈偉光　主編。*21 世紀作戰樣式*。北京：新華社出版，2002 年。

沈偉光　主編。*21 世紀戰爭趨勢*。北京：新華社出版，2002 年。

沈偉光　主編。*信息化戰爭*。北京：新華出版社，2003 年。

沈雪哉　主編。*軍制學*。北京：軍事科學出版社，2000 年。

宋楚瑜　著。*如何寫學術論文*。台北：三民書局，1986 年。

何太由　編著。*東方戰爭論（三卷）*。北京：海潮出版社，2000 年。

何滌清　主編。*戰役學教程*。北京：軍事科學出版社，2003 年。

汪江淮等主編。*聯合戰役作戰指揮*。北京：國防大學出版社，1999 年。

克勞塞維茨　著。鈕先鍾　譯。*戰爭論全集（上中下冊）*。台北：軍事譯粹社，1980 年。

克勞塞維茨　著。鈕先鍾　譯。*戰爭論精華*。台北：麥田出版股份有限公司，1999 年。

弗伊斯里普琴科 著。張鐵華　譯。*第六代戰爭*。北京：新華出版社，2004 年。

季廣智　總編。*新三打三防研究上下冊*。北京：軍事科學出版社，2000 年。

吳銓敘　主編。*軍事訓練學*。北京：軍事科學出版社，2003 年。

吳秀鄰　編著。*高技術戰爭與國防現代化*。北京：國防大學，2001 年。

林中斌　著。*核霸－透視跨世紀中共戰略武力*。台北：學生書局，1999 年。

林中斌　主編。*廟算台海*。台北：學生書局，2002 年。

林中斌　著。*以智取勝國防兩岸事務*。台北：國防部史政編譯室，2003 年。

林宗達　著。*中共與美國飛彈攻防之軍備建議*。台北：晶典文化事業出版社，2003 年。

林宗達　著。*強權較勁中共與美國攻防之外交戰略*。台北：晶典文化出版社，2003 年。

林源森　主編。*震撼世界一千天－志願軍將士朝鮮戰場實錄（上、*

下）。北京：中國社會科學出版社，2003年。

林碧炤　著。*國際政治與外交政策*。台北：五南圖書出版股份有限公司，2002年。

林建超主編。*世界新軍事變革概論*。北京：解放軍出版社，2004年。

曾復生　著。*中美台戰略趨勢備忘錄【第一、二輯】*。台北：秀威資訊科技公司，2004年。

杰弗里帕克　等著。傅景川等譯。*劍橋戰爭史*。吉林：吉林人民出版社，2001年。

武國卿　主編。*軍事辭海第三卷歷代軍事卷*。杭州：浙江教育出版社，2000年。

《空軍大辭典》編審委員會　編。*空軍大辭典*。上海：上海辭書出版社，1996年。

阿蘭英格利施等著。王彥軍等譯。*變化中的戰爭*。吉林：吉林人民出版社，2001年。

呂其儒等編著。*21世紀戰爭新概念－獨領風騷精准戰*。河北：河北科學技術出版社，2000年。

尚　偉　著。*冷戰后俄羅斯軍事戰略思維研究*。北京：國防大學出版社，2003年。

尚金鎖等主編。*毛澤東軍事思想與高技術條件下局部戰爭*。北京：解放軍出版社，2002年。

岳水玉　等著。*孫子兵法與高技術戰爭*。北京：國防大學出版社，1998年。

岳嵐　主編。*高技術戰爭與現代化軍事哲學*。北京：解放軍出版社，2000年。

岳嵐　等主編。*『打得贏』的哲理－面對未來戰爭的思考*。北京：解

放軍出版社，2003 年。

軍事科學院軍事歷史研究部　著。*中國人民解放軍的七十年*。北京：軍事科學出版社，1997 年。

軍事科學院軍事歷史研究部　著。*海灣戰爭全史*。北京：解放軍出版社，2000 年。

軍事科學戰略研究部。*戰略學*。北京：軍事科學出版社，2001 年。

軍事科學院外國軍事研究部　譯。*科索沃戰爭（上中下）*。北京：軍事科學出版社，2000 年。

孟　樵　著。*探索中共二十一世紀的軍力：邁向打贏高技術戰爭之路*。台北：全球防衛雜誌社，2001 年。

段家鋒等主編。*論文寫作研究*。台北：三民書局，2000 年。

姜文華等編著。*美軍從哪里出兵－美國軍力大掃瞄*。北京：解放軍文藝出版社，2003 年。

展學習　主編。*戰役學研究*。北京：國防大學出版社，1997 年。

展學習　著。*伊拉克戰爭*。北京：人民出版社，2004 年。

范承斌　著。*高技術條件下戰役癱瘓戰研究*。北京：國防大學出版社，2003 年。

章　儉　等編著。*15 場空中戰爭－20 世紀中葉以來典型空中作戰評價*。北京：解放軍出版社，2003 年。

周曉宇等著。*聯合作戰新論*。北京：國防大學出版社，2000 年。

胡曉峰等編譯。*美軍訓練模擬*。北京：國防大學出版社，2001 年。

胡哲峰　著。*毛澤東武略*。台北：慧明文化，2002 年。

胡孝民等主編。*聯合火力戰理論研究*。北京：國防大學出版社，2004 年。

徐德池等主編。*空軍信息戰*。北京：軍事科學出版社，2001 年。

徐學文等著。*現代作戰模擬*。北京：科學出版社，2001 年。

高宇飆　主編。*聯合戰役學教程*。北京：軍事學科出版社，2001 年。

高　鵬　著。*戰略理論創新與問題研究－20 世紀的反思和啟示*。北京：國防大學出版社，2003 年。

高建亭　著。*21 數字化戰場建設*。北京：軍事誼文出版社，2000 年。

高　俊　主編。*數字化戰場的基礎建設*。北京：解放軍出版社，2004 年。

翁明賢　編輯。*2010 年中共軍力評估*。台北：麥田出版，1998 年。

翁明賢　主編。*國防政策論（第一期）*。台北：立法委員蔡明憲國會辦公室，2000 年。

翁明賢　等著。*國際組織新論*。台北：五南圖書公司，1995 年。

翁明賢　著。*全球化時代的國家安全*。台北：創世文化出版社，2001 年。

哈倫厄爾曼等著。滕建群等譯。*震懾論－世界新軍事變革譯叢*。北京：新華出版社，2004 年。

哈倫厄爾曼等著。滕建群等譯。*迅速制敵———一場真正的軍事革命*。北京：新華出版社，2003 年。

哈倫厄爾曼　等著。滕建群　等譯。*震懾與畏懼－迅速制敵之道*。北京：新華出版社，2003 年。

約米尼　著。鈕先鍾　譯。*戰爭藝術*。台北：麥田出版股份有限公司，1999 年。

路　文　著。*聯合戰役戰略後勤支援*。北京：國防大學出版社，2000 年。

美國國防大學武裝部隊參謀學院編寫。劉衛國等譯。*美軍聯合參謀軍官指南*。北京：解放軍出版社，2003 年。

凌永順等主編。*武器裝備的信息化*。北京：解放軍出版社，2004 年。

張京育　著。*國際關係與國際政治*。台北：幼獅文化事業公司，1994 年。

張五岳主編。*中國大陸研究*。台北：新文京開發出版有限公司，2004 年。

張萬年主編。*當代世界軍事與中國國防*。北京：軍事科出版社，1999 年。

張明睿 著。*中共國防戰略發展*。台北：洪葉文化事業有限公司，1998 年。

張明睿 著。*解放軍的戰略決策的辯證*。台北：黎明文化出版社，2003 年。

張全啟主編。*江澤民國防和軍隊建設思想研究*。北京：國防大學出版社，2003 年。
張全啟等主編。*鄧小平軍隊改革思想研究*。北京：軍事科學出版社，2001 年。張靜如　主編。*中國共產黨通史共三卷上下策*。廣州：廣東人民出版社，2002 年。

張召忠　主編。*話說國防－張召忠教授演講實錄*。北京：國防大學出版社，2000 年。

張召忠　主編。*怎樣才能打贏信息化戰爭*。北京。世界知識出版社，2004 年。

張培高　主編。*聯合戰役學指揮教程*。北京：軍事科學出版社，2001 年。

張　羽　著。*論聯合戰鬥*。北京：國防大學出版社，2003 年。

張立棟　著。*21 世紀陸軍*。北京：國防大學出版社，2001 年。

張健志　著。*倚天仗劍看世界——現代高技術戰爭和導彈核武器*。北京：中國青年出版社，1997 年。

張永紅　編著。*硬戰爭－當前美國軍事實力透視*。北京：經濟管理

出版社，2002 年。

張召忠　著。*戰爭離我們有多遠*。北京：解放軍出版社，1999 年。

張廷貴等主編。*軍事辭海第一卷軍事綜合卷*。杭州：浙江教育出版社，2000 年。

張建昌　著。*走向信息化軍隊*。北京：軍事科學出版社，2003 年。

陳永發著。*中國共產黨革命七十年修訂版*（上、下冊）。台北：聯經，2001 年。

陳峰君　主編。*亞太安全析論*。北京：中國國際廣播出版社，2004 年。

陳偉華　著。*軍事研究方法論*。桃園：國防大學，2003 年。

陳東龍　著。*中共軍備總覽*。台北：黎明文化事業股份有限公司，2000 年。

陳東龍　著。*中共軍備現況*。台北：黎明文化事業股份有限公司，2000 年。

陳東龍　著。*新世代解放軍*。台北：黎明文化事業股份有限公司，2003 年。

陳　舟　著。*現代局部戰爭理論研究*。北京：國防大學出版社，1997 年。

陳　堅　等著。*圖說美國彈道導彈防禦 NMD ＆ TMD 大寫真*。北京：解放軍出版社，2001 年。

陳　勇　著。*高技術條件下－陸軍戰役學*。北京：軍事科學出版社，2003 年。

陳　勇主編。*面向信息化戰爭的軍事理論創新*。北京：解放軍出版社，2004 年。

程廣中　著。*地緣戰略論*。北京：國防大學，1999 年。

郭梅初　主編。*高技術戰爭劍與盾*。北京：軍事科學社，2003 年。

郭梅初　主編。*高技術局部戰爭論*。北京：軍事科學出版社，2003 年。

郭武君　著。*聯合作戰指揮體制研究*。北京：國防大學出版社，2003 年。

郭安華　主編。*合同戰術學教程*。北京：國防大學出版社，2003 年。

郭齊勝等編著。*分布交互仿真及其軍事應用*。北京：國防工業出版社，2003 年。郝玉慶等著。*科技強軍論*。北京：國防大學出版社，2004 年。

柴宇球　主編。*轉型中的軍事教育訓練*。北京：解放軍出版社，2004 年。

庫桂生等主編。*軍事後勤新變革*。北京：解放軍出版社，2004 年。

荷竹　著。*專家說評伊拉克戰爭*。北京：軍事科學出版社，2004 年。

崔師增等主編。*美軍高技術作戰理論與戰法*。北京：國防大學出版社，1995 年。

崔長琦　主編。*21 世紀空襲與反空襲*。北京：解放軍出版社，2003 年。

過　毅　等主編。*中國古代戰略理論精要*。北京：軍事科學出版社，2004 年。單少傑　著。*毛澤東執政春秋*。台北：聯經出版，2001 年。

閔振范等主編。*構建信息化軍隊的組織體制*。北京：解放軍出版社，2004 年。

連玉明　主編。*學習型軍隊*。北京：中國時代經濟出版社，2004 年。

夏學華等主編。*21 世紀美軍作戰理論新發展*。濟南：黃河出版社，2000 年。

馬保安　主編。*戰略理論學習指南*。北京：國防大學出版社，2002 年。

姚有志　主編。*二十世紀戰略理論遺產*。北京：軍事科學出版社。

梁必駿　等著。*高技術戰爭哲理*。北京：解放軍出版社，1997 年。

梁光烈　主編。*渡海登陸作戰－中外登陸作戰啟示錄*。北京：國防大學出版社，2001 年。

梁月槐等主編。*軍事辭海第四卷國際軍事卷*。杭州：浙江教育出版社，2000 年。

彭光謙、姚有志編。*軍事戰略學教程*。北京：軍事科學出版社，2001 年。

馮海明　著。*戰后局部戰爭演變論*。北京：國防大學出版社，1999 年。

傅啟學編著。*中國外交史（上下冊）*。台北：台灣商務印書館，1999 年。

黃碩風　著。*綜合國力新論*。北京：中國社會科學出版社，1999 年。

董子峰　著。*信息化戰爭形態論*。北京：解放軍出版社，2004 年。

楊育才　著。*歐亞雙頭鷹－俄羅斯軍事戰略發展與現狀*。北京：解放軍出版社，2002 年。

楊金華　等主編。*作戰指揮概論*。北京：國防大學出版社，2004 年。

楊士華　著。*美軍戰役法研究*。北京：軍事科學出版社，2001 年。

楊根源　主編。*海軍作戰指揮概論*。北京：國防大學出版社，2002 年。

葉衛平　主編。*世界高技術武器市場透視*。天津：天津人民出版社，2002 年。

葉　征　主編。*陸軍戰役學教程*。北京：軍事科學出版社，2001 年。

喬清晨　主編。*世紀空襲與反空襲*。北京：國防大學出版社，2002 年。

喬　良等著。*超限戰對全球化時代戰爭與戰法的想定*。北京：解放軍文藝出版社，1999 年。

熊光楷　著。*國際戰略與新軍事變革*。北京：清華大學出版社。2003 年。

潘友木　著。*非接觸戰爭研究*。北京：國防大學出版社，2003 年。

鄭叔平等著。*大陸問題研究輯要*。台北：中共研究雜誌社，2003 年。

鄭學稼　著。*中共興亡史（共五卷）*。台北：帕米爾書店，1984 年。

羅　援　主編。*談兵論戰──伊拉克戰爭點評*。軍事科學出版社。

華　盛　著。*中共最新王牌武器*。香港：夏菲爾國際出版公司，2000 年。

管繼先　編著。*高技術局部戰爭戰役*。北京：國防大學出版社，1993年。

劉雷波　主編。*高技術條件下－司令部工作簡論*。北京：國防大學出版社，1999 年。

劉龍光　主編。*高技術軍事世界*。北京：國防大學出版社，1995 年。

劉森山　主編。*高技術局部戰爭條件下的作戰*。北京：軍事科學出版社，1994 年。

劉進軍等著。*陸空協同作戰概論*。北京：解放軍出版社，1996 年。

劉桂芳　主編。*高技術條件下的 C^4ISR──軍隊指揮自動化*。北京：國防大學出版社，2002 年。

劉金質　著。*美國國家安全戰略*。瀋陽：遼寧人民出版社，1997 年。

劉金質　著。*冷戰史（上中下三冊）*。北京：世界知識出版社，2003 年。

劉文孝　編。*中共空軍史*。台北：中國之翼出版社，1993 年。

劉精松　主編。*跨世紀的國防建設教程*。北京：軍事科學出版社，2001 年。

劉志強著。*高技術條件下國防後備力量建設*。北京：國防大學出版社，2000 年。

劉彥軍等著。*論制天權*。北京：國防大學出版社，2003 年。

劉　鵬等編。*走向軍事網格時代*。北京：解放軍出版社。2004 年。

趙影露等主編。*當代軍事高技術教程*。北京：軍事誼文出版社，2000 年。

趙潞生　主編。*高技術對軍事影響*。北京：兵器工業出版社，1997 年。

趙建民　著。*當代中共政治分析*。台北：五南圖書出版公司，1997 年。

趙　捷　主編。*指揮自動化教程*。北京：軍事科學出版社，2001 年。

趙曉哲等編著。*海軍作戰數學模型*。北京：國防工業出版社，2004 年。

趙彥亮　主編。*戰術理論學習指南*。北京：國防大學出版社，2004 年。

蘇彥榮　主編。*軍界熱點聚焦－高技術局部戰爭概論*。北京：國防大學出版社，1994 年。

錢海皓　主編。*軍隊組織編制學*。北京：軍事科學出版社，2001 年。

曹　杰　主編。*軍事辭海第二卷軍事力量卷*。杭州：浙江教育出版社，2000 年。

曹淑信等編著。*炮兵作戰理論新探*。北京：國防大學出版社，2004 年。

曹建儒等主編。*信息時代軍隊指揮自動化*。北京：軍事科學出版社，2002 年。

鈕先鍾　著。*戰略研究入門*。台北：麥田出版股份有限公司，1998 年。

鈕先鍾　著。*中國戰略思想新論*。台北：麥田出版股份有限公司，2003 年。

鈕先鍾　著。二十一世紀的戰略前瞻。台北：麥田出版股份有限公

司，2001 年。

鈕先鍾　著。*西方戰略思想史*。台北：麥田出版股份有限公司，1999 年。

鈕先鍾　著。*西方戰略思想史*。台北：麥田出版股份有限公司，1999 年。

鈕先鍾　著。*國際安全與全球戰略*。台北：軍事譯粹社，1988 年。

鈕先鍾編著。黎東方校訂。*第一次世界大戰史*。台北：燕京文化事業股份有限公司，1977 年。

富勒將軍著。鈕先鍾　譯。*西洋世界軍事史（六卷）*。台北：麥田出版股份有限公司，1998 年。

薄富爾　著。鈕先鍾　譯。*戰略緒論*。台北：麥田出版股份有限公司，1999 年。

羅伯特斯格爾思　著。薛國安等譯。*未來戰爭*。北京：國防大學出版社，2000 年。

閻學通　著。*中國國家利益分析*。天津：天津人民出版社，1997 年。

薛興林　主編。*戰役理論學習指南*。北京：國防大學出版社，2002 年。

韓林等編著。*軍事電子信息系統安全*。北京：軍事科學出版社，2002 年。

廖文中　主編。*中共軍事研究論文集*。台北：中共研究雜誌社，2001 年。

蘇　起　等主編。*「一個中國，各自表述」共識的史實*。台北：國家政策研究基金會，2002 年。

譚傳毅　著。*中國人民解放軍之攻與防*。台北：時英出版，1999 年。

樊高月　編著。*美陸軍第 82 空降師－美國儀仗隊*。北京：世界知識出版社，2000 年。

糜振玉　著。*戰爭與戰略理論探研*。北京：解放軍出版社，2004 年。

滕建群　主編。*世紀軍事結－中國軍事專家談二十世紀軍事演變*。北京：國防大學出版社，2001 年。

潘湘陳　著。*最高決策 1989 之后共和國重大方略上下兩冊*。北京：中共黨史出版社，2004 年。

潘日軒主編。*戰略轉變的歷史歷史性戰略轉變*。北京：國防大學出版社，2001 年。

戴清民等編著。*信息作戰概論（修訂版）*。北京：解放軍出版社，2001 年。

國防部。*91 年國防報告書*。台北：國防部，2002 年。

國防部。*93 年國防報告書*。台北：國防部，2004 年。

國防部史政編譯局。*美國三軍聯合作戰*。台北：國防部史政編譯局，1992 年。

國防部作戰參謀次長室。*2010 年聯戰遠景*。台北：國防部作戰參謀次長室，1998 年。

國防部作戰參謀次長室。*未來聯合作戰構想*。台北：國防部作戰參謀次長室，1998 年。

國防部作戰參謀次長室。*1939 年以來美軍聯合兵種作戰*。台北：國防部作戰參謀次長室，1997 年。

國防大學　編。*二次波灣戰爭專題研究－論文專輯（三冊）*。桃園：國防大學，2003 年。

國防大學國家戰略研究中心等編。*2003 年台海戰略環境評估*。台北：國防大學國家戰略研究中心，2004 年。

國防大學《戰史簡編》編寫組。*中國人民解放軍戰史簡編*。北京：解放軍出版社，2002 年。

國防大學科研部著。*軍事變革中的新概念*。北京：解放軍出版社，

2004 年。

實踐學社。*三軍聯合作戰概論*。台北：實踐學社，1960 年。

蘭德公司。扎勒米哈利勒扎德　等著。*美國與亞洲－探索美國的新戰略和兵力態勢*。北京：軍事科學出版社，2001 年。

斯德哥爾摩國和平研究所。中國軍控與裁軍委員會　譯。*SIPRI 年鑑2002－軍備裁軍和國際安全*。北京：世界知識出版社，2003 年。
總裝備部電子信息基礎部　編。*現代武器裝備知識叢書－現代武器裝備概論*。北京：原子能出版社、航空工業出版社、兵器工業出版社，2003 年。

總裝備部電子信息基礎部　編。*現代武器裝備知識叢書－陸軍武器裝備*。北京：原子能出版社、航空工業出版社、兵器工業出版社，2003 年。

總裝備部電子信息基礎部　編。*現代武器裝備知識叢書－電子戰和信息戰技術與裝備*。北京：原子能出版社、航空工業出版社、兵器工業出版社，2003 年。

紫圖武器庫叢書編輯部　編著。*世界現代武器大圖典速查手冊*。西安：陝西師範大學出版社，2004 年。

解放軍參謀總部作戰部。*美軍聯合作戰與聯合訓練*。北京：解放軍出版社，2000 年。

三、中文期刊：

丁樹範。＜一九九〇年代以來的中國黨軍關係＞，*中國大陸研究*，第 46 卷第 2 期。2003 年 4 月，頁 57-78。

王高成，＜中共不對稱作戰軍事戰略與台海安全＞，*「國防戰略與台海安全」學術研討會*頁 1-15。

王逸舟。＜面向未來的中國國際關係理論研究＞，*東亞季刊*，第 30 卷第 2 期。1999 年，頁 111-124。

任宜明。＜如何精進我國聯合作戰的能力：空軍觀點＞，*國防政策與評論*，第 2 卷第 4 期，2002 年夏季，頁 56-76。

李俊融。＜解放軍人員素質變化＞，*東亞季刊*，第 31 卷第 2 期。2000 年 4 月，頁 43-62。

李黎明。＜中共對軍事「不對稱」概念的認知與觀點＞，*遠景基金會季刊*，第 3 卷第 4 期。2002 年 10 月，頁 145-172。

沈明室。＜中共戰略決策的文化分析＞，*東亞季刊*，第 31 卷第 1 期。2002 年 1 月，頁 1-23。

沈明室。＜中共軍事戰略演變與台海安全＞，*東亞季刊*，第 33 卷第 2 期。2002 年 4 月，頁 33-43。

沈一鳴。＜「美伊戰爭」美英聯軍之組織與指揮管制＞。*國防雜誌*，第 18 卷第 10 期。2003 年 4 月，頁 19-27。

張彥元。＜中共潛艦打先鋒＞。*國防譯粹*，第 31 卷第 1 期。2004 年 1 月，頁 119-127。

張彥元。＜將特戰部隊融入聯合作戰＞。*國防譯粹*，第 31 卷第 1 期。2004 年 1 月。

曾復生。＜台北－北京－華府的互動趨勢備忘錄＞，*三民主義統一中國大同盟訊*，第 119 期季刊。2003 年 9 月，頁 26-39。

精兵合成高效

曾復生。<台北-北京-華府的互動趨勢備忘錄>，*三民主義統一中國大同盟訊*，第 120 期季刊。2003 年 12 月，頁 23-39。

黃朝茂。<中共軍事能力現代化>。*國防譯粹*，第 29 卷第 12 期。2002 年 12 月，頁 32-41。

陳國銘、黃維傑。<三軍聯合作戰>，*國防政策與評論*，第 2 卷第 4 期。2002 年夏季，頁 38-55。

劉昺坤。<從克勞塞維茨戰爭本質探討中共武力犯台>，*東亞季刊*，第 33 卷第 4 期。2002 年 10 月，頁 101-134。

蔡政修。<九〇年代美國對中共戰略與美「中」關係演變>，*東亞季刊*，第 31 卷第 3 期。2000 年 7 月，頁 69-94。

唐亞屏。<聯合作戰藝術仍存在>。*國防譯粹*，第 29 卷第 12 期。2002 年 12 月，頁 4-9。

關向光。<論「毛澤東晚期思想」：概念與爭議>，*東亞季刊*，第 32 卷第 1 期。2001 年 1 月，頁 1-16。

賴皆興。<鄧小平時代中共意識型態中的後殖民意涵>，*東亞季刊*，第 34 卷第 2 期。2003 年 4 月，頁 53-70。

閻學通。<亞太地區的安全合作>，*東亞季刊*，第 30 卷第 2 期。1999 年 4 月，頁 97-110。

蘭寧利。<台灣防衛作戰中之聯合制海作戰>，*國防政策與評論*，第 2 卷第 4 期。2002 年夏季，頁 78-108。

滕昕雲。<三軍聯合作戰：陸軍的觀點>，*國防政策與評論*，第 2 卷第 4 期。2002 年夏季，頁 110-127。

藍維萬。<彌補聯合作戰的罅隙>。*國防譯粹*，第 29 卷第 12 期。2002 年 12 月，頁 10-14。

潘彥豪。＜講求效果的聯合作戰＞。*國防譯粹*，第 29 卷第 12 期。2002 年 12 月，頁 15-22。

強勇傑。＜聯合教育展望＞。*國防譯粹*，第 29 卷第 12 期。2002 年 12，頁 23-31。

傅旭升。＜美國新戰爭方式＞。*國防譯粹*，第 30 卷第 9 期。2003 年 9 月，頁 4-16。

四、網際網路

American Enterprise Institute for Policy Research（美國企業研究所）
http：//www.aei.org

Asia/Pacific Research Center, Hoover Institution on War, Revolution and Peace.
（史丹福大學「亞太研究所」，史丹福大學「胡佛戰爭、革命暨和平研究所」）
http：//www.hoover.stanford.edu/group/APARC

Asia-Pacific Center for Security Studies （亞太安全研究所）
http：//www.apcss.org

Atlantic Council of the United States （美國大西洋理事會）
http：//www.acus.org

Brookings Institution （布魯金斯研究所）
http：//www.brook.edu

Carnegie Council on Ethics and International Affairs, Inc. （卡內基倫理暨國際事務會）
http：//www,cceia.org

Cato Institute （卡托研究所）
http：//www.cato.org

Center for Strategic ＆ International Studies, CISS.（戰略暨國際研究中心）
http：//www.csis.org

Council on Foreign Relations（美國外交關係協會）
http：//www.foreignrelation.org

Heritage Foundation（美國傳統基金會）
http：//www.heritage.org

Institute for National Strategic Studies
http：//www.ndu.edu/inss（美國國防大學國家戰略研究所）

http://www.carlisle.army.mil/ssi（美國陸軍戰爭學院戰略研究所）

http：//www.rand.org：The RAND Corporation （蘭德公司）

http：//www.ams.cn：中共解放軍軍事科學院

http://www.chinamil.com.cn/ 中共解放軍軍事網

國家圖書館出版品預行編目

精兵合成高效 / 許衍華著. -- 一版.
臺北市：秀威資訊科技, 2005[民 94]
　　面 ；　　公分. --　參考書目：面
ISBN 978-986-7263-23-0（平裝）
1. 軍事 - 中國大陸
2. 戰略 - 中國大陸

590.92　　　　　　　　　　　　94006012

社會科學類　AF0019

精兵合成高效
——中共高技術局部戰爭能力的虛實

作　　者／許衍華
發 行 人／宋政坤
執行編輯／李坤城
圖文排版／劉逸倩
封面設計／羅孚芬
數位轉譯／徐真玉　沈裕閔
圖書銷售／林怡君
網路服務／徐國晉
出版印製／秀威資訊科技股份有限公司
　　　　　台北市內湖區瑞光路 583 巷 25 號 1 樓
　　　　　電話：02-2657-9211　　傳真：02-2657-9106
　　　　　E-mail：service@showwe.com.tw
經 銷 商／紅螞蟻圖書有限公司
　　　　　台北市內湖區舊宗路二段 121 巷 28、32 號 4 樓
　　　　　電話：02-2795-3656　　傳真：02-2795-4100
　　　　　http://www.e-redant.com

2006 年 7 月 BOD 再刷
定價：570 元

讀 者 回 函 卡

感謝您購買本書，為提升服務品質，煩請填寫以下問卷，收到您的寶貴意見後，我們會仔細收藏記錄並回贈紀念品，謝謝！

1. 您購買的書名：_____

2. 您從何得知本書的消息？

　　□網路書店　　□部落格　　□資料庫搜尋　　□書訊　　□電子報　　□書店

　　□平面媒體　　□ 朋友推薦　　□網站推薦　□其他_____

3. 您對本書的評價：(請填代號　1.非常滿意 2.滿意 3.尚可 4.再改進)

　　封面設計____　　版面編排____　　內容____　　文/譯筆____　　價格____

4. 讀完書後您覺得：

　　□很有收獲　　□有收獲　　□收獲不多　　□沒收獲

5. 您會推薦本書給朋友嗎？

　　□會　　□不會，為什麼？_____

6. 其他寶貴的意見：_____

　　_____

　　_____

　　_____

讀者基本資料

姓名：_____　　年齡：_____　　性別：□女 □男

聯絡電話：_____　　E-mail：_____

地址：_____

學歷：□高中(含)以下　　□高中　　□專科學校　　□大學

　　　□研究所(含)以上 □其他_____

職業：□製造業 □金融業 □資訊業 □軍警 □傳播業 □自由業

　　　□服務業 □公務員 □教職　　□學生 □其他_____

To：114

台北市內湖區瑞光路 583 巷 25 號 1 樓

秀威資訊科技股份有限公司　　　收

寄件人姓名：

寄件人地址：□□□

（請沿線對摺寄回，謝謝！）

秀威與 BOD

BOD（Books On Demand）是數位出版的大趨勢，秀威資訊率先運用 POD 數位印刷設備來生產書籍，並提供作者全程數位出版服務，致使書籍產銷零庫存，知識傳承不絕版，目前已開闢以下書系：

一、BOD 學術著作—專業論述的閱讀延伸
二、BOD 個人著作—分享生命的心路歷程
三、BOD 旅遊著作—個人深度旅遊文學創作
四、BOD 大陸學者—大陸專業學者學術出版
五、POD 獨家經銷—數位產製的代發行書籍

BOD 秀威網路書店：www.showwe.com.tw
政府出版品網路書店：www.govbooks.com.tw

永不絕版的故事・自己寫・永不休止的音符・自己唱